杨宏伟 著

尚博祖屋

本书系2016年浙江省湖州市优秀文艺作品扶持项目

文化艺术出版社
Culture and Art Publishing House

图书在版编目（CIP）数据

尚博祖屋 / 杨宏伟著. — 北京：文化艺术出版社，2018.11
ISBN 978-7-5039-6552-4

Ⅰ.①尚… Ⅱ.①杨… Ⅲ.①散文集—中国—当代
Ⅳ.①I267

中国版本图书馆CIP数据核字（2018）第197893号

尚博祖屋

著　　者	杨宏伟
责任编辑	梁一红　赵　月
文字编辑	董　斌
书籍设计	赵　矗
出版发行	文化藝術出版社
地　　址	北京市东城区东四八条52号　（100700）
网　　址	www.caaph.com
电子信箱	s@caaph.com
电　　话	（010）84057666（总编室）　84057667（办公室） （010）84057696—84057699（发行部）
传　　真	（010）84057660（总编室）　84057670（办公室） （010）84057690（发行部）
经　　销	新华书店
印　　刷	国英印务有限公司
版　　次	2018年12月第1版
印　　次	2018年12月第1次印刷
开　　本	710毫米×1000毫米　1/16
印　　张	32.75
字　　数	499千字
书　　号	ISBN 978-7-5039-6552-4
定　　价	68.00元

版权所有，侵权必究。如有印装错误，随时调换。

作者高祖父——尚博四知堂杨东美（？—1936）

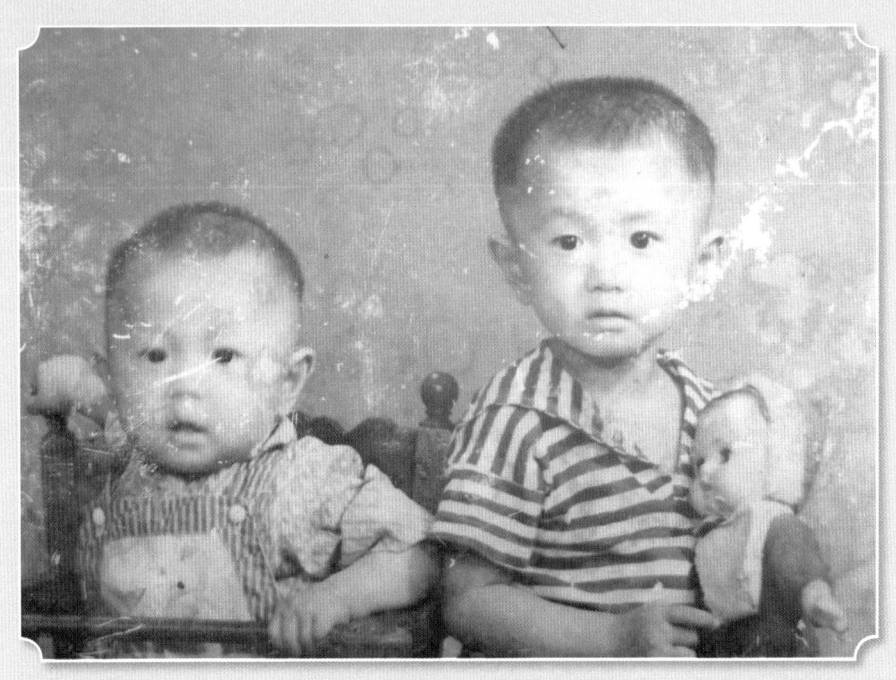

作者（右）和弟弟，1974 年 9 月摄于浙江省德清县新市镇

上图　尚博祖屋的碗橱门

下图　尚博祖屋第三进楼下东南墙一隅

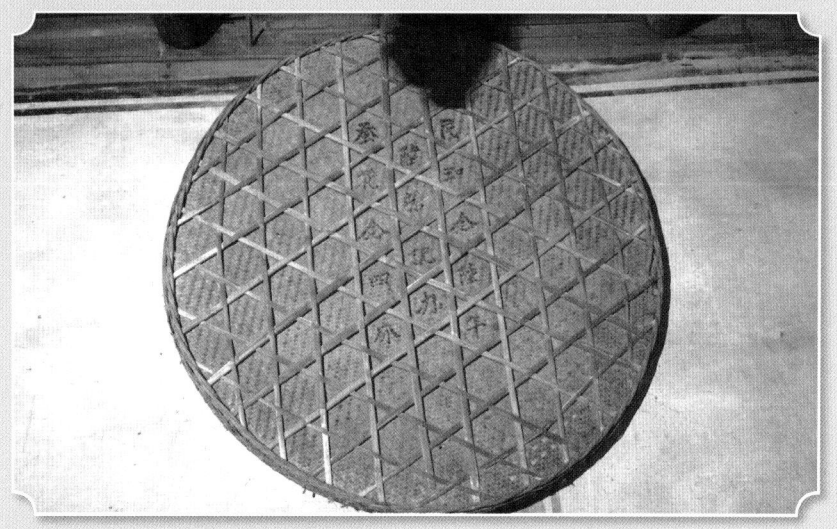

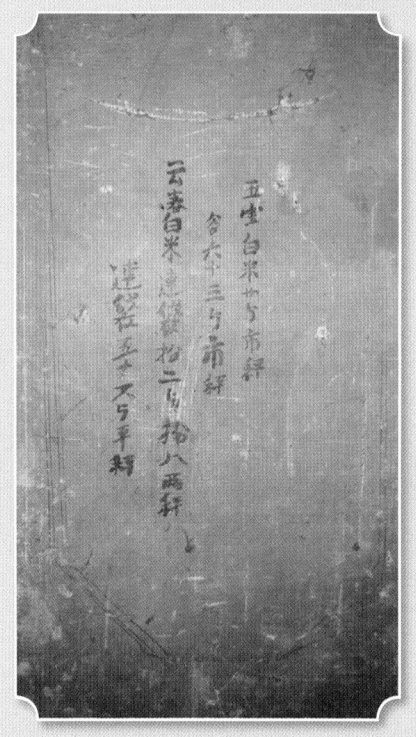

上图　尚博祖屋的蚕匾：民国念（廿）陆年（1937），〔杨〕陛荣（作者曾祖父）记办，蚕花念（廿）四分

下图　尚博祖屋老钟后面隐藏的文字

左图　尚博祖屋老床底板上的刻字：东美

右图　尚博祖屋老家什上的墨笔字：四知堂瑞置

上图　尚博祖屋的矮门：宣统叁年（1911），杨元兴号

下图　尚博祖屋大衣橱门：光绪念（廿）伍年（1899）叁月拾贰（4月21日）

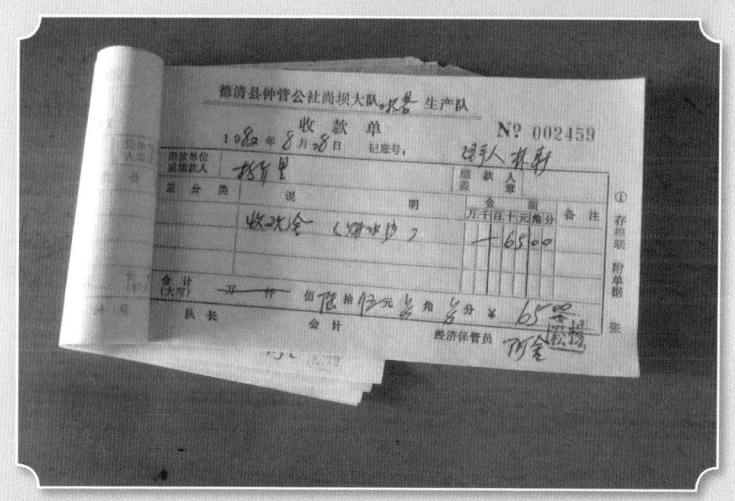

上图　尚博祖屋橱门上的铜钱：顺治通宝，康熙通宝

下图　1982年作者阿爹杨阿金（杨云松）手迹

上图　尚博祖屋第三进楼井口

下图　尚博祖屋墙壁上的字

上图　三条凳子三代人：杨瑞春（作者天祖父）置；〔杨东〕美（作者高祖父，？—1936）记，辛酉（1921）子月（农历十一月）；〔杨〕陛荣（作者曾祖父），丁丑（1937）

下图　尚博祖屋第三进楼窗

上图　尚博祖屋的八仙凳（尚余七个）底：戊寅年（1878），瑞春（作者天祖父）办用

下图　尚博祖屋的盆：杨瑞春（作者天祖父），戊寅年（1878）

上图　尚博祖屋的饭掀（音）盂：戊子年（1888）新正月，四知堂瑞春（作者天祖父）置

下图　尚博祖屋的斗：四知堂瑞春（作者天祖父），戊子年（1888）正月

上图　尚博祖屋戊子年（1888）新正月置办的饭掀（音）盂全貌

下图　尚博祖屋的饭掀（音）盂：弘农（即华阴杨氏，杨姓郡望）东美（作者高祖父，？—1936）四知堂办；已（己）未年（1919）桂秋月（农历八月）

左图　尚博祖屋的饭桶：四知堂东美（作者高祖父，？—1936）办；甲寅年（1914）姑洗（农历三月）用

右图　尚博祖屋的帽盒

上图　尚博祖屋的木雕花板

下图　尚博祖屋的井箩:"震"字清晰可见

序一 诗性游子的故乡记忆

鲍永军

宏伟的老家德清是唐代诗人孟郊故里，一首《游子吟》传唱至今。海德格尔说"诗人的天职就是还乡，还乡使故土成为亲近本源之处"。同样作为诗人、游子，宏伟对故乡爱得极其深沉，继出版诗集《远方的诗：年轮》之后，这部洋洋洒洒40余万言的散文、小说集《尚博祖屋》又即将付梓，饱含着他对故乡血浓于水的感情。

认识宏伟已经整整25年了。1992年，我从大学历史系毕业，被分配到湖州师专（今湖州师范学院）教公共政治理论课，校党委书记蔡清江又安排我担任中文系9211班班主任。请一位外系的老师来担任本系班主任，在高校历史上并不多见，这也许就是我们的缘分。

宏伟来自湖州中学，有多年担任班长的经验，我任命他为班长。他为人真诚，温和谦逊，做事认真，组织能力强。开学不久，教室后墙上就贴了一排奖状，班级还获得全校合唱比赛一等奖。宏伟是个理想主义者，追求真善美，对社会不良现象深恶痛绝，做事有时特立独行。一天，他在教室前面黑板上方贴上"青春无悔，情义无价"八个字作为标语，引起一些非议，我坚决予以支持。两年的大学生活很快结束，同学们走上工作岗位，我则赴杭州读研究生。23年来，本班凝聚力依旧超强，大大小小的同学会举办了30余次；我到德国访学一年，同学们从各地赶来为我送行、接风；班级微信群一年四季，从早到晚热闹非凡；同学互帮互爱，亲如兄弟姐妹。诚如班级标语所倡导的那样，当年"青春无悔"，如今"情义无价"。

宏伟在大学时深受沈泽宜教授影响，爱好写诗，并有诗作在校报上发表。

诗是我们的灵魂，我们的存在，是最纯粹的、最真实的，也是最干净的。高晓松说"生活不止眼前的苟且，还有诗和远方的田野"，其实我们在很多时候远离了诗和远方，因为缺乏诗意和诗性。难能可贵的是，宏伟就是一个富有诗性的卓尔不群的人，有追求本真、唯美的诗性情怀，感觉敏锐，内心宁静，思想透彻。早在7岁时，他就已经开始思考"如果有一天我不在这个世界上了，我会怎样"这样关乎宇宙人生的深奥哲理。宏伟的诗性思维突出体现在运用想象力将自己的情感过渡到客观事物上，使客观事物成为情感的载体，从而创造出一个心物融合的诗性境界。在诗中，他常将自己幻化成天地万物，高唱"我是太阳、水、火焰、白花、甲虫、花草树木"等。例如：

> 以一块石头的心情上山／就听见了漫山遍野的喊叫／它们都在睁开明亮的眼睛／就像初次睁开眼睛那样／看到最初的那块石头／认定自己就是它开的花朵／石头是石头最好的花朵／有千古不变的梦想／有翅膀展翅飞翔／就像我一样／沿着防风氏的足迹／走进过一只鸟的心里／把美丽的家园观望／从此念念不忘返乡（《防风山》）

即使是坚硬的石头，也能开出绚丽唯美之花，也能展翅飞翔。正是这种背离常情的夸张思维和离奇想象，才生动地表达了他的返乡情结。日常景象经过他独具灵心慧性的思维酝酿，用文字凝结成一串串晶莹的珍珠项链。宏伟这样的诗还有许多，读者只有感同身受，才能深刻体会到南宋诗论家严羽在《沧浪诗话·诗辨》中所云"如空中之音、相中之色、水中之月、镜中之象，言有尽而意无穷"的妙处。

古人云"言为心声""感人心者莫先乎情"，真情实感是文章的灵魂，是来自作者心底自然流露的人生感悟。"诗言志"，"诗缘情"，志亦达情，情中有志，诗人的感性认识升华为理性思辨，然后用极端精练的文字表达出来，就是诗歌创作的过程。宏伟是一个极率真的人，有独立的人格，不随波逐流，敢作敢为，是不造作的性情中人，感情丰富细腻，活得真实。诗性作为宏伟为人处世的一种品性，一种情怀，一种底色，一种格调和气质，无论何时何地，弥漫充盈。他首先是一个诗人，然后才是一个作家，一个语文教师。他说："每个用心生活的当下，就是一直在追逐的诗和远方。"他毕业后在乡镇中学当了9年教师，生活艰辛，却甘苦自如，饮酒赋诗，超然自得。他带学生到田野采风，启发学生感悟和享受文学之美、生命之美，将他们带进文学的殿堂。就这样，几十年如一日，真正做到了"诗意地栖息"，诗意地表达，保持一颗充满了诗性、诗意的内心。他在诗中写道：

在我和我的文字之间/是年代和记忆的光泽/文字的光泽是我的光泽（《在我和我的文字之间》）

当你看到我的文字/也就看到了我的生活/看到了我的目光和容颜/看到了容颜背后的期盼（《我的文字，我的容颜》）

2003年，宏伟去上海教书，从此故乡成为他心中魂牵梦萦的地方，那里拥有太多带不走、磨不去的记忆。他几乎每逢节假日就回尚博老家，积极参加德清的文化活动，所发的朋友圈几乎都是家乡的图文。作为一位富有才华灵气的青年诗人、作家，宏伟全身心地投入有关家乡的诗文创作。他坚持通过文字，"穿越果实、花朵、种子，穿越孟郊、沈约、防风，回归德清腹地"。在他看来，家乡是出发地，也是归宿，在回忆故土的过程中，不断地追寻和构筑着自己的精神家园。乡情、乡景、乡恋、乡愁，故乡是他文学创作的本源和精髓。英雄的故国，诗人的家园，给他提供无尽的精神给养与写作动力。德清县图书馆馆长慎志浩先生称宏伟是"面朝故乡的精神之子"，人民日报文化传媒北京分公司副总经理黄复旦说他"是一位有情怀的诗人和乡土文化使者"。

这部《尚博祖屋》，是宏伟六年余呕心沥血创作的结晶，是一次面向故乡的心灵祭祀，再现了记忆中的生活情境，洋溢着对家园无以复加的感恩与依恋之情。本书反映的时间，主要是20世纪七八十年代，也就是他的童年、少年时代。宏伟认为，童年即是一生，有怎样的童年就会有怎样的一生，"在漫漫长路独自前行，不放弃，去远方，只靠一种力：内驱力。这种力根植在自由、快乐，被深深爱着的童年里"。故事发生的地点主要是尚博村及其附近的渔家庄、范家墩、钟管镇等。涉及人物主要是他的外婆、祖母、阿爹、父母等亲戚以及村民、老师、同学等。还有各种小动物，如猫、狗、鸭、土蜜蜂、蚂蚁、蜘蛛等，充满童趣。描述的事件众多，江南水乡生产、生活的种种情景，如钓鱼、养蚕、种田、生老病死等，都有体现。尚博老屋，见证了杨氏祖先繁衍生息的历史，沉淀的是一代又一代人的记忆，也是宏伟寻根的象征。他以祖屋为核心，进而扩展到尚博村、邻近村镇，穿越历史云烟，撷拾记忆碎片，重现如歌岁月。通读全书，有两大特点：

一是故事真实感人。

宏伟创作本书的目的，就是留下生活的记忆。他在《祖母》篇结语中说："我们都是常人，没有人替我们立传作记，于是我们的生命就像风雨飘摇中的烛光，偶然的熄灭就是永远的黑暗。我的祖母就是这样的一个平常人，这样一个曾经存在过又永远归于黑暗的平常人。但她又是幸运的，因为我的上述文字将是一种永远的存在。这些古旧文字的奇妙组合，将是她曾经来过这个世界的痕迹。"而记忆重在真实，在《祖屋，心灵，写作》中，宏伟提出"最大的真实是心灵的真实""祖屋、我、文字，三位一体成为心灵；心灵的真实就是写作的真实……写作者要永葆谦卑敬畏之心，内心要真实真诚"。他从自己的记忆出发，对亲人、伙伴、乡邻进行了细腻刻画。

这部书虽是散文、小说，但历史背景记载真实。钱穆在《国史大纲》引论中提出："对其本国以往历史略有所知者，尤必附随一种对其本国以往历史之温情与敬意。"伟大的史学家司马迁"读万卷书，行万里路"，撰写出被誉为"史家之绝唱，无韵之离骚"的《史记》。宏伟此书，为确保历史的真实，下了许多功夫。书中很多故事情节，都是他在尚博村里，或者在洛舍等别的村庄里所见所闻。他还参考了《德清县志》等资料，譬如日本人侵略浙江的史料。在今年，他又冒着酷暑，采访老人、当地文史专家，考察古桥、老屋、村镇。承载民间记忆和乡土文化的老房子、村河路桥，是宏伟写作的凭证。

晚清外交家傅云龙是尚博村的历史名人，但宏伟并没有因此而凭空塑造高大上的乡贤形象，他在《尚博》一文中这样写道："傅云龙出生于外地，加以经历曲折，虽偶有回乡，与乡民亲密接触，但还是难除隔膜感……傅云龙的九子傅范钜,在尚博村民的心中是一个亲和的形象,口碑极佳,尚博人亲切地称他九少爷。"宏伟祖父、父亲辈小时候"在墙壁上挂着的祠主及其原配夫人威仪的目光中读书识字,不敢稍有懈怠"。这样的描述真实可信。此外,对钟管名称的由来,宋朝人葛应龙写的《左顾亭记》以及日军烧杀抢掠暴行等的描述,皆有史料依据。《钟管》一文中叙述:"每次吃完三鲜面,甚至每次在街中央吃完小馄饨,我们总要跑进馆子店,趴下身去,把我们细细的手臂伸进柜台下面的缝隙里,似乎每次都能捞出落满灰尘的几枚硬币。"这样的情节,没有经历绝对不可想象。甚至书中描述的日常生活情形,如酒醉子凿杀水牛、二流子击打土狗等,虽然残酷,也是确有其事。

看完此书,有这样一个感觉,难分这是纪实还是小说,因为即使虚构的情节与人物,也来自真实的生活。因为真实,所以能引起读者的共鸣,令人不由自主地回想起童年趣事与乡情乡景。

二是写作独具匠心。

从创作方法看,宏伟找到了一种属于自己的表达方式:写心灵。"当我写猫是猫,也是我;写狗是狗,也是我;写花草树木石头,是花草树木石头,也是我的时候,我的写作风格也就形成了。让心灵本身把故事展开,让心灵本身把时间展开,让心灵本身成为写作的方向和动力,让心灵本身成为写作本身,让我成为写作本身。"他还尝试了写作角色自由转变的技巧,"由人而树桩,由树桩而人;由人而我,由我而人;由此而彼,由彼而此……其间的转换是没有痕迹的。"他指出,《祖屋的女儿(三)》最为得意的是叙述的方式:故事里套故事。这就像梦境里有梦境。在重重的梦境里,真实得以呈现"。

在我看来,宏伟此书是基于诗性思维的写作。《尚博》一文写道:"父母总是心花怒放,看着船舱里活蹦乱跳的鱼,仿佛马上看到了家里的老人、孩子用粗壮的筷子在碗里夹鱼肉的情景,这个情景又会让他们再次联想到像筷子一样形状的用来并秧界绳的竹棍插在准备插秧的水田里而在泥水里投下的弯曲的倒影……一串一串的联想仿佛永无止境,就像船舷边一圈一圈的涟漪,最终消失在水道边上的东洋草里。"丰富的联想,隽永的文字,浓郁的情感,使得文字如诗如画。

本书文笔成熟老练，内容流畅充实，细节刻画精细动人。江南水乡的小桥流水，钟管镇上吃茶、收生猪、收茧的市井风情，栩栩如生。乡土世界里上演的平凡故事，经由宏伟之笔，显出怪异荒诞，风生水起。如《愚蠢的洞主》文中描绘："这根进入白热化状态的细细长长的线，在洞口摇摇晃晃、进进出出，一阵又一阵的泥浆随之从洞口涌出来，就像是一股股浓烟从老掉牙的老头的嘴里吐出来一样……我们提着这条活蹦乱跳的老鳝鱼，蹦蹦跳跳地向家里跑去。当我们在那条小田埂上奔跑的时候，老鳝鱼会在深绿色的稻叶或者金黄色的谷穗上面腾跃，就像刚刚从一望无际的稻浪里腾跃而起一样。"情节之生动，画面之唯美，令人拍案叫绝。书中还讲述了一些令人惊悚的故事，如《河流里的手臂（一）》写着："河流内部有无数的手臂，时时观望，觊觎亲近者的一举一动，抓住机会，以迅雷不及掩耳之势，把亲近者揽入怀中，不让对方有任何挣脱的机会。"令人毛骨悚然。《金泥鳅》中则描述："酒醉子用石头锤子在铁凿子的木头柄上狠命地锤打着，发出砰砰的响声，就像是从一块最老的老石头上面发出来的一样。老牛的血从铁凿子上流出来，从石头锤子上流下来，从酒醉子的手上流下来，从酒醉子的胳膊上流下来，从酒醉子的腿上流下来……老牛在酒醉子疯狂的喊叫声里哭泣……"现场感极强，令人痛苦不堪。

宏伟始终相信，只有心里有故乡的人，才能走得又远又好。写故乡是宏伟从未放弃的热爱，将脚踏实地一直写下去，已在写作下一部乡土文学作品《一样的河流》。许多著名作家都植根于故土，鲁迅之于绍兴，有《故乡》；茅盾之于乌镇，有《林家铺子》；艾青之于金华，有《大堰河——我的保姆》；莫言之于高密，有《红高粱》，诸如此类。当然，名家写故乡并不仅限于回忆过去的人和事，而是借此反映社会变迁和民生疾苦。在当代社会转型时期，作为中国根本的农村如何发展，值得关切。宏伟既在繁华的国际大都市工作，又熟悉水乡农村，回归故乡，又放眼世界，期待他创作出更多更好的作品，一步步走向心中的远方。

2017年7月31日，写于杭州

（鲍永军：浙江省杭州市临安区人，浙江大学人文学院历史学系副主任、党支部书记。）

序二 追寻心灵深处的乡村

杨振华

20世纪80年代末，我在德清县钟管中学教书，其中有一名优秀的学生杨红良，知道他还有一个同样优秀的哥哥叫杨宏伟。20世纪90年代末，我到德清老县城的一所中学任教，小城里有一群热爱写作的年轻人，其中就有杨宏伟，一位个性张扬的诗人。后来，他辗转去了上海任教，但他的写作交流圈似乎仍在德清。一年前，他的诗集《远方的诗：年轮》出版，我主持了诗集的首发座谈会，和许多师友一起分享了杨宏伟纯净的诗歌。出乎我意料的是，一年后，杨宏伟以诗人的眼光完成了一次关于故乡尚博村的叙事，一部乡村生活的追忆笔记。

读了他的文稿，才知道这些笔记他断断续续写了5年，是他的诗之余。我曾在他的QQ空间读过他的《祖屋》系列，当时就感到十分入味，那种醇浓得像德清特有的烘豆茶一样的乡土味。这些作品，放到当下国内的各类乡村叙事中，也毫不逊色。

我们都在经历一个前所未有的历史大转变。我们的乡村正在以惊人的速度消亡，那种让人熟悉亲近的老屋、弄堂、石桥、河埠正在遭遇拆除、推倒、搬迁。我们与传统的乡村生活渐行渐远，乡村里看不到连绵的稻田和油菜花，人们走进了工厂在流水线上忙碌，乡村老屋里看到更多的是老人们的身影，年轻人住进城市小区或整齐划一的农民新村。尽管留住乡愁成了人们口头的共识，但乡愁随着乡村生活的淡化而日渐稀释。不少写作者以敏锐的触角感受到这些不可避免的转变，力图用自己的笔去记录即将逝去或已经逝去的生活与风景，去挽留人们内心对乡村生活的信念与坚持。这些写作，最有代表性的是熊培云《一个村庄里的中国》、梁鸿《出梁庄记》……杨宏伟立足位于江南的故乡尚博村，围绕自家的祖屋，说故乡话，讲故乡亲人事，追寻内心深处的故乡记忆，场景式、情境性地还原纪实那些让他魂牵梦萦的悲伤的事、赏心悦目的事、感慨的事、扼腕的事……那些隐藏在乡村深处的陈年的战乱、说媒、娶亲、丧事、分家、溺亡、吵架、偷情、游戏、"双抢"……一一呈现江南农村的风俗旧景。他叙述的时间跨度，从祖辈见证侵略者残暴与虚伪的抗战时期，一直到自己亲历的20世纪80年代。凡是和杨宏伟一样有过江南农村生活经历的人，都会被这些朴实的文字深深吸引，勾起童年的往事回忆，唤醒乡土的记忆，很多的事好像自己也做过、看过或听过。

杨宏伟的乡村叙事的视角是独特的，他完全以自身为切入口，以杨家祖屋为叙事的主场，以祖屋里的主人为主角，讲述发生在自家的事，叙述起来更为真切、感人，让人感同身受，身临其境。祖屋的主角自然是他的爷爷（钟管人称阿爹），祖孙隔代亲，自小身体孱弱的作者与爷爷最亲，而单身的爷爷时常兼着奶奶的身份，他带着孙子钓鱼、养鱼、游泳，又为孩子做饭，甚至会做蚕豆酱、酿甜酒，可以说爷爷让他的童年更为饱满丰硕。他又以祖屋为圆心，把圆画到了整个尚博村以及周边的村落，让他的叙事更具延展性。而他的所有的叙事，常常弥散着乡村生活的神秘和淳朴，或许正是这种神秘与淳朴，维系了传统村落原生态的道德精神的传承。当全村陷入对于地震的恐慌和绝望时，村里的聋子阿太告诉大家："今朝观音菩萨从湖州来，过尚博时到我这里转过了，菩萨对我说，过了今朝，明朝就好了。"或许这只是一位乡村老太的愿望与梦想，只想给村人些许的安慰。兄弟分家，老大为了各自分到的房子面积均等，拆去里屋的内墙，重新砌了一堵弯墙，主动给老二让出一只菱桶大的面积。这堵弯墙成了村里兄弟谦让和睦的象征。祖屋过弄里的墙上有一个与隔壁相通的小洞，与邻居经常在这个小洞里互通有无，有时是一碗番薯，有时是几个圆子，但凡是有器物盛装的，往往立马就会得到回报。在物质非常贫瘠的年代，这种互通有无给乡村生活带来了些许温馨。

作为一名诗人，杨宏伟是善感的，在一种怀旧的氛围中，他娓娓道来，真实地袒露自己的生活体验和情感记忆。和江南很多村子一样，尚博村每大都在演绎生老病死的故事,而作者对于死的感触尤为敏锐。他至亲的爷爷去了,他感到爷爷成了梦中的老人,这个老人保持着当年的模样,永远不会再老去。他站在河堤上,目睹一个异乡的女孩溺亡后的悲伤场景,他感到距离这份绝望和伤痛,只有一条小河的距离,距离死亡,也只有一条小河的距离……他甚至对祖屋里生活过的猫与狗,不仅记得它们的习性,也清楚它们离去消失前的神态,流露出无限的哀愁。他的善感也延伸到乡村生活的各个场景与事物,那些给人欢乐又充满危险的河流,那些祖屋墙头的花草或田间地头的桑树……

乡村生活正在离我们远去,留一点记忆是好的,能留一点个性化的记忆更好。杨宏伟率真的写作,是完全去除功利、回归自我的书写,是个性化的心灵倾诉。这,在处处功利的当下,显得难能可贵。

是为序。

2016年11月,写于浙江德清

(杨振华:浙江省德清县人,中国作家协会会员、湖州市作家协会副主席、德清县作家协会主席。)

目 录

第一辑 祖屋

003　祖屋里的老人
008　阿爹
011　我家的厨师
015　世袭垂钓者
018　养鱼
021　游泳
024　吵架
027　老母鸡
029　老鼠显形
031　老钟
045　阿爹之死
051　祖屋里的孩子
062　屋顶之上
067　父亲心里的老人
073　祖母

085	祖屋的女儿（一）
092	祖屋的女儿（二）
098	祖屋的女儿（三）
106	祖屋（一）
115	祖屋（二）

第二辑　动物

123	猫
127	狸头猫
131	狸狸
137	狸狸，花花，小花
141	小黄
148	阿花
154	小黑
160	阿黄
167	小动物
171	土蜜蜂

第三辑　尚博

179	鳝鱼钓
184	夏收
188	抢种
192	冬天的味道
196	尚博的蛇
202	河那边
200	屋脚下

214	愚蠢的洞主
223	金泥鳅
240	北京鸭
255	游戏
262	死的警告故事
266	孩子之死
272	河流里的手臂（一）
281	河流里的手臂（二）
287	野事
308	聋子阿太
313	胡细毛
321	麻子阿琴
335	三个人
346	钟管
352	尚博

第四辑　外婆家

367	渔家庄外婆家（一）
397	渔家庄外婆家（二）
416	邱家坝
429	清水湾外婆家

第五辑　小学

443	小学
457	丽华
459	国良

| 462 | 芬娜 |
| 464 | 立华 |

第六辑　那些事，那些人

483	祖屋，心灵，写作　　杨宏伟
492	我的学生杨宏伟　　陆秋英
496	那些往事，那个人
	——忆我与杨宏伟老师二三事　　黄复旦
500	我的语文老师　　骆静静
502	记忆里的那个人
	——记我的启蒙老师杨宏伟　　沈苗苗
505	致敬杨宏伟老师　　郑凡

| 507 | **跋　写作，就是心安理得　　杨宏伟** |

第一辑 祖屋

祖屋就是老人

祖屋里的老人

讲到祖屋，一定要讲到与之有关的老人。我家祖屋里的老人，挂在面南墙壁上的老祖宗，也就是我祖父的祖父，直接给予我对于老人的印象。在当时的我看来，老人就应该是这样沉默无语，又黝黑无底的。在我出生以后，老祖宗的子辈，已经全部归于黑暗，却没有如他们的父亲那样，把他们的容貌眼神定格在老照片里。老祖宗的孙辈、曾孙辈、玄孙辈，在我小的时候，有了四个：我的祖父，我的父亲，还有我们兄弟俩。这个被我们叫作阿爹，被村人叫作阿金的我的祖父，是我父亲的叔叔。我父亲的父亲，小名叫阿贵，在村里仅存的为数不多的老掉牙的老人心中，是永远不会黯淡的——在当时，他曾是邻近几个村公认的美男子。我的这位祖父死于英年，刚刚二十三岁，花一样的年纪。是痢疾要了他的命。

在祖父死的时候，我的父亲不满周岁。这种幼年丧父没有给我的父亲留下直接的印象，却给他的一生留下了深远的影响。我的父亲气质中有一种绵长的柔弱与坚忍的幽暗气息，仿佛是对于他的父亲永远的哀思。

所以，是一个叫作阿金的、被我们叫作阿爹的老头，我父亲的叔叔，从我们在祖屋里呱呱坠地那一刻起，就是祖屋里的老人。阿爹是个羸弱的老人，患有气管炎，常年咳嗽，气管炎后来转化为肺气肿，更是度日如年。阿爹有两大爱好，抽烟与喝茶。阿爹平时抽的烟有西湖、大前门、飞马、利群、旗鼓……阿爹对于红茶情有独钟。每天起床第一件事，就是烧水泡茶，然后就是烧粥。人们都说空腹喝茶不好，阿爹对此不以为然，依然在粥烧好之前大口大口地喝茶，他的这个嗜好让我在学到"开门七件事——柴米油盐酱醋茶"

的古语时恍然大悟。但古语中的七件事，还是把茶放在了最后的位置，也就是说，茶差点就沦落在七件事以外，差点成了很普通的一样事物。但我的阿爹却全然相反，他把茶放在七件事之首，仿佛茶是他能够活下去的最重要的物质基础。所以，每天我们起床，总是看见阿爹端着茶杯在烧粥。

香烟则是阿爹的又一大爱好。似乎只要有手能腾出来拿烟的空隙，他就会想到抽烟。我无从知道这样一个看似柔弱的老头是怎样学会抽烟的，由于大半辈子抽烟，他抽烟很老到，很宁静，就是皱着眉头，也仿佛很有风度。阿爹的衣服大都是有窟窿的，那是被烟灰烧的。就连被子，也总是点缀着焦黄的烟洞。这个老头的手指是焦黄色的，特别是每天夹烟的那两根，更是与众不同，仿佛镀了一层古铜，指甲处闪闪发光，仿佛是庙门开启时首先见光的几根金柱子。与老头有关的很多东西都是香烟味，我和弟弟经常把他的被面提起，然后整个人像扑向令我们神往与欣喜的波浪那样扑到被面上，在一股随之扬起的掺和着无数品牌的香烟味的清风里陶醉，在陶醉里美美地说："真香啊！"老头的整个人也都是香烟味，只要他在临风的门口一坐，整个屋子里都飘满了香烟味。就算他在一个最靠里的角落里坐着，整个屋子也会变成一个气息氤氲的空间，仿佛一种香味，在产生，在发酵，在弥漫。我时常看到几个想抽烟却又抽不起烟的老头，总是有事没事很喜欢坐在他旁边，我估计他们除了在等待我家阿爹发他们一根香烟外，还在陶醉于就算最坏，也异常醇美的享受里——在这个浑身充满烟味的老头的气息里，定能过足自己的烟瘾。

我家的这个老头其实是一个很孱弱的老头，浑身清瘦，几乎没有什么肌肉。在我很小的时候，我对死亡很恐惧又很好奇，总是不厌其烦地问阿爹："阿爹，人什么时候就死了呢？"阿爹似乎很平静，对我小小年纪问这个老练的问题仿佛并不感到惊异，他总是不厌其烦地把袖子捋起，露出最上面一段手臂，指着似乎一直耷拉着的内侧皮肉说："等到这块肉没有的时候，也就要死了。"所以我总是很恐惧，因为我看过村里男人的那块鼓鼓的肌肉，就连一些不太害羞的偶尔赤膊露出乳房的妇女，那块肌肉也远比阿爹的要健壮。所以，在我看来，阿爹的上臂臂弯里，只有皮，没有肉，或者仅有马上就要消失的一点肉——这种印象的后果是严重的，我总是坚信不疑于阿爹的不久于人世，所以总是在不安甚至恐惧里经常让他把袖子捋起来，这样我就可以时常确认那个老臂弯确乎没有发生与上次相比太大的变化。虽然似乎每次都能得到确认，但我还是经常经历恐惧。每次去做客，仿佛回到家的时候总在天黑以后，我总是在一种莫名的忧惧中最先跑进家门——边跑边喊"阿爹，阿爹"。得到回应，我会感到很高兴。但也常有似乎没有得到回应的，我总是以极大的胆量跑进漆黑一片的家门——终于，看到八仙桌的一个角边，亮着一点烟火，有时在黑暗中划动，有时却一动不动，我像得到了极大的安慰一般，再次大声地叫着阿爹。阿爹此时的回应我听得清清楚楚，虽然如此，经常是眼眶里有眼泪。阿爹此时把电灯点亮，我终于看到阿爹完好无损，仿佛一天的煎熬得以暂时缓解了。

我与阿爹的如此深情是有渊源的。我从小体质虚弱，隔三岔五就会发烧，而且一烧就会烧得很高，村里的赤脚医生总是不敢再打大剂量的针剂，父母总是焦急地把我送到镇上的医院里。这个小医院里有一个胆大的女医生，她敢于给我下猛药——开出令赤脚医生瑟瑟发抖的大剂量的药方，于是一针下去，烧也就随之退了。我的父母虽然对镇上医院的那个女医生很佩服，但在这种佩服里总是掺杂着与日俱增的担忧与恐惧。因为每次把我送到镇上医院，那个上了年纪的女医生开出的剂量都在增加。母亲总是不停地说，这样下去怎么好。更要命的是，一次因为我早早就睡着了，被大人抱到楼上一个人先睡了。等我醒过来时，周围一片黑暗，隐隐约约听到楼下大人们还在聊天。无名的恐惧占据了我的心头，我边喊叫边爬了起来，向楼梯方向跑去。我没有一阶一阶往下走，而是像一个球一样从木楼梯上滚了下来。虽然后果没有想象的严重，但此后我便落下了偏头痛的毛病。我总是三天两头头痛，每次头痛，似乎身边只有阿爹，他总是给我喂从小店里买来的止痛药。每次似乎总是很有效，但后来头痛的频率越来越高了，阿爹给我喂的止痛药的剂量虽然越来越大，但效果却越来越差。阿爹在焦急中用一根钢丝，自制了一把锋利的挑痧刀，他还做了一个竹匣子来装挑痧刀。每次我的偏头痛发作，阿爹就用那把锋利的挑痧刀为我挑痧，有时扎在颈部，有时扎在眉心，随着黑红的瘀血被挤出，我的病痛几乎每次都会陡然减轻。于是，几年之后，这种令我的童年充满痛感的病痛，居然在不知不觉中痊愈了。与此同时，我发烧的频率也越来越低，竟终于难得发烧，以至于我的外婆一次惊喜地说："今天在街上碰到女医生，她说，你的外孙好久没有来过了。"现在想来，我的这个孱弱无比的阿爹无师自通地自制了一把挑痧刀，然后又无师自通地用这把黝黑的只在刀锋闪烁光芒的挑痧刀，在我病痛的身体上一刀一刀地扎，一把一把地捏，用粗糙蜡黄的草纸擦去的不仅仅是病血，还是我身边的大人们内心最深处的隐忧。

所以，除了我的父母，能够把我看成是自己的一件作品的，大概就是我的阿爹了。我从小吃饭挑剔，母亲经常拿着饭碗追着喂我。等到我稍大，能够每天面北坐着看着老祖宗吃饭了，又自然而然生出另一个不好的习惯：等到家里人都在围着八仙桌吃饭了（包括我的弟弟），我爬到凳子上往桌面上一看，总是难得有例外地边说"没有菜蔬，不要吃"，边又爬下了凳子。每每此时，老祖宗照片下面面南而坐的阿爹，总是放下碗筷，说："给你煎个荷包蛋。"等到阿爹把荷包蛋煎好，我会正式落座，在弟弟的口水声里美美地吃着独享的美食。也许就是从这些细节中，我的弟弟就天然地生出了对于我家这个老头的不满。这种不满虽然稚嫩到难以用语言来表达，但总有一天会像一个花苞一样慢慢成形，并绽放开来，甚至结出属于自己的果实。

我的弟弟从小身体就好，我母亲常说，你小时候经常吃托人从上海买来的奶粉，你弟弟就只吃粥饭。但就是这个只吃粥饭的弟弟，长得虎头虎脑，健康活跃。我从小老实，总是很直接地表达自己的心愿，但我的弟弟从小就懂得策略。夏天似乎是一个令我们神往的季节，因为这个季节里有我们的期盼，可以在极度的炎热里吃到极度冰冷的棒冰。这种冰火之间的感受给我们留下了深刻的印象。卖冰棍的往往是一个老头，背着一个木箱子，用一块小方木敲在木箱上，发出令无数小孩神往的啪啪声。一到村口，老头就坐下来，用毛巾擦完汗，仿佛一下子恢复了体力，拍出的声响仿佛激活了整个村子的神经。很快，一扇又一扇的门里跑出一个又一个的小孩，用紧紧攥着的五分钱，换回一块绿豆棒冰，或者奶油棒冰。每次听到老头的啪啪声，我总是扯着嗓子喊:"姆妈(妈妈),我要吃棒冰!"虽然大多时候我们都会如愿吃到棒冰,但我如此直白的要求也常会招来母亲的一顿呵斥:"这么大了,就晓得浪费钞票!"有很多次我在屋里,我的弟弟从外面跑进来,在我的耳边轻轻地说:"阿哥,外面好像在卖棒冰。"听到这样的话,我又扯着嗓子喊:"姆妈(妈妈),我要吃棒冰!"虽然大多数时候我们还是如愿吃到棒冰,但我也常会遭到母亲另外一种呵斥:"连弟弟都不如,就晓得浪费钞票!"而此刻的弟弟,总是一脸皮笑,似乎幸灾乐祸,又似乎早就料到,在幽暗的光里吐着舌头。但我所有挨骂的沮丧,很快就消失在棒冰的美味里。

总是一群小孩一起吃棒冰,蔚为壮观。为了不让一滴甜水浪费,我们总是用碗接着哑棒冰。五分钱的棒冰味美无比,我们吮啊吮,一丝一丝地吮着,棒冰的甜味从冰块的纹理之间应声游来,游进一张张渴望甜味的嘴巴里。一块块原本滋润丰满的青绿色、赤红色或者乳白色的棒冰,逐渐变得瘦削,并失去了原先的颜色,变成清一色的苍白。虽然此时我们手里的棒冰和一块普通的冰块无异,但我们似乎依旧陶醉于这种淡而无味,依旧一丝一丝细细地吮着。累了,把棒冰放在碗里休息一下,总有小孩惊讶地说:"你看你看,我的碗漏了。"边说还边给别人看碗的外壁上一颗又一颗的水珠。虽然每天都有小孩惊讶地给别人看自己的碗漏了,但所有的小孩都陶醉于这种惊讶中,似乎乐此不疲。

我的阿爹经常在门口晒太阳,我很喜欢坐在他的膝盖上。弟弟看到我很享受的样子,便会招着手对我说:"阿哥,你过来,我跟你说句好话!"听到这话,我便从阿爹的膝头滑下来,直奔向弟弟。弟弟像箭一般跑向阿爹,爬到了阿爹的膝上,很享受地说:"现在我坐了!"虽然我很生气,但经常重蹈覆辙,落在弟弟并不太修改的圈套里。这些全都看在阿爹的眼睛里。所以每次父母训斥我的时候,阿爹总会说:"大块头(指我弟弟)也不好。"而此刻,我的弟弟总是咬牙切齿地跑得老远,咬牙切齿地说:"你这个老头子。"

2012年2月16日,写于上海

阿爹

阿爹是我记事起就在我身边的老头子,所以对于老头子,甚至关于老的最初印象,都是在他那里得来的。他瘦弱清癯,优柔寡断,凡事慢条斯理,胆小怕事,总显得很温和,可一旦发起火来,也会令人害怕。这样一个似乎总是处于思考状态的幽暗的老头,一生没有娶妻。但村里人都知道,他有一个女儿,是他和村里一个女人的私生女。这种在黑暗中缔结的情与血缘,给我家带来了很多的纷扰。

为我阿爹生下女儿的女人和我阿爹一样,自我记事起就已经是一个老人,但这个老人和我阿爹不同,她身材健硕,即使已经老了,也依旧清清爽爽,显出十足的活力与魅力。可以想见,在这个老女人年轻时,对于男人,特别是没有妻室的男人,该具有多大的诱惑力。这个女人不是一般的人物,到过不少码头,嫁过几任丈夫,生过几个子女。她来到我们村的时候已是风韵十足的少妇,带着一个女儿,嫁给了一个叫九宝的矮小丑陋的男子。阿爹的私生女身材体形遗传了母亲的健硕风韵,而性格气质却承继了父亲的幽静与安宁,可以说,这个女儿具有不可多得的诱人魅力。

在我还没有出生以前很长一段时间,我家一直纷扰不断。我家只有我阿爹和我父亲两个人,一个是虽处壮年却柔弱幽暗的成年人,一个是与这位嫡亲叔叔相依为命的孩子——我的父亲,他周岁以前失去父亲,之后不久母亲改嫁,十三岁时失去祖母。在那个能干又风情万种的女人看来,这个家完全在她的掌控之中。情况确乎如此,我的阿爹,出于对女性的不可抗拒的迷恋,以及处于阴暗中的爱与情缘,总是在暗中把自己的家底一点一点向女人家里转移。也许，多年家道的衰落，给这个男子造成了这个家不可救药的宿命般的印象，所以，对于我的父亲，虽然他也努力付出亲情，但没有抱太大的希望，以至于没有打算把家底的更多部分留给他唯一的侄子。我的父亲就在叔叔的爱与淡漠中长大，柔弱，忍耐，让那个强悍的女人更感受到掌握别人一个家的易如反掌。转机出现在我母亲嫁到我家时，以及我和弟弟两个孩子依次来到人世后，阿爹对于自己家庭的宿命式的悲观开始动摇，他开始逐渐停止了把自己的家底一点一点向女人家转移。对于柔弱无比的阿爹的这一变化，那个女人的反应是强烈的，她甚至挑拨并联合村上另一个强悍的女人对我家一再叫骂。

有一天，我们几个小孩在前头屋里玩。这天一起玩的小孩除了我和弟弟，还有来我们家做客的表弟和表姐。我们把一个布娃娃放在泥地上，用几根稻草抽打它的屁股。我们边抽边说，"叫你不乖，叫你不乖"。当我们玩得兴高采烈的时候，那个被挑拨的妇女像疯子一样冲进我家大门，在地上打滚，涕泗横流，好像很痛苦。她嘴里是很下流的话语，我们虽然年幼，但还是听懂了她在涕泗横流中所表达的意思，原来，这个悍妇和我父亲狭路相逢，悍妇指桑骂槐，对我父亲侮辱又挑衅，我父亲已经到了有点血性的年龄，他竟第一次说出了有些豪气的话语，让悍妇完全没有心理准备。悍妇把她的丈夫叫来相帮，这个沉闷的男子过来要抓扯我父亲的衣服，我父亲竟依旧有点豪气地抡起一脚，踢在沉闷男子的裤裆里。沉闷男子终于有生以来第一次打破了沉闷的习惯，在地上打起滚来，并像捧着新捡的鸡蛋一样小心地捧着自己的裤裆。悍妇置满地打滚的丈夫于不顾，随即跑进我家打起滚来，其痛苦状一点不亚于她那个满地打滚的丈夫，她当时说的话令我至今难以忘记，她说，"我今世最好玩的事情被葬送了"。当时的我能理解她关于我父亲踢了她丈夫的描述，但不能理解她的这句近乎天书的话。之后很长一段时间，我父亲用船载了那个被踢中裤裆的男子去看病，大小医院看了不计其数，虽然医生说伤口已经愈合了，但悍妇用自己的亲身经历无可辩驳地证明自己的丈夫绝对还没好，她每次都说，以前时间很长，很厉害，现在进都进不去——"我今世最好玩的事情被葬送了"。虽然悍妇在很多场合对于自己谜面般的话语"我今世最好玩的事情被葬送了"进行了大段具体的注解，但我还是听不懂。我的父亲自然很无奈，用船载了那个沉闷男子反复地去医院，最后医生终于生气了，对着沉闷男子破口大骂，沉闷男子被骂得汗血激扬，裤裆里的家伙竟当场像农民揭竿而起的竹竿那样挺拔激昂跃跃欲出。沉闷男子为自己少有的雄壮又自豪又诧异，医生就像抓住了证据一样又破口大骂悍妇，骂她是泼妇，悍妇，敲竹杠，骚货，不要脸，骂她暗里快乐不断，明里极端无耻欺负老实人。医生那天整整骂了一个下午，天快黑的时候还唾沫横飞意犹未尽，说见过不要脸的，没见过这样不要脸的！虽然悍妇经历过很多大场面，但哪里见过这架势，她的悍在医生的正义凛然面前完全是小巫见大巫。悍妇像个做了错事的小孩那样终于低下了头。

　　医生的破口大骂终于止息了这场纷争。在这场纷争中，阿爹也像一个做了错事的小孩，在他的侄子面前一直抬不起头来。再后来，随着我们兄弟俩的逐渐长大，以及母亲的不示弱，阿爹对于自己家庭眷顾的坚持，两个远近闻名的强悍妇女对于我家的骚扰，终于逐渐减弱，并最终止息了。

　　之后阿爹与那个女人保持了距离，不再交往，路上碰到也很少说话，近乎成了陌路。在我的印象中，到后来，这两个老人与村中的其他老人并无太多区别。他们的女儿也逐渐出落成楚楚动人的大姑娘，后来嫁了同村的一个年轻人。那天我正在家里写作业，阿爹坐在灶间的小凳上抽烟喝茶，这个楚楚动人的新娘子走了进来，塞给阿爹一大把糖，说："叔叔，我妈叫我来的。"阿爹抬起头看了一眼新娘的脸，只说了一个字："哦。"仿佛内心不起一丝的波澜。等到新娘子走出家门，阿爹又把头埋进了苦涩的茶杯里。

2015年7月9日，写于上海

我家的厨师

阿爹虽然羸弱，却是远近闻名的能人。阿爹早年读过私塾，有一个好听的读书名字：杨云松。不知道这个读书名字是谁取的，其中寄寓的深意似乎终于深深地融入了他的幽暗气质里。他似乎总能高人一等，问题比别人看得深，事情比别人做得精，当然，偶有手段比别人辣，决然而然，没有余地。

由于有文化，阿爹曾做过小队里的会计，我家墙壁上挂着几个黝黑发亮的算盘，就是他早年用过的。阿爹无师自通，很会养蚕，是小队里的养蚕师傅、蚕桑指导员。阿爹会磨刀，家里的剪刀、菜刀、剃头刀，总是亮光闪闪的。我家总有几个来刮胡子的常客，进门就喊，"阿金，阿金，借你的剃须刀用用"。阿爹总是把刀递给对方，总不忘提醒一句，"很快的，小心"。由于个子很高，绰号被别人叫作"马桶"的春法，就是来得最多的一个。他个子很高，胡子也多，每次总是半蹲着身子照着我家天井口的镜子刮胡子，每次刮完总不忘说几句胡子刀真快这样的好话。阿爹总是在一旁笑着接过剃须刀，小心翼翼地折叠好，边折边说"下次来好了"。

由于我家好长一段时间没有老年女性，阿爹的角色便显得很特殊。我的父亲幼年丧父，母亲改嫁，所以，早年阿爹便承担起既是爹又是妈的角色。等到我们兄弟俩出世，阿爹已经是个老头，又承担了既是爷爷又是奶奶的角色。阿爹的双重角色，能够给予家里的孩子以直接印象的，就是他的温暖和细腻。

自我记事起，阿爹就是我家的厨师。他每天都在琢磨着做不硬不软的饭，做味美可口的菜。在米下锅的时候，他总是把淘箩高高举起，让淘箩中的米慢慢筛落,终于在锅底形成一座米山,然后再加水。有几次他看见我在他身边拿惊异的眼神看他的超人绝技,就不紧不慢地告诉我,水加到米山的山头不到一点的地方,烧出来的饭不软也不硬。阿爹烧饭很讲究火候,等到蒸汽从锅沿钻出,他就停火了。我家的灶头上有一个洞,烧火的人能够从洞里观察饭烧滚了没有。也经常是我和弟弟看到蒸汽扬起,便大叫"滚了",此时,灶下的阿爹便快速撤了火。几分钟后,阿爹会再烧几把"饭后火",等到蒸汽再次从锅沿钻出,饭就烧好了。每次,果然如阿爹所说的,不软也不硬。

阿爹经常说,"阿红(我的小名)像我,嘴巴很刁,只吃新鲜的"。似乎为了满足我,他总是想方设法做新鲜的菜。我最喜欢吃阿爹做的"斩炖肉",每次,阿爹总是剔尽肥肉,把颜色鲜丽的精肉在案板上斩碎,再拌进榨菜末或笋末,放入盐、黄酒、葱,之后放在蒸架上蒸——等到饭烧好了,斩炖肉也做好了。斩炖肉味美无比,肉好吃,汤也好吃,从小嘴刁的我,在这道菜的诱惑下,吃进了很多的米饭。看着我在米饭的滋养下一天天长大,虽然依旧瘦弱,经常生病,我的阿爹依旧很满足。也许在他看来,所有的小孩都是一样的,都嘴刁,都难养,所以家里一定需要老人,需要老人像老鹰叼小鸡时的眼神一样,拿专注的眼神关注着家里的小孩,想尽办法让他们吃饭,不让他们生病。阿爹经常说"阿红像我",他一定是在我身上看到了自己,他自己小时候也许也是嘴刁,难养——而且,几乎是肯定的。他一定是在家里老人的呵护下,有了长大的机会。所以,等到他是老人的时候,养育他的老人成了他,而我,成了当年那个嘴刁难养的他。

在离家不远的一块高地上,有我家的一块自留地。自留地里种满了蔬菜,作为我家厨师的阿爹,自然经常拎着篮子去那里。自留地也是我们兄弟俩非常神往的地方,因为地里朝东的坡面上,有几棵野蔷薇。这几棵野蔷薇总是在每年的同一时间,像实践诺言一般,把细小的白花开在那块高高耸起的地里。野蔷薇浓郁而又清爽的香味对于我,有着诱人的魅力。这种诱惑在我年幼时的很多年里,在朝暮四季中,似乎都有野蔷薇独特的浓郁而又清爽的香味在飘扬。所以,每次阿爹去摘菜,我总是紧随其后。几个多嘴的妇女每天看着一个老头,身后跟着一个小孩,终于忍不住说出这样的话:"阿金,你老了,尾巴长出来了。"阿爹也终于笑起来,回头看看紧随其后的孙子,仿佛真的看见自己长出了尾巴。

阿爹的手巧还表现为对于美食的酿造。似乎从每年的春夏之交开始,阿爹便开始了一年美食的酿造。当花香飘满整个村子的时候,我家门口,正飘扬着浓郁的酱香。我的阿爹,正把一脸盆的蚕豆酱,放在门口晒太阳。酱香在酝酿,发酵,飘扬,一天比一天浓郁。酱香终于引来了很多昆虫,阿爹便在脸盆的盆沿上罩了一层丝绵。所以,经常可以看见,很多的昆虫在丝绵上爬行,舞动,推挤,仿佛这里是食堂、舞厅、独木桥……等到有一天丝绵上见缝插针般挤满了虫子,油光发亮,却也像暴雨来临前的风卷云滚,阿爹会平静地说出两个字:"好了。"于是,他会把开水倒进脸盆,用筷子搅拌,拌匀,金黄色的蚕豆酱就成形了。依旧在门口晒,每过几个小时用筷子搅拌一次——几天之后,美味的蚕豆酱便做好了。

荷花盛开的时候,是酿甜酒的最佳时候。我家的酒药也是阿爹自己做的,主料是米粉,引子有两样,一样是新鲜的荷花花瓣,一样是隔年的一点老酒药。酒药的做法不难,把隔年的老酒药捻碎,把新鲜的荷花花瓣剁碎,掺在米粉里,然后加适量的水,用手揉捏成块状,进而均匀地分成小小的块状,用手搓圆,经过阳光暴晒,一个个小小的飘着清香的米粉圆子就是酿甜酒的酒药了。

与做酒药相比,酿甜酒的过程就要复杂许多,以至于很多精细能干的妇女,在酿甜酒的过程中一再地沮丧——不是太淡了,就是太辣了。而我的阿爹却没有一次失过手,每次酿出来的甜酒总是不淡不甜,味道刚好。每次阿爹酿甜酒的时候,仿佛显得特别的深沉,仿佛只是在按他的想象做,没有话语。先把一锅糯米饭放进脸盆里,然后晾在整个屋子最幽暗的地方,等到米饭凉了,阿爹就开始下药。捻碎的酒药均匀地撒进米饭里,边搅拌边撒。阿爹的两只手一边像天女散花,一边却像大力士撼动乾坤,仿佛他是一个画家,把自己画成自己心仪的理想形象。等酒药撒到阿爹想要的理想的浓淡均匀,阿爹的手就突然停歇,仿佛得到了高手的指令。拌好酒药的糯米饭安静地躺在脸盆里,服帖,舒适,心悦诚服,阿爹便在它们中间搅个洞,仿佛米粉们可以在这个洞里洞见天地的玄机。脸盆被阿爹放在过道的盘架上，上面罩着一层薄纱——往往不久，酒香就开始飘扬起来，飘满屋子的每个角落；一天以后，我和弟弟往往在酒香的诱惑下，忍不住撩开薄纱来看，我们总是看见一汪碧绿的清泉，在那个能洞见天地玄机的小洞里对着我们微笑。等到我们欢呼雀跃地把这个好消息告诉阿爹的时候，阿爹却是很平静，似乎没有任何应答，只是停下手中的活，把脸盆放进了水缸里。对于阿爹这个奇怪的举动，我和弟弟只是看，从来不问原因。等到酒香顶破水缸的缸板，阿爹说："好了。"于是，就在脸盆里加开水。之后脸盆被再次晾在整个屋子最幽暗的地方，隔夜之后，令我们垂涎欲滴的甜酒酿也就好了。美味的享受往往要持续一天，但阿爹似乎不喜欢这种他自己酿造的甜味，他只是一味地看着我们享受，不太见到他和我们一样用碗盛了大口地喝，大口地吃。

到了冬天，阿爹就酿年酒。阿爹会用一个小缸来酿，酒缸被窝在稻草中，精心照料。阿爹酿的年酒甘洌凶悍，后劲十足，能醉倒任何自信的酒鬼。因为味道甘甜，所以酒鬼在醉得不省人事后再省人事之时，往往会说，"上当了"。有这种待遇的是另外一个也被我们称为"阿爹"的老头，阿爹的姐夫——叙宝。我的父亲也在阿爹酿造的年酒的一年又一年的滋养下，逐渐成长起来。但阿爹对于年酒却是滴酒不沾，虽然他面南而坐，最老，但他说："这酒，太凶。"

2015年7月11日，写于上海

世袭垂钓者

阿爹的一个爱好是钓鱼。阿爹的这个爱好，也终于对我产生了深远的影响。

村里其时有很多的老头。这些老头有老得掉光了牙的，有正在掉牙的，有刚刚才有点老头模样的。我的阿爹属于中间的那一种老头。

老得掉光了牙的老头在村里并不多，给我留下深刻印象的有这么几个：一个走路像踩着棉花的绰号叫油豆腐阿坤的老头，一个似乎终年在打瞌睡的名叫金荣的老头，一个经常骂洋人的绰号叫和尚的老头。令人感到惊讶的是，这些最老的老头们几乎都有绰号。正在掉牙的老头们也基本上都有绰号。这些正在掉牙的老头们，是村里老头的主体，他们是老头中的中流砥柱。

这些尚博村的中流砥柱，是村里最有活力最有内涵的一个群体，就像夏天不深不浅的树荫。而我，就是一个一到夏天喜欢经常待在树荫里的小孩子。我对待在夏天不浓不淡的树荫里有深刻的体会，那就是，我能够听到夏天里好听的声音，听够了，也能够轻松自在地跑到阳光里，看阳光怎样在树梢上奔跑。而如果树荫太深太浓的话，我是有恐惧心理的。我曾经在最浓郁的桑树地里采摘桑葚，我听到的声音很深，比地里蚯蚓的鸣叫更深，也比我身旁棺材里发出的声音更深，于是我想到了逃跑。我撒腿就跑，一路都是浓密的树荫，我逃跑的路也成了树荫，我怎么也跑不出那天午后的树荫。我哭了，我的哭泣里满含着恐惧、委屈、无助和绝望。听到哭喊声，母亲从遥远的地方赶来，叫着我的名字，把我带出了这片令我终生难忘的树荫。

村里老得掉光了牙的那几个老头，就是这样的太深太浓的树荫，因为他们的脸上常有一种令我生怯的气息。譬如，当我在毫无心理准备的情况下抬头望见油豆腐阿坤的脸，可能会害怕得哭起来，并下意识地想到逃跑。因为这些脸与我见到过的墙上挂着的那些脸很像，都充满了苍茫无边的讲述。这里的无边无际让我——一个小孩子感到恐惧。

而作为村里中流砥柱的包括我的阿爹在内的老头们，则让我感到亲切、安慰、温暖。他们大多也有绰号，这些中流砥柱有大脚风来法、跛脚小狗、麻子阿琴、邋遢胡细毛、洋鬼子五宝……我的阿爹也有绰号，在这个群体里，阿爹的绰号也很有特色：烂污阿金。绰号是对一个人最显著特征的概括，越是老辣，越能显示概括的精准。在一个绰号诞生的时候，主人往往是抗拒的。但这种抗拒又往往是无力的，终于慢慢接受，让这个不是爹妈给的名号抢了爹妈给的名字的风头。尚博村的绰号往往冠在名字前面，譬如我阿爹的称号烂污阿金，前半部分准确描述了阿爹遇事不急不慢、不温不火的性格特征。

在我还没有上学的时候，经常听见老头们在门外喊叫："阿金，去钓鱼了！"阿爹每次都是答应着出门，每次总是把我也带出家门。仿佛我是这些老头们钓鱼队伍中不可或缺的一个成员。

事实也是如此。如果这个队伍里缺了小孩，老头们可能会感觉到异样。这种感觉一定来自他们的记忆深处。因为他们也曾经是小孩子，被他们的老头们带出家门，去广阔无边的河面上钓鱼。而如今，当年的小孩子变成了老头子，新的小孩子跟在了他们的身后。

每个老头都有一条小木船。我们的小船从河埠头的树荫里出发，驶向宽广的长漾。长漾是一条大河在流经尚博村的时候突然长大的部分，很像是一个女人怀孕的肚子。因为这个漾不是普通的圆形湖泊，而是长长的，所以叫长漾。尚博村口的长漾自南而北流淌，南方不远的地方是著名的苎溪漾，苎溪漾比长漾更为宽广，且是圆圆的形状。苎溪漾前面是英溪和东苕溪的交汇口。尚博村在长漾的西北。漾的东边是一个叫漾口的村子。这个村子的名称准确地描述了村子的位置以及与长漾的关系。

我和阿爹的小木船，也终于稳稳地在水草里停住。长漾里的水草，是繁殖能力很强、被称为"东洋草"的水生植物。东洋草顽强的生命力显而易见，它能在最干旱的地上蔓延,也能在水里蔓延。东洋草的茎叶绿得发黑,开一种白色的球状小花。

尚博村家家户户养羊,东洋草是主饲料,所以长漾里的水草是家家户户分片种养的。老头们把船划进东洋草里,就像一匹匹马趴在草丛里休息。东洋草里有很多小洞,是老头们先前用木桨捣出来的钓洞。老头们可以在这些老洞里垂钓,如果不满意,可以重新捣洞。

阿爹和其他的老头一样,把空无一物的鱼钩放进钓洞里,一提一放,注重节奏。这些技艺精湛的垂钓手之间,保持着合适的距离,相互之间很少说话。所以我在很小的时候,在加入这个垂钓队伍的那些绵长的时间里,就在清风荡漾的长漾河面上,深刻地体会和实践了老头们的沉默。这种沉默里充满了期待。果然,长漾里的白鱼,对这些没有任何诱饵的鱼钩垂涎三尺,纷纷上钩,被老头们钓进船舱。

阿爹因为缄默的性格最为显著,所以阿爹钓鱼常常会有鱼贯而入的奇妙景观。长漾里的鱼们对于我们的船舱,似乎充满了向往,就像传说中的鲤鱼跳龙门一般,一条刚刚滚进船舱,另一条咬着尾巴也滚进了船舱。于是,从水面到船舱,鱼头咬着鱼尾,成为一道亮光闪闪的银色虹光。这道虹颜色纯一,如同午后河面上氤氲而生的纯一气息。在河面不远处垂钓的另外的老头们,往往会打破沉默,问道:"阿金,你是怎么钓的?"阿爹似乎没有听见任何声音,保持着垂钓者的姿态,不发一声。

坐在船尾的我,从小就看惯了鱼贯而入的奇妙景观,所以在此后漫长的岁月里,当别人看到某些不敢相信的人和事惊叹赞赏的时候,我总是显示出淡定自如的神色。因为从小就习以为常的那些景观,让我在心的底部打下了不能轻易变易的底子。

于是,我,在一个又一个充满奇观的午后,在离阿爹不远的船艄上,悄无声息地成了一个天然的垂钓者。在鱼们愿者上钩的时候,这个垂钓者深谙垂钓的真谛:时间,是最真实的河流。

2015年7月11日,写于上海

养鱼

阿爹不但教我们钓鱼，还教我们养鱼。

在尚博村的小河里、大河里，沟渠里，有一种生命力很顽强的小鱼。这种被尚博人称为"苍蝇鳑鲏"的小鱼，有着长长的尾鳍，好看的花纹，敏锐的眼睛，尖利的嘴巴。直到很多年以后，我才知道它的学名叫"中国斗鱼"。尚博人大概观察到这种鱼喜欢吃苍蝇，所以给了它这么一个朴实的名字。

苍蝇鳑鲏是阿爹最喜欢养的鱼。阿爹总是有创意的。阿爹找来报废的灯泡，把金属头圈拧下来，再用起子小心翼翼地把安有灯丝的内部结构撬下来，并且从灯泡里倒出来。这是个细致活，如果用力过猛，粘连灯泡口的内部结构会在灯泡的口子外面碎裂，没有得到想要的结果是小事，弄不好会伤到拿灯泡的手。阿爹难得失手，经过细致的操作，灯泡的内部结构在口子的边缘处断开。这个里面空无一物的灯泡，是养苍蝇鳑鲏最好的器皿。

灯泡处理完后，阿爹会把两根细小的竹棍叠成十字架，用细线在十字根部缚牢，然后让一根长长的线从这个十字架的根部生出。这项工作完成后，阿爹就清洗灯泡，灌水养鱼，把十字竹棍变成一字，放进灯泡口，展开恢复成十字架，等到四个点稳稳地顶住灯泡口内壁的时候，就把那根长长的线拎起来。

于是，在我和弟弟的注视下，一个充满想象力的鱼缸挂在了我们小床的竹竿上。我们总是不满足于小床竹竿两头挂着的灯笼一样的鱼缸。阿爹总是有求必应，找出家里所有的废灯泡，细心地制作鱼缸。家里的灯泡用完了，我和弟弟就在村里的石头缝里找废灯泡。尚博人喜欢把灯泡藏在石头缝里，大概在他们看来，这样才不至于伤人。而我们在石头缝里寻觅的时候，总有一些小孩好奇地围着我们，问我们在干什么。我们笑笑，不说话，就像阿爹那样。有一天一个好奇的小孩一再追问我们在干什么，我们就说，在找宝贝。小孩赶紧跑回家告诉大人，说我们在石头缝里找金子。这家的大人风风火火赶来，满面红光地加入了寻觅宝藏的队伍。当我们从石头缝里掏出灯泡的时候，这个大人因为耽误了农活时间，眼睛都红了，把他家的小孩狠狠地打了一顿。小孩穿着开裆裤，我们看见他的屁股又红又肿，他的惨叫声传遍了整个村子，仿佛成了尚博村的惨叫。

但我们确乎从石头缝里找出了宝贝。我们小心翼翼地把大大小小的灯泡抱回家，交给阿爹制成我家独有的鱼缸。一时间，我家挂满了这些灯笼一般的鱼缸，苍蝇鳑鲏们就在我家不同的地方游动，休憩，捕食。鱼在灯泡里游动的时候，经常让我们看见它们在水中一会儿变大一会儿变小的身体和斑斓的花纹。这些好看的花纹，在水中闪动着，如同彩带飘满了我家整个的屋子，让我们产生恍恍惚惚的感觉。我经常产生一种幻觉，仿佛我家的屋子成了一条河流，我成了其中的一条苍蝇鳑鲏。只有当苍蝇鳑鲏从水中向我投来犀利的目光时，目光里满含的逼视让我警醒，我从恍惚间醒来，明白了我和它们之间有些不一样。

阿爹和我们一起捕捉家里的苍蝇来喂鱼。苍蝇鳑鲏非常喜欢吃苍蝇，每次看到浮在灯泡口水面上的苍蝇，就把身子浮起来，卷起来，如同蓄势的弓。终于，蓄势已足，致命一发，鱼嘴如箭头，精准地命中目标。随着一声清脆的水响，几个小小的水泡浮了起来，在灯泡口碎裂开来。

等到我们把厨房里的苍蝇捉完，我们就到天井里捕捉。厨房里的苍蝇有着白色的肚皮，而天井里阴沟边的苍蝇，个头较小，浑身青绿色。我们似乎从不担心鱼们没有吃食。还没等到家里的苍蝇捕完，别人家的苍蝇们前赴后继，浩浩荡荡来到我家。大概尚博村的苍蝇有一种先天的禀赋，能够知道哪家最有活动的天地。我家每天都为它们腾出施展拳脚之天地的消息总是不胫而走，苍蝇们每天都是激动万分。那一年我家像挂灯笼一样挂满了鱼缸，村里最老的老头油豆腐阿坤，边迈着踩棉花一样的步子边说："怪了，我活了这么大岁数,还没见过家里没有苍蝇的。"大概他家的苍蝇都飞到了我家,成了我家鱼们的美食。

每天睡觉前,我们总要看看床头的鱼,每天醒来,我们也要看看床头的鱼。我们的梦里也全都是阿爹和我们精心喂养的苍蝇鳑鲏。

2015年7月12日上午,写于上海

游泳

我很小的时候就学会了游泳。我的游泳教练也是我的阿爹。

别的小孩刚开始学游泳时,他们家的大人会把家里的矮门卸下来,作为小孩学习游泳的辅助设备。这些小孩到了小河里,两只手扶着门板,双脚不停地扑腾。好几次这些小孩扑腾起来的河水,溅到了正在淘米的阿爹身上。看着这些小孩抓着门板就像抓着救命稻草,阿爹说:"这也叫学游泳呀!"显然,对于这种教法和学法,阿爹是很不屑的。

阿爹自有阿爹的教练方法。他开始教我们兄弟俩学游泳,只说:"把头埋到水里,只管划水蹬脚。"阿爹把这种游泳方法叫作"拄闷头"。每次"拄闷头"的时候,我们两个小孩就成了小河里最有活力的两条鱼,水花四溅,阿爹的脸上都溅满了我们激起来的河水。阿爹看着我们,脸上露出满意的神色。

有一次,阿爹去小河里淘米,我跟着去。到了河边,我就提出了下河游泳的要求。阿爹同意了。那一天,小河里的水很浅,等到我开始"拄闷头"的时候,我仿佛一下子就变成了一条活力四射的泥鳅。我把头埋在水里,双手和双脚像螺旋桨一样翻转起来。那天我的技艺应该达到了一定的层次,所以动作娴熟,用力也很猛。小河里沉渣泛起,冒着水泡。

我乐极生悲的最初体验,也是在这一天得到的。当我再一次把四肢划成螺旋桨的时候,我的右手无名指碰到了河底淤泥里的一块碎玻璃。钻心的疼痛,让我尖声哭叫起来。阿爹放下淘箩,抓住我的手,当他看见我的手指上鲜血不停地流淌的时候,只说了四个字:"当心点呀!"

阿爹抓着我的手指,就像抓着自己的手指。我被阿爹抓着,满脸疼痛地随阿爹回家。回到家里,阿爹从灶膛边的一个小洞里拿出一盒火柴,把侧面紫黑色的薄纸撕下来,贴在我的伤口上。这张用来摩擦生火的小纸片一到我的伤口上,马上产生了神奇的功效,血止住了,也不疼了。阿爹又说:"以后小心点。"说完这几个字,不再说话,仿佛什么也没有发生过一样。

我的伤口终于很快就愈合了。阿爹不再让我们"拄闷头",而是让我们开始学习划水。阿爹说:"把头抬起来,其他都一样。"阿爹的意思是说,除了"把头埋到水里"变成"把头抬起来"以外,另外的动作与"拄闷头"是一样的。因为有了"拄闷头"的底子,划水变得熟门熟路。只用了几天时间,我们的划水技术就让其他的小孩羡慕不已。有几个小孩说:"他们真厉害。"他们的家长说:"他们的阿爹真厉害。"阿爹此时就站在不远的地方,他自然听见了对他两个孙子和他的所有评价。有一天,他看到我们兄弟俩像河里的鸭子那样从小河的这一头划到那一头,又从那一头划到这一头的时候,就说:"好了。"我们明白阿爹的意思。阿爹是说,划水的技术已经到家了。

阿爹又教我们"潜闷头"。所谓"潜闷头",就是潜到河里向前划行。那天,阿爹为了说明"潜闷头"的动作要领,给我们做了示范。那天,阿爹放下淘箩,从河埠头的台阶上走到水里,一个猛子扎下去,瞬息没了影踪。时间一分一秒过去,河面上不起一丝涟漪。我焦灼万分地等待着阿爹浮出水面。似乎过了很长时间,河面上依旧没有一点动静。河埠头看热闹的人越来越多,也有几个人表达了内心的焦虑。但也有几个人在说:"这个闷头真长呀!"

是呀,这个闷头真长呀!长到我的眼泪从眼眶里奔涌而出的时候,阿爹还没有从河面上冒出来。我终于大声地哭喊起来:"阿爹,阿爹!"我的哭喊声盖过了那天树上知了的叫声,有好几个小孩被我带动,也都泪眼汪汪地看着河面。终于,在很远的地方,有一个巨大的涟漪生了出来,阿爹从水里钻了出来,并转身向我游来。

阿爹回到河埠头的时候,我还在哭泣。阿爹难得笑着说:"我又不是死了。"阿爹把"潜闷头"的动作要领告诉我,让我开始自己琢磨。因为有了"拄闷头"和潜水的底子,"潜闷头"对我来说也不是难事。我常常贴着河底的淤泥向前划行,在划行的过程中,我听到了从来没有听到过的声音。我的闷头也越来越长。有一天，弟弟告诉我，因为我的闷头太长，阿爹也差一点在河埠头叫出我的名字。但据说阿爹最终没有叫出声来，大概我的所有表现，都在他的预料和掌控之中。

  阿爹最后教我们的是浮水。阿爹说："要像枯叶一样停在水面上。""像枯叶一样停在水面上"，是他对浮水技艺提出的标准。所谓"浮水"，就是游泳者仰面躺在河面上。在我们刚学游泳的时候，对于浮水感到不可思议。但在阿爹的指导下，我很快就掌握了要领，能够稳稳地浮在水面上很长时间，就像一片枯叶一样。有的时候，我也会仰面浮在河面上向前划行。在这个过程中，我看到了尚博村最为美丽的天空。此后很多年，我到过很多地方，再也没有见过这么好看的天空。

  在我们刚刚学习游泳的时候，阿爹总是在我们身边亲自指导。等到我们慢慢学会游泳，阿爹经常坐在河埠上看着我们。终于有一天，我发现阿爹不在我的身边，也不在河埠石上坐着。而此时，我已经能够独自穿越整条长漾了。

2015年7月13日返回浙江前，写于上海

吵架

尚博村的孩子喜欢在一起玩,玩的花样也五花八门。可在一起的时间长了,免不了起纠纷。尚博村里的大人一般不会介入小孩间的纠纷,偶有大人介入的,总会被人揶揄道:"你大在了狗身上,和小人一样大呀?!"

阿爹自然也不愿做被人揶揄的大人,每次我们和别的小孩有了纠纷,阿爹采取的措施很独特。如果我们和别的小孩只是小吵小闹,阿爹就当是耳边风,在家里喝茶抽烟,或者做自己的家务活。但如果吵闹声实在太大,大到村子里听不到别的声响的时候,阿爹就会从家里走出来。阿爹出门的时候,往往会边走边用尚博老古话骂人。走到我们的身边,瞪我一眼,一把抓住我的胳膊,把我往家里拽。阿爹把我拽回家的时候,速度很快,似乎担心被别的小孩拉回去一般。阿爹把我拉进第一个门槛,再拉进第二个门槛,穿越过路里(厨房),把我像一根柱子一样安在天井里。

整个过程中,阿爹一言不发。没过多久,弟弟也被拽到了天井里。等到两根柱子都安在天井里之后,阿爹就走开,去做自己的事情。在整个过程中,除了出门时用尚博老古话骂人,始终一言不发。

在阿爹的一言不发里,依然饱含着一种我们能感受到的训诫。这种训诫让我们老老实实地做柱子,面对着墙壁,一言不发很长时间。但我们终于开始面面相觑,并嬉皮笑脸起来。每次总是弟弟先蹑手蹑脚起来,蹑手蹑脚退出天井,蹑手蹑脚退出一道门槛,再蹑手蹑脚退出一道门槛,回到属于他的自由天地里去。

阿爹依旧自顾自地做事情,一言不发,仿佛没看见一个小孩正从自己的眼皮底下溜走一样。看到弟弟成功脱险，我如法炮制，蹑手蹑脚地退出天井，蹑手蹑脚退出一道门槛，再蹑手蹑脚退出一道门槛，回到属于我的自由天地里去。

我们终于在大门外的自由天地里会合，有时因为过于得意，放声大笑起来。阿爹依旧在屋里做自己的事情，不再出来看我们。这时先前和我们吵架的小孩，往往散了。偶有几次没散的，也过来叫我们一起玩，仿佛什么也没有发生过一般。

但阿爹也有一反常态的时候。有一天，我和弟弟又和别的小孩有了纠纷。当时阿爹正在做饭，隐隐听到门外我们兄弟俩和别的小孩的吵闹声。那一天，我和弟弟和同龄的几个小孩一起玩，比我们大六七岁的一个大男孩走到我们身边说："你们两个'欺负大小'。""欺负大小"大概是尚博村用了很多年的一个词语，意思是以大欺小。后来我学了古文，学到"偏义复指"这一文言特殊用法时，我才知道很多年以前的尚博古人就是这样说话的。

我们兄弟俩在村里有不错的口碑，所以这个大男孩这样说我们，在我们看来就是污蔑。于是，在这个以保护弱小为口号，与我们挑战的大男孩面前，我们并不示弱，而是据理力争，坚决反驳。但大男孩毕竟是厉害的，我们也是毫不示弱的，我们和大男孩之间的纷争终于一再升级，喊叫声惊动了整个村庄。

村里的壮劳力，大都出门干活去了，留在家里养病的几个，全都半死不活地从家里出来看热闹。村里的老人，也全都慢吞吞地从家里出来了。人群越围越多，仿佛在看三个演员的表演。大男孩看见这么多人来看热闹，嗓门抬高了很多，大声地喊着："你们欺负大小，你们欺负大小！"我们回敬的声音也提高了很多。人群里有个面若菜色的病人说："阿金来了。"人群里一个看热闹的小孩说："他们的阿爹来了。"人群自动地让出一条缝隙让我阿爹走进人们的包围圈。

看到我们的阿爹也来了，大男孩嗓门又抬高了很多，大声地喊着："你们欺负大小，你们欺负大小，你们欺负大小！"这次大男孩不但把这句话多说了一遍，还把重音落在了"你们"两个字上面。这个男孩在村里的口碑是刁钻狡诈，这次谁都听出了这个"你们"把阿爹也拉了进去。

阿爹说："你真不是欺负大小呀！"阿爹这句短短的话，让整个村子顿时安静下来。我们似乎能够听到风从长漾上面吹过的声音。大男孩目瞪口呆，面红耳赤。

阿爹这次一手抓着一个，把我们拽回家门。在我们三个人一起回家的路上，阿爹依旧一言不发。回到家里，阿爹这次没有让我们站到天井里，而是让我们直接坐在小凳子上。阿爹在旁边不知深浅地抽着烟，一言不发。这一天，我和弟弟一直坐在阿爹身边，没有溜出家门。

很多年以后，那个大男孩早就已经为人父，有一次见到我，说："你阿爹，厉害！"他还笑着说："这是我一生吃过的最大的亏。"

我笑了。我在心里想：你才多大呀，比起当年我的阿爹，小多了，就妄自说"我一生"。但我终于没有与他再争辩。

2015年7月14日下午，写于尚博祖屋

老母鸡

阿爹就像是祖屋最幽暗的地方,透着深不可测的气质。他的言行举止,在支撑和诠释着这种气质。

那些年,我家有一只老母鸡。这只老母鸡太老了,到底养了多少年,没有人能说清楚。我们兄弟俩说不清楚,父母说不清楚,连阿爹也说不清楚。老母鸡是我们的玩伴,我们每天把它抱在怀里,从村东走到村西。老母鸡每次看到我们走来,大老远就蹲在地上,等着我们把它抱入怀里。

那一年,老母鸡脖子上长了一颗瘤子。瘤子越长越大,大到比脑袋还大。老母鸡没有办法抬起头来。有一天,老母鸡终于奄奄一息地躺在了地上。父母说,这只鸡太毒了,把它埋了吧。阿爹说:"我要吃的。"说完,阿爹就把已经死了的老母鸡杀了。鸡脖子流出来的是黑色的血。母亲说,这是毒血,这只鸡太毒了,不能吃了。但阿爹一意孤行,依旧褪毛,剖膛,并费了很大的劲,把那颗瘤子取了出来。老母鸡在锅里整整煮了一天,香气飘出了尚博村。一个从村口路过的酒鬼循着香味浅一脚深一脚地找来,非常顺利地找到我家。

酒鬼一进我的家门,就对阿爹说:"你烧的鸡真香呀,我这辈子都没有闻到过这么香的味道,我一闻就知道你烧的这只鸡比我的年纪还大。"阿爹说:"比你妈的年纪还大。"酒鬼仗着没醒的酒意,继续说:"你给我吃条鸡腿过烧酒喝吧。"阿爹咬咬牙说:"你是来找死的吧?"酒鬼从这句不知深浅的话里感受到了一种深不见底的恐惧,转身就离开了我家的大门。因为紧张,他怀里的烧酒瓶也打碎在了我家门前的石头上。阿爹看着这个胆小鬼的影子说:"一个死就怕成这样,配尝这只鸡的味道吗?"

阿爹终于开始独自享受这只老母鸡的美味。这只老母鸡太老了，太大了，阿爹一个人吃了好几天。这几天里，他一反常态，没有给家里的其他人喝一口汤，吃一块肉。阿爹说："这只鸡太老了，你们不能吃。"

我们当然不能吃。父母觉得这只鸡太毒，我们兄弟俩觉得这只鸡太可怜，所以都不会去吃这只不知道活了多少年的老母鸡。只有阿爹，独自津津有味地享受着这只鸡的味道。

那一年，家里没有钱，买不起荤菜。阿爹对我父亲说："杀只兔子吧。"父亲说："杀兔子太罪过，我不会。"阿爹二话没说，从兔笼里抓出一只最大的兔子，左手拎着兔子的耳朵，右手变成一把锋利的砍刀，向兔子的脖子处砍去。阿爹弱不禁风，但他的砍刀却虎虎生风，刀刀致命。只三刀，我家最矫健的那只兔子就当场毙命。我和父亲在旁边看得瑟瑟发抖。

晚上，看着我们美美地吃着兔肉，阿爹满意而自得地笑了。

阿爹是尚博村里最柔弱的一个男子，但他常给我留下深不见底的刚烈的印象。这种刚烈，显然比果断更为深刻。这种比果断更为深刻的气质，就是类似于生死之间瞬间贯通的气息。因为是瞬息之间的贯通，所以其中蕴含着看似幽暗的爆发力。这种力量会让人感到惊讶，并且留下终生难忘的印象。这也是祖屋最幽深的地方给我的深刻感受和印象。

只有一个人真的老了，并且在祖屋里老去，像我的阿爹那样，才会这样。

2015年7月14日傍晚，写于尚博祖屋

老鼠显形

我很小就知道安静的真实内涵和真实状态。而这，完全得益于阿爹的气质给我留下的深刻印象和影响。

我上了小学之后，每天放学回家，就在吃饭的八仙桌上写作业。阿爹就坐在我的旁边，喝茶，抽烟，悄无声息。我的膝盖上往往是一只猫在睡觉，呼噜打得震天响。

有一天，阿爹用眼神示意我看墙角的地方。当我把视线投到那里的时候，果然看到了非同寻常的景象。一只小老鼠，脱离了父母的视线，小心翼翼地往墙洞外面探视。几根鼠须先出来，再是尖尖的嘴脸，而后是小巧的身子，最后是长长的尾巴。这个过程极其缓慢，而且反反复复。先是嘴脸露出来后退进墙洞里，再是半个身子露出来后退进墙洞里，最后一次是尾巴都露出来了再退进墙洞里。我们屏住气息，观察它的一举一动。

那天在我膝盖上睡觉的猫出去玩了，屋子里除了老鼠的进退，没有任何的响声和动静。我从阿爹那里得到真传，能够保持安静的姿态纹丝不动，所以小老鼠终于视我们为无物，爽快地从洞里爬了出来没有再退回去。老鼠沿着屋子的墙角欢快地奔跑，仿佛这里是它嬉戏的天堂。老鼠终于向我们爬来。它爬到了我的脚上，并顺着我的腿往上爬。我终于定力稍逊一筹，轻声地笑了起来。

我裤管里的老鼠显然把我的腿当作柱子，极其迅速地往上攀登。我感觉自己像是一棵树，因为我想到了蚂蚁上树的古话。随着我的笑出声来，老鼠终于从我腿上滑落，掉到地上，以鼠类最快的速度，逃回到那个墙洞里。

阿爹看着我，面无表情，只是说，"你等着"。我知道阿爹话的意思。阿爹一定是想说，小老鼠涉世未深，一定还会再出来的。于是，当天下午的时光里，充满了我们的等待。我和阿爹一样，悄无声息，纹丝不动。我在这段时间里，真实地感受到了我向阿爹气质的靠近。安静，屋里的时间几近凝固，但老鼠依旧没有显形。阿爹面无表情地看看我，但我在他的面无表情里依旧读出了深藏的得意：一个小孩子，终于从他那里得到真传，和自己的举止气质又接近了许多。

过了漫长的时间，老鼠终于再次显形了。我对于漫长的最初印象，就是那天得到的。我后来学到过很多关于时间的词语，如度日如年、望穿秋水等，似乎都没有我那天感受到的漫长深刻。

老鼠故技重演，只是这次它进出的频率更高，间隔的时间更长。阿爹逮住一个机会，悄悄地走到墙洞边，把一个玻璃瓶罩在了墙洞的外面。老鼠的故技重演没有得逞，当它钻出墙洞的时候，也就钻进了阿爹设下的圈套。阿爹迅速地把瓶子竖了起来，老鼠一下就滑到了瓶底。老鼠拼命地在光滑的玻璃瓶内壁向上爬，但终究是枉然。

阿爹把瓶子放在桌子上，给我观看。瓶子里的老鼠一次又一次地努力着，但终于无济于事。老鼠开始绝望地尖叫起来，叫声从洞口传出，虽然微弱，但依旧充满了屋里的每一个角落。我分明听到了墙洞的最深处有声音在传来。声音里充满了哀楚。我对阿爹说："放了吧。"阿爹同意了我的请求，把瓶子横放在地上，老鼠劫后重生，尽鼠类所能，使出了吃奶的力气，向那个墙洞飞去。这次的逃跑速度，明显比先前的那次快了许多。

我分明听到了墙洞不深的地方，传来了庆祝的拥抱声。我想，它的父母，一定在半路上遇到了自己的宝贝，并且把它拥入怀中。洞里传出的声音里还包含着责怨、庆幸、告诫、委屈、兴奋等各种各样的情绪。我笑了，悄无声息，就像阿爹那样。

2015年7月12日下午，台风过后写于上海

老钟

我家的祖屋里，有一口老钟。

老钟挂在祖屋最深的地方，祖屋第三进房里。老钟挂在朝东的墙上，每天准点报时，钟声清脆悦耳，能够穿越祖屋，传到很远的地方。

老钟的盘面上，规则地写着十二个罗马数字。老钟日夜不息地在这些数字间行走着。钟摆低沉微弱的嘀嗒声响，仿佛是祖屋的心跳声。老钟需要按时上发条。用来上发条的是一把金光闪闪的铜钥匙。阿爹亲自掌管着这件重要的事情。因为我家的老钟不仅为我家服务，还为别人家服务，所以不让老钟停下来，是一件非常重要的事情。

经常会有人到我家来问时间。他们走进我家大门的时候，会问："阿金，几点钟了？"阿爹常常会说："自己去看。"阿爹时时关注着老钟的报时，对于当时是几点钟了，心里自然有八九不离十的估测。但阿爹不喜欢给别人做主，让他们自己去看确切的时间，符合他一贯的处世原则。来问时间的大多是家里负责烧饭的老人，他们看了看我家的老钟，会说一些和烧饭有关的话，譬如"烧饭时辰还早"，或者"烧饭时辰到了"。看着这些得到答案的人走出我家的大门，阿爹自顾自吸烟，喝茶，也不和他们说话，仿佛所有的接待工作都已经由我家的老钟圆满地完成了。

我家的老钟也偶有停掉的时候。每当这种情况出现的时候，阿爹都会似乎自言自语地说，这只钟死掉了。阿爹起身，打开老钟的门，掏出掌管老钟生死的那把金光闪闪的铜钥匙，给老钟上发条。阿爹开始使劲的时候，老钟就发出一种吱吱吱的叫声。阿爹在给老钟上发条的时候，手臂在转动，身子也在转动,所以这种吱吱吱的叫声,就像是阿爹使劲叫出来的。这种声音也很像是无底的墙洞里发出来的。这种叫声由缓而急,最终戛然而止。等到两边的发条都上好,阿爹就把钟摆轻轻地拨动一下,说:"好了。"果然,祖屋里马上恢复了老钟低沉微弱的嘀嗒声响。经过阿爹的努力,老钟终于再次活了过来。阿爹心满意足地把铜钥匙放好,把门关好。阿爹每次都能如愿以偿地让老钟起死回生,然后悄无声息地回到自己先前坐的地方,开始抽烟,喝茶。

不知从哪一天开始,阿爹让我给老钟上发条。每次我总是把半高凳搬到墙边,然后爬到半高凳上,此时,我马上就变得和阿爹一样高了。我家的半高凳是一条饱经沧桑的老木凳,长度只有配八仙桌的条凳的一半长,高度也只有条凳的一半高。半高凳的名字非常精准地描述了它的样子。我家的半高凳终究与众不同,每一寸的肌肤上,都刻有很多的刀斧痕。可以想见,在以往漫无边际的时光里,我家的半高凳不但用来让人坐着休息,还常常用作劈柴的辅助工具。我家的历代砍柴人,把木柴放在凳子上,脚踩着木柴,手抡起砍刀斧头,刀斧落下时常有失误,砍中了这条无声无息的老凳子。

我无数次目睹了阿爹给老钟上发条的过程,又得到阿爹的悉心指教,所以给老钟上发条动作娴熟,技法精湛。每次老钟也似乎因为得到了一个孩子的激发,更加欢快地走动起来。我也像阿爹一样,多次让我家的老钟起死回生。每次老钟活过来以后,我就走到门外去。门外面,有很多的小孩在等着我。很快,一个能让老钟起死回生的高手,变成了一个随心所欲玩耍的毛孩子。

阿爹虽然似乎终日在祖屋里坐着,但对于外面发生的事情,似乎全都了然于心。祖屋还经常会接待一些非比寻常的问时间的人。有时候一家人家添了丁,祖屋就接待了一个满心欢喜的人。这个人走进我家大门,不像寻常问时间只问几点钟,而是问现在是什么时辰了。阿爹往往会起身去看老钟,告诉对方现在是什么时辰了。问询时间的人就会把阿爹报的时辰牢牢地记在心里,心满意足地走出我家的大门。

有时候一家人家造了新房子,上梁那天,祖屋就会接待一个满心憧憬的人。这个人走进我家大门,会问:"阿金,时辰到了吗?"阿爹也会马上起身,看过老钟,告诉对方这个时辰到了或者还没到。这个人往往会进出我家大门好几次,当他从阿爹那里得到了时辰已到的确切消息后,才会心满意足地走出我家大门。一会儿,爆竹就炸响了,上梁的吉时也就来到了。

有时候一家人家的老人老了,祖屋就会接待一个满目哀戚的人。这个人往往两只眼睛又红又肿,一进我家大门,会用低沉沙哑的嗓音说话:"阿金,现在是什么时辰?"阿爹就会马上起身,看过老钟,告诉对方现在是什么时辰了。问询时间的人就会把阿爹报的时辰牢牢地记在心里,闷声不响地走出我家的大门。

祖屋还会接待一些更加非比寻常的问询时间的人。村里有一家人家,一连好几年,运气很不好。在女人们的建议下,当家人就去问官仙婆。官仙婆大多是通灵的老年妇女,平常时候,她们和普通妇女没有什么区别,但她们老爷上身以后,马上就表现出了非比寻常的地方。官仙婆老爷上身之前,往往会有先兆。当她大白天哈欠连连,两眼迷离的时候,就意味着要上身了。上她身的是某路神仙,德清人把这些神仙叫作"老爷"或者"亲爸"。官仙婆老爷上身附体之后,马上就非比寻常起来,手舞足蹈,念念有词,涕泗横流。此时,官仙婆已经羽化成了老爷。老爷不但能够洞见过往,还能预测未来,能够给迷惘的人指点迷津,能够让倒霉的人时来运转,还能让不肖子孙悬崖勒马。当老爷从官仙婆身上下来以后,她的神志就慢慢清醒起来,慢慢地变成了普通的老年妇女,仿佛刚才什么事情也没有发生过一样。但很多时候,要让老爷上身,需要做一些铺垫工作。往往是在一间门窗紧闭的房间里,上好一炷香之后,官仙婆便开始吸烟,一根接着一根,慢慢地双眼迷离,手舞足蹈,念念有词,涕泗横流。老爷就上身了。官仙婆毕竟是不普通的,即使是老爷不上身的时候,人们依旧叫她老爷或者亲爸。

这一天,这家倒运人家的当家人,终于下定决心来到香腰里找官仙婆。香腰里是钟管镇北的一个小村子,村里的官仙婆法术高明,远近闻名。当家人走过一座小桥,在村口的一棵硕大无比的老香樟树下面,正好遇到在那里观望的官仙婆。官仙婆一看到这个一脸焦虑的外村人,就说:"我知道今天会有人从西南方向来。"当家人跟着官仙婆进了门,半根烟时间还没到,老爷就上身了。老爷告诉他,当年造房子的时候,被人在正梁上做了手脚,只要选好吉日吉时,做点异样,就会转运了。"做异样"是官仙婆的一种法术,就是让人在一个特定的时辰,不让任何人看见,在屋子的一个隐秘的地方放一样施与了法术的东西。这样东西是吸收了官仙婆咒语的神物,能够在此后的时间里持续发挥作用,让一户人家时来运转。这一天,当家人得了神物,满怀憧憬地离开了香腰里,回到了尚博村。

做异样的吉日到了。当家人早早来我家问时辰。阿爹起身看老钟,告诉他时辰还没到。几分钟后,当家人又来了,一进门就说:"阿金,你再看看,时辰到了没有?"阿爹说:"不用看,才一个屁时辰,还没到呢。"这一天,当家人来我家好几次,阿爹也把这句话说了好几次。当当家人再一次走进我家大门的时候,阿爹早已看过老钟在屋里等候。看见这张几乎看厌的脸,阿爹说:"时辰到了。"当家人一溜烟跑回家,做了异样。之后,这家人家果然时来运转了。

那一天,我家后面的一家人家的一个老人快要老了。尚博人讳死,把老人离世叫作"老"。几天以前,老人就已经穿好了新衣裳,子孙们也已经哭了好几天,客人们也得到死讯全都赶来了,可老人终究还是没有老。老人已经咽了几回气,但每一次当孝子孝孙们此起彼伏恸哭,准备送老人远行的时候,老人又回过气来了。老人死了好几回的消息,很快就传到了村外。很快,这个消息就完全走样了,村外的人在说,尚博的一个老太婆,已经死了一个多月,还没有死掉。当这个消息返回到村里的时候,老人的子孙们更加焦虑不安起来。老人的头生儿子跪在老人床头,边哭边说:"姆妈,你好去了,不要放下我们。"这个满头白发的头生儿子的一声声哭诉,并没有起到应有的作用。之后,老人又死了好几回,活了好几回。老人的头生儿子跪在老人床头,边哭边说:"姆妈,你好去了,你再不去我也要去了。"但老人并没有把这句话听进去,迟迟不肯老去。

经过女人们的指点,老人的头生儿子去香腰里请官仙婆。一进尚博村,官仙婆就老爷上身了。官仙婆手舞足蹈,跌跌冲冲,需要头生儿子搀扶才能走路。一进近日远近闻名的这家人家的大门,老爷就开始说话。老爷说,老人家还有一个儿子没有见到，时辰到了，这个儿子自己会走来，到时老人家也就会走了。

第二天的一个时辰，才是官仙婆指点的时辰。临近这个时辰的时候，老人的头生儿子就到我家来问时辰。阿爹告诉他，时辰快到了。当头生儿子急急忙忙赶回家的时候，一个邻村的同龄人已经进了家门。同龄人说："老人家昨日夜里托梦给我，叫我来看看。"同龄人的这句话刚说完，老人就咽气了。屋里有人在说，这回真老了，眼睛里都是眼泪水。老人的子孙们开始像唱山歌一样此起彼伏地恸哭，仿佛在庆祝着一桩天大的大喜事降临了一样。

当这个被老人托梦叫来的人转身返回，走出这家人家的大门，只留下背影的时候，女人们开始窃窃私语。有人说："真像，连走路的样子也像。"有人说："谁年纪轻的时候没有风流事呀！"有人说："香腰里的官仙婆真灵呀！"

尚博人信任我家的老钟，习惯了到我家来问时辰。阿爹每天安静地坐在祖屋里，等待着这些人的到来。这些在大门外面就叫阿金的人，留给我非常深刻的印象。他们要穿越祖屋前面两进屋子，才能走进第三进屋子，才能看见我家的老钟。他们要穿越阿爹异常幽冷的深邃目光，才能抵达我家的老钟授予的古旧时辰。他们在我家祖屋里进进出出，实际上是在征询我家祖屋的意见，祖屋以阿爹和老钟授意，给予他们有力的指点和帮助，无边的安宁和庇佑。

我家的老钟并不孤独。和我家前门对后门的一家人家，是我家的老本家。这家人家曾经的户主，就是我家老祖宗杨东美的亲兄弟。我家的老本家也有一口一模一样的老钟。当这两口老钟一前一后前呼后应的时候，仿佛在说：我们是亲兄弟。

我开始记事的时候，老本家的门前似乎终日坐着一个老阿太。阿太满脸皱纹，几乎每天坐在门前晒太阳。每次两口老钟报时声敲响的时候，阿太总要把头抬起来，在太阳光里很努力地睁着眼睛。好几次，我在阿太的眼睛里看到了小孩子一样满足而开心的光泽。

不知从什么时候开始，我家老本家的大门口，不再能够看见晒太阳的老阿太。也不知从哪一天开始，老本家的老钟也不再敲响了。此后好多年，我家的老钟不再能够得到来自亲兄弟的呼应声。

在我家老钟的钟声里,我们度过了很多缓慢的时光。阿爹喜欢叫我们猜谜语。尚博人把猜谜语叫"猜谜子"。阿爹叫我们猜的两个谜子令我们印象特别深刻。

我家的祖屋里有很多竹制家具:笞帚、畚箕、椅子、匾、廪圈……有一天,阿爹叫我们猜了这样的一个谜子:千只脚,万只脚,立不起,挨墙脚。阿爹说,到屋里去找找这一样东西。阿爹给我们出这个谜子的时候,我们已经认识了家里所有的家具。我们一样一样地对照,很快就猜到了谜底:笞帚。阿爹此时异常高兴,起身给我们做圆子吃。阿爹那天做的是他拿手的菜圆子。那一天,阿爹做的菜圆子似乎格外好吃。我一口咬破了圆子的外皮,就尝到了咸菜豆腐干的美味,一股金黄色的菜油,也从里面流了出来。金黄色的菜油在圆子的外皮上淌着,很快就淌到了我的手指缝里。我像一只饥饿的小狗一样舔着,吮着,酣畅淋漓,心满意足。阿爹问:"好吃吗?"我说:"好吃,好吃!"

阿爹还会做一种能够淌出亮光闪闪的油水的细沙圆子。这种圆子的主材料是赤豆沙、古巴糖、老母鸡的板油。阿爹的细沙圆子甘甜无比,香醇无比。当老母鸡的板油在我的手指上闪闪发光的时候,我又像一只饥饿的小狗一样舔着,吮着,酣畅淋漓,心满意足。阿爹问:"好吃吗?"我说:"好吃,好吃!"

吃过阿爹做的能够淌出亮光闪闪的油水的圆子,我就认定这个世界上最好吃的圆子,就是阿爹做的这种亮光闪闪的圆子。

有一天,阿爹给我们出了另一个谜子:脚踏一块跳,手拿一张票,前头沽酒,后头卖糟。阿爹给我们出这个谜子的时候,不露声色地笑着。阿爹的这种笑让我感到非常陌生。我和弟弟对照着祖屋里的所有器具,一个名字一个名字地报,都没有办法得出谜底,就问阿爹到底是什么。阿爹得意扬扬地笑着,说:"你们再猜猜。"到天快黑的时候,我们还是没猜出这个神秘莫测的谜底。我们缠着阿爹,要他把谜底告诉我们。阿爹大笑着说:"是拉屎。"我们听到这个谜底,马上就放肆地大笑起来。一向沉默寡言的阿爹,竟也和我们一样,非常放肆地大笑起来。这似乎是我印象中阿爹唯一一次放肆地大笑。

老钟在祖屋里嘀嘀嗒嗒地走着,就像是祖屋在我的心里走着。祖屋就像阿爹一样,是个沉默不语的老人。阿爹终日在祖屋里沉默不语地坐着,祖屋就更像是这样的一个老人。很多时候,我也像阿爹一样,在祖屋里安安静静地坐着,走着,就像是祖屋里的老钟一样。我在这种安静而缓慢的日子里,见识了很多的人和事。这些人和事仿佛是祖屋邀约而来的,也像是自己走到我家的祖屋里来的。

在安静无边的祖屋里,我总是能够在第一时间听到外面的动静,知道哪里发生了什么。

爆竹声响了,一家人家上梁了。当我们赶到现场的时候,那里已经挤满了人。这些人都在抬头仰望,看着新造房子的屋脊上正在发生的奇迹。一根正梁木头,已经稳稳地安放在屋脊上。木匠师傅把一块红布缠绕在正梁的正中央,透过红布把几枚老铜钱打进正梁里去,这样,红布头就被牢牢地钉在了正梁上。这个骑在正梁木头上神通广大的木匠师傅,就像是一个能够飞翔的神仙,成了人们仰望的对象。他在正梁木头上把几个爆竹放上天以后,就开始向下面的人群抛撒食物。神仙师傅抛撒的东西主要是米糕、圆子和橘子。这些从天而降的米糕、圆子和橘子,自然是非比寻常的。米糕上有精美绝伦的红色图案,圆子是扁的青圆子,而橘子,往往是收集珍藏多日、风干了的老橘子。这些从天而降的米糕、圆子和橘子让人群乱作一团,人们争着,抢着,发出非常响亮的大笑声和叫嚷声。米糕、圆子和橘子,源源不断地从天外飞来,从天上飞来,个子高的一伸手就能够在空中得手,老人和小孩也能在地上捡到满心想要的东西。

爆竹声响了,一个老人出材了。几个壮汉抬着棺材,正在路上走着。后面是披麻戴孝,满目哀戚的一队人马。有人在抛撒纸钱,有人在抛撒扁圆子。尚博人把这些圆子叫作"死人塌饼"。这些扁圆子不是青绿色的,而是白色的。队伍过后,人们会懒懒散散地到路上去捡拾这些白色的死人塌饼。死人塌饼里馅很少,往往是微甜的黄豆沙。

到了冬天,爆竹声似乎一下子就多起来了。爆竹声远远响起的时候,村里的男女老幼都会向河埠头涌去。有人说:"来了!"果然,讨亲船已经出现在长漾口,瞬间就拐进了小河里。几个爆竹响过之后,讨亲船就快要在河埠头靠岸了。一个人急急地提着提桶,赶在讨亲船靠岸前,让提桶盛满水,再提着提桶跑进门,把水倒进水缸里。讨亲船很快靠岸了,娘舅有点羞涩地下到船里,把盖着红布头、穿着红衣服的新娘子抱上岸,小跑着抱进家门。在锣鼓声里,有人会把几把硬币和许多糖果撒在路边屋檐下的一个角落里。原先看热闹的小孩子,马上就加入了争抢者的行列中。

在有爆竹声响起的日子里,我们总是能够如愿以偿地抢到、捡到吃的东西。更多的时候,这些东西会自己送到我家的祖屋里来。送到祖屋里来的,有圆子米糕、瓜果糖枣,还有办过酒席后留下来的剩菜。这些食物送到祖屋里来的时候,往往伴随着我家老家具的回归。我家的桌子、凳子、盘、水桶上面,大都写着杨东美的名字。村里有人家办酒席,常常到我家来借这些老家什。事情办好后,借家在还这些老家什的时候,总会把这些食物送到祖屋里来。借家会说:"一点点东西。"阿爹会说:"用不着的呀!"等到人家走出我家大门后,阿爹就把这些东西拿给我们吃。所以,村里有人家办事情,我家的老家什常常会走出家门,热情地付出自己的一片热心。而它们的付出,总会给我们带来很多好吃的东西。

祖屋也常常迎来另一种送东西的人。他们来祖屋送东西,并不是为了表示对我家祖屋里的老家什的谢意,而是由衷的分享。到我家祖屋里来分享的,大多还是圆子和米糕。这两种食物身上,有着与名字有关的直接寓意:圆圆满满和节节高升。所以,一家人家办了婴儿满月酒、小孩上学酒、少年成年酒、青年结婚酒、中年生日酒、老年寿长酒,就会有好吃的送到我家祖屋里来。

其中,我最喜欢的,还是送到我家祖屋里来的发芽蚕豆茶。一家人家新娘子讨进了家门,就要挨家挨户送发芽蚕豆茶。发芽蚕豆茶装在一个个小碗里,一个个小碗装在一个提盒里,由新娘子的婆婆分送。碗里除了有发芽蚕豆,还有丁香萝卜干丝、枣子、烘豆、风菱肉、茶叶。发芽蚕豆加盐水煮,佐以其他辅料,便是最好的美食。不管是发芽蚕豆,还是丁香萝卜干丝、枣子、烘豆、风菱肉、茶叶，都甜中带咸，清香无比。每次家有喜事的女人来我家祖屋送发芽蚕豆，总是像在自己家里一样，自己在我家的碗架上拔出一个碗，把自己碗里的发芽蚕豆倒进我家的碗里。在这个过程中，这个女人几乎没有说话，只是甜蜜地笑着，向祖屋里看一看，就走出门去。阿爹似乎也从来不说客气话，仿佛这是理所应当的事情。我和弟弟早已经垂涎欲滴。一碗发芽蚕豆，能够消磨我们半天的时光。我们捧着小碗，在祖屋里走来走去，边走边吃。我们有时候还要从楼上的窗户里跨出去，走到屋顶上，望着远方，细细地品尝着甘美无比的发芽蚕豆茶。

当我懂得了发芽蚕豆的寓意不久，我吃到了这个世界上最好吃的发芽蚕豆茶。

那一年，我已经在尚博村小学里读了几年书。我认识了很多字，也懂得了很多事理。阿爹从来没有告诉我发芽蚕豆的寓意，但我已经无师自通，知道发芽和枣子，对于一家刚讨了新娘子的人家的象征意义。这里充满了无尽的暗示、象征和期许，而这些，都需要刚进门的新娘子来实现。

有一天，我和阿爹都在祖屋里坐着。阿爹在烧火凳上烧火，我在八仙桌上写字。当我满门心思写字的时候，我在祖屋的穿堂风里闻到了一种我从未闻到过的迷人气味。这种味道很像青草的味道，但比青草浓郁，这种味道很像野花的味道，但比野花清淡。这种味道超越了一个小学生的人生体验，让我心跳加速，心猿意马。我情不自禁地抬起头来观望。我看到一个红色的影子，端着一碗发芽蚕豆茶走进了我家的祖屋里。这是尚博村里刚刚讨来的新娘子。我刚刚闻到的味道，就是从她身上散发出来的。

新娘子身材修长，面容俊美，对着我微微地笑着。这是我看到过的最好看的新娘子。我的脸马上红了。新娘子走到八仙桌边，在我的头上摸了一摸。我的脸马上就烧了起来。那股让我心猿意马的味道更加浓郁了。新娘子的出现也引起了阿爹的注意。阿爹起身的时候，新娘子叫了一声叔叔。阿爹急急忙忙去拔碗。当新娘子把碗里的发芽蚕豆茶倒进我家的碗里的时候，我感觉阿爹的脸也红了，而且手在发抖。

那一天，新娘子走后，我家的祖屋里都充满了那种令我心跳加速、心猿意马的味道。我在这种味道里心跳加速、心猿意马地品尝了这个世界上最好吃的发芽蚕豆茶。此后很多年，我家的祖屋里都飘荡着这种令我心跳加速、心猿意马的迷人的味道。很多年以后我才完全知道，这就是女人的味道。

冬天来临的时候，我家的老钟似乎也走慢了许多。冬天里，我们和阿爹常常在门前的角落里晒太阳。阳光照得我们心里暖洋洋的，当老钟在祖屋里报时的时候，阿爹会说："快要过年了，你们要大一岁了，我要老一岁了。"阿爹说这句话的语速极慢，就像祖屋里的老钟一样缓慢。

冬天慢慢地深了。我家门前的篱笆里，几棵大树上仅有的几片叶子，也落了下来。几个干枯的丝瓜，挂在高高的树枝上。再高的地方，是一个硕大的喜鹊窝。失去了树叶的荫庇，喜鹊窝显得格外突兀，就像是这棵大树结的一个神奇的果子。两只喜鹊在窝里起起落落，发出非常清亮的叫声。几棵楝树上，挂满了金光闪闪的果实。这些金果实吸引了很多鸟雀。这些不知从哪里冒出来的鸟雀，在楝树上啄食着这些甘苦参半的果实，发出激动无比的叫声。这或许是今年冬天它们能够吃到的最后的果实了。

冬至在慢慢地走近。不断有消息传来，一家人家的老人老了，一家人家的老人快老了。阿爹告诉我们，冬至是有杀气的，很多老人都拖不过冬至。

每年冬至边，我们和阿爹在门前的角落里晒太阳的时候，都会品尝到最好吃的冬至毛芋艿。阿爹似乎只在冬至边给我们煮毛芋艿吃。这些毛茸茸的老芋艿，一直躲藏在祖屋一个角落的稻草堆里，这一天被阿爹用一个竹篮提到了门前的角落里。阿爹把这些老芋艿上面的老泥块小心翼翼地摘下来，就像从自己身上把一块块老痂撕下来。阿爹说，冬至边的毛芋艿最好吃了。阿爹把芋艿提到河里过了水，就把它们提到祖屋里，倒进铁锅里煮。煮毛芋艿似乎很简单，只要在锅里加点水加点盐，架起桑柴，就可以生火烧煮了。

到了冬天，阿爹就穿上了烧火裙烧火。这条烧火裙不知道已经传了几代人。阿爹的这条烧火裙和女人的裙子一样，长及脚面。阿爹的烧火裙用料极其讲究，是一种青绿色的厚棉布。阿爹穿上烧火裙，似乎马上就长高了许多。毛芋艿煮好了，阿爹坐在门前的角落里和我们一起吃。阿爹并不急于脱掉烧火裙，和我们坐在一起，显得格外特别。因为这个时候的阿爹，留给我既是男人又是女人的深刻印象。阿爹穿着青绿色的烧火裙,和女人穿上好看的花裙子,很有几分相似之处。阿爹沉默寡言,又给我阴柔的印象。坐在门前的角落里,和我们边晒太阳边吃毛芋艿的阿爹,终于留给我女人才会有的很多特点。

我们从阿爹那里,学到了品尝毛芋艿的方法。阿爹的垂范是那样耐心细致,毫不马虎。我们学着阿爹的样子,满心沉醉地细细地吮吸着毛芋艿的毛发里蕴藏的鲜美味道。阿爹说,毛芋艿的味道,全在这些毛里。我们吮吸的,是一种带有神秘香味的鲜美味道,这是一种从芋艿深处生发的,经由毛芋艿的毛发,<u>丝丝渗出来的味道</u>。这里有盐的味道,泥土的味道,阳光的味道,水的味道。阿爹总是说,冬至边才吃毛芋艿,所以,这里也有冬至的味道。

等到毛芋艿毛发里的味道被我们吮吸干净,我们就开始去皮,品尝这颗饱经沧桑的果实的味道。这颗被我们吮吸了很久的果实,又香又甜。我们常常会吃到冻坏了的烂芋艿。阿爹说,这些芋艿最好吃。我曾经问阿爹:"为什么冻烂的毛芋艿是最好吃的毛芋艿?"阿爹没有回答我,只是说,"你自己尝尝"。

冻烂的毛芋艿往往是干瘪的,不像其他毛芋艿一样饱满圆润。果然,当我像阿爹一样酣畅淋漓地吮吸这种非比寻常的毛芋艿的时候,就有了非比寻常的感受。我在这些毛芋艿的毛发里品尝到的味道,似乎更加纯粹而浓郁。我似乎从中尝到了一种中药才有的苦味。要剥掉这些毛芋艿的皮,并不是一件容易的事情。这些皮就像是瘦骨嶙峋的老人身上干皱的皮肤,每剥一下,就会断裂撕扯下来。随着一块又一块老皮断裂撕扯下来,这个非比寻常的毛芋艿就露出了里面的肉心。这是颜色黑紫的肉心。我曾经问阿爹:"这个毛芋艿真的能吃吗?"阿爹还是没有回答我,只是说,"你自己尝尝"。当我把这种颜色黑紫的毛芋艿放进嘴巴里的时候,马上就有了非比寻常的感受。我尝到了一种正在腐烂中的味道。这种味道耐人寻味,既香也臭,既苦也甜,既硬也软……我当时能想到的很多反义词,都能同时用到这种非比寻常的毛芋艿带给我的非比寻常的感受上。

毛芋艿的这种非比寻常的正在腐烂中的味道,还让我想到了阿爹曾经做出来的另一种非比寻常的正在腐烂中的味道。那年夏天一个异常闷热的午后，我跟着阿爹到长漾里去钓鱼。这一天，或许是过于闷热的缘故，村里的其他老头没有和我们一起去。当我们来到长漾上的时候，漾面上只有我们一条小木船。太阳很毒，没有风，水面上反射的阳光让我们几乎睁不开眼睛。阿爹坐在船艄头划船，我在船头和阿爹面对面坐着，我看见阿爹有些气喘，面颊上挂着汗水。

　　阿爹很艰辛地把小船划到了东洋草里。阿爹用船桨在东洋草里捅出一个大窟窿，就把钓钩放了进去。阿爹钓鱼的技术炉火纯青，但这一天竟然没有一条白鱼上钩。长漾寂静异常，就像死了一样。长漾真的就像死了一样，没有任何一条白鱼来显示它的一点生机。钓了一会儿，阿爹说："平常一个屁时辰，就已经钓到很多了，今天见鬼了，一条也钓不到。"又钓了很长时间，还是一无所获，阿爹开始用尚博老土话骂人，甚至用到了一个不常用的词语：屄芯子。阿爹骂得气势汹汹，把长漾当作一个令人讨厌的讨债鬼，发泄着心中的郁闷和不满。阿爹的骂声终究也没有起到任何作用，因为长漾似乎确实已经死了，已经激不起它的任何一丝回应。

　　阿爹开始焦躁不安。正在这个时候，阿爹看见一个老头划着船从小河里出来，出现在了长漾口。阿爹似乎见到了前世冤家，大声地说："你个屄芯子，来钓死尸呀！"那边的老头感到莫名其妙，但还是把船划进了东洋草里。很快，这个被阿爹骂的老头，也开始骂人。骂长漾像个死尸一样，是个屄芯子，让他颗粒无收。骂完，就悻悻地回家去了。

　　阿爹付出了很大的耐心和努力，换了一个水洞，又钓了一会儿，最终还是毫无收获。阿爹把刚才骂那个没有耐心的老头的话，再骂了一遍："你个屄芯子，来钓死尸呀！"阿爹这次是在骂自己。似乎意犹未尽，阿爹又说："长漾今天真像死尸。"阿爹终于决定离开这个令人沮丧和焦躁的地方。我们的小木船很艰辛地从东洋草里退了出来，向小河方向划去。我眼尖，半途中就有了发现。一条肚子鼓胀的死鱼，漂浮在东洋草的边缘。阳光在这条死鱼身上反射着，令人晕眩。我们的小船经过的时候，死鱼随着荡起的涟漪，在水面上动荡起来。涟漪马上就刺破了死鱼的肚皮，肚子里的油水，马上就淌了出来，在水面上开出明晃晃的花朵。一股腐臭的味道,扑面而来。阿爹说:"今天没有白来,晚上有鱼吃了。"见我一脸疑惑,阿爹说:"伏天的死鱼,是最好吃的鱼。"

我们的小船终于靠了过去。阿爹小心翼翼地俯下身子,用双手把死鱼从水里捧了起来。阿爹说:"真像豆腐花。"阿爹把像豆腐花一样的死鱼放在船舱里。当我们的小船再次划动的时候,船舱里的腐败味道就飘散开来。我对阿爹说:"真像死人臭呀!"

死鱼的臭味确实很像死人的臭味。死人的臭味曾经给我留下过异常深刻的印象。那一年冬天,我家老亲的一个老人老了。我们全家去吃豆腐饭。老人出材那天,我也加入了送殡的队伍里。老人归葬的地方是田坂中央一块高高的桑树地。浩浩荡荡的队伍走在一条宽阔的泥路上,向着这块高地进发。到了高地上,老人的棺木落地之后,送殡的人围着棺木走三圈。一个女人提着一把茶壶,站在晃动的圆圈外围,把壶嘴送到走圈人的嘴巴里。那一天,这个混合了所有人口味的壶嘴,三次送到我的嘴巴里。我喝到的是让我永生难忘的糖水。

人群走过三圈之后,泥水匠在棺木外面砌起了一个小房子。只有假以时日,这个小房子全部崩塌了,家人才会把棺木埋进泥土里。那天,泥水匠完工以后,桑树地里仿佛造好了一间小房子。这间小房子的石灰外墙上,写着"松柏常青,寿比南山"几个苍劲有力的墨笔字。

送殡队伍不能原路返回。那天,送殡队伍绕了很大的一个圈子,才回到村口。村口,早已经有一个妇女等在那里。见人们走近,女人把一堆稻草点燃,让每一个从墓地归来的人从火堆上跨过去。

第二年春天来临的时候,这块高地开始有臭味飘出来。到了夏天,高地上的味道陡然膨胀起来,跟着风向,飘到不同的村子里。我经常听到大人们在说话:死人臭味又飘来了。我还听到过有人这样说:"作孽呀,这么臭,活着时人没做好呀!"尚博人有一种说法,做人不好的人,死后会很臭,做人好的人,死后不会臭。

这块高地边的大路,是大人去田坂干活、小孩子去往田坂或者山上玩耍时的必经之路,所以给每一个尚博人都带来了很大的影响。当我们和其他小孩子经过那里的时候，总是捂住鼻子狂奔。但这种味道最善于钻缝，最擅长追踪，从我们的指缝里钻进去，从我们的身后追上来，让我们无处可逃。好多次，奔跑过后，我就反胃呕吐不止。

大概是这个人活着时做人真不好，此后好几年，这块高地还是一块臭名昭著的臭地。在那几年时间里，这块高地一直追赶着我们，它的味道令我们刻骨铭心，也锻炼了我们的腿力和忍耐力。

那一天，我在长漾里想起这些，就问阿爹："这条死鱼的味道怎么这样像死人的臭味呀？"阿爹说："死的味道都差不多的。"我又说："阿爹，这么臭的死鱼，真的能吃呀？"阿爹说："你尝尝就知道了。"我们的小船靠岸后，阿爹小心翼翼地把死鱼捧在手心里。阿爹上岸后小心翼翼地向家里走去的时候，又说："真像豆腐脑呀！"

进了家门，阿爹就把这条已经变成豆腐脑的死鱼重盐腌了。阿爹说："你看着，这叫作爆腌。"这条化成了豆腐脑、根本无法去鳞破肚的死鱼，爆腌几个小时以后，就被阿爹下锅了。阿爹用尚博人传统红烧法来做这条豆腐脑一样的死鱼。当一碗红烧爆腌三伏死鱼端上八仙桌的时候，祖屋里飘满了独一无二的味道。当我把一块鱼肉放进嘴巴里的时候，就品尝到了一种令人永生难忘的神奇味道。这种味道需要用无数的反义词同时来形容。那一天，这种味道让我多吃了一大碗米饭。

想起这些，在冬至边的阳光下，我更加津津有味地细细地品尝着这种独一无二的毛芋艿的味道。这种味道在转瞬之间，让我回到了以往的很多时光。此刻，我听到了我家的老钟从屋里传出来的报时声响。阿爹说："又过了一个时辰。"阿爹起身的时候，我看到阿爹的烧火裙上有着非比寻常的景象：有一种绿色的火焰，在细细地舔舐着。这种火焰干净纯美，就像是冬至的毛芋艿的味道。阿爹向祖屋里走去的时候，我分明看见一团绿色的火焰在向里屋飞去。

我家祖屋里的老钟在召唤阿爹走到屋里去。时辰到了。烧水、烧粥、烧饭的时辰到了。

2017年1月25—29日，写于尚博祖屋

阿爹之死

一

阿爹的母亲，父亲的祖母，我的阿太，这位老人的死，是常常挂在我父亲嘴上的事情。

在很长的一段时间里，我家只有我的父亲，父亲的祖母、我的阿太，父亲的叔叔、我的阿爹三个人。我的父亲，是我的阿太和阿爹带大的。

我父亲小的时候，是和阿太一起睡的。阿太死于1959年，享年六十四岁。父亲那年十三岁。阿太死的那个晚上发生的事情，令父亲永生难忘。那天晚上，阿太口渴要喝水，叫父亲起床烧水，父亲就迷迷糊糊地起来给阿太烧开水。等到父亲把水烧开，把滚开水晾成温开水，父亲就把阿太搀扶起来。阿太喝着自己亲手带大的孙子烧的水，满眼满心都是欣慰。阿太喝完水，心疼地叫孙子上床睡觉。这是我的父亲和我的阿太共度的最后一个晚上。

第二天五更不到，父亲摸了摸阿太的腿，凉了。父亲"娘母，娘母"叫了几声，也没有得到回应。父亲马上就意识到了这个早晨的不同寻常，就把叫唤升级到了哭泣："娘母，娘母！"阿爹听见声响，从床上爬起来去看自己的母亲。此时，这位慈祥的老人，早已经离开了人世。

阿太死后，我家在很长的时间里，只有我的父亲和阿爹两个人。阿太的离世，给予父亲深远的影响。父亲经常说的一句话是，"有些人很害怕老屋，我一点不怕，我倒希望我娘母能从老屋里走出来，和我说说话"。在父亲的心里，阿太永远活着，所以尽管阿太已经去了另一个世界，但留给父亲的，是永远的慈爱。有阿太陪伴的温暖童年，终将蔓延成父亲一生的漫长时光。

二

在我家的祖屋里，死去过很多人。尤其是我的太太公杨东美（尚博人叫他"盲子阿爹"）死后，家道似乎一下就败落了。在很长的一段时间里，家里的男人以罕见的速度，在病痛中一个一个死去。阿爹，阿太的幼子，她最孱弱的孩子，似乎成了其中唯一的漏网之鱼。阿爹终于成了我有生最亲近的老人。

阿爹从小体弱多病，又亲眼看过太多的人在祖屋里死去，有着独一无二的性格和气质。阿爹看过自己祖辈的死去，看过父辈的死去，也看过同辈的死去。这一点，我的父亲和他相比，是小巫见大巫的。所以如果阿爹有和我父亲一样的想法的话，他从祖屋的黑暗里想见到的人，要比父亲多得多。有祖辈，父辈，同辈。而这一点，也是我的父亲所望尘莫及的。

就是这样一个孱弱的老人，在我的阿太死后很长的时间里，顺理成章成了祖屋里的最长者。这是他的荣耀，也是祖屋的荣耀。祖屋是阿爹真实的时间。因为祖屋在阿爹这里，有着太多的故事、太多的人，有着太多的哀愁喜乐和生离死别。阿爹也是祖屋真实的时间。因为祖屋就像一条河流一样，终于流到了阿爹这里，再经由他往后流淌。尽管其中发生了很多的变故。

从这个意义上讲，阿爹的气质就是祖屋的气质，祖屋的气质就是阿爹的气质。阿爹话语不多，就像祖屋幽暗的气质。阿爹的性格里有很多互为冲突的元素，就像祖屋里曾经发生过的许多意外事故。阿爹对于孙辈的爱，也深不见底，就像一口深不见底的井。因为在家道衰落的一段很长的时间里，阿爹是我家祖屋里的一个幸存者，很多没有这份幸运走到这一天的人，有太多的想法、太多的心愿，想在最小的晚辈这里表述，阿爹就成了代言人。

所以在很多的时候，阿爹总是保持沉默。我们在他的沉默里，读出了比温暖更温暖的阴郁，比阴郁更阴郁的温暖。这种阴郁很像老树的阴郁，也与老树的阴郁有所不同。阿爹的阴郁自成气象，就像里面自有天空，天空里有一颗太阳，自得圆满。而这样的一颗太阳，真实地照耀了我们的童年。同样，这是祖屋的荣耀，也是阿爹的荣耀，还是我们的荣耀。

我最终见证了阿爹的死。阿爹死于1988年夏天，终年六十岁。时间倒推，阿爹生于1928年。时间倒推，我的阿太死于1959年，享年六十四岁；阿太生于1895年。时间倒推，我的阿太是在三十三岁那一年生了最后一个儿子，我的阿爹。时间倒推，阿太死的那一年，阿爹三十一岁；再过二十九年，阿爹也离开了人世。

我与阿爹有十六年的共度时光。而最后几年，我终于见证了他的逐步走向死亡。

三

阿爹嗜烟如命，到了老年，肺部的毛病日渐严重，气管炎终于发展成肺气肿。

阿爹最后的几年，是在病痛的折磨中度过的。阿爹在气喘严重时，却依旧抵挡不住烟的诱惑。严重到一定程度，我的父母就带着阿爹去看病。病情稍稍好转，阿爹又想起了抽烟。每到这个时候，阿爹会说，"人总是要死的"。他这句话的潜台词是：不抽烟要死，抽烟也要死，都要死，那还不如痛快地抽烟。每次复吸都让病情严重一圈。但阿爹几乎一直没有坚决戒烟的决心。

直到有一天，阿爹把我吓哭了。那一天我放学回家，依旧一到大门口就喊："阿爹，阿爹！"屋里没有人与我回应。我边跑进门边喊："阿爹，阿爹！"屋里依旧没有人与我回应。我穿过第一进前头屋里，又穿过第二进过路里，直奔第三进房里。阿爹的床就在房里。我跑进房里的时候，阿爹趴在床上，极其艰难地喘气，脸色苍白。

我叫他，他依旧没有回应我。我一下就大声哭泣起来。阿爹见我大哭，艰难地说了一句话："哭什么？我还没有死。"似乎阿爹的这句话让我确认了他确实还没有死。我立刻止住了哭泣，跑到田坂里去找在那里干活的父母。我焦灼万分地跑到渠道上，正好遇到永梅伯母向村里走来。在伯母的指点下，我终于在田坂里找到了父母。

阿爹终于再次被父母送到了菱湖医院里。那是一个星期日，我和弟弟去医院里看阿爹。阿爹看到我们，很高兴。这种高兴明显有别于平日的高兴，似乎因为有了额外的机会，见到他一手带大的两个孩子。

当我走到病房外的走廊里时，父亲跟了出来，向我讲述了发生在阿爹身上的"撮死缝"的情景。"撮死缝"是尚博村的一个土语。这个土语我从小就听惯了，大概意思是形容一个人做毫无意义或者无厘头的事情。虽然我从小就听惯了这个土语，并且自己也曾用这个词语去说过别人，但对于它的本意，对于它描述的原本景象，我是从来没有见过的。

这次，父亲就描述了这种景象。父亲说："你阿爹刚进医院的时候，让我见识了什么叫'撮死缝'。你阿爹勉强坐着，脑袋也晃来晃去，眼睛半睁着，两只手不停地在被子上撮，特别喜欢去撮被子缝合处的线头……"父亲的描述，让我对"撮死缝"这个古老的词语，充满了无限的遐想。

动词"撮"，就是用大拇指和食指取物。"死缝"是一个意义暧昧的词语，几乎无法用合适的词语表述，哪怕是以一种暧昧的方式表述。但阿爹那一天的表现，却以一种切近本意的方式，让我理解了祖先造这个词语的时候看到过的景象，并且联想到的生活中的人与事。

阿爹的表现，赋予这个词语的本意的揭示，至少有这些。一个人，在临死的时候，是恍惚的。在恍惚中，又渴望抓住什么。恍惚让很多东西恍惚不定，只有缝状的东西，却格外显眼，于是手指在恍惚中，想去抓取它……

这条缝就是"死缝"。"死缝"是人之将死最后的意识，最后的愿望，最后的决心……为什么会这样？大概死生本一体，人在此时，回到了出生时的原初记忆与印象吧。

但阿爹终于没有死。经过一段时间的治疗，阿爹就出院了。在之后我有很多机会向阿爹询问"撮死缝"的感觉。但我最终没有问。

四

从菱湖医院回到家的阿爹，再次无法抵御香烟的诱惑。但这一次也是最后一次。这次复吸终于让阿爹没有了回头的机会。

阿爹日夜不间断地气喘。只能趴着，不能躺着，不能坐着。那一段时间里，家里除了阿爹的急促气喘声，就是大声呻吟声。阿爹经常说："要么前世作了孽，今世我没有作孽的。"阿爹这句话的潜台词是：我今生不该受这么大的罪。

赤脚医生每天都要来我家。赤脚医生给阿爹打针的剂量越来越大，效果却越来越差。日夜不间断地急促气喘，损耗着阿爹的身体，消磨着阿爹的精神和意志。阿爹连平顺地吃一碗饭的时间都没有。气喘，占据了他所有的时间。阿爹常常趴着，一碗饭，或者一碗粥，放在旁边。有一天，家里的一只老母鸡走进房里，在阿爹的粥碗里啄食起来。阿爹的呻吟里有了另外的一种声音。

不知从哪一天起，阿爹开始说起一个字，死。他先是在他的侄儿侄媳面前，也就是我的父母面前说，接着在我面前说。大概在我弟弟面前也说起过。他的表述方式是这样的，"这样难过，我只能去死了"。

阿爹以这样一种方式，在和自己的亲人告别。1988年8月12日，农历七月初一，星期五。那一天，只有我和阿爹在家里。当我听到一种异乎寻常的声音跑下楼时，阿爹已经以自己的方式，离开了这个人世间。他没有再一次和我们正式告别。

五

此后很多年，我都做同样的一个梦。梦中的阿爹躺在床上，盖着厚厚的被子，好像头都蒙了起来，一点声音都没有。梦中的阿爹总是处于半死半活之间，既没有死去，也永远没有活过来。还有一点也是确切的，阿爹的床永远都在祖屋房里的老地方。

这个我有生以来最亲近的老人，终于成了我梦中的老人。这个老人保持着当年的模样，永远不会再老去。但这个老人已经历经了过多的岁月沧桑和病痛折磨，一直处于卧床状态。他永远没有从床上起来，也没有看我，叫我。阿爹的死，终于成了祖屋的痛点。

阿爹、父亲和我都见证过祖屋里老人的死去，但我和他们或许都不同。特别是我的父亲，他总说很希望他的娘母从屋里的黑暗里走出来。我的愿望还要深沉，我总是希望阿爹从梦里醒来，从床上起来，从黑暗里走出来。我的阿爹在我这里，要来到我这里，要走的路要远许多。这是我自十六岁开始就有的感觉和印象。

这段路就是疼痛。每一个人的生命，以疼痛始，以疼痛终。我在十六岁的时候，就见证了阿爹最后的疼痛，而且是在旁无他人孤立无援的情况下。这种遭遇，必然会让我和别人很有些不同。在我这里，阿爹是祖屋最疼痛的地方，一丝一缕，都会传递到我心里最敏感的地方。阿爹，也真实地成了我心里的痛点。这种情形，就像是致命的穴位一样。我要时时护好这个穴位，但每次都是收效甚微。黑夜来临，这个痛点，就像星星一样，在夜晚的天空里，一览无遗。

一个在我的梦中永远闷声不响、卧床不起的老人，不会叫我，也不会看我，就是我的阿爹。一个我自有生以来最亲近的老人。

2015年8月14日，农历七月初一阿爹忌日，写于尚博祖屋

祖屋里的孩子

再老的老祖屋里，也有最小的小孩子。

1972年春天，我在尚博祖屋出生了。1974年正月里，弟弟也出生了。

弟弟的出生，对于不满两周岁的我来说，是一件大事。因为我已经隐隐约约感觉到，弟弟出生后，祖屋里发生了很多的变化。

弟弟出生以前，我和母亲睡一头。弟弟出生以后，我只能和父亲睡一头。开始几个晚上，我怎么也睡不着。我虽然常常眼含泪水，想要回到原来的地方去睡觉，但没有办法。弟弟还常常哭泣，弟弟的哭泣让我无所适从。终于有一天，当弟弟再次哭泣的时候，我满含眼泪地说："到泥板上去，到泥板上去！"

我还不会说"楼板"，我只会说"泥板"。父母笑了，问我叫谁到泥板上去。我说："叫蒲鞋到泥板上去。"我还不会说"菩萨"，我只会说"蒲鞋"。当我说出这句话的时候，泪水终于夺眶而出。我终于说出了这些时日里我内心深处的不安和痛楚。

弟弟这么小，一天到晚不是睡觉，就是哭泣。弟弟夺走了原本属于我的位置，让弟弟到楼板上去，就是把原来属于我的位置还给我。父母听到了我的诉求，耐心地安抚我，但我还是久久不能入眠。我翻来覆去，小小年纪就品尝了失眠的味道。

之后很多次，每当弟弟哭泣的时候，我就说到泥板上去。但情况在慢慢地发生着改变。弟弟终于慢慢地长大了，不但会哭，而且还会笑了。每当弟弟对着我笑的时候，我也开心地笑起来。我终于慢慢地忘记了自己的忧伤，不知从哪一天开始,我不再说让弟弟到泥板上去的话了。

祖屋里有一辆坐车。这辆坐车已经很老了,不知道有多少代的小孩坐过。等到小孩可以自己坐起来的时候,就可以坐在坐车里了。到了小孩可以坐坐车的年龄,家里的大人就可以腾出手臂干家务活了。小孩可以自己坐在坐车里,看着家里进进出出的人,可以笑,可以叫,开心的时候,可以蹬脚扑腾。饿了,可以哭泣,大人就会挪条小凳过来喂食。

我家的坐车做工很好,有一块可以调节小孩活动范围的移板。父亲还无师自通地对坐车进行了改造,在车子下面安装了四个轴轮,很多年来一直当坐车用的车子,一下子变成了可以推动滑行的四轮车。弟弟坐坐车的时候,我早已经学会了走路。我虽然步履还不稳健,但常常推着弟弟的坐车,在门前的晒谷场上来来回回。每次我推弟弟的坐车的时候,弟弟总是哈哈大笑。弟弟的笑声仿佛在鼓励我推得更猛,跑得更快,大人会跑过来,叫我慢一点。

当坐车停下来的时候,我常常观察弟弟。因为车子停下来了,弟弟也慢慢安静下来了。我觉得弟弟很好玩,就像洋娃娃一样好玩。终于有一天,我像对待洋娃娃一样,用手指去戳弟弟的眼睛。弟弟马上就大哭起来。弟弟一哭,我也哭了。母亲听见声响,从家里跑了出来,对我说,弟弟不是洋娃娃。大概从这一天以后,我意识到了弟弟是弟弟,不是洋娃娃。

更多的时候,是弟弟一个人坐在坐车里。弟弟一个人坐在坐车里的时候,非常安静,有时候半天不发出一点声音。有一天,弟弟的坐车放在西隔壁娘母家的门前,母亲从田里干农活回来的时候,油豆腐阿坤对母亲说:"这个细的将来长大了,会不会是个傻子呀?"母亲问怎么了,阿坤说:"我坐在廊下半天了,他一点声音也没有。"

阿坤是丽华的爷爷,"油豆腐"是他的绰号。在我很小的时候,阿坤已经很老了,浑身皮肉松松垮垮。从他很早以前就有了这个绰号的情况来看,阿坤在年轻的时候,大概就已经是一个皮肉松松垮垮的人了。

阿坤是一个口无遮拦的人,村里一家人家的两个男孩子都长得很矮小,他就对这户人家的大人说:"这两个细的,传种是传不得了。"而这一天,在晒谷场上翻晒稻谷的阿坤,也终于口无遮拦,对我母亲说了这句心里话。母亲知道他的脾性,没有和他计较。

我们一直都在慢慢地长大。我们在长大的过程中,听了很多故事。这些故事,都是在我家的老床里听到的。其中的几个故事是柿肚蒂的故事,傻子女人的故事,蚂蚁的故事。

有一个冬天的晚上,一个老头子和他的老太婆躺在床上睡觉。老头子觉得身子下面有东西顶着自己,用手一摸,原来是个柿肚蒂。老头子说:"要是这块柿肚蒂是个白洋钿就好了,可以用它去买几只小鸡,小鸡养大了换钱买只小猪,小猪养大了就可以吃肉了。"老太婆说:"给村东的阿二家送点肉去,村西的阿毛家送点肉去,村南的阿海家送点肉去,村北的阿子家送点肉去……"老头子一听就火起来了,说:"我辛辛苦苦养大的猪,都被你分光了!"老太婆也不相让,说家里平时也没有少麻烦这些人家。老头子和老太婆终于互相骂起来了,声音非常响亮,惊动了隔壁邻居。邻居虽然着急,但也进不了门去劝架,老头子老太婆就吵了一夜。

每当父母讲这个故事的时候,我们就哈哈大笑起来。父母讲的另一个故事,我们会笑得更厉害,我们会笑得让我们的老床都抖动起来。这个故事就是傻子女人的故事。

村里有个傻子女人,凡事都不会做主,都要问一问自己的男人。有一天,她问道:"今天的菜怎么烧烧呀?"男人说:"就纯烧烧吧。"男人说完话,就到田里干活去了。尚博话"纯"和"绳"的说法是一样的,傻子女人遵从夫命,在家里前前后后地找,一根绳子也没有找到。傻子女人很着急,心想,找不到绳子,怎么向男人交代呀?她终于想到了茅房间的粪桶上有两个箍桶的稻草绳。这两个稻草箍,有些时日了,稻草也有些发黑了。傻子女人很高兴,把两个稻草箍都解了下来,像青菜一样,用刀子切断,和菜烧在一起。男人从田里干活回来,看到桌子上的几碗菜,顿时傻了眼。傻子女人乐呵呵地说:"我今天给你烧了绳烧烧的菜。"

每当父母讲完这个故事,我们就哈哈大笑起来,说:"笑死人了,世界上还有这样的傻子呀!"我们的老床被我们笑得浑身发抖,好像也在说:笑死人了,世界上还有这样的傻子呀!

父母不仅仅给我们讲笑话，也讲另一类故事。父亲就讲过一个蚂蚁的故事。一个秀才进京赶考，路过一个池塘的时候，看见离岸不远的地方有一只蚂蚁在水里挣扎。秀才在附近找了一根小木棍，搭了一座小桥，蚂蚁顺利地沿着这座小桥，爬到了岸上。蚂蚁上岸后，抖动着触须，对着秀才微微地笑着。秀才说："小东西，你也会笑呀！"秀才说完，就笑着上路了。秀才顺利进京赶考，当他的答卷到了阅卷官手里，发生了一件奇怪的事情。答卷上停着一个蚂蚁，位置正好是"马"字最后一点的位置。原来，秀才写得快，把那一点漏掉了。阅卷官用袖子把蚂蚁拂掉，不一会儿，蚂蚁又回到了原来的老位置。如此反复再三。阅卷官觉得其中必有蹊跷，派人找遍京城驿站，终于找到了这个秀才，秀才就讲了路上救了一只蚂蚁的故事。阅卷官听罢，欣然命笔，评为第一。

每次父亲讲这个故事，只是讲故事，并不说别的话。我觉得很神奇，问："这难道是一只飞蚂蚁吗？能飞到京城里去吗？"弟弟说："飞蚂蚁我见过的，能从门前飞到屋后，有时候到了地方，就把翅膀褪下来，藏起来，要飞的时候再穿上去。"

尚博村里确实有这样的飞蚂蚁，比一般的蚂蚁大许多，路上有，树上有，墙壁上、屋顶上也有。父亲每次都是不置可否，只是笑。

父母在祖屋老床里讲述的故事，大多让我们哈哈大笑。但父母讲述的故事，也有让我们，尤其是让弟弟感到非常害怕的。因为这个故事讲的就是弟弟的故事。故事是这样的，弟弟是从江北人的渔船上抱来的，不是家里自己养的，过几天，就要去还给人家了。以前江北很穷，不少江北人居无定所，划着渔船四处流浪讨生活。母亲讲这个故事，是有规律的，总是在弟弟过于调皮的时候讲。每次母亲讲这个故事，弟弟总是抱着母亲说："我不要回去。"这个时候，母亲就会把弟弟不好的方面指出来，弟弟就说："下次不会了。"

母亲总是把这样一个令人不安的故事一讲再讲，而且总是笑着讲。母亲从来没有把"过几天，就要还给人家了"的时间讲清楚，或许是一年，或许是半年，或许是一个月，或许是几天。弟弟似乎总是处于这种令人害怕的猜测中。父母只会让故事里的主人公是弟弟，而从来不会是我，是有道理的。因为被阿坤说成将来长大了是个傻子的弟弟，终于一天天长大了，终于没有像阿坤说的那样成为傻子，还比其他的小孩聪明得多。尤其是我，常常不是弟弟的对手。

我和弟弟经常下棋，下军旗，也下象棋。我性子急，弟弟性子稳，我输多，弟弟赢多。不但如此，我难得赢了一盘，弟弟会漫不经心地说："大的赢小的，是应该的。"如果我输了，弟弟又会漫不经心地说："大的连小的也赢不了。"这个时候，我总会说，"再来一盘"。因为气急败坏，接下来的棋局，往往都是我输掉。每局结束，弟弟总是要把那一句话重复一遍。这句话总会让我说"再来一盘"。弟弟总是很轻蔑地笑着，往往会和我连下几乎没有悬念的几盘棋，但终于厌烦了，说不愿意再下下去了。无论我怎样请求，弟弟都坚持要去玩别的了。绝望中，我终于用尚博的老古话骂了弟弟，并把棋谱撕得粉碎。我有好几次把棋谱撕碎，并把纸屑扔在地上，每次弟弟总是头也不回，玩别的去了。

生产队里只有一台电视机。电视机装在一个对开门能够锁上的木匣子里，木匣子安在一个高高的架子上，每天晚上，大人小孩就搬着凳子椅子来看电视。春、秋、冬季，电视机放在一间小房子里，人们在小房间里看电视。到了夏天，电视机每天晚上要被抬到露天的晒谷场上。有一天，弟弟扯着嗓子在鼓动。弟弟一会儿叫大男孩去帮忙，一会儿喊加油，一刻没有停歇。我看着大男孩有的在抬架子，有的在抬电视机，也想走过去帮忙。弟弟忙从椅子上站起来，拉住我的衣角说："哥，这些事情让大小孩去做，你力气不够，万一电视机砸碎了，会全部怪你的。"当天晚上，母亲抱着弟弟看电视，我坐在旁边的椅子上。电视还没散场，弟弟就尿了母亲一裤子。

我从小不太尿床。难得的几次尿床，几乎都是梦到了同样的梦境：我急急忙忙地寻找着解手的地方，终于找到了一片槿树篱笆。槿树上，红色的花朵开得好看，篱笆里，有鸟在树上叫着……每次都是在鸟叫声中，我开始在槿树篱笆旁边小便。常常在尿到一半的时候醒来，醒来也不声张，总是把尿湿的地方压住，天亮的时候，垫褥也就焐干了，不会有人知道我尿了床。偶有尿完后才醒来的，知道焐干无望，就叫大人。大人即使不说一句话，我也会面红耳赤。

弟弟经常尿床。弟弟尿床以后，从来不脸红，只是皮笑。弟弟总是在第一时间告诉大人自己尿床了，母亲说："你又尿床了呀！"弟弟说："我在画龙呀！"如果天气由晴天转阴天了，当晚弟弟几乎都会尿床。这个时候，弟弟会说："我是气象台啊，你们看准不准！"母亲只能大笑，不再说什么。

我和弟弟和村里的其他孩子一样，都非常害怕打针。每个小孩都要打很多次预防针，有些预防针打下去，针眼扎下去的地方，会肿胀，还会化脓。伤口又痒又痛，有时结的痂掉了好几次，里面还在化脓。所以，打预防针，是让所有的小孩子感到非常害怕的一件事情。

尚博人把预防针叫作"朋友针"。那一天，祖屋里没有大人，只有我和弟弟。我们听见门外有小孩跑过，小孩边跑边喊："打朋友针的来了！"接着，我们看见另外几个小孩往村西逃去。那里，有一大片可以藏身的老桑树地。看来，村子里的小孩子们已经得到了风声，都闻风丧胆，逃命一般逃跑。

弟弟问我怎么办，我也不知道怎么办。我们不敢逃出去。我们觉得，此时，在祖屋里躲起来，是最安全的。我们马上想到了一个很好的藏身之地：老床后面的一条窄窄的通道。

这个通道就在楼梯口。我们曾经很多次，侧着身子躲在这条通道里，别人家的小孩总是找不到我们，一直要等到他们说这局捉迷藏你们赢了以后，我们才会从那里悄悄地溜出来。每次别的小孩问我们，你们刚才躲在哪里，我们总是三缄其口。

这里确实是我们的秘密通道，是最私密和安全的藏身之所。因为这里是最安全也是最危险的地方。我们躲在这里的时候，能够屏息凝神看见满心想要寻找我们的人出现在楼梯下，上楼梯，在楼井口转身来到了楼上。他们只会看楼梯上，楼上，从来不会让自己的视线稍微歪斜一下，看看老床的背后，楼井的内侧，有两个像蝙蝠一样侧着身子吸附在那里的小孩子。

躲在这里是他们想不到的。因为这里太窄了，只有像我们这样小的小孩子，侧着身才能通过，才能躲藏。也是因为这里实在太阴暗了，躲在这里，实在需要很大的胆量，这种胆量，也不是一般的小孩子具备的。

不知道从哪一天开始,我们探索出了这个秘密的藏身之地和通道。大人似乎从来没有发现过我们的秘密,因为我们从来没有得到过大人的一次警告。

这一天,我们故技重演,像两只蝙蝠一样,吸附在祖屋老床的背后。打朋友针的一男一女两个赤脚医生已经走进了我家的祖屋。他们的脚步声,在祖屋里显得非常响亮。我们屏气凝神,就像每一次的冒险一样。我们听见赤脚医生在说话。男医生说:"家里的大人到哪里去了?"女医生说:"两个小孩一定躲起来了。"看来,类似的情况他们见多了。

他们终于出现在了楼梯下面,并且开始上楼。正如我们预料到的一样,他们像所有想要找到我们的别人家的小孩一样,没能看见我们。他们在楼井口转弯,就上到了楼上。男医生说:"两个小孩躲到哪里去了?"女医生说:"还能躲到哪里去,一定就在楼上。"两个经验丰富的医生开始你一言我一语地喊话。他们说:"反正要打的,逃也逃不掉的,晚打不如早打。"他们说:"我们今天不走了,天黑也不走了,你们不出来就不走了。"见我们还没有出现,他们使出了撒手锏,说:"打了针,就可以吃到小红糖了,今天的红糖是最甜的红糖呀!"

弟弟开始向我使眼色。没有经过我的同意,弟弟就离开了这个藏身之地,自己把袖子捋了起来,向两个赤脚医生走去。两个赤脚医生眉开眼笑,他们一定在想:小屁孩,怎么可能是我们的对手。弟弟开始吃小红糖的时候,我还在那里躲着。弟弟过来叫我,满脸堆笑地说:"哥,今天的朋友针不是很疼。"我已经没有了别的选择,只能从那里走了出来。

我觉得弟弟是一个叛徒,我满心不满,也满心恐惧。这一天,我打到的朋友针,并没有像弟弟说的那样不太疼,而是比以往任何一次都要疼。我满心疼痛地从女医生手里接过了小红糖。两个赤脚医生大获全胜,心花怒放地回到楼梯口,开始下楼。不久,我听见他们在楼下说话,一个说:"大的不如小的懂事。"另一个说:"大的不如小的聪明。"最先说话的又说:"是呀,大的不是小的对手。"听见这些,我已经没有了吃红糖的心思。

尽管常常不是弟弟的对手,但我还是经常和弟弟比赛。冬天要穿的衣服多,我们就比赛谁穿衣服的速度快。这项比赛大概是外婆和母亲最先动员的。

冬天赖床不起,她们给我们穿衣服的时候,总会说:"起床了,倏地一下子。"不知从哪一天开始,我们不用大人给我们穿衣服,来叫我们起床,我们不但自己起床,还经常比赛谁穿衣服的速度快,就像外婆和母亲说过的,比穿衣服时谁更"倏地一下子"。

一开始的时候,先要谁喊一声"开始",然后比赛就开始了。在这样的比赛中,我有输有赢,面子上过得去。但那一天的比赛,我彻底傻了眼。那一天,轮到我喊开始。我要说开始的时候,弟弟就说,"再等等"。如此再三。当弟弟对我说,"你可以说开始了",我就又说了一声开始。弟弟没有像以往一样手忙脚乱,而只是笑,几秒钟之后,弟弟就从被窝里站了起来。我顿时傻了眼,弟弟已经在我正式喊开始以前,把衣服全都穿好了。

在各种各样的比赛中,弟弟十有八九是赢家。但这个大赢家,也吃过大苦头。我们的比赛项目还有一项,就是赛跑。我们的赛跑比赛和别人的很不一样。

每天,阿爹都要好几次到河埠头去淘米,我们经常跟着去。通往河埠头的路有两条:一条是沿着祖屋所在的一排房子门前的路一直往东走,到了南北向的路上右拐;另一条路是经过一条小弄堂走。祖屋所在的一排房子,和前面一排房子间,有几间小平房,小平房和前面的一排房子间,有一条狭长的小弄堂。这条小弄堂是由青石板铺砌的,青石板两边,是两边屋檐上掉下来的碎瓦片。我们的赛跑,就是从河埠头回来的时候,每人选一条跑道回家,看谁先冲进大门里。

这一天,我选择了第一条跑道,弟弟选择的是小弄堂里的第二条跑道。弟弟从东西向的弄堂口出来后,需要北折跑一段路到祖屋所在的一排房子门前,然后西拐跑一段路,才能到达家门。这一天,弟弟跑得很快,跑得很兴奋,半仰着头,边跑边哈哈大笑,终于出现在了弄堂口。弟弟半仰着头,边跑边哈哈大笑,开始了第二段征程。就在第二段征程快要完成的时候,意外发生了。因为弟弟的头一直仰着,一直哈哈大笑,太过兴奋,没有留意脚下的路况,终于被一块小石头绊了脚。弟弟摔了一跤,额头正好磕在阶沿石上。这是有棱有角的老石头,一下子就让弟弟见识了蛋石头的威力。弟弟的额头上磕出了一个大口子，血流如注。弟弟转瞬之间，由哈哈大笑转为号啕大哭。

村里留在家里的人都走出门来看是谁在这么大声地哭泣。有人在问："是谁呀？"有人说："是大块头。"弟弟虎头虎脑，"大块头"是尚博人给他起的绰号。阿爹也在赶来。平时，阿爹喜欢拎着淘箩，慢慢地走回家，走进家门的时候，淘箩里的水也沥干了。但这一天发生了大意外，阿爹不能再慢慢地走回来。阿爹急急忙忙赶路，边走边用最难听的尚博老古话骂人。

阿爹赶到弟弟身边，发现弟弟的额头上开了一个大口子，又用最难听的尚博老古话大声地骂了一句。阿爹说："要缝针了。"阿爹抱起弟弟，就往村里的卫生室跑去。弟弟额头上的口子，缝了十几针才缝合。自此在弟弟额角上，留下了一个长长的伤疤。

祖屋里似乎只有我们两个小孩子。但我们的阿姐也常常到祖屋里来小住，有时还住很长时间。阿姐家住外婆家渔家庄，是父母的干女儿。阿姐大我们好几岁，在我们还是小孩子的时候，阿姐就已经是一个大姑娘，而且是一个让我们小小年纪也知道的漂亮的大姑娘。

阿姐一来，祖屋里马上就充满了一种芬芳的气息。阿姐很漂亮，很温和，很有耐心，浑身上下散发着芬芳的气息。这种印象影响了我对于姐姐和女人的理解。我从小就认为，姐姐应该像我们的阿姐一样漂亮，温和，有耐心，浑身上下散发着芬芳的气息。我从小也认为，女人也应该像我们的阿姐一样漂亮，温和，有耐心，浑身上下散发着芬芳的气息。

母亲把我们交给阿姐，让她带我们，领我们。阿姐在祖屋里陪我们玩。阿姐叫我们猜谜语，猜东南西北，和我们一起挑线绷，跳皮筋。姐姐总是安安静静地陪我们，给我们讲解，给我们做示范。祖屋里充满了阿姐芬芳的气息和轻柔的声音。

阿姐也带我们走到祖屋外面去玩。阿姐就像是在尚博长大的一个姑娘，认识村里的每一个人。尚博人也都叫得出阿姐的名字。尚博人的眼神里，常常充满了羡慕。他们羡慕我家有这样的一个女孩子，大姑娘。

父母在祖屋楼上窗口，搭了一个小床。阿姐就睡在小床里。每次熄灯前，阿姐总会先叫弟弟和她一起睡，弟弟说不高兴。然后阿姐会叫我和她一起睡，我也说不高兴。弟弟很小的时候，曾经和阿姐一起睡过，不知道从哪一天起，就不愿意了。我也应该像弟弟一样，在很小的时候和阿姐一起睡过。但我记事以后，每次阿姐叫我和她一起睡，我都说不高兴。

隔壁的娘母生了两个女儿和一个儿子。两个女儿出嫁后，那一年，奶奶的儿子，我们的叔叔也结婚了。

祖屋楼上和隔壁娘母家的楼房之间，是一道板壁。这是一道薄薄的板壁，木板上有很多虫蛀的痕迹。板和板之间，是一道道的缝隙。这些缝隙很大，透过这些缝隙，我们能清楚地看见叔叔的婚房，我们能看见婶婶带来的嫁妆，但我们看不见他们的婚床。

叔叔的婚床就贴着板壁，就在叔叔的旧床原来的位置。叔叔的旧床换成了婚床以后，就在床头板壁上糊了一层报纸。在叔叔结婚以前，我们虽然经常透过板壁间的缝隙，看叔叔的房间，虽然叔叔的房间一览无遗，但我们似乎从来没有留意过叔叔的床。但叔叔的旧床变成了婚床以后，即使叔叔在板壁上糊上了报纸，我们马上就意识到了隔壁是床，而且是叔叔的婚床。

我家楼房的东隔壁，终于变得不同一般起来。没有人告诉我们，我和弟弟已经意识到了这一点。因为我们的隔壁，是叔叔的婚房，贴着板壁的，是叔叔的婚床。

有一天，我们找到了一根小锯条。我们用小锯条在板壁之间的缝隙里戳着，叔叔糊着的报纸，一下子就被我们戳破了。我们通过这个小洞，终于看到了叔叔的婚床。那一天，我们看了很久，把那边的景象细细地看了一遍。

当我们第二次去看叔叔的婚床的时候，发现那个被我们戳出来的小洞，已经被重新糊上了。我们故技重演，又在板壁上戳出了一个小洞。但没多久，这个小洞又被糊上了。一连几天，都是如此。

那一天，轮到弟弟去戳那个小洞。弟弟熟门熟路，一个小洞很快就出现在了板缝之间。但让我们没有料到的是，这个小洞没有像以往那样，可以保留至少我们能够看够一次的时间。这一次，这个小洞一下子就被糊上了。弟弟朝我吐了吐舌头，就再次戳洞，但结果还是一样，这个小洞一下子就被糊上了。弟弟依旧吐着舌头不罢休。等到第四次戳好的洞被糊上以后，板壁那边,叔叔终于说话了。叔叔叫着我的名字,问是不是我干的。弟弟吐着舌头一言不发,我一下子就脸红了。弟弟蹑手蹑脚溜掉了,我像根柱子一样,站在原地,脸上发着烧,就像叔叔在我家的屋子里,站在我边上批评我的情况一样。

  叔叔重新糊好板缝以后,不再说话,但我在那里站了很久,脸上发着烧。从这一天以后,我们再也没有去戳板壁间的缝隙了。

  虽然很多时候不是弟弟的对手,但我依旧是哥哥,弟弟依旧是弟弟。父母常常对我说,要带好弟弟。当我们开始懂道理的时候,母亲就给我们讲道理,譬如看到人家吃东西,不要盯着看,要赶紧走开;再譬如,如果别人给你们吃的东西,要说家里有。我们弟兄俩在村里有很好的口碑,每到瓜果成熟的时候,经常有人送瓜果到我家来。他们进门的时候,会说:"养到这样的乖囡囡才好呀,从来不到我家的桃树底下来张望。"他们说的话内容基本上是差不多的,往往只是桃树底下变成了香瓜地里、西瓜地里……其实他们家里并没有多余的瓜果,在瓜果开始成形的时候,村里的小孩子们就开始偷偷品尝,等到成熟的时候,树上、地里的瓜果,往往已经所剩无几。仿佛他们觉得,不送点到我家,良心上过不去似的。

  再老的祖屋里,都有很小的小孩。这些小孩子,在祖屋里出生,长大。祖屋永远在他们的心里。

2017年7月23—27日,写于尚博祖屋

屋顶之上

祖屋楼上东面的窗子打开,面对的是一个天井。西面的窗子打开,面对的是一个屋顶。这是上好的老屋顶。老到让我一看见它,就能让自己的心沉到谷底。

那一年,我已经长大到能够勉强翻越窗栏。我异常艰辛地翻越了窗栏,就来到了我家的老屋顶上。这次在我家老屋顶的着陆经历,终于让我永生难忘。当我的脚在瓦片上弄出声响的时候,一只黝黑无比的野猫,向我投来了金色的目光。这种目光令我毛骨悚然,但又让我产生莫名的亲近感。这种我从未体验过的矛盾感受让我在一瞬间就长大了很多。当我像这只野猫一样悄无声息地在屋顶上爬行,终于小心翼翼地爬到屋脊边时,我看到了广远无边的屋的海洋。

这是我第一次看到海。小小年纪就看到了海,应该归功于这只野猫毫无声息的引领。此刻,野猫并没有再看我,而是站在不远处,引颈望远,浑身充满了王者的气息。野猫是如此善于引导的好老师,而我又是如此善于学习的好孩子。当我像野猫一样引颈望远的时候,我突然感觉到,我就是一只常年在屋顶徜徉、徘徊、思虑、望远的野猫。

我眼前的海一望无边,幽深无底,波澜起伏。我望见了远方的村庄,远方的桑树地,远方的水田,远方的行人……我看得分明,但又恍恍惚惚。我觉得远方我看到的景象,和我梦里见过的景象,没有任何区别。我在屋顶上恍恍惚惚,不知道过了多少时间。在我幼小的心灵里,这段时间里包含了春夏秋冬,甚至更为久远无边的时间。春日暖阳把温煦的阳光洒在屋顶上,也洒在我的身上。屋顶上开始升起袅袅的炊烟，如同海面上飘起朵朵白云。我终于听见屋顶下面传来阿爹叫唤我的沉闷声响。我恍恍惚惚地做出回应，但因为屋顶的阻隔，阿爹没有听到我的回应。阿爹屋前屋后找遍之后，终于沿着我家的老楼梯，走到了楼上。阿爹从窗口一眼就望见了我。此时，我正悄无声息、小心翼翼地从屋脊边退回来。我在屋顶上无声无息地挪动着。此时，我想起了那只观望过我的野猫。当我回望的时候，并没有看见那只野猫。这只引领过我的野猫，不知什么时候，已经悄无声息地消失在无边的波涛里。

　　从屋脊退回到窗栏，是一段漫长的路途，所以我就经历了漫长的时间。在这漫长的时间里，我不但听到了阿爹叫我的声音，还听到了各种各样奇怪的声音。这些声音我异常熟悉，但又似乎从未听过。在这段奇特的时间里，我同时听见了一年四季的声音。我听见了春天的鸟叫声，夏天的蝉鸣声，秋天的雁过声，冬天的北风声……我还听到了无数老人叫唤我的声音。这些老人的脸我熟视无睹，但又从未谋面。老人们的呼叫声就像我家的老屋顶一样连绵起伏。

　　当我抵达窗栏的时候，终于听见了最确切的老人的声音。阿爹满脸堆笑，只说了两个字："像我。"这是我幼小的时候经常听到的两个字。这是我家祖屋里的老人常常对我说的话。阿爹在说这句话的时候，往往脸上洋溢着似有似无的微笑。这种情况出现在很多时候，譬如我嘴巴刁钻，不喜欢吃不新鲜的饭菜；譬如我经常生病，而且一病就病得不轻。还有很多种情况，虽然我没有听见阿爹说出这两个字，但我分明能够感觉到他在心里说着这两个字。譬如我长时间出门后返回时总会大声地叫着"阿爹，阿爹"，譬如我从集市回来我会给阿爹买来冰糖或者茶叶，譬如采摘桑果后我会把最大最紫的留给阿爹……无论哪种情况，阿爹在说这两个字的时候，都充满了无限的自豪之情。

　　这一天，阿爹照例无比自豪地说出了这两个字。当我小心翼翼地回到窗栏边的时候，阿爹就把手伸给了我。我拉住了阿爹的手臂，就像野猫攀上了一根老树枝。沿着阿爹的老手臂，我顺利地翻越窗栏，回到了楼里。

　　也就是在那一年，我在屋顶上放了一个脸盆。这是一个废弃的破脸盆，我在脸盆里装满了从祖屋后面挖来的老泥土。这一天，我在老泥土里撒下了太阳花的种子。之后每一天,我总要小心翼翼地翻越窗栏,小心翼翼地给老泥土浇水。很快,老泥土里就有了起色,一些红色的茎苗,从老泥土里生长了出来。在夏天即将来到的时候,脸盆里面已经挤满了太阳花,并开始开出紫色、深红色、淡红色、黄色的各种花朵。

此后几年,太阳花成了我家屋顶上的点缀。这里是我的心事所在。因为我每次来到窗口,总会与它们照面。它们的茎叶和花朵里,充满了暗示。我在当时就知道,这里充满了屋顶才有的语言。

有一次,在它们的昭示下,我从窗栏里攀爬出去,再一次来到了我家的老屋顶上。这一天的屋顶异乎寻常。就像一块处女地一样,我在屋顶上有了惊心动魄的发现。因为我在上屋顶以前,就已经有了一个计划:我要在老屋顶上寻找清明螺蛳壳。每到清明时节,尚博村家家户户都要吃清明螺蛳。清明螺蛳果然比普通螺蛳味道更加鲜美。每次总是在美食一顿之后,大人们把盛满螺蛳壳的碗向空中扬起,碗中的螺蛳壳,就像种子一样,应命被撒到屋顶上。随着沙拉拉的声音响起,大人们会说,今年没有瓦细了。"瓦细"是一种生长在瓦片间的黑白相间的小毛虫。每到夏天,瓦细的绒毛或者被晒干的整个瓦细,会从屋顶上飘下来,落在人的身上,瓦细的毒毛就会钻入肌肤,让人生出红包,又痒又疼。

据说,清明螺蛳壳被撒到屋顶上之后,在这一年之内,瓦细就无法在屋顶上生存了。我就曾经干过撒清明螺蛳壳的事情。每次我把螺蛳壳撒向屋顶的时候,总是在傍晚。每次我总是蓄足了力气,把螺蛳壳撒向屋顶,当听到沙拉拉像落雨一样的响声时,总是能够看到天空里有星星向我投来暧昧无边的光芒。每当这个时候,我总是产生这样的幻想,这些螺蛳壳,一定是被我撒到了天上,变成了这些遥远无边的星星。

这一天,是我计划中揭开谜底的日子。我要到屋顶上细细寻找,找寻这些多年以来被我们撒到屋顶上的螺蛳壳。如果不能找到,那么我的幻想是确切的,它们确实被撒到了天上,成了星辰。

这一天,我就像一只野猫一样落在了屋顶上。从我家的屋顶出发,我翻越一个又一个屋脊,向远方走去。我就像一个隐形者一样,在漫无边际的海里漂游。在我漂游的过程中，我看到了门里窗里瓦缝里很多我从未看到过的景象。我看到了小孩在哭泣，老人在瞌睡，还看到了一对男女私密激情的画面。因为我是隐形者，我的飘过没有对他们产生丝毫的影响。因为我有任务在身，或者因为我还足够年幼，此时的我就像一朵浮云一样，我窥探到的任何私密的情景，都不能让我有任何的留恋。因为我还要在这片海里漂游，走向远方。

但我始终没有任何的收获。我找遍了所有的瓦楞，细细地查看，终究没有找到任何一颗螺蛳壳。然而我终究不死心，继续往远方走去。

这一天，我成了一个真正的独行侠。无边无际的海的屋顶，也成了我一个人的天下。所有的猫都终于遁形。连那只引领我来到屋顶的野猫，也没有显形。我在屋顶的海里游荡，一种巨大的孤独感彻底占领了我。我只在我自己心里向远方行走。这种情形又让我拥有了巨大的自由。每一步前行都史无前例，所以是巨大的冒险。我在这种巨大的自由和冒险中获得了巨大的勇气。如同此刻远方有一种声音在昭示，不要停歇，不要停歇。

但我终究一无所获。我没有找到任何一颗螺蛳壳。于是我想，每次我把螺蛳壳撒向屋顶的时候，我的感觉是确切的。我确实把它们都撒到了天上，变成了星星。但是，我确实听到了它们在屋顶上沙拉拉像雨一样坠落的声响。于是我又想，我家的老屋顶，应该就是让它们成为星星的天空了。

我的这种推测果然是正确的。我的这种更大的确认是在几年以后实现的。那一年，我家楼梯口的那片屋顶拆掉了，改建成了一个方正的平顶。于是，这片小天地，成了我种植花草的理想场所。各种各样知名不知名的花草，都被种到了这块平顶上。这里，也就成了我冥想的最佳场所。

而冥想的最佳时间应该是晚上。那年夏天，我已经长大成一个可以毫不费力翻越窗栏的男孩子。一天晚上，当我来到平台上的时候，一下就看到了各种各样的花草，闻到了它们各不相同的各种气息。于是，一种勇气也就生长了出来。我，终于来到了我家祖屋正中央的屋脊上，像一只野猫一样，蹲坐在屋脊上，仰望星空。

这天晚上的天空，就像我曾经漫游过的屋顶一样漫无边际。那里，星星在慢慢醒来，在慢慢地睁开眼睛，向我投来暧昧无边的光芒。我屏息凝视，寻找最为茫远的一颗。这种努力异乎寻常的艰辛，就像我在屋顶上漫无边际的探寻历程。因为总有更远的远方，那里有暧昧的星光向我飞来。于是，我的寻觅也就遥遥无边。因为远方遥远无边，我要寻觅的那颗星星，也就遥远无边。但我分明听到一种声音响了起来。这种声音让我一下子流下了眼泪。

我在这种声音里安静下来。此时此刻，我所有的路途全部得以贯通。贯通到比先前在屋顶上的漫游更为遥远。在我的心里，一片天空慢慢地呈现出来。这片天空和我家的屋顶没有区别。我曾经努力寻找的东西，都在慢慢地呈现出来。和我曾经有过的努力一样，它们都在尽心尽力地呈现出来。于是我终于明白，我家的老屋顶，是最真实的天空，我撒在那里的一切，全都变成了那里的星辰。而当我蹲坐在屋脊之上，我就成了其中的一颗。只要我愿意，这里的任何一颗星辰，都会尽心尽力向我呈现出来。

在我家祖屋正中央的屋脊上，我一坐就坐到了半夜里。家人找遍了整个村子，都找不到我的踪影。他们声嘶力竭的喊叫声，我也没有听见。还是我的阿爹来到了那个漆黑的窗口，看见了像野猫一样蹲坐在屋脊上仰望星空的我。

阿爹没有责骂我。黑暗中我看不见阿爹的脸。但我分明感觉到，阿爹在说：像我。

2016年8月2日，写于尚博祖屋

父亲心里的老人

父亲说："我见过的祖屋里的老人，有我阿爹，我娘母，我大伯，我叔叔……"父亲在讲这个话题的时候，把自己的姑姑也说了进去。父亲甚至最后还把自己也带了进去。但可能觉得不是很妥当，父亲刚刚说了一个"我"字，就把后半句话咽了回去。

父亲已经不记得他的阿爹的名字。在我家的老家具上，有一些老人的名字。这些名字有瑞春、东美、陞荣等。村里老人们的话也确认了这些老人之间的关系：瑞春是东美的父亲，东美是陞荣的父亲。所以，陞荣就是父亲阿爹的名字。

虽然不记得陞荣的名字，但父亲能够记得陞荣的脸。父亲说："我阿爹是一张长长的脸。"我从小看惯的过路里墙壁上挂着的老照片里杨东美的脸，也是一张长长的脸。父亲还说："我的大伯也是长长的脸，但眼睛暴突，我记事的时候，大伯已经得了重病，手指弯曲，不能伸直。"父亲在描述这些老人的时候，都提到了人长得长长的这一个特点。所以，长长的身子，长长的脸，是我家祖屋里的老人的主要长相特征。

虽然父亲不记得自己阿爹的名字，但终究能够依稀记得自己阿爹的脸。父亲对于与阿爹和自己都密切相关的一件事情，也终究印象深刻。从不记得到依稀记得，从依稀记得到印象深刻，这里的关系令人深思。父亲的感受说明，只有自己体验过的，经历过的，特别是在很幼小的时候经历过、体验过的事情，必定会给当事人留下刻骨铭心的印象。

那时，父亲刚会走路没多久。那时，尚博村里的老头子们抽的都是长杆烟,所以,尚博村里的这些老头子,虽然年老,但他们拿着老烟枪在村里走来走去,边走边抽的时候,村庄就像是一个硝烟未散的村庄,而这些手持烟枪的老人们,就像是战场上的游兵散将。他们的身影三三两两,零零散散,他们的目光也三三两两,零零散散。但他们不离手的烟枪,还是让他们显出几分威严的气势。

那一天,陞荣和村里的老头子约好,到我家祖屋的前头屋里抽烟。陞荣一声号召,尚博村里这些懒懒散散的游兵散将们,从村子的角角落落里赶来。他们走到我家门口,叫着陞荣的名字。陞荣招呼他们在前头屋里围炉而坐。这些老头围着的,是让他们的老枪冒火的老炉子。这个老炉子,叫烟火炉,青铜打造,平时在门角里散发着古旧宁静的气息。但当老头们齐聚我家的时候。从灶膛里挑选出来的最老的老桑树烧出的老炭火,被老火钳夹进烟火炉,烟火炉马上就激动起来了。这些老炭火,老辣无比,炉火纯青。这个激动的烟火炉,就是专供老头们抽烟点火用的。老头们的长杆烟枪在烟火炉里得到了亲近的机会。老头们把塞满烟草的烟斗靠近烟火炉里的老炭火,烟斗也马上就激动起来,老炭火就像灵魂附体一样钻进了烟斗里,烟斗就慢慢地也炉火纯青了。每每这个时候,老头们还要在烟枪另一头的烟嘴里猛吸几口,每吸一口,烟斗就闪亮一下,就像打了一个激灵一样。等到烟斗打够了激灵,变得炉火纯青,老头们就把烟枪从烟火炉里撤出来,开始不紧不慢地抽烟。

这一天,老头们围炉而坐,东拉西扯,用尚博老古话说着各自得到的小道消息。这些消息涉及的人,往往是他们都熟悉的,或者见过面的,至少是听说过的。这些消息涉及的地名,往往也是他们都熟悉的,或者曾经去过的,至少是听说过的。譬如近一点的澉山、戈亭、洛舍、下舍、钟管、菱湖、德清、新市,远一点的湖州、杭州、绍兴。他们的老古话里还会有一些称呼一块地区的名字,譬如上八府、下三府。这些消息涉及的故事情节,虽然大同小异,但因为经常是最新消息,所以总是扣人心弦。这些故事的基本内容关乎生老病死、婚丧嫁娶等。他们还不厌其烦地回忆着曾经共同经历过的往事。这些陈年往事,大多发生在尚博村里。因为曾经共同经历,所以只要有一个老头扯出这个话题,就会得到另外许多老头的呼应。所以,这些老故事只要有人起头，就会不断地讲下去，就像沟渠里的水一样源源不断。这些老头喋喋不休的尚博话，让这些故事喋喋不休，就像是一个江湖老手在讲故事一样。虽然喋喋不休，但永远不会让人厌烦。每次讲述这些故事的时候，我家的祖屋开始有些异样，因为祖屋里飘满了老头们的目光。这些目光常常是湿润的，就像乳臭未干的小毛头的目光一样。

他们都是饱经沧桑的老头，很少有故事能让他们动容。这些陈芝麻烂谷子的往事却让他们动容。还有一类故事也经常让他们动容。譬如，曾经和他们一起长大的一个老人，正在老死。每次有老头讲到这些同龄人的时候，其他的老头总是细心地询问着最新的情况，他们得到的消息常常不容乐观，譬如，他们关心的伙伴已经断粮几天了。这个时候，这些老头的目光又湿润了，就像乳臭未干的小毛头的目光一样。

那一天，我家祖屋里又飘满了老头们湿润的目光。那一天，打动这些老头的，还是那些陈芝麻烂谷子的陈年往事。这些往事喋喋不休，仿佛就是祖屋的满腹心事。刚刚学步的我的父亲终于被搅扰，被吸引，脱离了他的祖母的怀抱，步履蹒跚地走到前头屋里，在老头们身边坐了下来。因为满屋的老头全都目光湿润，就像尚博村里的婴儿一样，我的父亲坐在这些老人堆里，就像落入了同龄人群里，似乎没有引起老头们的任何注意。这一天，因为老屋讲述的陈年往事过于精彩，父亲两眼放光地望着自己的阿爹和其他的老头们。父亲还不会说太多的尚博话，所以只是满目放光地看着这些奇怪的老头，没有说话。父亲越听越激动，终于离开了小凳，站了起来。父亲颤颤巍巍地走了几步，被一个老头的脚绊了一下，一屁股坐到了烟火炉里。老炭火的亲近让父亲声嘶力竭地哭叫起来。父亲的娘母听见声响，从烧火间跑了出来。这位慈祥的老人一下子就目瞪口呆了。父亲的屁股上冒着烟，而满屋的老头们此时全都目瞪口呆，手足无措。这位慈祥的老人义愤填膺，怒火中烧，如同炉火纯青，就像烟火炉里的老炭火一样，像骂孙子一样把祖屋里的老头们骂了个痛快。老头们个个面红耳赤，其中最像关公脸的，就是父亲的阿爹陞荣。

那天祖屋里的老头们是如何消失的，终于成了一个谜。他们的消失应该就像泼在地上的水蒸发掉一样，在不知不觉中消失掉了。他们应该是偷偷地溜了出去，就像小偷偷了东西，偷偷地溜掉一样。父亲的娘母骂完了，嗓子开始冒烟，又用冒烟的嗓子安抚父亲。我的父亲没能为老人冒烟的嗓音安抚，继续大哭不止。祖屋烟火炉里的老炭火，伤到了父亲的命根子。这是一个小男孩的命根子，也是这个男孩的娘母的命根子，也是祖屋的命根子。父亲的娘母看在眼里，痛在心里，一种隐忧就此种在了心里，酿成了病根。这位老人，到死也没能把这个病根拔掉。

父亲的阿爹是怎样死的，父亲没有印象。这位名叫陞荣的老人离世前后，祖屋里发生了很多不幸的事情。祖屋里的这些伤痛，最终只能让祖屋里的长者——父亲的娘母独自承受。

父亲的娘母，我的阿太，娘家就在本村。从阿太娘家到我家，步行几分钟路程，可以用前门对后门来形容。我的阿太属羊，她的命运终于成为尚博人心目中根深蒂固的属羊女人命运的佐证。

阿太死于1959年，享年六十四岁。阿太属羊，所以生于1895年。阿太和陞荣有四个孩子：阿菊、阿宝、阿贵、阿金。阿菊是阿太唯一的女儿，是父亲的姑妈；阿宝是阿太的长子，是父亲的大伯；阿贵是阿太的次子，是父亲的父亲；阿金是阿太的三子，是父亲的叔叔。这四个孩子，只有从小孱弱的阿金，有幸接近老人，走到"耳顺"之岁，花甲之年，成为祖屋里一度的最长者。阿太其他的三个孩子，都让阿太品尝了白发人送黑发人的哀伤。

最先离世的是阿菊。阿太的女儿阿菊，长大后嫁到了澉山，为澉山这户人家生了一男一女两个孩子，在生养第三个孩子的时候，难产死了。阿菊"五七"的时候，也就是阿菊死后第三十五天，我父亲的父亲——阿太的次子阿贵也死了。阿贵是阿太最得意的儿子，是村里的美男子。阿贵死的时候，我的父亲刚刚牙牙学语。阿贵死于痢疾，死于花样年华。阿太的长女和次子，仅仅相隔三十五天，先后离世。

阿菊和阿贵死的时候，陞荣还活着。这对姐弟死后不久，陞荣也死了。一双儿女和丈夫之死，给阿太带来了沉重的打击。四年以后，我的父亲五岁。这一年，阿太又遭遇了沉重的打击，父亲的大伯——阿宝也死了。

父亲的大伯阿宝之死，终于给父亲留下了一些印象。父亲的大伯阿宝，先后有过两个老婆。第一个老婆在阿宝还没有病残的时候，和东隔壁的男人好了。东隔壁的女人天天指桑骂槐，终于把她骂出了我家大门。第二个老婆在阿宝病残之前，嫁到我家。阿宝死后，也改嫁离开了我家。

我父亲记忆中的大伯阿宝，已经是一个病残之人。当时的阿宝，拳头就像最老的老桑树的老拳头一样，根根竖起，不能弯拢。那一天，像桑树一样长着又硬又冷的拳头的阿宝，终于死了。

我的阿太，在五年之内，死了四个至亲之人。长女阿菊打前炮，就像吹响了号角一样，次子阿贵，丈夫陞荣，长子阿宝，纷纷响应。阿宝死的时候，阿太已经没有了眼泪。

我的父亲能够清楚地记得阿宝死时的一些细节。因为阿宝死的时候，是养蚕季节，所以阿宝的病床被安放在过路里，也就是烧饭兼吃饭的第二进老屋里。阿宝的床靠近灶头。阿宝把最后的一口气咽下去以后，村里的一个大人就把我父亲后背的衣服抓住，像拎着一只小猫一样把父亲拎了起来。这双不知名的饱经沧桑的大手，抓着父亲后背的衣服，把父亲塞到阿宝的床底下，让父亲像一只蜻蜓一样在阿宝的床底下飞了好几圈。

这双饱经沧桑的大手的主人对在阿宝的床底下飞翔的父亲说，"这样就不怕了"。果然，父亲对于他的大伯阿宝的死，没有非常的恐惧。父亲只记得大伯的脸长长的，眼睛暴突。至于阿宝死后带来了怎样的恐惧，父亲的心里没有留下太多的蛛丝马迹。

让父亲小小年纪就不惧怕祖屋里的长辈死去的那一次经历，却最终让父亲刻骨铭心。阿宝的床在过路里靠墙壁的东北角落里。这个角落上方的墙壁上，挂着阿宝的祖父——我父亲的曾祖父杨东美的老照片。所以，阿宝是在他的祖父的眼皮底下死的。而我的父亲，被好心人抓住后背的衣服，在阿宝的床底下飞翔的时候，在听到祖屋里的哀伤哭泣声的时候，看到了大伯床底下不同寻常的景象。这里的景象类似于半夜里的景象，黝黑，寂静，还散发着祖屋独有的气息。这是一种外人一进我家祖屋大门，就能感受到的气息。只是，这里的气息更为浓郁，让父亲刻骨铭心。

父亲在祖屋角落里的床底下的这次飞翔,终于影响深远。父亲十三岁那年,父亲的娘母——我的阿太也死了。阿太是在夜里,无声无息地死的。阿太死的时候,父亲就睡在同一张床上。

阿太死后,在很多年间,父亲很多次说过同一句话。这句话就是:"别人总是害怕家里死了人,我不是,我总是希望这些死人能从屋里走出来。"

父亲最想在祖屋里见到的,应该就是他的娘母,我的阿太。我想。

2016年2月23日,写于上海

祖母

一位算命先生曾经给我祖母算过一命,说是只有半个儿子给她送终。老先生闭着眼睛说:"你也只有这点福分。"我祖母听说,神色平静,对此定论仿佛早有思想准备。2004年,老太太终于没能挨过那个炎热的夏天。她走的那一天,子孙全到齐了,她躺在床上,只有一口气息进出。我的叔叔长跪于地,带着哭腔说:"娘啊,你的儿孙们全齐了,你安心地走吧。"在场的所有人似乎都做好了老人走后号啕大哭的准备,但老太太的气息并没有减弱,依然有规律地一进一出。我和弟弟因为有事得赶回上海,不得不离开,我的父母及叔叔、大姑出来送行,当我们正准备钻入汽车的时候,就听见了小姑撕心裂肺的尖声哭叫。此时,我不得不佩服那位算命先生识破玄机的超常智慧。"你也只有这点福分",算命先生的这句话似乎也是对我祖母一生命运的高度概括。

我的祖母1926年生于一个名叫"北旺"的小村子。她有四个兄弟姐妹,排行第三。祖母七岁那年,就到我家做了童养媳。据我祖母讲,她到我家时我家就开始败落了。不过,那时我家的老祖宗"盲子阿爹"(村里的老人都这么叫,他是我的高祖父)还在。村里的老人都说,"盲子阿爹"好福气,人长得高高瘦瘦,年轻时到湖州、上海等地做丝绸生意,赚了不少铜钿。眼瞎是暮年的事。"盲子阿爹"是家里的绝对权威,即使到了晚年,面南一坐,说的每一句话,子孙是从不敢违背的。"盲子阿爹"的读书名字叫杨东美,极富诗意的一个名字,但在他晚年,我的家族如同整个国家那样,没有如他名字寓意般繁荣富足起来,而是一天天走向衰落。1936年,就在"东洋鬼子"打进来的前一年,"盲子阿爹"寿终正寝。据说,"盲子阿爹"死后,全村吃了三天三夜的油炸豆腐。老人的死是我的家族命运的分水岭，在接下来的十几年间，家里子孙连年病魔缠身，耗尽了几乎全部的资产。

我祖母初到我家时，受到我曾祖母的严厉管教，这是那个时代所有童养媳共同的命运。不过我的曾祖母也是我祖母的启蒙老师，我的祖母说，许多做人的道理和佛经，都是从曾祖母那里学来的。我的祖父阿贵是村里公认的美男子，而我祖母长得矮小干瘪，祖父从心眼里看不起她，尽管从小就生活在一起，也没有培养起男女之间的那种感情来。但一次苦难的经历让这种局面得到了些许改观。

那是20世纪40年代初一个春夏之交的中午，村里一个叫阿狗的后生，正在河埠头清洗自家的蚕匾。阿狗听到突突突的马达声时情不自禁地抬起头，他看到一面日本国旗在一艘"东洋鬼子"的兵舰上迎风飘扬。阿狗大喊一声"不好"，扔掉蚕匾跑到岸上，大声喊叫："东洋人来了！"正是这一声喊叫葬送了他年轻的生命，日本人的枪声几乎成了阿狗第二声"东洋人来了"的伴奏。枪声惊动了整个村子的男女老少和家禽牲畜，但鬼子进村的时候看到的只有被骚扰的家禽和牲畜，他们像疯了一样对着青天频频放枪。这种听起来有点像过年炮仗的枪声让躲在防空洞里的村民胆战心惊。我的祖母更是向我的祖父投去求援的目光，而我的尚未完全成年的祖父，像一个男子汉一样，正在安抚村里胆小的妇女和儿童，全然没有注意到同样尚未完全成年的我的祖母的恐惧和无助。日本人当晚就驻扎在了我们村里，全村老少是凭着冲天的火光和飘出几里、飘进防空洞的家禽牲畜的肉香做出这种判断的。后半夜下起了瓢泼大雨，我的祖父在雨幕中溜进村子，溜进家门，把已经做好但没有来得及带出来的米饭连同铁锅搬了出来。祖父离村的时候闻到了浓郁的酒肉香味，同时听到了鬼子此起彼伏的呼噜声，这种声音和他熟悉的猪圈里发出的声音一模一样。这锅和进雨水的米饭填进了一些妇女和孩子的肚子，这其中当然有我的祖母和曾祖母。但我的祖父却为此付出了代价，天亮时分，开始高烧不退。我的祖母趁人不备，悄悄地溜出防空洞，钻进浓郁的桑树地里。祖母回来的时候，带回了两大包紫红艳丽的桑果子。曾祖母厉声呵斥了祖母的莽撞行为，又满脸堆笑地把其中的一包分给了围上来的小孩。祖母小心翼翼地挑出最大的桑果子递到曾祖母手里，曾祖母又把桑果子从我祖父干燥龟裂的嘴唇间塞了进去。在那个阴郁的早晨，村里所有的男女老幼都在这个潮湿的防空洞里见证了桑果子汁水般温暖人心的场面。我的祖父，就像村里的幼童一样，躺在母亲的怀里，吃着一个矮小干瘪的少女精心挑选的上乘浆果。说来奇怪，就在当天下午鬼子离村的时候，祖父的烧也退了。村民们回村之后，马上恢复了往日的活力和乐观，他们常常拿我祖父开玩笑，总会大声地说："阿贵，你的小媳妇真好，在鬼子的枪口下为你摘来了桑果子……"我的祖父总是急红了脸，但对我的祖母却生出了一丝的怜悯。终于，在不太强烈的爱情中，我的父亲诞生了。但就在我祖母因我父亲的降生而满心憧憬于自己的身份和地位得以提升的时候，不幸发生了。

　　那又是春夏之交的一个中午，我年仅二十三岁的祖父从田间劳作回来，我尚不能行走说话的父亲坐在门前的木车里兴奋异常。我的祖父像所有初为人父的年轻人一样，脸上堆满了幸福的笑容。他用手指去逗弄父亲稚嫩的小脸，随之一声声清脆的婴孩笑声便在门前的空地上蔓延开来。我祖母闻声出来的时候，正看到我祖父把我父亲抛在空中又接在怀里。祖母说："你回来啦！"祖父说："嗯。"他还是没有正眼看我祖母一眼。但我的祖母却非常满足，因为此时门口正站着同为童养媳的隔壁的女人，此时正满心羡慕地看着眼前温馨无比的画面。"二哥，你回来了？"我祖父一进屋，就看见坐在竹椅里喝茶的他的弟弟阿金。阿金从小体弱多病，干不了体力活，又因最年幼深得我曾祖母的宠爱。听见我祖父的声音，瘫痪在床的他的哥哥阿宝也在里屋叫道："阿贵回来了？"随后便疾声咳嗽起来。在我的祖母和她嫂子把饭菜一碗一碗端上桌的时候，我的曾祖母和曾祖父相继回来了。我曾祖母回来时提着满满一篮子蔬菜，我曾祖父回来时把一个记账本往桌上一扔，说："明明是到时候了，又被他们赖掉了。"看到他无奈却依旧安详的表情，全家都知道陈年老租又没有讨回。全家男人和我曾祖母一个一个落座，两个媳妇只能坐在小凳上吃饭。这顿充满秩序感的午饭看起来和往常没有什么两样，但随后几个小时内发生的一切让整个家喘不过气来。吃完午饭，作为主劳力的我的祖父躺在堂屋门口迎风的竹椅里休息。尽管有一丝凉风吹进屋子，但屋里的空气还是让人感到了窒息。我的祖父突然大汗淋漓,大喊一声:"妈,我肚子痛死了!""阿贵,怎么了?"当我曾祖母闻声赶过来的时候,我的祖父开始呕吐起来。"妈,我难过死了!"我的祖父一把推开曾祖母的手,捂着肚子跑到茅房里又腹泻起来。此时我的祖父脸色苍白,冷汗淋漓。他已无力站起,我的曾祖父把他搀起来的时候,我的祖父吃力地说:"爸,我冷死了!"众人七手八脚地把他抬到床上,盖了几床厚棉被捂汗。就在这个令人窒息的下午,"我冷死了"的喊叫声越来越弱,太阳西斜的时候,已经听不到了,代之而起的是众人的号啕大哭。村里的后生们都来了,全傻傻地站在那里抹泪。我的祖母抱着我的父亲,面无表情,仿佛陷入了对毫不热烈的爱情的无限回忆之中。我的父亲却被满屋的伤感气氛感染了,死命地哭了起来,我的祖母这才扑到床前,"阿贵,阿贵"地哭喊起来。

  我祖父死后,我曾祖父经不起这突如其来的打击,不出几年,也撒手人寰了。他临死说的唯一的一句话是:"我要见我唯一'像样的'儿子去了。"全然不避讳另外二子的在场。据说我曾祖父走的时候神色安详,仿佛对另一个世界充满了憧憬和期待。在这种阴郁的气氛中,阿宝的病也越来越重,体弱又胆小的阿金只得叫来邻村的姐夫叙宝商议家事。为给阿宝治病,家里的银圆用得差不多了,阿金便委托叙宝变卖家里的古董和家具。然而这一切努力并没能挽留住阿宝孱弱的生命。阿宝死后不久,他的妻子也改嫁了。此时家里就剩下四个人。有好事者对我曾祖母说:"让阿金和林楠(我祖母)一起过吧。"当我曾祖母把这番意思对我的小爷爷——阿金说起的时候,这个从来没有主见的孱弱无比的后生表示了坚决的反对,当他的母亲询问原因的时候,他说:"这样一个不像样的女人嫁给我二哥,已是天大的冤枉,而今又要来害我,妈,亏你想得出来。"在阿金的心里,有着比他兄长更为不可救药的对于一个矮小干瘪女人——我的祖母的鄙视。我的祖母当时正在厨房做饭,母子的这番对话还是让她隐隐约约地听到了。她的脸上依旧没有什么表情,也许她在自己的心里也对自己的命运下了一个定论,就像把一个原本可以从中源源不断地取出物品的袋子狠狠地打了一个死结。

  日子似乎应该这样毫无生气地过下去。但一个铁匠的出现,又彻底改变了我祖母的生活。这个叫阿祥的铁匠，家中还有一个弟弟，父母双亡，一贫如洗，都打着光棍。阿祥随师父游走江湖，对十里八村的消息全都了如指掌。在他还是一个小孩的时候，有一次到我家门前兜售农具，正看见"盲子阿爹"穿着长衫马褂悠闲自得地抽着乌烟（鸦片），很是羡慕，心想：要是生在这样的人家，就不用讨饭一般四处奔走了。那天阿祥借询问是否要农具的名义靠近"盲子阿爹"，无限陶醉于一阵清风带来的乌烟的清香中。也就在那一天，阿祥第一次见到了瑟缩着给"盲子阿爹"装乌烟的我的祖母，当然，她当时只有八九岁。在随后的日子里，阿祥每年都能看到我的祖母，这个备受我家男人无可救药地鄙视的一天天进入花季的干瘪女人，却让这个铁匠产生莫名的爱怜。而那一天的邂逅，阿祥的心里除了爱怜，还产生了更多的遐想。那一天我的祖母抱着我的父亲在门口晒太阳，依旧苦着脸。阿祥放下农具，抱起我的父亲举得高高的，就像当年我的祖父那样。我的祖母此时流泪了，脸上的表情因此变得丰富起来。几天之后，我家来了一个媒婆，是给我祖母来提亲的。媒婆说："你家就阿金一个男人，又体弱多病，不顶事。这上有老下有小的，实在该有个顶梁柱才行。这不，现成的就有一个……"接下来自然是对阿祥的极力赞扬。我的曾祖母是见过阿祥的，想想媒婆说的也是，也就应允了。就这样，几天以后，阿祥入赘到了我家。但几天之后发生的一件事情，让我的曾祖母下定决心把这一对男女驱逐出家门。

那是一个深夜，我的曾祖母起来小解，走到后面的茅房间。她听见屋顶上有人在说话，便屏住呼吸，终于听出了其中的一个就是阿祥。阿祥说："兄弟，接住……"等她打开后房的门，见到一个黑影背着一个大布袋消失在茫茫夜色之中。这个性格刚烈的老太太连夜就进行了讯问，阿祥倒也坦然，说："这个家哪里像个家，要这么多丝绵干什么，还不如拿给我兄弟卖了好讨个老婆。"那天晚上我的曾祖母大吼一声说道："家法伺候！"左邻右舍全都听到了。可是左邻右舍接下来听到的声音比这一句话还要响亮还要理直气壮："你敢！也不想想以后的日子，阿金靠得牢吗？还不得靠我们！"正是这句话让老太太在极短的时间内下定了决心。第二天，我的曾祖母动用了娘家的所有力量，把阿祥和我的祖母赶出了家门。据说，我的祖母临走前还顺手拿走了盖在正在午睡的我父亲身上的一条小棉被。这个小小的动作给她的后半生带来了严重的后果，这大概是我的祖母当时万万没有想到的。

阿祥带着我的祖母回到了他家所在的范家墩。阿祥的弟弟阿福笑脸相迎，说："哥，这袋丝绵真好，明天拿去卖了换钱。"但一袋丝绵换回来的钱，很快就被大手大脚用钱的兄弟俩花光了。矮小干瘪的我的祖母，却表现出了惊人的生命力，在随后的岁月里，她和阿祥共生了一子二女。随着儿女们的出世，她的母性被一再唤醒，她便经常想着去看望她遗弃在我家的大儿子——我的父亲。有一次想极了，剪掉辫子换了几个钱买了一点糖果前往探望。但我的曾祖母一次又一次关于丝绵和小棉被的往事的讲述早已在我父亲的心里埋下了仇恨的种子。当我的祖母拿着糖果出现在我家门前的时候，遭到了我曾祖母的破口大骂。我祖母当时说的唯一的一句话便是："我也是没有办法啊！"我曾祖母马上反驳："那扯走阿林（我父亲）身上的小棉被也是没有办法？！"此时，她只有哭泣的份了。此后几十年，我的祖母一直沉浸在类似的屈辱中。我的父亲当时正在门前玩耍，看见一个瘦小的女人跟他的祖母哭闹，马上知道了怎么回事，转身跑进屋里去了。在场所有的人中只有隔壁的童养媳对她表示同情，我的祖母悄悄地把糖果给了她请她转交给我的父亲，然后就离开了。这包糖果尽管最后被我的曾祖母丢进了河里，但她还是对我的祖母的这点表示产生了一丝好感。但这一丝好感并没有保持多久。随着阿祥家子女的增多和长大，阿祥的经济负担日益增加，于是他又想到了我家。一天晚上他和他的弟弟阿福趁着酒性摇着船来到了我家，大声吵闹要跟我父亲分家。吵闹声惊动了整个村子，似乎整个村子都被激怒了，几个壮汉把他们拉到晒谷场上拳脚相加。阿祥事后回忆说，这是他一生"最吃亏"的一件事情。自此以后，我的曾祖母又下了一个决心：在她死前决不允许我的祖母见我的父亲，尽管此次分家事件跟她并没有必然的联系。

我的父亲便与他的祖母相依为命。我的父亲永生都不能忘记那个晚上，那个令他永远伤痛的晚上。那天晚上，我的曾祖母对我父亲说："阿林，娘母（奶奶）要喝茶，你去烧点水。"等我父亲烧好水走来，他的祖母正微笑着看着他。父亲在曾祖母慈爱的目光中熄了灯睡在她的身边。后半夜父亲醒来，忽然想起一件事来，就叫道："娘母，喝茶吗？"没人回答。他用稚嫩的小手去推他的祖母，碰到原本温暖的身体却在逐渐变冷。我的父亲感到从未有过的恐惧，一声又一声的"娘母"代替了那天清晨整个村子的鸡鸣。阿金——我父亲的叔叔也哭了，他此时感觉到的除了亡母之痛，更多的是抚养侄子的责任。于是，曾经放过租、做过丝绸买卖，令无数人羡慕的一个大家庭，只剩下一个孱弱的男人和一个还未成年的小孩。我的祖母对于婆婆的过世心情是复杂的，但一种希望在她心里从未有过地疯狂地成长起来。此时，她和阿祥的日子已经慢慢好起来，对于我父亲的思念和愧疚之情却与日俱增。

转眼我的父亲长成了一个十七岁的小伙子。我父亲的好友阿初看上了范家墩的一位名叫莲子的小姑娘，因为胆小就硬是拖着我的父亲一起去看她。我的父亲出于哥们义气一口应允了。哥俩来到村口时已是暮色初降，两人不约而同地止步于小村唯一的河埠头。河埠头的石阶上，有一大一小两个女人正在洗衣服——两个女人都感觉到了身后站着两个人，回头看的时候，让岸上的哥俩紧张不已。那张如花一般年轻的脸，正是阿初每天夜里梦见的脸，四目相望的时候阿初差点喘不过气来。那张毫无表情的中年妇女的脸，让我的父亲产生似曾相识的感觉，而这个妇女分明从这个年轻人的身上看到了自己的影子，不禁叫出声来："阿林。"而我的父亲竟也鬼使神差地叫了一声"妈"，全然忘记了我曾祖母曾经讲过的关于我祖母的许多不是。也就在那个晚上，我的父亲第一次走进了我祖母的家里。我父亲进门的时候，正看见阿祥赤着膊在喝酒，旁边围坐着一男两女三个小孩。我祖母忙对着屋里的小孩说："这是你们大哥，快叫哥。"就在三个小孩还没弄明白怎么回事的时候，阿祥撂下酒杯走了过来，摸着我父亲的头，用充满酒气和笑意的语气高声命令道："这就是我和你娘跟你们提起过的阿林哥，快叫呀！"于是，破旧不堪的屋子里依次响起了三声"哥"。也就在那个晚上，我的父亲在这个生性豪爽的汉子的鼓舞下，第一次喝了从嘴里一直辣到心里的烧酒，这第一次喝酒的经历就让我的父亲深感酒的好处，便从此和酒结下了深厚的情谊。我的祖母也在旁边喝酒，从她喝酒的有条不紊的架势来看，喝酒早已成了她的一种习惯。我的祖母开始向她的儿子讲述她的思念之苦，她的婆婆当年是如何凶狠地把她赶出了家门……突然，她似乎意识到了什么，忙说："你娘母在你面前说过我的什么话没有？"我的父亲便选择了最有典型性的"小被子事件"如实地说了。我的祖母仿佛早就预料到了此刻的来临，她想要解释什么，但又觉得似乎说什么都是多余的。最后还是几个小孩的几声"哥"打破了此时的沉寂，我的祖母便借机起身添菜去了。我的父亲不知深浅地喝着烧酒，喝得脸上泛起了红晕，但在场的人没有一个提醒他这样喝酒会醉的，仿佛我父亲的醉酒是他们希望看到的结果似的。果然，我的父亲开始语无伦次起来，但这些语无伦次的话里面一声又一声的"妈"却让我的祖母泪流满面。等到阿初和他的心上人说完话来找我父亲的时候，我的父亲早已醉倒在了一张铺着一条油光发亮的篾席的床上，矮小干瘪的我的祖母正在为他打扇子。阿初回家时正遇上站在村口焦急等待的我的小爷爷阿金。生性懦弱的阿金听说事情的原委，竟也豪气万分地破口大骂起来，先是骂一对狗男女，接着就骂出"有其母必有其子"这样的话，话一出口，却又感到痛心起来，仿佛自己被别人无由地毒骂了一通一般。

阿金那一夜失眠了。他感到从未有过的孤独，这种孤独中甚至还掺杂着一些恐惧。这种恐惧既来自偌大一个屋子只有他一人的空寂以及不断浮现的十来年间发生在这里的一次又一次的死人场面，更来自对于我父亲的难以言状的毫无把握。他一遍又一遍地回忆着和我父亲相依为命的以往生活的画面，并一遍又一遍地安慰自己他不会失去我的父亲。阿金好不容易挨到了第一声鸡叫，但他觉得那天的鸡叫有些异常，仿佛还有另外的声音掺杂其中。他终于听清了我父亲一声又一声叫门的"叔叔"。阿金满脸灿烂跑去开门，晨风把一阵酒气带进来的时候，这个滴酒不沾的孱弱男子竟感到从未有过的满足和自豪，他分明感到了一个孩子在一夜之间变成一个大人了，而这个孩子的成人完全是他一个人的功劳，先前预备的几句牢骚和责备早已被他抛到九霄云外。同时被他抛到九霄云外的，还有对我父亲的毫无把握。

也许这个人世间有许多东西是会上瘾的。我的父亲从此以后沉溺于两件事情不能自拔，一件是喝酒，一件就是跑去见我的祖母。那天晚上的经历让阿金对我的父亲产生从未有过的骄傲和信任，我父亲的两大新习惯也就被他默许了。我父亲和我祖母一家的接触让他感到从未有过的感觉，譬如身为兄长的威仪。阿祥的豪爽也是他在自己的叔叔身上从未看到过的。阿祥因为长年游走在外，结识了不少的朋友，经常和朋友下馆子喝酒，每次掏口袋的往往是他。阿祥的热情邀饮给我的父亲直接带来了好运。那天阿祥在镇上卖农具时碰见了好友银山，银山正蹲在路边卖他刚从鱼塘捕来的鱼虾，旁边有一位年轻的姑娘正帮着叫卖。"阿琴都这么大了，大姑娘了，都认不出来了。"这位叫阿琴的姑娘忙抬头叫道："伯伯。"阿祥满足地应着，并大声地说："一会儿收摊了伯伯请你们吃饭。"说完，拍了拍银山的肩膀，径直走进了街对面的馆子，拣了一个能看到街面的位子坐定。阿祥叫了几个小菜，先自斟自酌起来。两杯烧酒下肚，一个计划也在他的脑海中成形了。他得意地笑着，并冲着大街大声嚷起来："银山，阿琴，快来吧。"听见老友的再次相邀，银山把最后一点鱼虾连送带卖地处理掉了，拉起阿琴走进了馆子。接下来便是两个酒友昏天暗地地喝酒，喝到两人手脚通红，喝到两人搞不清楚是白天还是黑夜。阿祥便语无伦次地大声问道："阿琴有人家了吗？"银山也扯着嗓子喊道："还没呢，你见识的人多，帮我留心一下，有合适的小伙子就跟我说一下。"阿琴在旁边大叫起来："爸，你胡说什么呢！"红着脸跑出了馆子。两个酒友肆无忌惮地大声狂笑起来，笑得目中无人，仿佛整个馆子整个小镇都是哥俩的天下。笑过之后，阿祥在银山的耳边用极其轻柔神秘的声音推荐了我的父亲，银山听罢，也轻柔神秘却异常坚定地说："一言为定！"哥俩的这番举动让馆子的服务员极为不满，这个已经对打探别人的隐私上了瘾的矮胖妇女甚至嚷着要求哥俩公开刚才酒桌上的秘密，在得到拒绝的答复之后，为表示不满，她还故意多收了五角酒钱，满脸堆笑的阿祥浑然不知。

半年之后，伴着锣鼓声响，一艘讨亲船回到了村子。站在船头兴高采烈地把爆竹放上天的便是阿祥，他有点得意忘形地对着岸上看热闹的人群喊道："阿林的新娘子是我这辈子见过的最好看的新娘子，全是我帮他访到的啊！"村里的大姑娘小媳妇全都围过来想看热闹，心里面却是十分不服气。等到阿祥把新娘子从篷船里背出来穿过人群走上埠头的时候，村里所有的女人全都由衷地羡慕起来。这是我父亲有生以来第一次受到这么多人羡慕的一天，当然，他娶到的就是我的母亲，一位朴素漂亮的名叫桂琴的姑娘。

正因为阿祥和我祖母对于我家的这次非同寻常的贡献，他们重新赢得了村人的认可。阿祥和我的祖母也开始光明正大地来我家做客，看着一户人家开始像模像样，阿金也不再提防阿祥会再做出什么见不得人的事情。之后便是我和弟弟的依次出世。自从我记事以后，祖母便给我留下了节俭宽厚的印象。我的祖母每一次到我家来，每次洗碗时，总是小心翼翼地把锅里的洗碗水舀净，然后小心翼翼地把锅底的一点饭渣菜末用铲子舀起送进嘴里。我总是非常不解，问她何以这样节约，我的祖母总是用"地上一粒米饭，天上菩萨看在眼里就像一个大冬瓜，谁浪费粮食要遭天上菩萨雷劈的"之类的老话来解释。但我的祖母依然喝酒，而且每次都要眯起眼睛喝得很慢，仿佛在回味酒的滋味，又仿佛在回忆以往的无尽时光。我的祖母如此节俭却又如此坚持喝酒令我感到非常疑惑，但我相信她身上的这种矛盾和统一肯定自有道理。直到后来我也学会喝酒时才似有所悟：酒是让人自由出入于过去、现在和将来，绝望、期待和希望之间的绝妙通道，是让人短暂超越现实的拘囿并在一次又一次超越的连接之中得以有勇气生活下去的绝妙良方，酒是精神的需要，达到的目的是被人们认可的类似于吸食鸦片一样的快乐和放松。祖母有许多话令人过耳不忘，譬如"吃亏就是便宜""大人有大量"等，总是在遇到相应的困难或问题时让人感到受用不尽。每年我和弟弟总是对祖母家的葡萄树向往不已。每到春末，我们就开始当年的采摘和品尝的过程，当然，首先是涩的，而后是酸的，继之是酸中带甜，最后才是甜的。我记得不管我们品尝到的是什么味道的葡萄，我的祖母总是带着一种令人回味不尽的微笑，临风看着我们在葡萄架下时而皱眉时而吐舌头的幼稚表情。祖母家的葡萄树是我们童年的梦中出现频率最高的景象。

我直到二十来岁时，还固执地认为我的祖母仿佛从来没有变化过，永远是自我记事起就留在脑海中的干瘪矮小却又表情安详的老人。自从我发现她的变化时就发现她真的是苍老了，而且老得不成样子，衰老速度之快让人感到仿佛是在一夜之间完成的。对于祖母的衰老之谜我百思不得其解。后来我的一位政治老师给我们讲从量变到质变的道理时我恍然大悟：莫不是长期的苦难压在她的心底越积越多,最终把她压垮了,就像一个逐渐腐烂的苹果,等到人们想起它准备拿起来咬上一口的时候,腐朽的汁水和着酸臭的味道一起从手指戳出的洞里流了出来,尽管此前它还拥有一张诱人的红色的苹果皮。自从我的祖母认了我的父亲之后,生活增添了许多的快乐,但此后经历的事情确是件件上她心头的:先是阿祥的离世,继之是小女儿的远嫁,接着是二儿子娶媳妇之后永无休止的母子不和,最后是同村而居的最为贴心的大女婿的不治而亡。那是我工作五年以后的一个劳动节,我提了一点东西去看她,我走上楼的时候仿佛看到了一个从来没有见过的老得可怕的人,她在那里不停地喘气,半天零零碎碎说出的一句话的大意是:只有你们还把我当个人,有些人早就把我当根路边草了。我自然清楚"有些人"指的就是她的儿子——我的叔叔。我便下楼央求我的叔叔送我祖母去医院,我的叔叔果然不置可否,仿佛没人跟他提这事。三次下楼央求未果,我只能擅自送老人去了医院。用我祖母的话讲,她去医院就像给一辆从未保养过的老爷车擦了一通油。果然,几天后我的祖母就能出院了。

　　但这对我祖母来讲,只是梦魇的开始。气管炎、心脏病,每隔几个月总会让她产生活不下去的感觉。于是,我们的每一次探望成了她暂时能够活下去的机会。那一次的探望让我和母亲永生难忘。走到村口,就老远看到了我祖母的家里有很多人进进出出,还不时飘来烧死人豆腐的阵阵香味。我们进门的时候果然看到很多人在吃豆腐,却没有听见人死后该有的号啕大哭。那一天我的祖母让我看到了人接近死亡时候的异常美丽:我的祖母,已被换好寿衣,头上还戴着一顶饰有花纹的绣着"寿"字的漂亮布帽子。我看到的祖母满脸皱纹,这些皱纹挤占了原来嘴巴和眼睛的空间,我的三声"娘母"才让我看见眉毛下的两个窟窿里透出来的微弱光芒,我居然看到了一种我熟悉的美丽的笑容在那些皱纹间流露出来,但我分明感觉那笑就像是被一只恶毒的蜘蛛捕获的柔弱的蛾子,如此虚弱,如此顽强,如此令人回味无穷。我这个从未习惯拥抱别人的人竟一下子把我的祖母搂在怀里,也就在那一刻,我听到了一句微弱的话:"囡囡,莫哭。"我点着头说:"不哭,我给你请医生,你等着。"我回头看的时候又看到了祖母脸上被困在网中央的蛾子一般坚强而又灿烂的笑容。当然，我的祖母又一次活了下来。许多人都说，我祖母是死过一回的人了。我祖母也这么说。我知道许多人说自己死过一回的时候是抱着轻松超然的心态，但我的祖母却始终没有这种心态。之后不久，祖母又陷入了疾病的纠缠和痛苦之中。她依旧在无助之中等待着什么，这一次我们看到的祖母全身浮肿、四肢发黑，同样是我们把她送到了医院，但与以往不同的是，这一次用药并不能使她的病有所好转，我的祖母在病痛的折磨中对我们说："这一次，我和你们真的要分班了。"当晚，我在病房陪她，我只听见呻吟声持续了一个晚上，在绝望之中，她甚至对"有些人"进行了诅咒。几天之后，她被我的叔叔悄悄地接回了家。再几天之后，就发生了本文开头的一幕。

一个人的一生对于整个宇宙来讲是微不足道的，但对于其个体来讲，却是他的全部。他就像流星一样，在短暂的时空中划过。有人偶然间看到了这颗流星的痕迹，但更多的人并没有注意到。在不属于他的时空，也许有人会短时间内记得他，但之后便是这种记忆的永无继承。我们都是常人，没有人替我们立传作记，于是我们的生命就像风雨飘摇中的烛光，偶然的熄灭就是永远的黑暗。我的祖母就是这样的一个平常人，这样一个曾经存在过又永远归于黑暗的平常人。但她又是幸运的，因为我的上述文字将是一种永远的存在。这些古旧文字的奇妙组合，将是她曾经来过这个世界的痕迹。安息吧，我的祖母，也许你已以另外一种更真实的方式继续留存于世。

2005年7月31日初稿，2006年2月8日修改于上海市黄浦区

祖屋的女儿（一）

阿菊是我的阿太唯一的女儿。在祖屋的养育下，阿菊很快就出落成一个如花似玉的姑娘。

那年早春时节，有一天，一个媒婆早早地出了门。媒婆是从尚博村西的澈山村走来的。她要去的，就是尚博村我家。

媒婆沿着龙山脚下的小路，紧赶慢赶，终于来到了龙山桥。龙山桥下流淌的，就是龙山港。龙山港是龙山脚下一条南北走向的小河，南连苎溪漾，北通龙溪。站在龙山桥上，也就站在了澈山和尚博的分界线上。或者可以这样说，一只脚在澈山，一只脚在尚博。

那一天，媒婆就站在龙山桥上，一只脚在澈山，一只脚在尚博。媒婆此时所处的独特的位置，让她有些异样的感觉。这种感觉和心猿意马相似，但又不是完全相同。因为站在这个点上，很容易让人一心想着身后的村庄，一心想着眼前的村庄。

此时她终于又想起了身后澈山村里的事情。几天前的一个黄昏，同村的后生叙宝的父亲走进了她的家门。这位父亲进门就开门见山，说了自己的心事。他说："我家叙宝也不小了，听说尚博杨家门里有个阿菊姑娘，人好看，品也正，你帮我去说说。"媒婆喜欢这种开门见山的说话方式，因为在她看来，这种方式在表达着对于自己的信任。

媒婆以爽快的答应作为回应。媒婆是满心想帮眼前的这个真诚又老实的父亲。叙宝家在桥南。所谓"桥"，是架在一条小溪沟上的一块长长的青石板。这块青石板，不知道是谁在哪一年从澈山上搬来的，自从架在这里做了桥,就每天听着澈山上淌下来的水在沟溪里叫唤。叙宝家就在这块青石板南面。这里是澈山的最南面,有一条小河从远方延伸到这里。叙宝家是河边朝南的一排老祖屋。这排祖屋是典型的老祖屋,也有四进。只不过这排祖屋比普通人家要宽大许多,而且一进比一进高。所以走进叙宝家,就像拾级而上,就像爬山一样。叙宝家的祖屋为什么和普通人家不一样,没人能够说清楚。

这间不同寻常的老祖屋里,终于生养了一个高高大大的后生。这个后生的名字别有意味。"叙"与"聚"同音,所以"叙宝"就是"聚宝"。父母取这样的名字,是希望这个孩子能够给家里带来财富。父母心里满心憧憬的财富,也是不能简简单单说清楚的。

媒婆满心喜欢这个自己看着长大的后生。这个后生高高大大,脾性温和。所以媒婆觉得,给自己满心欢喜的后生访一个好姑娘,是既开心又应该的事情。

想着身后的澈山村里的事情,媒婆又想起了眼前的尚博村里的事情。尚博杨家门里的阿菊,远近闻名。很多媒婆远道而来,却无功而返。这些媒婆在进村的时候,常常向路边的人询问我家的位置。这些人询问的方式是这样的:杨东美家怎么走。这些媒婆寻访的是阿菊,询问的却是阿菊的阿爹杨东美。

在这些媒婆碰了一鼻子灰,悻悻地走出村庄的时候,会说:"杨东美的孙女,是能够随随便便讨得到的吗?"当时杨东美已经不是一个携带老枪把生丝生意做得很远的丝商,已经是一个双目失明、不出门户的老人。杨东美虽然早已经足不出户,但是他声名远扬,经久不衰。

想起这些,媒婆心里开始担心起来。她想着怎样才能让自己成为一个幸运的人。媒婆明白,让自己成为一个幸运的人,还得靠自己的嘴巴。当她想着这些事情的时候,正看见一条金黄色的老鲇鱼,正在龙山桥桥墩旁边的激流里游荡。

这应该是一条快要成精的老鲇鱼。因为这条鲇鱼有帝王之相。老鲇鱼浑身金黄,就像帝王龙袍加身一样。老鲇鱼的胡须也是金黄的,在水中飘荡,就像一条金色的水蛇在水中游荡。这条老鲇鱼,止在桥墩旁边的激流里游荡,但给人的感觉,却像是定海神针一样纹丝不动,既不前进,也不退缩。在媒婆向这条老鲇鱼投去疑惑不解的目光的时候,这条老鲇鱼竟也抬起头来,看了看她。媒婆人过半百,还没有遭遇过这样的对视。因为从桥下投来的目光,似乎正在面授机宜。媒婆在心里说:有了。

当媒婆抬头望向远方的时候,感觉尚博村就在不远处向她招手。从龙山桥到尚博村,是一片充满绿意的田野。低处是水田,高处是桑树地。桑树地里,有很多的祖坟,也有不少还没有埋入泥里的棺材。棺材就像是小房子,等到小房子里面的木头腐败倒塌,小房子也老了,坍塌下来。当棺材老了,主人的后代会用铁锹把桑树地里最老的老泥锹过来,把老棺材埋起来。被埋起来的老棺材,就是祖坟。

祖坟会继续变老。每到这个时候,祖坟上会有很有大大小小的洞,鼠蛇在其中进进出出。这些大大小小的洞窟,就像是祖坟睁开的眼睛。每当祖坟睁开眼睛的时候,子孙们就会变得很警觉。他们会匆匆忙忙地用桑树地里最老的老泥,把这些洞窟塞满填好。这些祖坟会继续老去,总有一天让后代们猝不及防,一个洞联手另一个洞,小洞变成大洞,大洞联手大洞,让整座祖坟坍塌。这个时候,后代会在桑树地里找来最老的泥土,在祖坟上继续填土。这个时候,祖坟就渐成气候,不再坍塌。即使有蛇鼠继续进出,也已经没有大碍。

祖坟总是越来越老,越长越大。老祖坟边的泥里,经常埋有一些漆黑或者暗黄色的甏。这些就是骨殖甏。甏里装的,就是同门先人的骨头。那些先人的坟墓,因为自然原因,或者因为平整土地等人为原因而需要迁坟时,后人就会去拣骨。后人会在待迁的坟墓前放响爆竹,怀着沉重的心情,把先人的骨头从泥里拣出来,装进骨殖甏里。这些甏会集中到一个老祖坟边。这些骨殖甏的加盟,终于让老祖坟蔚为壮观起来。

老祖坟旁总会有墨绿的老柏树。坟头上长满茅草,春天新绿,夏天墨绿,秋冬枯黄,周而复始。我家的祖坟在这片田野的中心位置。这里有一块高高的桑树地,桑树地南边,有一条小沟,终年流水不息。我家的祖坟就在这块高地上。

媒婆从龙山桥出发，来到我家，就一定要穿越这片充满生机又令人敬畏的田野。她要来到我家，也一定要从我家祖坟边经过。这一天，媒婆在漫无边际的蛙声里，终于走到了我家的祖坟边。媒婆情不自禁地说："好风水！"这个走村串户、见多识广的女人，眼力自然是毒辣的。仿佛是在我家老祖坟的授意里，媒婆继续往前走去。

走进尚博村，媒婆遇到的第一个人就是阿菊的母亲——我的阿太。媒婆向阿太询问的时候，阿太马上就知道了她的来意。阿太只对她说了一句话："你要过我家老人的关才行。"

阿太说的老人，就是我家老祖宗——盲子阿爹杨东美。听了阿太说的这句话，媒婆心里一沉。因为这个盲子老人，在澈山村里就很有名。让老人声名远扬的，有两件事情，一件是老人年轻时生丝生意做得很大，走过很多码头，见过很多世面；另一件事情，就是老人变成盲子以后，赶跑了很多到我家来提亲的人。盲子阿爹赶人的方式很奇特，他只在祖屋里坐着，只冷冷地说一句话："这是我的阿菊！"

这确实是盲子阿爹的阿菊，他唯一的孙女。那一年，盲子阿爹到北面的千金去收生丝。当他和一户养蚕人家的一笔生意马上就要成交的时候，树上的一只喜鹊叫得响亮。盲子阿爹马上就意识到家里有了喜事。盲子阿爹回到家的时候，看到了刚刚降世的阿菊。盲子阿爹是在千金做生意的时候，听到了喜鹊叫声，所以觉得这个闭着眼睛的孙女，是真正的千金，非比寻常。

阿菊，这位杨家的千金，得到了盲子阿爹的无比宠爱。那一年，盲子阿爹带着一些人马，到太湖边做生丝生意。生意做得很顺利，就在盲子阿爹准备打道回府的时候，太湖里的土匪上岸抢劫。盲子阿爹因为疏忽，忘记了把老枪带出来，只能让土匪抢劫。土匪抢走了收来的生丝，也抢走了留在身上的银圆。土匪说："把所有的东西都拿出来，否则让你们到太湖里去喂鱼。"虽然土匪一再叫嚣，盲子阿爹还是没有把藏在夹袄里的宝贝拿出来。这个宝贝就是在湖州城里买的，送给宝贝孙女的一把银挂锁。

正是在盲子阿爹冒着生命危险从土匪眼皮底下藏下来的这把宝锁，保护着阿菊，他的宝贝孙女长大成人。就在盲子阿爹成了盲子以后，媒人就开始上门。盲子阿爹有时会自言自语地说："我眼睛盲了，心里很亮呀！"正是这个眼睛盲了、心里很亮的盲子阿爹，像一夫当关万夫莫开的勇夫一样，赶走了很多的媒人。

每天天亮以后，盲子阿爹就会坐在门口听动静。他能从脚步声里，听出哪些是家里人，哪些是村里人，哪些是外村人。他甚至能听出哪些是做媒人。天黑以后，盲子阿爹就像完成了重要的任务一样，浑身放松。有时，他会和家里人说一些话。他会说："阿菊总要找对人家。"当他的儿子陞荣问他，什么样的人家才算找对人家时，盲子阿爹不会再细说，只说，"我心里有数"。

这一天，澈山的媒婆在我阿太的带领下，来到了离我家还很远的一块桑树地边。盲子阿爹听见风声，就叫着他的儿媳的名字，说："你的后面是不是跟着一个媒人？"我的阿太说："是的。"媒婆在我阿太的带领下，终于来到了我家门口。媒婆向盲子阿爹问好。盲子阿爹一反常态，连说了两个"好"。就在这一天，媒婆说媒成功。那一天，盲子阿爹竟站了起来，把媒婆送出了家门。在媒婆走到了官路上，向龙山桥方向走去的时候，盲子阿爹又连说了两个"好"。他接着说："我的心里亮着呢。"

盲子阿爹为什么同意这桩婚事，终于成了一个谜。但此后澈山的这个媒婆，却名声远扬。很多人都在说着同一件事情：澈山的媒婆，把杨东美的孙女说走了。

那一天，阿菊出嫁的日子终于来临了。那年冬天特别寒冷。尚博村口的长漾全部封河。尚博村通往澈山的大小河流，全部封河。从澈山村出发的讨亲船向尚博村进发。这艘敲锣打鼓的讨亲船，举步维艰。新郎叙宝最有力气的小朋友，在船头破冰。这个浑身蛮力的小伙子，每次把铁锹向冰面上击打下去的时候，总是发出惊天动地的呼叫声。他的呼叫声盖过了一路的爆竹声。当这个小伙子的呼叫声在尚博的小河上空响起的时候，村里的人都聚拢来看热闹。他们在相互转告，讨亲船来了。当讨亲船在河埠头靠岸的时候，已经是太阳当头的正午了。

敲锣打鼓的声音终于逼近了我家的大门。阿菊在祖屋里，在自己母亲的怀里痛哭了一场。在尚博村，女儿出嫁，是要哭着出门的。尚博人把这种女儿哭叫作"哭出嫁"。阿菊"哭祖宗""哭爹娘""哭梳头",一样也没有漏下。她的母亲眼里也有泪水,但还是把做娘该说的话都说了一遍。盲子阿爹坐在祖屋的角落里,听见屋里的声响,一言不发。阿菊就要出门的时候,终于跑到盲子阿爹的身边,趴在他的肩膀上,叫着"阿爹,阿爹",痛痛快快地又哭了一场。阿菊的这几声阿爹,把她母亲的眼泪全部带了出来,也把她的盲子阿爹弄哭了。盲子阿爹说着"莫哭莫哭",自己却止不住哭泣。阿菊一遍又一遍地叫着"阿爹,阿爹",盲子阿爹说:"有宝锁保佑我的阿菊,我放心。"盲子阿爹青筋暴突的手摸着阿菊的头,又说:"莫哭莫哭。"

　　阿菊哭泣不止地走出了我家祖屋的大门。在敲锣打鼓声里,阿菊终于下了讨亲船。讨亲船上放满了陪嫁的大红被褥。这些大红被褥,是盲子阿爹在成为盲子以前,亲自挑选上好的生丝,让自己的儿媳妇缝制的。

　　讨亲船终于打道回府。来时打造的水路,又封住了。于是,那个破冰的小伙子,又把破冰声喊得震天响。在一路的爆竹声和破冰喊叫声里,讨亲船终于回到了澈山村。讨亲船回到澈山的时候,已经接近傍晚了。

　　阿菊在天寒地冻的日子嫁到了澈山村,和叙宝做了夫妻。阿菊出门不久,我家老祖宗——盲子阿爹杨东美,寿终正寝。

　　那一天,阿菊正在澈山脚下割草。一只绿色的名叫绿啼子的小鸟,停在她身边的一个桑拳头上,不停地叫着。绿啼子还拿一种让她心碎的眼神看她。

　　绿啼子是阿菊小时候很熟悉的一种小鸟。那天她看到绿啼子的那种令人心碎的眼神,她曾经在很小的时候就遭遇过。阿菊五岁那一年,盲子阿爹在做生丝生意的闲暇时间里,在村里走来走去。他总是往最浓密的树荫里探望,他在寻找绿啼子的鸟窝。那一天,盲子阿爹终于看到了一个绿啼子鸟窝,鸟窝里躺着好几只羽翼渐丰,但还不能飞翔的小鸟。盲子阿爹高兴地笑了起来。这一天,盲子阿爹像个孩子那样,兴高采烈地从鸟窝里抓走了一只小鸟。有个同龄人从旁边经过,问他在做什么,他说:"给我阿菊抓一只小鸟。"

　　盲子阿爹把小鸟关在鸟笼里,又把鸟笼挂在祖屋后面的一棵大树上。从这一天起,阿菊就经常看见这样的情景:两只大鸟,在鸟窝和鸟笼之间来回穿梭,给骨肉分离的小鸟喂食。大鸟边飞边发出凄厉的啼叫声,小鸟也在笼子里发出凄厉的啼叫声。有一天,阿菊在树底下站着出神,大鸟正好来给笼子里的小鸟喂食。大鸟把嘴里的虫子衔到了小鸟的嘴里,在离开之前,向阿菊投来了令阿菊永生难忘的目光。大鸟的目光里充满了凄凉和无助,也充满了得到帮助的渴望。终于有一天,阿菊对阿爹说:"阿爹,小鸟太可怜了,大鸟太可怜了,我们把小鸟放了吧。"盲子阿爹只说了一句话,就把羽翼已经丰满的小鸟放了。盲子阿爹说:"像我的孙女。"

  这一天,阿菊又遭遇了绿啼子这种令人心碎的目光。阿菊马上就叫了起来:"阿爹,阿爹!"阿菊预感到娘家正在发生的事情。阿菊来不及把草筐放回家里,也没有回家告知,就心急如焚地往娘家赶。阿菊刚跑到门口,就听见有人在屋里说:"盲子阿爹,阿菊来了。"听见"阿菊"两个字,盲子阿爹咽下了最后的一口气,寿终正寝。

  阿菊在祖屋里哭得死去活来。阿菊"阿爹,阿爹"地哭着,叫着。尚博人听了,都忍不住流下眼泪。这些被感动得落泪的尚博人说:"盲子阿爹没有白疼这个细丫头。"

2016年3月1日,写于上海

祖屋的女儿（二）

盲子阿爹死后第二年，日本人就打进了尚博村。

那一天，日本人的兵舰开到了长漾口。日本人在长漾口上岸的时候，尚博人并不知道他们是日本人。日本人从口袋里掏出糖果，示意小孩子过去拿。日本人还从铁皮盒子里取出香烟，示意男人过去拿。日本人开始都是用眼神和手势示意，但没有一个尚博人伸手要他们的东西。日本人终于开口说话。他们一开口，就暴露了他们的"鸟语"。日本人更加殷勤地把香烟递给怯生生地看着他们的男人，说："他巴姑，他巴姑。"他们的鸟语"他巴姑"，就是他们急于要送给男人们的香烟。

这一天，日本人就送掉了两根香烟。接受两根香烟的，是一对兄弟。哥哥叫阿狗，弟弟叫阿强。兄弟俩壮着胆子接了日本人的"他巴姑"。日本人的兵舰开出长漾以后，这对兄弟就开始在村里炫耀自己得到的礼物。他们说："这是我闻到过的最好闻的烟丝。"这对得意忘形的兄弟，都在表达着同样的意思：对于不敢接受礼物的胆小尚博人的嘲笑。

果然，各种各样的消息和情绪开始在尚博村里酝酿传播。有人说："远处来的不知道哪路队伍，都是好人，给小孩糖吃，给男人烟抽，从来没有见过这么好的人马。"有人说："真是叫懊悔呀，当时没有接他们的好烟。"我家盲子阿爹的儿子——我的太公陞荣听见这些话，就把那对得意忘形的兄弟叫到了我家的祖屋里。当陞荣听到了兄弟俩转述的鸟语"他巴姑"的时候，马上就说："糟糕了！"

陞荣曾经听他的父亲——盲子阿爹杨乐美讲过很多故事。这些故事里有人物，有地点，有情节，还有很多稀奇古怪的名称。盲子阿爹曾经提到过日本人的鸟语，其中就有"他巴姑"。盲子阿爹那次讲述的故事是这样的，在上海滩，一个矮子东洋人和他谈生意，很殷勤地从铁皮盒子里拿出香烟，递给盲子阿爹。东洋人在递香烟的时候，满脸堆笑，说着这个鸟语。东洋日本人还殷勤地为盲子阿爹把香烟点着，又用鸟语说着什么。旁边的翻译说："日本人问你，他们的香烟怎么样。"盲子阿爹当时就用尚博土话说："不怎么样，比我老烟枪里的老烟丝差远了。"

想着这些往事，陞荣又问这对兄弟："送你们东西的人穿什么衣服？"当他听到送烟的人腰里有枪的时候，又说了一句糟糕了。这对兄弟被陞荣问询完毕，得了一点吃的东西，就高高兴兴地出门去了。陞荣作为祖屋里的长者，把家里的人叫齐了，说出了自己心里的担心。陞荣说："生意人当年给我阿爸送香烟，是想要做生意，有枪的兵给阿狗阿强送香烟，会有什么好事呢。"

陞荣对长子阿宝说："你快去潋山一趟，告诉阿菊，说东洋日本人来了，千万要当心。"阿宝不敢怠慢，一口气跑到潋山，告诉阿菊东洋日本人来了，要千万小心。

陞荣的担忧终究是有道理的。那是1938年春天，日本人的舰队出现在了龙山港里。这列舰队是从北面的龙溪开进来的。龙山港就像是从龙溪长出来的一条小河，一路南进，流经潋山村，汇入苎溪漾。日本舰队开到龙山桥下的时候，阿狗、阿强正在桥南的桑树地里锄草。开在最前面的那条兵舰上，正站着那天给他们烟抽的那个日本人。兄弟俩像见到了老朋友，马上满脸堆笑地向他挥手，用尚博土话向他问好。但日本人阴沉着脸，朝他们望了望，眼中流露着凶光。阿狗说："怎么变脸了呀？那天多和善呀。"阿强说："陞荣大伯的话是对的，他们不是善类。"

日本人的舰队向苎溪漾开去，消失在潋山浓密的树荫里，但马达的声音却还在传来。阿狗、阿强无心劳动，心神不安地回尚博村。他们回到村口的时候，正好被陞荣看见。陞荣说："怎么了，寡着脸，像死了爹娘一样。"听见陞荣这么说，哥哥阿狗说："差不多吧。"在陞荣的追问下，弟弟阿强才把当天的遭遇说了一遍。

听见阿狗和阿强的描述，陞荣又说："糟糕了。"陞荣忧心忡忡地对儿子阿宝说："快到澈山跑一趟，告诉阿菊，东洋日本人要行凶了，千万小心。"阿宝说："阿菊应该知道了，兵舰不是开到澈山了吗？"陞荣说："还是跑一趟吧。"阿宝不敢怠慢，一口气跑到了澈山，告诉阿菊，东洋日本人快要行凶了，千万小心。

几天后，整个尚博村都被惊动了。一个耳聋很多年的老头说，龙山桥发生什么事情了，那么吵。搅扰老头的吵闹事，是龙山桥被一发炮弹炸坍时发出的巨响。这发炮弹就是从龙溪口打来的。从龙溪口日本人兵舰上发来的这发炮弹，命中了龙山桥的正中央，龙山桥应声坍塌，只留下两边的桥堍。当在龙山桥下田里干活的几个妇女屁滚尿流地跑回尚博村的时候，被走出家门打探消息的陞荣截住了。

陞荣说："什么事情，像死了爹娘一样。"其中的一个女人说："差不多吧。"另外几个女人七嘴八舌地补充了龙山桥倒塌的情况。一个女人说："吓死我了，一声响，一堆火，一阵烟，龙山桥就坍了。"另外一个女人说："这座桥是九少爷家造的，风水也破光了呀！"看着这些没有见过世面的女人七嘴八舌六神无主的样子，陞荣说："要死人了。"

陞荣把阿宝叫到身边，说："快去澈山跑一趟，告诉阿菊，东洋日本人要杀人了，千万要小心。"阿宝说："龙山桥都坍了，我怎么去澈山呀！"陞荣说："游过去！"阿宝不敢怠慢，一口气跑到龙山港，游到对岸，跑进澈山，告诉阿菊，东洋日本人要杀人了，千万小心。

那一天，在龙溪南岸田里种田的几个尚博人，又屁滚尿流地跑回了村子。这次没等陞荣询问，他们自己就说，"要死人了"。原来，那天他们在田里拔秧，几颗子弹从他们的头顶飞了过来。一个女人的凉帽顶端，被子弹擦中，冒出了火花。

听到这里，陞荣又想起了阿菊，大声地叫着阿宝的名字。我的阿太在旁边说，阿宝早就向西面去了。阿宝一口气跑到龙山港，游到对岸，跑进澈山村，告诉阿菊，要死人了，千万要小心。

作为村里的长者，陞荣做了自己该做的事情。陞荣对家里人说："太平日子，我们管好家里就好了，乱世，我要把尚博当成我的家。"陛荣没有像在家里一样，把人叫齐了说话，而是在村里走来走去，遇见小孩，摸摸他们的脑袋，说"你要乖，要听大人的话"。遇到大人，就说"这几天躲一躲"。

尚博村东，隔着小河，有一大片孤岛一样的桑树地。这里生长着很老的老桑树，也有很老的老池塘，很老的老祖坟。这里还有一个地下密室。这个地下密室，就像一座很大的坟墓，埋在地下，朝东有一个小小的进出口。密室里面，是青砖砌的墙和顶，青砖铺设的地面。没有人说得清楚这个密室是什么朝代的，也没有人说得清这个密室是派什么用场的。但还是有人坚持认为这是一个有钱人家的祖坟，只不过被盗空了。不过这个密室不像一般的祖坟一样从地面上高高隆起，而是平平的，上面的老桑树，和其他位置的老桑树一样苍老。

陛荣此时就想到了这个密室。终于有一天，在陛荣的劝说下，尚博的男女老幼，都过了村东的小河，躲进了密室里。尚博人在躲进密室前，每家都烧了很多饭。有些女人要把鸡杀了，被陛荣劝阻了。陛荣说："东洋人鼻子好，鸡肉的味道会把他们引到隔河那边去，他们都是野男人，你们这些女人会先遭殃。"陛荣还说："活鸡活鸭也不能过河，它们的叫声也会把东洋人招来。"终于，所有的人都过了河，所有的家禽牲畜都没有过河，留在了村里。

当尚博村里只留下家禽牲畜留守后没多久，日本人就进了村。领头的就是那个给阿狗、阿强兄弟俩分过香烟的军官。他们虽然没有找到任何一个人，但他们还是满载而归。他们把鸡鸭的腿脚捆在一起，挑在枪头上。他们把猪羊杀了，两个人抬一头猪、羊。东洋日本人志得意满地从尚博村撤离的时候，领头的军官在尚博村里朝天放了好几枪。

这几声枪响，让澈山村里的阿菊胆战心惊。阿菊哭叫着说："姆妈，阿爸！"这几声枪响让隔河密室里的男男女女胆战心惊。有个男人说："如果不过河，女人就保不住了。"有人说："如果不过河，命保不住了。"有人说："没有陛荣大伯的话，尚博就没了。"陛荣没有说话，他的心里充满了忧虑。

日本人的队伍出村后很久，尚博村慢慢恢复了平静。几只躲藏起来的鸡鸭，也走了出来，在村里走来走去。从树上飞走的喜鹊，也回了巢。听见隔河的喜鹊叫声，一个女人说："东洋人都走光了吧。"其他人七嘴八舌地说，东洋日本人应该都走光了。

陛荣说："还是小心一点好。"阿狗说："都走光了，有什么好小心的。"阿强说："都走光了，有什么好怕的。"阿狗和阿强执意过河去，陛荣阻拦没有用，他们的女人阻拦也没有用。他们终于过了河。走进村里，阿狗先骂起来："东洋人不是人，是鬼呀！"原来，阿狗看到地上有很多鸡蛋壳。这些鸡蛋壳很不寻常，两头都有一个小洞，里面已经被吸空了。阿强说："他们真是鬼呀，是人的话怎么会这样吃鸡蛋，生吃不说，还吸还喝，只有吸血鬼才这样做呀！"

阿狗、阿强骂骂咧咧地往家里赶，他们看见一路上都是被日本人吸空的鸡蛋。阿狗终于又说："应该把鸡蛋都拿到隔河那边去。"阿强说："是呀，鸡蛋又不是鸡，不会把东洋人引到隔河那边去的。"

兄弟俩骂骂咧咧，终于摸进了自己家门。家里一片狼藉，鸡鸭猪羊被洗劫一空。兄弟俩走进第三进祖屋的时候，在屋顶躲避很久的猫，也回来了。这只惊魂未定的猫，看见阿狗、阿强兄弟俩，跑了过来，把尾巴竖起来，在兄弟俩的腿上蹭来蹭去，还发出凄楚的叫声。这只猫的叫声让兄弟俩心烦意乱，阿狗终于骂了起来："大白天的，叫什么春呀！"阿强也骂："瘟猫，怎么不叫东洋人剥了皮呀！"

兄弟俩最惦记的，还是藏在祖屋第三进，门角最深处的一坛好酒。兄弟俩都喜好喝酒，但这坛好酒，兄弟俩一直不舍得喝。这坛好酒是上八府的一个亲戚带来的绍兴好酒，因为名字好听，叫女儿红，兄弟俩决定要等到阿狗的女儿出门的时候再喝。阿狗的女儿也十六岁了，上门的人也有了，这坛好酒开坛的日子应该也不远了。

在去隔河的密室前，阿狗一心想把这坛好酒带过河，但被他老婆阻止了。老婆说："逃命要紧，还想着喝酒呀！"阿狗来不及辩解，就被老婆拖着出了家门。

祖屋里终于响起了阿狗的叫骂声。阿狗的叫骂是在靠近祖屋门角的时候开始的。祖屋门角的最深处，那坛女儿红老好酒，终于踪影全无！看到不久就能开坛的女儿红不见了踪影,阿狗终于破口大骂起来。阿狗骂的对象是东洋日本人,用的是尚博老土话。阿狗是这样骂的:"＊死你妈个＊!"阿狗把这句话连骂了八遍,还不解气,又说:"＊死你八辈祖宗的＊!"阿狗骂完,阿强如法炮制,把这些内容重新骂了一遍。

阿狗、阿强觉得在屋里骂不解气,又走到屋外,走到官路上,朝着日本人出村的地方又骂了一通。兄弟俩骂得唾沫横飞,满眼满脸通红。突然,阿强说:"哥,东洋人!"随着"东洋人"三个字从阿强嘴里说出来,两颗子弹也飞到了阿狗、阿强的身上。兄弟俩马上倒在了官路上,血流了一地。

原来,那个日本军官在出村以后,终于忍不住,开了那坛女儿红好酒,和他的副手喝了个痛快。军官看到酒坛上"女儿"两个字,就想起了那天给阿狗、阿强发烟时看到的一个女孩子。这个女孩子就是阿狗的女儿。当时阿狗的女儿正躲在她父亲的身后,怯生生地看着这个说鸟语的军官给自己的父亲和叔叔发烟。这个日本军官就想,这坛酒的味道应该就像那个女孩子一样好。

当日本军官把酒坛打开,女儿红的陈年香味让他垂涎三尺。军官和副手就坐在路边,从士兵扛着的一头猪身上扯下心脏,当作下酒菜。一颗猪心和一坛女儿红下肚,军官燥热难当,满脑子都是那个躲在阿狗身后的女孩子。军官对副手说:"我们回去,把那个女孩子找出来,好好享用享用。"他们就是在回尚博村的路上,老远就看见了破口大骂的阿狗、阿强兄弟俩,就发了两枪,把他们打死了。

这两声枪响,让潋山村里的阿菊胆战心惊。阿菊哭叫着说:"姆妈,阿爸!"这两声枪响,更让隔河密室里的尚博人胆战心惊。阿狗、阿强的女人都哭了,阿狗的女儿也哭了。她们伤心欲绝,但哭声很低沉,不能传出这间祖坟一样的密室。

2016年3月2日,写于上海

祖屋的女儿（三）

东洋日本人从龙溪口打来炮弹，把龙山桥炸坍的时候，阿菊正在自家河埠头淘米。

经过阿宝的多次警告，阿菊已经非常警觉。一声炮响过后，巨石落水的闷声，从龙山桥方向传来。龙山桥，对于阿菊来说，是非常特殊的一个地方。因为一旦站在了龙山桥上，阿菊就一脚踩在了夫家，一脚踩在了娘家。龙山桥很像出门那天，那条从娘家一直延伸到夫家的水路。

那条水路让阿菊永生难忘。这条水路，在阿菊出门那一天，变成了一条冰路。那一天，讨亲船一路破冰前进，从小河里出来，来到长漾的时候，阿菊从船篷的缝隙里往外看。此时眼前的长漾，能够引起阿菊多少的回忆啊！

盲子阿爹喜欢钓鱼。生意闲暇时间，他喜欢和尚博村里的其他老头一起，划船来到长漾里钓鱼。这些老头和盲子阿爹年龄相仿，阿菊都管他们叫阿爹。盲子阿爹和其他的阿爹不同，去长漾里钓鱼的时候，喜欢把阿菊也带上。所以这些阿爹们把自家的小木船从河埠头点开，穿过小河，向长漾划去的时候，阿菊就坐在船头上，和坐在船艄划船的盲子阿爹面对着面。阿菊总是开心地笑着，盲子阿爹也开心地笑着。盲子阿爹问阿菊："你在笑什么？"阿菊也问盲子阿爹："你在笑什么？"前面后面船里的老头说："老的像小的，小的像老的。"盲子阿爹说："只有你像你。"阿菊也说："对啊，只有你像你。"就在这些对话里，阿爹们的小木船都划到了长漾里。

阿爹们钓的是白鱼。钓法也很奇特，一个没有任何诱饵的钩子，被阿爹们在长漾里一上一下地提着，这些憨厚无比的白鱼就会纷纷上钩。阿菊经常会看到这样的奇观，七八条小木船，同时有白鱼滚进船舱。阿菊有时会问盲子阿爹："这些鱼为什么会这么傻呀，会把白钩子吞到肚子里去。"盲子阿爹会说："要不它们怎么叫白鱼呢！"听到阿菊和盲子阿爹的对话，其他阿爹会对盲子阿爹说："东美，你家阿菊做大姑娘的时候，也和你来钓鱼，我就服了你。"盲子阿爹说："会的，我家阿菊会的。"阿菊也说："会的，我大了也要和阿爹来钓鱼。"

想起这些往事，阿菊的眼睛就湿润了。阿菊打开一个小包裹，把盲子阿爹给她的银锁拿出来看。当年盲子阿爹在土匪的眼皮底下藏下来的这把宝锁，伴随着阿菊长大。看见这把银锁，阿菊情不自禁地叫了两声"阿爹"。

当阿菊再次从船篷的缝隙里望出去的时候，看见一只野鸭被封在了冰里。野鸭无助的眼神令人心碎，阿菊就想起了当年盲子阿爹为她抓的那只绿啼子。阿菊就叫在船头敲锣打鼓的小伙子把野鸭从冰窟里解救出来。当野鸭从冰面起飞，飞向远方的时候，阿菊仿佛又看到了当年那只挣脱樊笼的绿啼子。阿菊仿佛听见手里的银锁在说话：像我的阿菊。

讨亲船举步维艰，破冰前行，终于来到了苎溪漾。苎溪漾比长漾宽广许多，阿菊从船篷的缝隙里望出去，看见整个苎溪漾也全部封住了。太阳已过头顶，阳光在冰面上耀得晃眼。苎溪漾，也曾经给阿菊留下过很深的印象。

阿菊十三岁那年，曾经跟着盲子阿爹去苎溪漾南岸的村庄收生丝。那是收春茧的时节，那一天，盲子阿爹把做生意的大木船，开进了苎溪漾。两个伙计一起摇橹，才能让这条大木船在苎溪漾里缓缓行进。当大木船在苎溪漾里缓缓行进的时候，盲子阿爹和阿菊就坐在船舱里看风景。远方，龙山澈山凤山连成一体，就像是一座山一样，在慢慢地行走，就像是一条长长的鳝鱼在蠕动着。这条蠕动的鳝鱼，带动了苎溪漾周围的桑树地。这些桑树地，就像是一只只慢吞吞的螃蟹，也在慢慢地爬行着。这些缓慢爬行的螃蟹，终于搅动了整个苎溪漾，漾里的水蠢蠢欲动。这些蠢蠢欲动的漾水终于搅动了漾里的鱼，这些鱼全都蠢蠢欲动起来；有几条蠢蠢欲动的鱼，终于像跳龙门一样，跳进了大木船的船舱里。

看见这样的景象，阿菊笑了起来。盲子阿爹听见自己孙女好听的笑声，感觉她的笑声也长大了。盲子阿爹说:"今天生意会不错。"盲子阿爹又说:"阿爹做这么多生意,要为你备下最好的嫁妆。"听见盲子阿爹说这些,阿菊的脸马上就红了,说:"阿爹,你在说什么呀!"两个摇船的伙计说:"谁能娶到阿菊,是福气。"

大木船终于在苎溪漾南岸的高兴桥村靠了岸。这个村庄的名字,和村东一座石桥的名字是一样的。不知道哪朝哪代,村东有了这座长长的石桥。也不知道是谁给这座石桥取了这样一个独一无二的名字,这个苎溪漾旁边的村庄,从此也就有了这样一个独一无二的名字。

这一天,盲子阿爹在高兴桥的生意果然非常顺利。盲子阿爹只是嘿嘿地笑着,他知道这里的生意经。那一天,高兴桥人会和先前正谈着生意的丝商爽约,和盲子阿爹做生意。这些高兴桥人的眼光里有着一种非同寻常的东西。这种东西就是那一天的生意经。

终于,有一个心直口快的女人说破了盲子阿爹那一天的生意经。这个女人说:"老杨,你家阿菊这么大了,这么好看,会把高兴桥人全吸来的。"这个女人大概看惯了苎溪漾激流里的旋涡,所以才把"吸引"说成了"吸"。事实也是如此,这些高兴桥人,明里是卖丝,暗里是看阿菊。

但这个女人过于心直口快,继续说:"老杨,阿菊都这么大了,还戴着长命锁呀!"女人所说的长命锁,就是盲子阿爹当年在太湖边从土匪眼皮底下藏下来的那把银锁。听到这句话,盲子阿爹说:"要你多事。"但阿菊还是脸红了。在回尚博的路上,阿菊悄悄地把银锁从胸前除了下来。所以那一天,也是阿菊最后一次戴银锁。

想起这些,阿菊摸了摸银锁,叫了几声"阿爹"。讨亲船缓慢地穿越苎溪漾,来到了激山村口的小河里。阿菊从船篷的缝隙里望出去,正好看见北面远处横跨在龙山港上面的龙山桥。

那一年,有一次盲子阿爹从龙山桥回来后,就成了盲子。那一年,阿菊十五岁。有一天,盲子阿爹把阿菊叫到身边,说:"阿菊,你陪我去走走。"那天,盲子阿爹刚从湖州做生意回来,在外做生意时穿的长衫马褂也来不及脱掉。阿菊陪着盲子阿爹,向村西的龙山桥方向走去。阿菊和盲子阿爹走的,是一条向西延伸的官路。路的两边,是桑树地和水田。桑树地里传来蚯蚓的鸣叫声,水田里传来青蛙的鼓噪声。一路上,盲子阿爹用尚博土语说了很多话。盲子阿爹说的这些话,有些是阿菊曾经听过的,也有一些是阿菊第一次从盲子阿爹这里听到的。

从盲子阿爹那里听到的这些尚博老土话,阿菊感到既熟悉,又陌生。盲子阿爹的尚博老土话里,有很多故事,有很多地名,有很多人名。听着这些尚博老土话,阿菊仿佛去了很多地方,见了很多人,经历了很多事情。这些尚博老土话,让阿菊莫名感动。阿菊情不自禁地去牵盲子阿爹的手,就像小时候小手牵大手一样。

阿菊和盲子阿爹走到龙山港的时候,已是午后时光。盲子阿爹看了看龙山港对岸的漱山村,说起了另外的一件事情。这件事情让阿菊心跳脸红。阿菊对盲子阿爹说:"阿爹,我就一直陪着阿爹。"盲子阿爹说:"傻孩子,说傻话。"盲子阿爹又说:"但总要找对人家才好。"盲子阿爹说这句话的时候,又朝对岸的村庄望了望。

阿菊和盲子阿爹终于走到了龙山桥上。站在这座桥上,阿菊和盲子阿爹就一脚踩在了尚博村,一脚踩在了漱山村。就在这座龙山桥上,盲子阿爹向阿菊讲述了自己年轻时候的故事。

那一年,盲子阿爹十六岁。有一天,家里来了客人,是从漱山村来的远房亲戚。那一天,来做客的是一对孩子刚刚满月的年轻夫妻,跟着这对夫妻一起来的,还有一个十四岁的女孩子。这个女孩子是年轻夫妻的外甥女,名叫阿英,也跟着来做客。当盲子阿爹跟着母亲到小河边去迎接客人的时候,正看见阿英抱着小孩,从船里起身上岸。盲子阿爹忙把孩子接了过来,在接孩子的时候,盲子阿爹的手碰到了阿英的手。两个同龄人的脸都红了。

那一天,阿英一直帮姨妈抱小孩,仿佛这个孩子是她生的一样。阿英有时在祖屋里面坐着,有时在祖屋外面的空地上坐着,只是安静地微笑着,一直不说话。有了这个女孩子在祖屋里,盲子阿爹也变得沉默起来。他总是小心翼翼地进进出出,总是小心翼翼地回避着阿英的目光。

傍晚时分,客人要回漱山了。盲子阿爹帮阿英抱孩子。阿英紧紧地跟着盲子阿爹，就像这个小孩子是她生的一样。到了河埠头，阿英把小孩子从盲子阿爹手里接了过去。在接小孩子的时候，阿英的手碰到了盲子阿爹的手。这两个同龄人的脸都红了。

远房亲戚和他们的外甥女，都下了船，小木船就离开河岸，经过小河，向着长漾口移动。当小木船已经离开小河，成了长漾里的一个小黑点时，盲子阿爹还在那里站着。他感觉河面上都是阿英的目光。

那一年，盲子阿爹十七岁。那一天，盲子阿爹和伙伴们一起去游澉山。那是清明时节。那一天，盲子阿爹从母亲手里接过两个粽子，就出了门。盲子阿爹刚过龙山桥，就被不同寻常的澉山吸引住了。澉山上的映山红开满了整座山头，就像整座山头烧着了一样。盲子阿爹兴高采烈地在花丛里穿梭，他在采摘最红最紫的映山红。出门前，盲子阿爹的娘母跟他说，多采点，回来养在灶头上。在灶头上用清水养一束映山红，是尚博人家清明时节的寻常景象。

就在盲子阿爹在花丛里穿梭的时候，遇到了一张曾经见过的脸。盲子阿爹在花丛里看到的，正是阿英。那一天，阿英也在山上采摘映山红。阿英看见盲子阿爹，说："是你呀。"盲子阿爹也说："是你呀。"两个同龄人说这句话的时候，脸都红了，就像一年前他们在尚博村里初次见面时一样。

那一年，盲子阿爹十八岁。那年夏天的一个午后，盲子阿爹和村里的伙伴们，穿越了田野，来到了龙山桥。这些毛头小伙子，一到龙山桥，就一下子变成了一群欢快的水鸭子。他们纷纷从岸上起飞，向龙山港里跳下去。

这些水鸭子不是在河里追逐鱼虾，而是在河底的淤泥里搜索河蚌。盲子阿爹是那天龙山港里最活跃的一个。盲子阿爹水性很好，一个猛子下去，能够在水里游很长的时间。那一天，盲子阿爹又把这种本领淋漓尽致地展示了出来。每次盲子阿爹从水里探出脑袋时，就会把一只或几只河蚌扔进桑树地里。这一天，盲子阿爹的出色表现，终于引起了一个姑娘的注意。

这个姑娘就是阿英。那一天，她陪着母亲到龙山港边的桑树地里采桑叶。她在专心采摘桑叶的时候，被河里的笑声叫声吸引了。她走到河边的时候，先看见了一堆河蚌，接着看见了止从河里冒出来的盲子阿爹的脸。

阿英看见盲子阿爹，马上就脸红了。盲子阿爹看见阿英，马上脸红了。阿英红红的脸蛋，在桑树荫里特别显眼。之后盲子阿爹心猿意马，虽然一个个猛子扎下去，但终于每次都是空着手露出水面。终于，一个伙伴看不下去了，对盲子阿爹说："东美，不要光朝桑树地里看了。"这个看出玄机的伙伴的一句话，让盲子阿爹如梦初醒，也让阿英躲到了一片浓密的桑树荫里。

盲子阿爹终于不能在河里心猿意马。他专心致志，猛吸一口气，一下扎到了龙山港底。盲子阿爹贴着河底，摸着淤泥，像一条鱼一样安静地向前移动。这条安静的鱼，在游动的时候，河底的淤泥像浓烟一样，从河底卷涌而起。这条鱼，正在淤泥里细细摸索。这一天，他要摸到最大的河蚌，那种里面长着硕大珍珠的老河蚌，因为他的心里想着岸上的阿英。

但是盲子阿爹终未如愿以偿。盲子阿爹在河里游了很久，摸到了很多的螺蛳、鱼虾，也摸到了很多小河蚌，就是没有摸到满心想要的大河蚌。这时，盲子阿爹变成了一条更加安静的鱼，无声无息地贴着河面，向前移动。这条安静的大鱼，听到了一种既熟悉又陌生的声音。这种声音很像是从祖屋老泥墙的深洞里发出来的，也像是从最老的老桑树地最老的浓荫里发出来的，还像是从夏天最耀眼的水田里发出来的……这种既熟悉又陌生的声音，让盲子阿爹非常沉迷。盲子阿爹一路前行，仿佛是在探索这种声音的来源。盲子阿爹越是往前，这种声音越是充满了迷幻的气息。这种声音很像是一种召唤，鼓励盲子阿爹向前，向前，一路向前，深入，深入，更加深入……这几乎是一条没有尽头的道路。

但盲子阿爹的这条路终于被阻截了。阻截这条充满迷幻气息的道路的，是从河面上传来的撕心裂肺的声音。这种声音很年轻，让盲子阿爹在河底就能听出它的年龄。盲子阿爹在这一瞬间，马上由一条安静的鱼，变成了一个充满活力的后生。盲子阿爹用力在河底一蹬脚，就像一个从地面上冲天而起的爆竹那样，迅速地冒出了河面。

在河边桑树地边伤心欲绝地哭泣的，正是阿英。阿英看见盲子阿爹一下子从水里冒了出来，就破涕为笑了。但接着又哭了。哭过之后又笑了。这张又哭又笑、哭哭笑笑的脸，让盲子阿爹永生难忘。

看到盲子阿爹好好地冒出水面，阿英又哭又笑、哭哭笑笑地被她的母亲带走了。阿英走后，盲子阿爹失魂落魄地从河里爬上来，失魂落魄地从官路上走回家。

一年之后，给盲子阿爹说亲的媒婆走进了澈山村。媒婆经人指点，终于找到了阿英家。但阿英没有在家里。在门口晒太阳的，是阿英家的老祖宗。这个老得掉光了牙齿的老祖宗满嘴漏风地说："早干什么去了？"媒婆心急如焚，要向老祖宗问细节，但老祖宗把漏风的嘴巴闭得紧紧的，不让一点风从嘴巴里漏出来。一个中年女人从邻居家走了过来，告诉媒婆，阿英不久前出门了。出门了，就是出嫁了。这个中年女人也像老祖宗一样，对着媒婆说了一句话："早做什么去了？"

媒婆深一脚浅一脚地回到尚博村，把消息告诉了盲子阿爹。盲子阿爹失魂落魄，三天没有说一句话。

说完这些往事，盲子阿爹对阿菊说："你要找对人，找对了就不要放掉。"盲子阿爹补充说："人只有一生一世，就像做一场梦一样。"

盲子阿爹说完这些往事，又往河对岸的村庄望了望，然后转身回尚博村。阿菊一直拉着盲子阿爹的手，就像小时候一样小手牵大手。回来的路上，盲子阿爹陷入了沉默中。在尚博村越来越清晰的时候，盲子阿爹突然对阿菊说："阿菊，我的眼睛盲了，看不见东西了。"就在这一天盲子阿爹成为盲子之后不久，就有了上门看阿菊的人。

想着这些往事，坐在讨亲船里的阿菊，情不自禁地对着那把银锁，又叫了几声阿爹。

阿菊出嫁的那条水路，终究太像龙山港河面上的这座龙山桥了。这座龙山桥过于漫长，漫长到能够让阿菊想起很久以前的往事。这座龙山桥也终究过于短暂，短暂到漫长的时光，在一瞬之间不见了影踪。

就是在这一天。龙山桥方向传来了不同寻常的声响。这种不同寻常的声响，让阿菊失魂落魄。阿菊失魂落魄地叫了阿爹，又叫了姆妈和阿爸，还叫了几个兄弟的名字。这种叫唤充满了哭腔，所以很像出门时哭出嫁一样。

阿菊失魂落魄地走进家门没多久，叙宝也失魂落魄地回来了。叙宝失魂落魄地说:"龙山桥被东洋日本人炸坍了。"阿菊又失魂落魄地叫了阿爹,又叫了姆妈和阿爸,还叫了几个兄弟的名字。

2016年3月4日下午,写于上海

祖屋（一）

在我童年的世界里，尚博村就是绿水荡漾的小河，白墙青瓦的屋子，炊烟袅袅的屋顶，桑叶田田的高地，稻麦飘香的水田，白鹭翔止的远山，白云飘荡的蓝天……

初春时节，粗犷了一个冬季的桑拳头上，开始了生机的孕育。一片片带着褶皱的鹅黄色小叶片，在一无所有的枝条上，崭露头角。一串串青色的小桑果，也睁开了迷蒙的眼。每一天，桑树地里都有着明显的变化，叶片在长大，舒展，变青；桑果也在长大，青中带红，红中带紫，透紫。在春天，整个桑树地慢慢长大了，丰满了。大得成为无数绿色的桑啼子（一种绿色的、喜欢在桑树上做窝的小鸟）谈情说爱、繁衍生息的天堂；丰满得一如健硕无比的美少妇的乳房，散发着阵阵诱人的清香。

看着桑树地长大了，妇女们最兴奋，她们戴着凉帽背着篰，在桑树地里把已经长大的桑叶摘在手里，等到手被装满了，再把手里的桑叶放到篰里。桑树地有点大，大得好像女人只是一个婴儿，被母亲紧紧地抱在怀里。采摘桑叶的女人总是兴高采烈，劳动好像就是一段温馨的亲情的收获。有时候女人会自言自语起来，但另外一个女人的声音，就从另外一处桑叶丛中传过来。一样的声调与音色，似乎也是一样的内容，所以常常会给人以回音的感觉。在这种声音的回环往复里，女人们的生活几乎没有秘密。一会儿，篰里都装满了桑叶，女人们走出桑树地，相互问询，仿佛在河边对着自己的身影自恋地自言自语。

我们小孩对于桑树地也一直充满了期待。女人们只要等到一根桑条上有了一片有些长大的桑叶,就可以开始她们的采摘生活。而小孩们不同,总要经历漫长的等待,等着桑果的长大,等着桑果由青色到青中有红,由红到红中有紫,由红中有紫到完全透紫……我们似乎每天都要去桑树地巡逻,仔细查看桑果的变化。有几个实在等不及,就在漫漫等待中遍尝了所有颜色桑果的味道,每次的表情都不同,其中红桑果的酸涩让他们一下像个老掉牙的老头那样额头上长满了皱纹。等到桑枝上有桑果变成了完全透紫的时候,我们的等待也就达到了沸点。仿佛得到了统一的号令,总是一群小孩从一个个门口冲出,奔向充满了无尽吸引力的桑树地。

来到桑树地里,我们就像是被农民放进刚收完谷子的稻田的鸭子,兴奋异常地寻找着自己的目标。每一棵桑树上结的果子好像都不尽相同,有的浅紫色,味道鲜美;有的深紫色,味道甘甜。每个小孩都有自己喜欢的口味。几个腿脚长的大男孩总是最先跑进桑树地,女孩子和小男孩往往落在最后。先前跑进地里的大男孩,总是指定好几棵硕果累累的大桑树,并正色说:"这些我包了。"小孩们对于这种霸王做法,好像很服从,从来没有谁提出异议。我也偶有几次做过这种霸王。霸王们往往爬在树干上,把枝头最好的桑果占为己有。霸王所霸占的霸王树下,往往会有好几个还够不到桑枝的小女孩,用胖乎乎的小手从地上拿起一颗桑果,鼓起腮帮把爬在上面的蚂蚁吹掉,口中念念有词:"小蚂蚁,小蚂蚁,你也要抢囡囡的桑果吗?"看看桑果上的蚂蚁都吹掉了,小姑娘就一口吃掉了桑果,然后抬头望望树上的霸王,总是希望他动作更猛些,希望他在不小心间把最好的紫桑果抖落下来。其他的矮个小孩则各自在霸王树以外的矮小了许多的桑树上摘果子,小树还不能承担他们的重量,他们就把桑枝攀在手里,拉下来摘采。桑树地里经常会有小孩惊悚地说道:"我采到鬼伯伯桑果子了!"说完,他会迅速地把采在手里的白色的桑果子扔掉,边扔边说:"鬼伯伯,拿去吃吧,不要来寻我!"小孩们一般都是先把肚子填饱,饱到桑果的汁水淌出了我们的嘴角,然后再考虑装起来带回家。每每饱餐桑果之余,总有几个把紫透的桑果挤出紫黑色的汁水,涂抹在脸上、额上、牙缝间,然后跳到小女孩们面前龇牙咧嘴吓人。所以,在这个浓密的桑树地里,除了听到知了的此起彼伏的叫声,还经常会听到小女孩的哭爹叫娘声。看到女孩子哭泣不止，欺负人的小淘包会殷勤地摘几颗最好的桑果送过去。这一招往往百发百中，小女孩马上就会破涕为笑，接过桑果，美美地吃起来。

绝大部分小孩都是不带篮子的。大家都会做桑包包来盛装桑果——摘采树上最大最厚的桑叶，每张弯卷成一个旋涡状，掐掉桑叶的蒂子，在旋涡的底部做连接两道边缘的穿线，一个一个的绿旋涡交叉叠加，最后终于完成一个大大的绿旋涡，这就是我们的桑包包了。每个桑包包的最上面是匀称排列的最后几张桑叶的尖尖，整个来看就像是一朵雪莲花。在这朵雪莲花里一颗又一颗地用紫桑果装满，是桑树荫里孩子们的一件快乐的工作。终于，桑包包装满了，我们会把上面的雪莲用小手拢起来，再摘几个桑蒂，像妇女们穿针引线一般缝合起来。等到每个小孩都装满了自己的桑包包，就准备回家了。

我们这群小孩子中，"倒灶人"（吴方言，即坏人）奇伟是最为有名的霸王。仗着腿长，他总是把优势和霸气发挥到极致。他像一股旋风一样卷进桑树地，宣布整片桑树地里的霸王树都是他的，还把离霸王树有些距离的小一点的准霸王树一棵不漏地去摇，边摇边唱："摇摇摆摆，吃吃拉死！"我们总是非常盼望"倒灶人"被自己咒到拉肚子，但"倒灶人"似乎一直活蹦乱跳，所以我们经常只能在极小的几棵桑树上采摘桑果。这一天，我们采的桑果数量和质量都会明显下降。而"倒灶人"总是把他的大篮子装得满满的。回家的路上，我们都离他远远的，他总是像一个孤鬼一样落在我们后面。此时"倒灶人"往往失了先前的霸气，小跑上来说："喂，我送你们最好的桑果子，要不要？"可就连两手空空的吹过蚂蚁的最小的小孩，也会显出最大的不屑，明确地说："不要不要。"孤独的霸王此刻好像显得很后悔。但第二天，他似乎早忘了前一天的孤独，依旧把他的优势和霸气发挥到极致。我难得做一回霸王，是因为那几天"倒灶人"去外婆家了。所以，我也经常去他母亲那里打听"倒灶人"有没有去外婆家。

春天里，蚕妇们开始了当年的养蚕工作。这是一个漫长烦琐艰辛的过程。女人们总是把蚕箪、蚕匾等养蚕工具在小河里清洗干净，再搬到晒谷场上暴晒消毒。男人们则忙着给蚕室消毒。蚕妇们头戴着好看的"蚕花"，尽可能地表达着迎接蚕花娘娘的诚意。一切就绪，准备孵蚕。蚕种领回来后，直接送进了蚕房。蚕房门口是一道竹帘，竹帘里面有一个大大的蚕箪，箪的每一级架子上都有一个蚕匾，而蚕匾里用油纸包好的，就是蚕种。蚕房里有一个炭缸，用桑柴生着闷火——标准是，不让炭缸冒烟，有一点烟就用冷灰盖掉。刚孵化出来的蚕蚁颜色黝黑，很小，被女人们叫作"乌娘"。"春蚕宜火，秋蚕宜风"，春蚕的蚕室总是很温暖。给乌娘喂食，得把桑叶切得细碎，用鹅毛小心地拨匀。女人们昼夜小心：乌娘的饥暖，全在她们的心里。

蚕一生要蜕四次皮，每蜕一次就长一圈，叫一眠。春蚕三眠之后天气转暖，蚕也渐渐长大，此时火盆撤出蚕室，称为"出火"。又过五六日的蚕眠，叫"大眠"。"蚕老到熟，叶要吃足"，这时要不断地喂食新鲜桑叶，一旦蚕饿了肚子，以后吐的蚕丝质量就大打折扣。再过六七日，蚕通体透明且不再进食时，就熟了。女人们就把早已准备好的用稻草缚的"蚕山"，一排排相依插满蚕体——蚕要上山了。上山前，女人们薄铺桑叶，唯恐尚有未熟之蚕。七天后蚕结茧完毕，女人们就开始采茧——落山。有诗云："二月扫蚕蚁，三月伺蚕眠。四月蚕上箔，五月蚕开门。落山土地初献祠，邻曲女儿从笑嬉。今年去年叶贵贱，上浜下浜眠早迟。桑影初稀榆影繁，蛹香塞屋旋缫盆。新丝长落只何价，城中人来索蚕罢。"

尚博村民一年要养五场蚕，依次是春蚕、夏蚕、早秋、中秋、晚秋。就茧的质量来说，春蚕、晚秋、中秋的质量最好，夏蚕和早秋的质量较次。五场蚕从四月底到十一月，历时半年多，所以女人们把很大的精力和感情都投入养蚕的过程中，这也让小孩们经常有受冷落的感觉，但在这种冷落中小孩们也过早地学会了思考。在我七岁那年，有一天半夜醒来，摸遍了床的每一个角落，没有摸到一个人，我的内心充满了孤单和恐惧，就声嘶力竭地哭叫起来。但没有一个大人回应我。我拉亮了电灯，从木头楼梯走下来，望见外面的屋子里都充满了黑暗。我再次声嘶力竭，但依旧没有人回应我。我摸索到了一根拉电灯的绳子，把木头楼板下的一段夜晚点亮。我不敢穿过外面的屋子去外面，我更不敢穿过外面的黑暗去隔了好多人家的位于东面的闲置祖屋的蚕房找大人。我在一条蚕毛凳上坐下来，好像浑身都在颤抖。我透过一扇木窗子的窗格子，看到了天井里的星星在闪闪烁烁，还有流星划过，周围一片寂静。一个问题紧紧地攫住了我的心：我死了以后去哪里？我不在这个世界上了怎么办？黑暗中没有一种声音与我做出回应，就像刚才我叫大人时的情况一样。我想着想着，浑身起了鸡皮疙瘩……我想着想着，感觉自己飘到了远方……依稀听到有人在叫我，是大人们从蚕房回来了。他们问我怎么了。我迷迷糊糊说不清楚。我被大人抱到床上继续后半夜的睡眠。可是，当晚，睡眠终于离我而去——我有生以来第一次失眠了。我还在盘问那个问题：我死了以后去哪里？我不在这个世界上了怎么办？黑暗中依旧没有一种声音与我做出回应。大人们鼾声大作，后面猪圈里的猪也叫了几声，这些与我需要的回应相去甚远。

我们小孩也经常帮大人养蚕。在蚕还小的时候，都是养在蚕匾里的。为了便于清理蚕沙（蚕粪），往往在喂蚕之前要放一张蚕网。张蚕网的时候往往需要小孩把网的角提起来。蚕网一放到蚕匾里，蚕就把脑袋翘起来，慢慢爬到蚕网上。清理蚕沙的时候更需要我们小孩，我们依旧提着蚕网的角，协助大人把蚕网提起来，然后放到一只空的蚕匾里。总有一些懒惰的蚕没有钻在蚕网里，而是仍旧躲在马上就要被当作肥料处理的蚕沙里。大人们戴着老花镜在蚕沙里找，就像淘金沙的工人那样仔细。小孩子眼睛尖，往往毫不费力地把躲藏的目标找出来。每每此时，都能看到大人弯下腰后才能看到的头顶的些许白发。每每此时，我们也总能听到大人们的表扬："好囡囡，长大了，可以体力（吴方言，意为小孩体贴大人，帮大人做事）了。"我们总能得到一种莫名的满足。等到蚕大了，就要从蚕匾里移出来，养在屋子的地上。我们把这叫作"落地"。落地以后的蚕食量大增，大人们把整篰的桑叶倒进地铺里，我们小孩帮忙把桑叶铺平。等到蚕养到壮年的时候，我们会帮大人把整根的桑条均匀地放到地铺里。在整个喂蚕的过程中，蚕吃桑叶的沙沙声此起彼伏，蔚为壮观。蚕宝宝被我们养得虎头虎脑的，看到桑叶，总是来者不拒——这是我们最初感受到的健壮健美的生命。我常把虎头虎脑的蚕宝宝抓在手心里，放在肩膀上，停在鼻子上，虎头虎脑的蚕宝宝用它那密密麻麻的毛茸茸的脚在我们身上扭来扭去，仿佛总在摆脱我。我却对它的蠕动很着迷，仿佛感到，身边总是充满了亲密的伙伴。

等到蚕的体形达到极点，它的身体慢慢变得透明，食量慢慢减少，体形慢慢变小。有一天，它不再吃食了，而是不断扭动，有一点点丝在嘴边闪烁——它就彻底熟了。大人们早就看清了它们的这些变化，总是在最合适的时候，把"山"——稻草簇安在地铺里，让蚕顺利"上山"。当然，之前总要最后一次给它们喂好桑叶。隔了一夜，我们会看到山上结了许多茧子，还能看见有的蚕隔着一层薄纱在里面摇头晃脑地吐丝，仿佛一个个勤劳的织女在劳作。有的茧子的壁已经足够的厚，已经看不见蚕体了。当然，还有少数蚕还赖在地铺里迟迟不愿上山，更有极少数的蚕还在吃着最后的早餐。两三天后，屋子里面明显安静下来，地铺里已经没有什么蚕了，山上都是白花花的茧子。几天后，大人们会拿几个样茧，用剪刀剪去头部，看茧子里面的蚕是否成了蚕蛹。如果大多数已经是蚕蛹了，就可以摘茧——"落（回）山"了。

我家用来落地的蚕房是一间破旧的祖屋。祖屋隔壁是一间和这间祖屋几乎一样的祖屋。不知多少年以前，同是我祖宗的兄弟俩到了分家的年龄，就各自分得了这两间屋子。村里的老人们常说，我家的祖屋大门的角落里，以前有个松鼠窝，窝里的松鼠像当年的我家一样人丁兴旺。我家的屋子在东面，当年是老大优先挑的。老大的屋子早早地成了空房子，弟弟的房子一直没有断过人烟。位于屋子中央位置的天井是共有的，都占去了两间祖屋的一部分空间。天井里有一棵从来没有长过果实的枇杷树，天井里的淤泥里总是在泛着气泡，偶有几只饭龟从洞里爬出来觅食。当年兄弟俩分家的时候，为了公平，还专门量了面积。一量，老大这边大出一只菱桶大的面积。老大就说："你把菱桶放我家吧。"老二说："这怎么可以呢。"老大又说："我补你一菱桶的面积。"说完，就在第三进的楼下把泥墙打通，把老二的菱桶贴墙放在自己这边，然后沿着桶的边缘重新砌了一堵墙。我家的这堵弯墙在尚博村很有名，每当有人家兄弟俩吵架，家里的老人都会把火冒三丈的不肖子孙拉进我家的祖屋，让他们面壁思过，给他们讲墙的故事。两个血性的亲兄弟一下就和好如初了。

祖屋有四进，一进二进间有一道矮矮的木门槛，三进上面是一座小木楼——楼板因为长期没人住，有些已经被虫子蛀空了。第三进的那道闻名全村的弯墙让人行走不便，但我们经常透过墙洞看隔壁的菱桶里装着什么。第四进是一间矮矮的披房，看得出来，以前这里养过牲畜，并兼做茅房。这间老屋里住过很多人，也死过很多人——最终变成了一座空屋子。我家最发达的时候是清朝时那个老祖宗在的那一段岁月。这个老祖宗是我的太爷爷，也就是我爷爷的爷爷。这个祖宗是做生丝生意的，他把尚博邻近几个村的生丝全都收集起来贩运到湖州和上海。我家鼎盛时有很多白洋钿，有很多农田，也有很多佃户。家里的成年男人都有几个老婆。我家的那些老祖宗不太像其他的地主，每年到了年关去讨租，如果佃户叹苦经，老祖宗只是坐坐笑笑，不再提收租的事，很多陈年老账也就此一笔勾销。我家祖宗的善良在尚博村很有名，以至于后来划成分，我家被全村推举为中农——其时，我家确实已经很破败了。但在我爷爷的爷爷大举贩卖生丝的时候，我家可是富裕的大户。这个精干的老祖宗老年后喜欢上了抽鸦片，眼睛也瞎了。但据说他眼瞎之后还常把做生意时在上海置办的一把威力十足的火药枪挨在身边。这位老祖宗是在东洋人打进来的前一年死的。死的时候全村吃了好几天的油炸豆腐。这个老祖宗死的时候，虽然我家还在放租，但从此家道如国运，一日不如一日。老祖宗的几乎所有的子辈孙辈都有严重的疾病，都不到天命之年就死在了这间祖屋里。在这些祖宗死的同时，屋里的大小老婆们也带着能带走的铜钱银子，改嫁去了。

每到摘茧回山时节，我的奶奶也会从改嫁过去的范家墩回来帮忙。在这间破败的老屋里，每摘一个茧子，我的见过这间屋里死去了的许多祖宗的活着的祖宗，都要说一些过去的人和事。她的描述好像轻描淡写，听不出半丝的哀戚和怀念，仿佛在讲述与她毫不相关的人和事。但在我听来，仿佛这些人和事都历历在目，仿佛他们都从暗处走了出来，拿幽幽的眼光看着我。所以我经常会感觉到有人站在我身边，或坐在我身边，蹲在我身边，拿很慈善的黑色的目光暧昧地看着我。有时候，还会感觉到他们在和我说话。我感觉不到一丝的恐惧。因为此刻，在这间见证过无数诞生和死亡的屋子里，还有一个活着的祖宗在我身边。他们都是祖宗，都经历过那些岁月。一个看得见的祖宗看着我、和我说话、上下把我打量，和暗中的祖宗看着我、和我说话、上下把我打量，应该是没有区别的。所以，生与死之间的交接点，就是我的奶奶。在她身上我觉得生就是死，在她身上我也觉得死就是生。这间祖屋里我经历的时光，也彻底改变了我那张生动鲜活的脸蛋，让它逐渐地有了波澜，有了皱褶，不断地熟了，并趋向老了。我也终于明白，当一个人逐渐变成祖宗的时候，会变得无所禁忌，会变得毫无感情，会变得没有哀伤与仇怨——他，正一节一节地隐入黑暗，似乎毫无征兆，似乎毫无痕迹，一直到他的子孙做好所有的思想准备，并毫不怀疑地认为，这个祖宗是到了该成为祖宗的时候了。所以，祖宗的离世，在子孙看来，如同子孙的出生一样毫无悬念。至于他们在灵前号啕大哭，不是哭躺在停尸板上的祖宗，而是哭自己——他们终究要成为祖宗，但他们还没有迈到通往祖宗的门槛，还没有这个勇气，重要的是，缺少了很多经历，没有关于生与死的太多考虑。或者更重要的是，他们还太有精力，还太有迷恋，还太有其实是可有可无的许多事情要做。

很多个下雨天，大人们无法去田间干活，就在那间破旧的祖屋第三进的楼上为下一场蚕事做好准备——用稻草做一个又一个的让蚕上山的山，我们叫作"做山"或"缚山"。记得那间破旧的木楼上靠墙堆满了蚕匾。"山"的做法不难，抱一捆稻草在身边，每次抽取一小束，再用少数稻草做"缚"，在先前的一束稻草的中间位置缚住。手法很讲究，大人们总是教我们怎样捆扎，怎样打上活结。缚山是令人快乐的，大人们会给我们讲一些古旧的事情。大人们告诉我们，以前在新市、寒山等地，清明前后总有庙会。这一天，再封建的人家也允许女儿出门轧蚕花，几乎成了年轻人的节日。这一天，红男绿女嬉嬉闹闹全无顾忌，最开心的是青年小伙子了，他们可以在蚕妇、蚕姑中间随意地挤来扎去，寻找自己中意的女子。一旦发现了心动的女人，可以毫无顾忌地伸出手去捏奶奶,吃"豆腐"——没有人把你当流氓。相反,如果哪一个少妇或姑娘的奶奶没人去捏,她倒会嘴翘得比鼻头还高,老大不高兴。因为以前蚕妇、蚕姑将蚕子捂在胸口,所以男人以借摸蚕子之名摸奶奶,乡风将此称为"摸蚕花奶奶",据说是越摸越发。人们常说,摸一下只有一分蚕,要想蚕花廿四分,那得摸多次。而没有人来摸过奶奶的,则今年养蚕不会发。所以,蚕妇、蚕姑们为了家中养蚕能发,只得做出点不算太小的牺牲了。

每次听到这些陈旧往事,我在逐渐发育的年龄中竟也会有某种惊喜和冲动。但更多的时候,我会一个人帮大人们缚山。整个老屋里只有我一个人,整个木楼上只有我一个人。偶有隔壁的楼上有声响。我透过泥墙的缝隙向里张望,这间从来没有断过人烟的和我家一脉相承的屋子里,似乎每次都让我看到不一样的景象。一张新婚不久的大床上,好像每天都是被褥凌乱。床前有一张木桌子,常有老鼠爬在上面,每次都用小小的鼻子在桌面上不停地吸着,仿佛这间屋子里的新婚的空气也是它们的美味。几件女人的内衣挂在木窗的窗口。这个外人绝不能看到的窗口,我却看得如此清晰,让我在这个清凉的屋子里产生一种莫名的燥热。仿佛总是看不到一个人影,总有几个竹篮挂在空中,却永远不知道篮子里面装着什么。

看够了,我把目光投到了窗外。窗外是一望无际的青黛的屋海,几只猫到了发情的时间,在那里撕心裂肺地叫着。在这种叫声里,总是两只猫以一种似乎是仇恨的目光相互观望,前面一只转过身来,后面一只紧跟几步,前面那只又向前几步,停下来,以似乎是仇恨的目光回头张望。整个一天,两只猫都在那里撕心裂肺地叫着,都在那里以一种似乎是仇恨的目光相互观望,走走停停,好像永远没有走到一起的时候。当时我已经知道,在我的视线之外,它们总会走到一起,只是,那时它们的叫声我轻易听不见罢了。

几只燕子把我的视线引到了弄堂东隔壁的阳台上。那里,一盆仙人掌正在开花,粉红色的花朵缀在低垂的掌心上,把自己开向了弄堂里偶有的人声里。当然,也开在了我的心里。

2011年8月22日,写于尚博祖屋

祖屋（二）

除了用作蚕房的那间破败的祖屋，我家的另一间祖屋是住人的。这间祖屋从来没有断过烟火，我们兄弟俩就是在这间祖屋里出生长大的。两间祖屋形制规模相当，只是一间位于东面的弄堂口，常年不住人，所以让人备感沧桑颓败；而另一间则位于一堆人家的正中央位置，因始终烟火不绝，仿佛年轻许多，温暖许多。两间祖屋相距不足一百米，仿佛一对亲兄弟，一直默默地观望着。事实上，在岁月深处的某一年，两间屋子就是一对兄弟，在分家的古老仪式中，分化为两个落地的独立的孩子，虽然他们承受着父母同样的希冀与祝福，但毕竟命运迥异，一个走向了末路，一个却如游丝一般，穿越了黑暗，一直走到了现在。祖屋的这种坚强成就了我们的幸福与不幸，我像我的很多祖宗一样，经历着祖屋里的朝朝暮暮，春夏秋冬。这种朝暮和四季中充满了思虑，在这种思虑中充满了朝暮和四季，于是，一代又一代人，一个又一个人，仿佛不是在祖屋里居住，而是在祖屋里穿越。所以我感觉祖屋就像是一艘船，载着我前行，也载着我回归。祖屋也仿佛是一个亭子，虽然一直风雨招摇，但一直矗立在原点，给远逝者招魂，给未来者指引。祖屋承载了我的童年、少年、青年，并将一直承载着我的壮年、老年、暮年……甚至由于祖屋里的幽暗过于深厚，我在小小的年纪就洞穿了死亡，秉承了我无数祖先的幽暗寂静的气质。在祖屋里我领悟到成熟和衰老与年龄无关，只与我居住的时间与空间有关；存在与死亡也与年龄无关，只与我的记忆与印象有关。祖屋很大，足以把我涵盖；有时候我很大，足以把祖屋涵盖。祖屋里没有秘密，所有祖先的思虑与目光都被我触及。祖屋里只有疼痛，无处不在的对视，足以痛彻我的骨髓与血液。

　　从某种意义讲，祖屋是通往自我的唯一通道。所以我是如此庆幸，在几十年、几百年乃至更为漫长的岁月里，祖屋一直罩着我，如同冬天的棉衣、夏天的星辉。我的祖屋正面朝南，屋前开阔，屋后方正，显示了不俗的气质。屋前有几块方正的阶沿石，数百年如一日地显示着内敛、沉默与忠诚的气质。走进两扇厚重的木门（门楣的上方有"日月"两个墨笔字），前头屋里就以惯有的温和迎接你的到来。这间屋子的泥地似乎四季潮湿，有好几块地方常年长着青苔。墙壁是青砖砌就的，只是不少地方的砖头掉了，好像很多的嘴巴掉了门牙，一直透着风。前头屋里有一个搁舍——几根粗而壮的木柱子，撑起了一个由树木、毛竹等搭起的平台。搁舍上常年堆着柴火，也似乎一直有蛀虫的粉线从缝隙里垂落下来，常常落在进进出出的发丛里。

　　穿过前头屋里，就进了第二进屋子过路里。过路里残缺的部分，是一个很大的天井，似乎也是一直在冒着水泡。有几只老迈的饭龟，从墙洞里爬出来，晒着太阳，偶尔在淤泥里享受饭粒粥汤。天井的内侧是一条进出的路——我一直在猜测，正是这种独特的结构，使这间屋子失去了方正的一块空间，只在一边留了一条路，所以整间屋子就被叫成了过路里。虽然过路里失去了一块方正的空间，但也因此拥有了一片日夜清明的天。路和天井之间是一个碗架，上面是一个木架子，常年架着大大小小的饭碗。下面是一个石槽，雕琢精良，外侧有一个出水孔，整个水槽就像是一个大口，仿佛一直在期待着碗沿上滴落的留有饭菜香味的洗碗水。碗架旁边挂着一个厚实的碗筷笼，里面的筷子长长短短、粗粗细细——即使所有的筷子全部更新为套版的新筷子，过不了多久，仍会变成这副模样。大人们总是解释说，筷子长长短短、粗粗细细，就说明人家大大小小、人丁兴旺。

　　我家的过路里其实就是一个厨房兼餐厅。贴着天井另一侧的，是一个巨大的灶头。灶头大的有四眼灶，最里面的一眼似乎常年被一块竹帘子盖着——只在烧茧子、烘青豆或者摆酒席的时候才把帘子掀开，用那个常年隐形的巨大的铁锅烧着我们需要的东西。中间的一眼是烧饭用的，锅上有一个厚重的木锅盖，锅后墙上有一眼小洞，以便烧火人掌握火候。外侧的一眼是烧菜用的，最小，也盖着木锅盖，整天油腻腻的，仿佛整天睡不醒的样子。日常用的两眼锅中间靠外的地方，有一眼小锅，这是为了充分利用余火安排的，我们的洗脸洗脚水就是这口小锅里温出来的。灶头朝外有一个肚脐眼一样的乌甏，里面装着烘青豆、酒药等需要干燥保存的东西。这个被一个大木塞封着的乌甏，让我们的童年迷恋不已。灶内侧烧火的地方叫作灶下，有一个结实的矮凳，常年候着烧火人。灶下常年堆着稻草和桑柴，这里是我们经常被警告的地方，每次我们到灶下玩火，大人总会说："这间牢房不要住了。"灶下被一道墙壁隔成一个独立的空间，只有那个小洞可以让烧火人在掌握火候的同时，观察屋里有人进来没有。灶头的那堵墙的内侧，用近乎写实的笔法写着"火烛小心"几个墨笔字，这四个字内含的两个"火"，则被倒写，就像是在稻草或者桑柴上不断蹿起的火苗，似乎随时会从灶膛里蹿出来，烧向在大人们警告小孩时称为"牢房"的我们的祖屋。所以，这两个"火"字蕴含的警示效果是显著的。墙的外侧则用连笔写着"米中用水"四个大字，这几个字被一条长长的竖线贯穿，就像是水，贯穿了所有的日常饮食，其中的巧妙构思令人称奇。灶台上常年供着照（灶）家菩萨，一块方正的木板上，由于常年的烟熏火燎，菩萨的形貌早已无法辨识，但这并不影响我们的供奉，每年的新米饭，总是先给菩萨享用的。

过路里的正中央位置，就是我家的八仙桌。这是一张老桌子，老得桌子边缘与内板之间的缝隙里，常年塞满了不知何时留在那里的食物残渣。桌子底下是我们经常躲藏的地方，每每此时，我们总能在桌底下看到"杨东美"几个大大的墨笔字。杨东美就是我家的那个把丝绸生意做到了湖州、上海的老祖宗。与桌子配套的是四条木长凳，凳的边缘早已沟沟壑壑、凹凸不平，这大概与家里的男人喜欢把桑柴踩在凳子上砍柴有关。我们的长高似乎一直被这套桌椅丈量着，先是盼着能不能够到桌子，直到有一天大人惊呼我家的宝宝可以自己在桌子上拿东西了。有一天我们兄弟俩一人一条长凳平躺着，我正好一长凳，弟弟还差半个脑袋，我们比较着，还说着许多让我们开心的话。

八仙桌的上方朝南的墙上，是一帧老照片，自我记事起就一直挂在那里。照片里的老人就是我家的祖宗杨东美。因为照片是杨东美老年时照的，所以我们从小就对于老祖宗的"老"有着深刻的认识。照片是半身照，老祖宗着紫色丝绸长衫，一排整齐的老式布纽扣在胸前。老祖宗的头上戴着同样是紫色的绸布帽子，很明显，长长的辫子就垂在帽子的后面。老祖宗的耳朵有点尖，以至于我经常感觉他戴着耳套；他的整个脖子隐在竖起的衣领里，所以整个脑袋就像直接从衣服里长出来的一样。老祖宗瘦长的瓜子脸已经足够衰老，弥漫着似乎烟火熏成的沧桑气息，眼神很迷离，整天望着家里的老老小小进进出出，似乎也很想参与每天饭桌上的聊天。八仙桌朝南的位子曾经是属于老祖宗的，但自我记事起，这个位子就归我的阿爹（爷爷）坐了。阿爹走后，这个位子就归我父亲坐了。而我们兄弟俩辈分最小，一直坐在朝北的位子里，所以每天都要面对老祖宗吃饭。这种每天的面对面让我在很小的时候就具备了幽暗寂静的气质，这种气质就是老祖宗在我身上注入的，所以我很早就觉得，我很小的时候就已经很老了，老得可以和老祖宗面对面地吃饭了。

我家过路里有一个木雕碗橱，又高又大，默默无言地站在那里，纹丝不动。这个橱估计和祖屋一般年纪，只是每天都被子孙开关拭擦，户枢不蠹，就像流水一样，呈现一种晶亮的气质。这种气质首先来自于橱面上的一层似乎永葆青春的暗红的老漆。橱门上雕刻着竹梅兰菊等图案，栩栩如生。整个大橱有三级，我们经常踩在最下面的一级上，在最上面的一级里找好吃的东西。我家东隔壁住着一对母子，小的叫明德，老的叫祥珍。我家祖屋在过路里的墙上有一个与隔壁邻居相通的小洞，我们两家经常在这个小洞里互通有无，有时是一碗番薯，有时是几个圆子，但凡是有器物盛装的，往往立马就会得到回报。我们经常在美美地吃着祥珍娘母的圆子的同时，看到阿爹把碗洗干净，在碗里放几颗糖果，又从墙洞里把碗递过去。每次递碗的时候，阿爹总会叫着"祥珍，碗还你"，隔壁就会有一双干瘪的手接了碗，并总是听到仿佛带点满意的同样一句话："放东西做什么呀？"每次阿爹也是同样的一句话："没有啥东西。"偶有几次阿爹的话得不到回应，他就把碗放在墙洞中央，不消一刻，这个碗就会被收回去。

我家过路里有一个阁楼，木楼板，上面堆着一些舍不得扔的旧家具。我家的油氽就放在阁楼上，我们经常踩着梯子上阁楼倒油。过路里的里面是一个大天井，里面似乎常年放着一些缸和罋。天井和过路里之间有一扇小木窗，窗沿上常年放着一个猫食盆。每次我们吃完饭，大人会把桌子上的鱼骨头之类收进一个碗里，并顺手倒进猫食盆。我家的猫便迅捷地跳到窗沿上，大口吞咽起来，有时还会发出一种虎啸一般的警告声，仿佛我们都是要跟它抢食的同类。

天井里面是我家祖屋的第三进房里。房里呈双层结构，楼上有一张大木床。据说这张大床和我家的碗橱一样年纪。这张床又宽又大，不但是我们兄弟俩出生的地方，也是我们玩耍嬉戏的场所。床的外侧有一个踏板，我们的鞋就放在这块踏板上。楼上还有几口同样高龄的大衣橱和雕刻着八仙过海人物图案的已经不能齐聚的八仙椅。打开朝南的木窗，就是大天井和上方一望无际的天。楼上是父母和我们兄弟俩休憩的地方，这个地方见证了我们孕育、出生及生长的整个过程。楼下也有一张床，是用长凳搭起来的棕绷床，这是我阿爹的床。连接楼上楼下的是一副木楼梯。整个房里几乎都是木结构的，特别是几根柱子，历经了那么多年岁月，却依旧显示出一种年轻的气质。

房里后面是我家祖屋的最后一进后头屋里。这里兼做我家的茅房和养牲畜的场所。后头屋里有一个羊圈，还有一个猪圈。我家的羊圈里总是大大小小人丁兴旺。我家的猪圈里的猪却似乎总是养不大，也许总是吃糠的缘故，总是偏瘦的体形，有时养一年也不能出栏。但这些不大能养大的猪因为被我们养的时间过长，所以不可避免地建立起了与屋里所有人的感情，所以真到了猪出栏那一天，往往收获的不是喜悦而是万般不舍。

2011年9月21日，写于上海

第二辑 动物

尚博小河

猫

我家养过很多猫。这些猫在我的童年里叫着、跳着,向我投来迷离而温暖的目光。

我喜欢猫,因为猫温暖、细腻、乐观。人性的很多闪光点,在猫身上都有充分的体现。所以,我对于人性的很多体验,是在与猫相处的漫长时光里得到的。猫,是我的亲密伙伴,也是我的启蒙老师。

我家养过的猫,都是快乐的使者。猫不会放过任何游戏的机会,一个土豆、一堆番薯、一根飘在空中的鸡毛、一只飞过的小虫,都能让猫快乐半天。即使没有任何玩具,猫也会追着自己的尾巴,让自己变成停不下来的陀螺。

狗是猫天生的仇敌。每次有狗走进祖屋,猫就会把身子弓起来,就像蓄势到了极致的满弓一样。这张充满了无限力量的弓,又像一再跳跃的炸响的鞭炮一样。只是这串跳跃的鞭炮,不是发出炸响声,而是发出一种让狗闻之胆丧的呼呼声。每次这种声音响起的时候,猫把尖利的牙齿全部露出来,胡子、眉毛根根竖起,就像一只愤怒的刺猬一样。

面对这只愤怒的刺猬,想侵入祖屋的狗只能望而却步。父亲说,这只发功的猫,嘴巴里喷出来的雾状的口水,如果溅到狗眼里,狗马上就会变成瞎子。不知道父亲是怎样得到这个典故的,我估计父亲一定是从老辈人那里得到的,就像我从父亲这里听到这种稀奇的掌故一样。我相信这种说法是真的。因为满弓总是具有极大的杀伤力,足以让目力难及的敌人毙命——此时的猫,就是一张满弓,所以也具有让敌人受伤致残甚至毙命的力量。所以我相信,尚博村里所有的狗,血液里面一定流淌着这种恐惧,这种站在满弓一样的猫面前的恐惧。这种恐惧堪比丧家之犬的惊惧，这种惊惧里有着终极的惊悚，比噩梦深处更具有震撼力。所以每每此时，狗总是夹着尾巴落荒而逃。而满弓一样的猫，并马上没有收弓，而是在门口张望许久，直到确信狗已经走远，猫才把弓收起，变成一只普通的猫。

很多时候，猫会躲在暗处，等到有人经过，会极迅速地窜出来，捕捉毫无防备的脚步。这个时候，猫会得到一顿没有恶意的斥骂。但猫依旧故我，躲在幽暗的角落里，谋划着一次又一次的行动。这些在幽暗中谋划，又往往得逞的行动，自然包括对于老鼠的捕捉。

因为猫的存在，祖屋里的老鼠过着胆战心惊的生活。它们总是把尽可能多的时光，在幽深的墙洞里度过。但它们终究会在祖屋里显形。老鼠的每一次显形，都充满了无尽的风险，只要它们的身影落入猫的眼睛里，死亡就或远或近地向它们发出了召唤。祖屋里的老鼠终日面临死亡的威胁，所以它们变得极其敏感，仿佛整只老鼠没有皮肉骨头，只余下敏感无比的神经——祖屋里的任何一丝动静，都是它们的敏感源。来自猫的任何一点信息，几乎成了它们生活中忧惧的全部。它们胆战心惊，又无处遁形——猫的目光布满了祖屋的任何一个角落。这种情形让老鼠的生活近乎宿命。

祖屋里的猫总是如此执着。只要有老鼠活动过的蛛丝马迹，猫就会在一条无形的路线上，或者在一个洞口，静静地蹲守，不舍昼夜。这个时候，猫成了祖屋的定力，就像定海神针一样，也像中流砥柱一样。在猫的坚持里，老鼠终于不能逃脱死亡的追逐。因为这种宿命，祖屋里的分分秒秒都充满了张力，就像阳光穿越露珠产生的折光一样。一种新鲜无比的死亡气息，充盈在祖屋的分分秒秒里，散发着迷人的青草一样的清香。

所以祖屋里的老鼠是极其独特的一个家族。它们的激情和快乐都释放在幽深的洞里，墙洞是它们的避难所，也是它们的天堂。而墙洞以外，则是截然不同的一个世界。这一局面的制造者、掌控者、操持者，就是祖屋里的猫。

而一旦落入猫的嘴巴，老鼠在走向死亡的途中，还要经历很多的戏弄和羞辱。被猫抓住的老鼠，首先是猫的玩具，之后才是猫的美食。猫会把爪子松开，老鼠以迅疾的速度开始奔走，但每次都以无望告终——每次猫会在一个极限点出手,把老鼠重新抓住。这个极限点属于老鼠,也属于猫。在老鼠这里,在这个点上,能够看到生的微光——譬如,离开天堂墙洞只有咫尺之遥。而在猫这里,在这个点上,是掌心的最后边缘。但一切始终为猫所掌控:老鼠的每一次努力,终于都是枉然。重新回到猫爪的老鼠总是免不了很沮丧,但猫终于让它再次燃起希望,猫故技重演——再次回到猫爪的老鼠,沮丧的程度加重了许多。

猫总是一次又一次地让老鼠燃起希望,并鼓起勇气逃生。老鼠一次次有了希望,又一次次失去希望,如此反复,终于绝望,加上已筋疲力尽,老鼠终于不再动弹,在猫的眼皮底下苟延残喘度过最后的生命时光。见老鼠一动不动,就像石头一样没有动静,猫会去拨弄老鼠,极尽所能让它的身体动起来。但被拨动的老鼠,几秒钟之后又恢复了沉寂,猫终于不甘,用两只前爪把老鼠捧起来,抛向空中。老鼠在空中画出了令猫满意的弧线。为了让这种动感十足的弧线一再呈现,猫再一次故技重演。等到回到地面的老鼠眼睛里的光芒暗淡下去,和角落里的陈年幽光相差无几,老鼠就由玩具变成了食物。大概猫已经在老鼠身上闻到了死亡的气息,就开始张开嘴巴,大快朵颐起来。在此过程中,猫往往发出拉风箱一样的呼呼叫声,仿佛身边充满了抢食者一样。

到了冬天,猫的活力锐减,很少不变成煨灶猫的。

每当天气转冷,特别是霜降冰冻之后,祖屋,特别是祖屋里温暖的灶膛,成了猫的避难所,就像墙洞是老鼠的避难所一样。每天天还没有亮的时候,阿爹就生火烧开水。每次阿爹把稻草点燃的时候,猫就会从灶膛里跳出来,浑身都是灰。还经常出现这样的情况,等到阿爹把烧着的稻草送进灶膛,火苗开始舔舐锅脐的时候,猫才从梦中醒来,一个激灵从灶膛里逃出来——但已经晚了,猫的胡子、眉毛,早已经烧焦。等到一股焦煳味道在烧火间弥漫开来的时候,阿爹的一声骂也随之响起:煨灶猫。阿爹的骂声很独特,仿佛不是斥骂,而是在叫着一种动物的名字。只是这种动物不是普通的猫,而是彻底失去了活力,对于严寒极度恐惧的独一无二的动物:煨灶猫。

到了冬天,对于老鼠来说,祖屋已经解除了所有的威压感。因为煨灶猫不是普通的猫,甚至不是猫,祖屋里的警报彻底解除了。祖屋,终于成了老鼠的天堂。老鼠可以在祖屋里追逐跳跃,可以肆无忌惮地发出尖利的叫声,可以把在墙洞里压抑了多日的激情全部释放出来。每每此时,煨灶猫在灶膛里发出如雷般的呼噜声。

2016年1月27日,写于尚博祖屋

狸头猫

我家应该历来就有养猫的传统。自我有记忆开始,我家就有猫的身影。

我家祖屋的第二进,叫"过路里"。这是尚博人的土叫法。过路里功能很多,既是厨房,也是餐厅,阁楼上面放着油瓶、石灰甏等日常用品。过路里南北侧各有一个天井。面北天井的窗口有一道木推窗,窗沿上终年放着一个猫食盆。

所以,一只黝黑的猫,埋头在猫食盆里吃饭,是根植在我最初的记忆里的景象。等到我慢慢长大,学会说话,便开始向大人提要求。我向大人提的最初的要求,就是养一只猫。

我看中的猫是范家墩奶奶家的老猫养的一只小猫。奶奶七岁到我家做了童养媳,我父亲出生不久,我的爷爷在二十三岁那年死于上吐下泻,不久奶奶改嫁,随范姓丈夫到范家墩新做人家。

范家墩是德清县东部水乡地区很典型的一个村庄。顾名思义,范家墩是很典型的一个墩,就像古诗里经常写到的"洲渚"一样。村南是一条东西向的大河,东面是大河生出来的自南而北通往钟管小镇的一条不小的河流;村子中央,一条小河把村子分成桥东和桥西。一座小石桥,成了村子的枢纽。村东那条不小的河里,有一条摆渡船。这种渡船是没有人专门摆渡的,只有一条很粗的稻草绳,把两个渡口和渡船连成一体。靠着稻草绳的牵引,这条渡船在东西两头来回移动着。拉着绳索,让船移动的,是过河的人。钟管人把这种渡船叫作"扯渡船"。这个名称无疑是非常准确的。

桥东的房子朝南建造,桥西的房子朝东建造。在钟管地区,房子朝东建造，是不常见的。范家墩的这排朝东的老房子，面对着一条小河，自成独特的风景。这排老房子太老了，连在一起的走廊里的木廊柱，就像垂暮的老人一样，给人的印象是经常在打瞌睡。到了冬天，走廊里站满了晒太阳的人。老人和廊柱保持着一样的气质，小孩和年轻人似乎和这条走廊格格不入，但他们追逐嬉戏谈笑风生的时候，眉宇间流露出来的喜悦，和老房子深处透露出来的微光，气质是一样的。

这些人，不管年龄，不论男女，毕竟在老屋里生息，深谙老屋最深处的陈年掌故，并为那里的气质所浸染，最终具备了和老屋一样的独特气息。就算是刚刚嫁到老屋里的新媳妇，也已经在老屋里睡过、吃过，在与新婚丈夫的激情和温情里，已经感受过老屋的庇佑和温存。所以，只要跨进了老屋的门槛，新娘子就具备了老屋的脾气性格，气质性情。钟管有句老古话：大门户槛出。意思是一个门槛里的人，性格脾气会整体一致。这句吴语阐释的，就是中原语系的词语"门风"。不过，门风也是吴语常用的一个词语。这个词语，充分说明了语言的相互交媾与浸淫。我们能在吴语里，听到中原的声音。反之亦然。

所以老屋尽管风雨飘摇，尽管时不时有老人在老屋里死去，但老屋总是充满了希望。这种希望近乎秘密，最浓郁的一缕，是黑夜里老屋深处永不消退的激情。所以，老屋的希望之光是从老屋最深的地方发出来的。这就是老屋不朽的秘密。

但奶奶家在桥东。奶奶家的房子自然朝南。在我还不记事的时候，奶奶家遭遇了天火烧。所谓"天火烧"，就是房子遭遇了火灾。等我记事的时候，每次去奶奶家做客，都能看到留有炭黑颜色的椽子或者房梁。这些从天火烧里抢救出来的木头，还在发挥着它们的作用。所以，奶奶家给我留下了沧桑和劫后余生的深刻印象。

奶奶家除了朝南有一对大门，朝北有一扇小门，朝西的墙上，还开了一扇小门。尚博村在范家墩的西面，每次去奶奶家，在离这扇西小门不远的地方，我就开始叫奶奶。听到我的叫声，奶奶就会出现在门洞里，爬满皱纹的脸上挤满了笑容。在我的印象里，这扇门就是奶奶的象征，仿佛总在朝西张望着，等着要等的人出现。偶有几次我叫奶奶，奶奶没有出现在门洞里，小门从里面被闩住了。西隔壁的一位胖奶奶会告诉我："你奶奶去念佛了。"我就找到念佛堂，果然，在众多的念佛老太里，我不用花太多时间，就能找到我的奶奶。因为奶奶是我的奶奶，那张挤满皱纹的脸，在众多类似的脸庞中，还是那么显眼。这种情形有点类似于鹤立鸡群。每次我出现在念佛堂门口，奶奶似乎都不是在第一时间看见我。我的出现立刻引起了口中念念有词的老人们的注意，终于有人对奶奶说："林楠，你孙子来了。"奶奶会站起来，从紧密的人群中挤出来，满脸堆笑地向我走来。

奶奶家西墙边有一棵葡萄树。这棵葡萄树结的果实，似乎都是酸涩的。在我的印象中，我没有吃到过奶奶家甘甜的葡萄。我吃过的奶奶家的葡萄，有又硬又小的，有硬而较大的，有又大又硬的。但不管是怎样的葡萄，都是又酸又涩。尽管如此，这棵葡萄树，仍旧是我非常向往的。很多时候，我先摘下葡萄送进嘴里，才走进奶奶家的门。

那一天，我跟着大人去奶奶家。在饱饱地吃了一顿奶奶家的酸葡萄后，我皱着眉头走进了奶奶家的门。我照例见到了满脸皱纹又满脸堆笑的奶奶。当我和奶奶坐在房里聊天的时候，我马上被屋里恍恍惚惚、隐隐约约、若有若无的影子吸引了。这些影子移动速度极快，就像在屋里飞翔一样。这些影子还发出一种我非常熟悉的叫声。奶奶说，这是老猫养出来的一群小猫。

奶奶家的老猫是一只纯种的狸头猫。这种猫体形修长，体毛又长又密，浑身灰黑色，间有白色，给人很威武的感觉。这是我见过最多的猫，也是我最喜欢的猫。这只老猫养出来的小猫，全部都是狸头猫。此时，它们正在蚕毛凳下面奔跑追逐，它们隐现的身影，让这间历经劫难的屋里，充满了恍恍惚惚的气息。

我马上就向奶奶提出了要一只小猫的请求。奶奶答应了。当我起身去抓这些小猫的时候，老猫和小猫一起向我发出呼呼的叫声，露出的牙齿闪着耀眼的白光，眉毛、胡子根根竖起，身子变成了满弓——这种情形就像见到了死对头狗一样。我就像遭遇愤怒的猫的狗一样，不敢擅自靠近。奶奶说，因为家里没人去抓它们，抱它们，它们从来不近人，就像野猫一样。奶奶问我想要哪一只。我说:"要最凶的那只。"奶奶让我指给她看,我就把我心仪的小猫指给奶奶看。奶奶马上就说:"你的眼睛真毒。"

我看中的小猫,就是那只跑得最快、叫得最响、眼中的光芒最凶的纯种狸头猫。那一天,我最大的收获,就是在爸爸和叔叔的合力围捕下,如愿得到了这只我心仪的小猫。当我提着装小猫的口袋迈出奶奶家的门槛的时候,奶奶家的老猫带领着所有的小猫,一起发出惊天动地的叫声。当我们过了桥,走到村口的时候,还能听到奶奶家里此起彼伏的猫叫声。拎在手里的口袋里,也在发出凄恻的叫声。口袋里的叫声与奶奶家的叫声应和着。

这种里应外合成了我回家的全部路途。到家以后,我把小猫放了出来,祖屋就成了我手里刚刚拎着的口袋,不断地传出小猫凄恻的叫声。夜阑人静的时候,尚博村又成了祖屋——小猫的叫声成了村里唯一的声响。尚博村的叫声和远方范家墩的叫声应和着。这种应和又成了那一天我的整个夜晚。

这一天,是一个非比寻常的日子。我得到了一只纯种的狸头猫,还听到了一种从未听到过的声音。这种声音来自不同的方向,但又像是同一种声音。

2016年1月28日,写于尚博祖屋

狸狸

这只我亲自在奶奶家挑选出来的小猫，终于成了我家祖屋里的一个新成员。

这只离开母亲和兄弟姐妹的小猫，到了我家，终日叫着，不思饮食。看着这只曾经活力四射的小猫日益消瘦，叫声由响亮而轻微，由圆润而嘶哑，我的心里很不是滋味。但一种欣喜终于在我的心里慢慢地生长起来：这只曾经对我非常抗拒的小猫，在和我慢慢亲近起来。大概它觉得，我是祖屋里最想走进它内心的一个人。这只失群的小猫，慢慢地成了我亲爱的伙伴。这个过程近乎宿命：是它和我互相走近的过程。

我从小体弱多病，我的童年充满了病痛。在我刚刚会走路那一年，有一天晚上，独自在楼上睡觉的我醒来后，因为恐惧摸到了楼梯口，像一个球一样从楼梯上滚了下来。虽然命大，但偏头痛从此就植进了我的童年。这种疼痛就像一棵生命力顽强的树一样，在我的内部蓬勃生长，终于枝繁叶茂，荫蔽了我的整个童年。刚上小学没多久，有一天早晨和弟弟在床里玩耍，我在追逐弟弟的时候伤到了膝盖，从骨髓内部生出的疼痛让我在此后一年时间里不能站立行走。父母带我到省城大医院投医，也没能治好；走投无路的父母在熟人的指点下，把我送到了戈亭小镇土郎中张阿强那里。张阿强用一箩筐的中药，让我站了起来，但此后受过伤的膝盖总有异样的感觉，特别是阴雨天，总感觉里面有东西在涌动。我曾经无数次做过同样的梦，在梦中，我奋力奔跑着，但无论怎样努力，都怎么也跑不快；每次受过伤的腿脚总是在地上拖曳。所以，有无数个清晨，醒来后的我感到万分疲惫。我还经常发烧，只有镇上的那位最胆大的女医生才能让我退烧。每次我发烧，村里的赤脚医生总是束手无策，焦灼万分的父母把我送到镇上，那位女医生每次都用让我父母瑟瑟发抖的猛药让我退烧。

因为经常生病，我在村里很有名。帮我声名远扬的是别人给我取的绰号"纸菩萨"。我弟弟的绰号"弥勒菩萨"，也起到了不少推波助澜的作用。弟弟从小很好养，从不挑食，不大生病，得到这个绰号也是实至名归。但这个绰号对我产生了很大的影响。每次有人叫我弟弟"弥勒菩萨"的时候，总会连带想起我。他们的联想方式是这样的，叫了我弟弟"弥勒菩萨"后，就说："哎，你家的纸菩萨今天生病了吗？"毕竟弟弟和我反差太大，这样的联想也就顺理成章。

所以，我这个"纸菩萨"，是很需要得到安抚和照顾的。很快，我就与这只小小年纪就经历生离死别的小猫成了同病相怜的好朋友。我为这个好朋友取了一个很朴素的名字：狸狸。

只要有空，我就把狸狸抱在怀里。狸狸一到我的怀里，就会把眼睛闭起来，发出很响亮的呼噜声。很多次我抱着狸狸在村里走来走去，有人会情不自禁地说："玉轩，你来了。"玉轩是尚博村的名人，他的闻名是因为他有严重的气喘病。这个花样青年，饱受疾病折磨，皮包骨头，弱不禁风，经常发出拉风箱一样的气喘声。狸狸的呼噜声太响亮，经常让人误以为玉轩来了。

虽然我和狸狸经常被人误叫为玉轩，但我毫不介意，依旧抱着狸狸在村里走来走去。狸狸总是在我的怀里一动不动，就像是我身体的一部分一样。当我抱累的时候，就把狸狸放在我的肩膀上。狸狸趴在我的肩膀上，朝着我背后的方向。狸狸在我的肩膀上不再呼呼睡觉，而是警觉地望着我的身后。我知道这一点是因为狸狸的出色表现。每当狸狸在我的肩膀上发出呼呼的叫声的时候，我就知道我的身后有让狸狸讨厌的不速之客。这时我就会转身观望，果然能看到一只恶狗正在落荒而逃。这个时候我是如此的心情愉悦，我感觉我长了不止一双眼睛，就像《封神榜》里的人物一样。

有一次，我依旧抱着狸狸在村里走动。村里的一个小霸王看到我们，似乎只看到了我怀里的狸狸，就走过来挑衅我。小霸王说："你这只臭猫，不要从我家门前走过。""不要从我家门前走过"是尚博村的小孩吵架时最常说的一句话,也是内心最大鄙夷的表述方式。这句骂人的话,表达效果自然是好的,因为这句话表义非常准确:同在一个村子里住,就像同在一个屋檐下一样,不从人家门前走过,自然是不可能的。所以,这句看似波澜不惊的平常话,里面却暗藏玄机。这个玄机就是里面隐藏着最为恶毒的诅咒:除非死了,要不从人家门前走过,是绝无可能的。

这一天,小霸王在我和狸狸面前说了这句厉害话。小霸王在说这句话的时候,不但视我为无物,只叫猫不叫我,还加了一个"臭"字,我读出了其中的不怀好意。这绝不是简单的指桑骂槐。小霸王是以这样一种自创的得意修辞,表达着自己的霸气。

我不但体弱,还胆小如鼠,此时早已瑟瑟发抖。当小霸王边把恶毒话更响亮地再说一遍,同时向我靠近的时候,狸狸嗖的一声从我怀里跳了下来,把身体变成满弓,龇牙咧嘴,眉毛、胡子根根竖起,眼中射出恶毒的光芒。狸狸对着小霸王,发出响亮的呼呼声,就像是遇到了一只恶狗一样。小霸王显然被狸狸镇住了,像一只狗一样落荒而逃。狸狸像一张满弓一样张在路中央,望着落荒而逃的背影消失在村口。虽然小霸王把一句"你等着"撂在了村口,但我们终没有等到他的再次出现。

这时,我终于知道,狸狸还是那只让我一见钟情的纯种狸猫,狸狸还是那只被我的毒眼一眼相中的跑得最快、叫得最响、眼光最凶的狸猫。

我把狸狸抱了起来。进入我怀抱的狸狸,马上由满弓变回了呼噜震天响的狸狸。

从此以后,每次狸狸在我肩膀上发出呼呼叫声的时候,我能凭着声音的响亮程度判断我的背后有什么情况。当狸狸把呼呼声拉到最响亮的时候,我就知道小霸王就在我的身后。虽然小霸王自从那天以后,每次见了我和狸狸,再也不敢靠近我们,总在老远的地方躲躲闪闪,但狸狸依旧把警报声拉到最响。

我的腿伤好后,第二年重新在尚博村里上小学。每天放学回家,狸狸就会跑过来,把尾巴竖直,用身体蹭我的腿。每每此时,我总能看见狸狸迷人的微笑。当我在八仙桌上写作业的时候,狸狸总是跳到我的腿上睡觉,呼噜打得震天响。

到了晚上,狸狸就在我和弟弟的床上睡觉,天热的时候睡在我们的枕头边,天冷的时候睡在我们的被窝里。每天晚上,狸狸在我们的床上把呼噜打得震天响。每天晚上我们都是在狸狸的呼噜声里入睡。但后半夜起夜的时候,我会发现狸狸已经离开了我们的床。大概它去捕捉老鼠了。

猫终究是夜晚活动的动物,所以狸狸把更多的睡眠时间安排在白天。每天我们睡觉的时候,总能看到被窝上有狸狸睡过的一个小坑。狸狸和我们共眠的床,自然会有很多跳蚤,但我们毫不在意。我们每天在这张床上睡得很香。我们也慢慢地长大了。

有了狸狸,祖屋里的老鼠几乎绝迹了。在祖屋老鼠的滋养下,狸狸终于茁壮成长起来。狸狸毕竟是狸狸,很快就长成了狸狸母亲的样子。狸狸开始到祖屋外面捕捉老鼠。邻居祥林娘母经常说:"你家狸狸经常到我家来,老鼠都绝迹啦!"祖屋里到处都是老鼠的头颅和皮囊。

不知道从哪一天起,狸狸开始往家里拖鱼。狸狸叼来的,都是活蹦乱跳的黝黑野鲫鱼。狸狸每次叼着鲫鱼回来,总要发出很响亮的呼呼声。狸狸每次都是把鲫鱼放在祖屋里,让鲫鱼在泥地上跳跃,仿佛以此来验证鱼还没死一样。我们每次看到的鲫鱼,都是没有丝毫损伤的鲜活鱼。阿爹眼疾手快,每次都是在狸狸验证完毕,即将张开嘴巴大快朵颐的瞬间,以闪电般的速度,把鱼从狸狸嘴边夺走。狸狸虽然很生气,每次都要发出响亮的呼呼声,并试图把鱼夺回,但每次都没能成功。失手之后,狸狸看着阿爹手里的鱼,也不再努力,平静地跳到了屋顶上,沿着一望无际碧蓝的屋脊,往东走去。

狸狸走后,阿爹便开始杀鱼。在那清贫的岁月里,我家经常能够吃到狸狸带回祖屋的鲜活大鲫鱼。有时候,狸狸一天之内会带回好几条鲜活的大鲫鱼。我和弟弟的身体发育,有着狸狸的功劳。这些滋养我们全家的鱼,狸狸究竟是从哪里叼来的,在很长一段时间内,我们无从得知。

直到有一天,我到村东小河边的国秋家里去玩,才揭开了秘密。当我走进国秋家天井里的时候,发现一个水池里养着好几条乌黑发亮的大鲫鱼。这些鱼我是如此熟悉,和狸狸叼到祖屋里的那些鲫鱼一模一样。

这些鲫鱼是国秋的爷爷小狗在长漾里放网抓来的。小狗是国秋爷爷的真名,不是绰号,因为天生残疾,一只脚是跛脚,父母怕他难养,就给他取了这样一个名字。小狗虽然残疾,人也矮小,走路一瘸一拐,却是尚博村里的抓鱼高手。小狗有一条小木船,每天傍晚,小狗划着小木船,经小河入长漾,放下一舱的渔网。每天天还没亮,小狗就去收网,每次小狗的小船回到河埠头的时候,几个洗衣服的女人总是伸长了脖子往小狗的船里张望,几乎每次都要发出惊呼:"抓了这么多呀!"每每此时,小狗总是笑着说:"多吗?!"小狗的话语充满了修辞色彩,既是疑问,也是反问,还是一个浓重的感叹句。但从小狗眉宇间既谦卑又得意的神情来看,反问的意味更为浓郁。小狗分明是想说:我是什么人呀,这还用说吗?更何况,对于一个男人来说,得到女人的敬佩和赞许,总是最光彩的事情。

我回家后就把探得的秘密告诉了阿爹。阿爹说:"不要响(说)出去。"我和弟弟言听计从。我们终于能够继续常常享受狸狸带回家的美食。大概是因为小狗抓的鱼太多的缘故,在很长的时间内,小狗对于自家天井内的变化,丝毫没有察觉。有一天阿爹说:"小狗今天说了:'稀奇古怪了,天井里的鱼少了几条。'"小狗是对着几个妇女说这些话的,所以阿爹说:"小狗没有专门和我说,看来他还不知道是狸狸偷了他的鱼。"阿爹又说:"你们不要响出去。"

终于,狸狸长成了漂亮的大姑娘。我家的大姑娘毛色发亮,体态健美,娇媚动人。我家祖屋的屋脊上,经常有很多猫在走动,发出令人心悸的叫声。阿爹说,这些猫在叫春。我从来没有向阿爹请教"叫春"的意思,因为我已经隐约知道了这个词语的内涵。在尚博村,很多事情都是无师自通的。

不用说,这些从尚博村各个角落走来的足迹,是来探访我家的大姑娘的。不久,狸狸就怀孕了。怀孕后的狸狸依旧和我们同睡一张床。那天晚上,睡在我枕头边的狸狸有了反常的表现,变得焦躁起来。平时,我的枕头边早已响起了狸狸的呼噜声,那一天,狸狸不停地舔着自己的身体。半夜里,我在睡梦中闻到了一股血腥的味道,终于知道大概发生了什么事情。当我把灯拉亮的时候,看见一只血淋淋的小猫,正在我的枕头边蠕动。狸狸满目爱怜,不停地舔着小猫身上的浆液。

　　我惊叫起来。睡在另一头的弟弟马上被我惊醒了。弟弟说："哥,让狸狸睡到我这边来。"于是,狸狸在弟弟枕头边的一个纸盒子里,继续生产。弟弟大概看了整个过程,我看了一会儿,就睡觉了。我在心里说,好在弟弟让狸狸到那头去了。我真实的想法是:实在受不了这股血腥味道。

　　天亮的时候,我醒来就去看狸狸。狸狸已经完成了生产,安静地睡着了。八只小猫也静静地躺在狸狸的怀里,它们眼睛都没有睁开,须毛都已经干了。这窝小猫,有狸猫,有黑猫,有黄猫,还有几只花白猫。我马上相中了一只花白猫,就像当时我相中狸狸一样。

　　弟弟还在酣睡。弟弟嘴角的笑意述说着昨晚陪护狸狸生产的得意和满足。

2016年1月29日,写于尚博祖屋

狸狸，花花，小花

狸狸养育的八只小猫，终于在祖屋里慢慢地成长起来。

这窝活蹦乱跳、颜色各异的小猫身上，透露着很多的秘密。在那些黑暗无边的夜晚，因为我家的漂亮大姑娘狸狸的存在，祖屋成为魅力无边的花园。这座花园里散发着令猫们迷醉的芳香。这种芳香飘到了尚博村的每一个角落，也飘出了尚博村，让无数的小伙子心驰神往，激情澎湃，血脉贲张。这里的魅力堪比"酒香不怕巷子深"。我家的祖屋是它们心中的梦想，也是它们最深远的梦乡。

它们可以跋涉最泥泞蜿蜒的小路，穿越辽远无边的屋顶，在清风里，在星光下，往我家的祖屋聚拢。这种景象堪比众星拱月。但这里的激情和坚韧非拱月的星辰能比。因为它们都有着赴死的决心。在它们的征途中，一定会遭遇同样坚毅的征夫。这些怀有相同梦想的征夫，极少能成为同盟者。这里有着古老无边的生命密码。"一山难容二虎"之类的古语，也只是道出了其中的一小部分秘密。

所以，最终到达我家祖屋屋顶的小伙子，往往矫健骁勇，但又伤痕累累。它们皮肉绽裂，鲜血淋漓。它们都是怀有赴死之心的勇夫。我家祖屋的屋脊是最后的决斗场。经过终极决斗，最终的胜出者，才有机会享受和我家大姑娘的激情时分。

所以，在我幼小的岁月里，我家屋顶上千军万马的厮杀决斗声，以及之后令人心生惊悸、怜楚及莫名激动的非常声响，常常是我梦境的全部背景。在尚博村，很多事物无师自通，这是事实。这种事实令人心旌激荡，譬如我家祖屋的屋脊,就是无师之师。这里的暧昧无尽令我受用终生,并赋予我独一无二的禀赋气质。这里的意义对我而言非比寻常。在此后的漫长岁月里,暧昧的时光如同满天的星光,我是其中最为幽冥的一个个瞬间。

我家的狸狸终于以大姑娘的无尽魅力,吸引了尚博村各个角落里的小伙子的亲近,在一次又一次的激情之后,才有了这些激情的结晶。这窝小猫的目光让我着迷,它们的目光从开始迷糊的眼睛里醒来,最早的目光恍惚迷离,渐渐清晰明亮起来,再后来,它们的目光里有了锐利的光泽,就如同我习以为常的稻穗穗尖上坠落的光芒。此时,它们的目光就是整个尚博村角角落落里最为矫健的光芒。它们的父母,父母的父母,往上无边无际的父母,都在它们的眼睛里放出光芒。所以,狸狸养育的八只小猫,是尚博村的秘密和奇迹。

我和弟弟每天都要抱小猫。狸狸对此也习以为常。当我们把小手伸进猫群的时候,狸狸没有任何排斥的表示。我们常常在小猫吃奶的时候去抱小猫。这些从奶头上夺下来的小猫,露出舌头,发出不情愿的叫声。我们也经常在它们睡觉的时候去抱它们。在这个过程中,它们的睡眠一直没有中断,仿佛一直没有离开母亲的怀抱。我家的小猫不同寻常,它们在狸狸的怀里长大,也在我们的怀里长大。我们经常抱着它们在村里走来走去,碰到村人,经常炫耀小猫的好看。所以,我家的小猫也是在村里的清风和人们赞许的目光中长大的。我家的小猫形神气质最接近的是母亲狸狸,其次就是我和弟弟。这里的接近在于神情气质和祖屋保持一致。

我的眼睛始终是毒辣的。我当初一见钟情的那只花白猫,终于鹤立鸡群,在小猫群中发出令我心仪的不一样的目光。我们最终决定,把这个不一样的小姑娘留在祖屋里。我们给这个坐家女儿取名为花花。"坐家女儿"是尚博人常说的一个词语,意思是不出嫁,长大后招上门女婿的女儿。

八个兄弟姐妹分别的日子终于来临了。慕名而来的人来到我家,抱走其中的一只只小猫。每次这些人来到我家的时候,我和弟弟总是清楚地告诉他们,花花是我们自己留的,不能带走。这些慕名者虽然有些遗憾,但都没有提出非分的要求。

每当这样的日子来临的时候，狸狸、暂时留着的小猫、被选中的小猫，都产生了生离死别的哀戚之情。怀有同样哀戚之情的，还有我和弟弟。在那段日子里，祖屋里弥漫着不同寻常的气氛。

当祖屋里只留下狸狸和花花的时候，祖屋里又恢复了往日的平静。狸狸和花花是乐观的，在几天的茶饭不思之后，终于慢慢恢复了熙熙而乐的生活。很快，花花长成了漂亮的大姑娘。很快，花花也怀孕了，并有了自己的一窝颜色各异的小猫。我又用毒眼相中了一只叫小花的花白猫做坐家女儿。

狸狸、花花、小花，祖母孙三代在祖屋里生产，是祖屋里寻常的景象。它们的分娩场所有烧火间、阁楼上、稻草堆里。几乎每次分娩，都是在我们的眼皮底下进行的。它们最常见的产床是过路里的烧火间。

因为常见，我们能根据猫的体形，判断它是否怀孕。我们还能根据猫的体形变化，预估它的预产期。再加上我们熟悉猫临产前的行为表现，我们几乎都能候到猫的生产。

在它们的产期，如果有人身体虚弱，不管是家人还是亲戚，甚至慕名而来的陌生人，都会从我家得到让虚体变强、病体痊愈的良药——猫的胎盘。我们每次是在大人的授意里，在最合适的时候，从猫的嘴皮底下拿到胎盘。

胎盘是产期母猫上佳的营养品。猫总会在第一时间把胎盘吞入腹中。我家的猫在丢失胎盘以后，没有任何不悦的情绪。它们的胎盘为我病体的痊愈，也做出过很大的贡献。

猫的生产，是我们和它们共度的金贵时光。这里的共度等同于分享和分担。我们分享生命的憧憬和希望，我们分担生命的痛楚和负荷。在这种金贵的时光里，我们建立起了浓于鲜血的亲密关系。这种关系是一种亲情，一种祖屋里养育起来的亲情。

我家当年最大的盛事之一发生在那年夏天。那年夏天，狸狸、花花、小花同时生产了。我家的祖屋里到处都是小猫。它们叫着、跳着，捕捉着祖屋里活动的脚步，让祖屋充满了无限的生机。

不知从哪一年开始，我家的猫衰落下来。狸狸和花花一去不返，活不见猫，死不见尸。小花照例生了一窝小猫。小花忙忙碌碌地养育小猫，有一天把一只吃了鼠药的老鼠衔到了祖屋里，小猫抢食之后，无一存活。当小猫们哀叫、打滚、咽气的时候，小花孤立无援，就像我们孤立无援一样，在旁边呜咽。

小猫死后，小花把小猫的尸体全部衔走。从此以后，祖屋里再也没有出现过小花的身影。

母亲在诅咒下鼠药的人之后，决意家里不再养猫。我和弟弟不能有异议。哀伤彻底击倒了我们。

但在我开始工作前后，家里又有了大猫小猫的身影。最终的结局和当年相差无几。不过这次是老猫不见了踪影，嗷嗷待哺的一群幼猫，在祖屋里寻觅、叫唤。它们饥饿，它们在找妈妈。这群幼猫，最终饿死在祖屋里。

母亲再一次发出了诅咒，并决意不再养猫。之后祖屋里终于没有了自家养的猫的踪影。

2016年1月30日，写于尚博祖屋

小黄

祖屋里不仅养过很多猫,还养过很多狗。我家养过的狗,命运各不相同。

我家老屋后面有一间闲置的柴草屋,终年堆着稻草。这里是鸡的天堂。这些来自不同家庭的鸡,把这间柴草屋当作了聚会和嬉戏的场所。特别是老母鸡,喜欢在这里生蛋。我知道这里的秘密,经常钻到稻草的深处,拾取不知是谁家的鸡生的蛋。虽然我经常到稻草堆里去搜寻,但还是会经常出现这样的情况:有一天,一只老母鸡从稻草堆里走了出来,身后跟着一群小鸡。

当这只老母鸡把这群小鸡带到主人家的时候,主人会说:"你这只瘟鸡,死到哪里去了!"虽然这句话里用到了两个非常恶毒的词语"瘟"和"死",但这里并没有诅咒的意味。相反,主人似乎是以这样极端的话语,表达着内心极度的喜悦和赞赏。主人的这种感情自然是由衷的,主人眼前这群叽叽喳喳的小鸡,仿佛是从地下冒出来的。这种情形最会让人产生惊喜的感觉。这种情感太过强烈,普通的表达难以描绘,于是只能采用一种极端的表述方式。

这只从地底下冒出来的老母鸡近乎神鸡。它失踪了太多时日,活不见鸡,死不见尸,主人早就怀疑它被人关进屋里,所以早就已经村前村后地骂过、诅咒过。主人的表达方式是这样的:"我家的鸡呀,如果你关进了家里,就把它放出来;如果你把它吃了,你们家会成为绝户头。"这种诅咒往往是非常有效的,偷鸡人害怕自家成为绝户头,就会偷偷地把鸡放出来。而这只神鸡消失后,主人已经用过最恶毒的诅咒,以最响亮的声音传播,持续时间到达了主人能够坚持的极限。当主人决定放弃努力的时候,就说,"就当这只鸡没养过"。这里的绝望情绪是非常显著的。但就在这种绝望登峰造极的时候,突然有了希望，而且这种希望非同寻常，比想象的大许多：除了主人日思夜想的大鸡从天而降之外，还出现了做梦也梦不到的这么多小鸡。

这只神鸡也让我佩服不已。我经常深入稻草堆的角角落落里，曾经摸走了无数的鸡蛋，但竟然从来没有探到过这窝小鸡孵化的角落。这个角落深不见底，神秘莫测，让我无论怎样努力，都是无法抵达的。我在这里受到的震撼，终于给我留下了非常深刻的印象。以致此后无数次在梦中出现这样的情景：我一直在这个柴草屋里摸索，探寻……

不知从哪一天起，一只叫大黄的母狗进驻了这个天堂。终于有一天，这只大黄狗，在稻草堆里养了一群小狗。因为我是这里的常客，我就成了最早知道这个秘密的小孩。于是，我把对于探寻鸡蛋的热情，转移到探望小狗上。每天早晨起床后，我就睡眼惺忪地去看小狗。在早晨幽暗的光里，我一个狗头一个狗头地摸。每摸到一个狗头，就能得到一声婴儿般的回应。当我听到了所有的婴儿声后，就放心地离开屋子，上学去了。放学回家以后，我就急急忙忙走进这间婴儿房。我又一个狗头一个狗头地摸，我要听到所有的婴儿声。每天夜晚出现最多的梦境背景，还是这间婴儿房。在梦中，我一个狗头一个狗头地摸，等待着一声又一声的婴儿声响起。

在我一遍又一遍的抚摸中，这些婴儿在慢慢地发生变化。它们的眼睛慢慢张开，它们的体形慢慢变大，它们的声音慢慢变响。它们的母亲大黄，对我的每次造访习以为常。当我在婴儿房里听婴儿声的时候，经常听见屋子外面的警告声。这些声音大多是女人对小孩子说的。这些女人总是说："不要靠近那里，不要靠近那里，那里有只母狗在养小狗！"这大概是尚博村最严厉的警告了。这句警告也用了极具创造性的修辞方法，一个"在"字，仿佛在警告被警告人，屋子里面一直在发生着最危险的事情。这件最危险的事情，就是一只母狗在生产。

尚博人总是如此富有创造力。他们的语言，总是让人想入非非。这种想入非非包括对于以往时光的回望，仿佛谁都一直活着，所以可以回望千百年以前自己的经历。譬如这句警告词，就具有这样的效力。每次这种警报拉响时，又警告者就会心虚胆战，仿佛自己曾经被母狗咬过一般。

这句警告词的另一层魅力，在于词语的多重意味。这里最模糊的词语是"养"。既可以让人理解成分娩，也可以让人理解成养育。这两层意思都是准确的。尚博人的这句话是在发出这样的警告：离一只有小狗的母狗远一点，再远一点！每当我在狗屋里听到这句话的时候，我的心里总是忍不住笑起来。我在心里的笑，倒不是因为对于屋外人的嘲笑，而是因为大黄对于我的特殊礼遇。我每次摸狗头，摸完小狗头，总是顺便把大狗头也摸一下。被我摸到的大狗头总是把眼睛闭起来，显出很享受的样子。

有一天，有一个外村人走进了尚博村。他是慕名而来的。他走进尚博村的时候，就向人们打探消息。他说："听说尚博养了一群好小狗，你告诉我，狗窝在哪里？"这个外村人的这句话里散发着酒精的味道。因为酒精挥发，这句话就显得非比寻常，独具魅力。这里的魅力还是在于多重的语意。在这个酒鬼的酒话里，尚博变成了一只母狗，也变成了一个狗窝。但我认为这个酒鬼的话是准确的。

酒鬼终于为自己的冒失行为付出了惨重的代价。在好心人的指引下，酒鬼顺利地找到了狗屋。当他把脸凑近狗脸的时候，大黄一口就咬掉了他的鼻子。酒鬼鬼哭狼嚎地从狗屋里滚了出来，拼命地向通往村外的路上跑去。大黄不肯饶他，追着他跑了三里地。路上点点滴滴，是酒鬼的血和尿。

从此，大黄声名远扬。外村的人说，尚博出了一只好狗。还有人说，尚博养了一群好狗。这些溢美之词都是对的。一只好狗，才能养出一群好狗。

我，自然成了尚博村最幸福的一个小孩子。因为只有我，才有机会与一群好狗朝夕相处。

就像我用毒眼相中了我家的猫一样，我又用毒眼相中了狗窝里的一只纯种小黄狗。这只小黄狗比它的兄弟姐妹们体格健壮，每次我进狗屋，总是向我投来既温暖又有力的目光。因为喜欢，所以每次我进狗屋，我的小手停留最多的地方，就是这只被我叫作小黄的小黄狗的头。因为非比寻常的交情，在大黄的默许下，小黄经常被我带离狗屋。

我把小黄带回家，给它吃冒着热气的番薯。我把它介绍给家里的猫，教育它们和平相处。我还抱着它，在村里走来走去，路上有人问我这是哪里的狗，我说是大黄养的，那些人会说："打死我也不信。"我从来没有问过他们为什么不信，但我知道他们心里是怎么想的，他们一定在想，一只把别人的鼻子都咬了下来的疯狗，会把狗崽让小孩子抱出来吗？于是，抱着小黄在村里走动的时候，我更多了许多的骄傲。

我还和小黄在田间的泥路上赛跑。每次我一迈开步伐，小黄就像我的尾巴一样，在阳光里投下飞奔的影子。我还常常把鞋子脱下来，扔向远方。当我的布鞋子像一只鸟一样向远方飞去的时候，我的心也就向更远的地方飞去。此时，小黄就会仰起头，目光追随着这只渐飞渐远的鸟，开始飞奔。小黄总是活蹦乱跳地衔着我的鞋子回来。不管我的鞋子落点在哪里，草丛里，菜地里，沟渠边，小黄总是能够把它找回来。

这样的日子持续了很长时间。每天，我会去狗屋抱小黄。每次我进狗屋的时候，大黄总是摇着尾巴，小黄总是从狗窝里走出来，向我走来。有时候我进狗屋，小黄正在吃奶，它会把奶头从嘴里吐出来，向我走来。有时候我进狗屋，小黄正在和兄弟姐妹们嬉戏，它会从兄弟姐妹们的纠缠中挣脱出来，向我走来。有时候我进狗屋，小黄正枕着母亲或者兄弟姐妹的身体睡觉，它会马上从梦中醒来，把眼睛睁开，向我走来。不管什么时候我进狗屋，小黄总会兴高采烈地向我走来。

每次我抱小黄的时候，总是把它抱起来，用鼻子尖去碰它的鼻子尖。这种冰凉潮湿的感觉让我心旷神怡。每次我把小黄抱回狗屋的时候，大黄还向我摇着尾巴，小黄也摇着尾巴，向母亲和兄弟姐妹们走去。每每此时，小黄的兄弟姐妹们总是发出一种咕咕的叫声。我感觉这种叫声里满含着激动和羡慕。当我要离开狗屋的时候，总是遇到小黄不舍的目光。

那年秋天，谷稻金黄的时候，我家后面一户人家的老人也熟了。在尚博村的语言里，"熟"可以用在很多地方，果子长好了就说熟了，饭菜烧好了就说熟了，蚕老了快做茧子了就说熟了，人老到一定程度，快要死了，也说熟了。熟的基本意思是把食物烹煮到可口。可口也是可人，令人愉悦。那么，人老到极致，也是可人，令人愉悦的吗？尚博人既然这么说，而且已经说了千百年，自然就是这样的。

这一年在我家后面熟了的这个老人，我们都叫她娘母。这位娘母从我记事起，就已经很老了。娘母浑身松垮，皮肉松垮，目光松垮，迈出的步子也松松垮垮。在我的印象中，这种松松垮垮让这位娘母进入了生命最后的告别期。她要告别很多她曾经去过的地方，她要告别很多曾经见过的人，她要告别很多曾经做过的事情。娘母总是松松垮垮地在家门口活动，在门口松松垮垮地晒太阳，见到我们这些在村里走动的小孩子，拿松松垮垮的眼光松松垮垮地看我们，松松垮垮地对着我们似笑非笑，松松垮垮地面对着我们，仿佛要说什么，但我们从来没有听见过她说的一句话。终于这一天来到了。娘母松松垮垮到了极致，熟了。熟到极致，就是老了。

"老"也是尚博人常说的一个词语。此时指一个人死了，而且指一个老人死了。娘母快老的时候，几个半老不老的人开始给娘母穿衣裳。"穿衣裳"也是尚博人的土语，意思是人快死了。在尚博的风俗里，将死的人总要穿好新衣裳，才能离开人世间。

那天，娘母家门前人影闪烁。这些人影以女人居多。她们在交头接耳。一个从外面走来的女人问一个从屋里走出来的女人："人怎么样了？"那个被问询的人说："差不多了，已经在穿衣裳了。"

终于，老屋里传出了很多的哭泣声。这些哭泣声的来源复杂，都在表达着主人此刻的心情。我那一天听到的哭泣声，虽然里面有令人凄恻的哀号声，但我从中听出的更多的是一种并不太哀伤的心情。毕竟娘母是熟了，老了，是寿终正寝，是老死，就像谷稻老熟了一样，所以，那天我在这些哭泣里，能够听到一些类似收获谷稻的心情。

当老屋里的哭泣声响起的时候，村里的男人就从娘母家出发，前往各个村子报死。"报死"是德清风俗，人死了，同村的男人，就会到死者的亲戚家，进门就说，你的什么人老了。如果死的人属于非正常死亡，譬如淹死、吊死，或者别的不属于寿终正寝的情况，这些人进门会说，你的什么人没了。报死的人来去匆匆，所以，如果在路上遇到一个不喜欢的人，这个人走得太快，碰撞到了人，那个被冲撞的人会说，去报死吗？这些报死者，会在这些人家吃到一碗冒着热气的糖滚蛋。所以，这些人回村的时候，都是打着饱嗝回来的。

这一天，娘母家的这些报死者，终于把娘母的亲戚全部叫进了这间老屋。他们要陪着娘母，在这间老屋里度过三天时间。那年秋天的这三天时间，村子里飘满了豆腐饭的纯熟香味。

在这种纯熟的香味里，我的忧心也起来了。这些被报死的人请来的客人，人影憧憧，终于骚扰到了狗屋。大黄常常心神不定地走出来观望，不见了母亲的小黄和兄弟姐妹们也心神不定地叫起来。终于，一个客人大声地说："快来看呀，这里有一窝小狗。"更多的客人从老屋里走来，在狗屋前观望，发出啧啧的称赞声。他们的眼中竟然有着灼人的光泽。正是这些人，让我忧心忡忡。

果然，三天后，当豆腐饭的香味在尚博村里淡下去的时候，当我再次来到狗屋的时候，不幸的事情发生了。我的小黄，不见了踪影。当我看到这一幕的时候，狗屋里面没有大黄，小黄的兄弟姐妹一个不少。我哀伤哭泣。当我转身的时候，看见大黄正从远方走来。大黄看见我，向我投来的目光令我永生难忘。这是一种浸满了泪水的目光。大黄看见我，摇着尾巴，大黄尾巴的晃影里，也浸满了泪水。

我哭着跑进了家门。阿爹说："一定是吃豆腐饭的干的。"看我哭泣不止，父亲说："我去问问报死的人。"父亲终于回来了，把从报死者那里得来的信息告诉了我。在此后的几天时间里，我一个村庄一个村庄地去寻找小黄的身影。这些客人所在的村庄，都被我访遍了。但我还是没有看见小黄的身影。当我满目哀戚地回到尚博村的时候，经常遇到在村口等我的大黄。几天下来，大黄憔悴了许多，肚皮下面的奶子也瘪了下去。

有一天，一个报死者告诉我："水产村的客人，抱走了你的小黄。"他甚至还告诉我："我在水产村看到过你的小黄。"水产村是钟管小镇南侧边缘的一个村庄，村里的人大多是从江北迁来的，大多以打鱼为生。于是，我一次又一次地前往水产村寻找小黄。

很多次，我在梦里来到水产村，满目哀戚地寻找我的小黄。每次梦境，总是提醒和鼓励我再次寻访。这种寻访持续了好几年。几年后的一天，我在水产村村口遇到过一只大黄狗。大黄狗看着我,眼睛里闪烁着泪光。

这只满目哀戚的大黄狗,就是我的小黄吗?

2016年2月7日,除夕,写于尚博祖屋

阿花

尚博村，曾经走来过一只流浪狗。这是一只花白狗，身材颀长，脾性温和，尚博人给它取了一个名字：阿花。

没有人知道阿花从哪里来，也没有人知道阿花为什么来到尚博村。关于阿花的故事，有很多种说法。阿花阴郁而忧伤的眼神，是最真实的一个版本，诉说着自己曾经有过很多不同寻常的不幸的故事。

来到尚博村的时候，阿花已经是一只壮年狗。阿花总是无声无息地在村里走来走去，吃着百家饭。阿花对于村里的家禽，呵护有加，如果看见老母鸡领着一群小鸡从远方走来，就会把路让出来，自己走到路边的草丛里，把头埋下去，不让大鸡小鸡看见自己的目光。只要有一只鸡发出惊叫声，阿花就会让自己消失在它们的视线内。

有一天，一只小猪想要到篱笆里去享受新鲜的美食。因为心切，在小猪眼里，作为篱笆界的锦树，似乎是不存在的。那一天，锦树正开着暗红色的花朵。在小猪眼里，这个美丽的篱笆，是如此充满诱惑。当小猪兴高采烈地穿越篱笆的时候，这个美丽的篱笆就对无知的小猪施以了颜色。此刻，每一棵锦树，都在向小猪挤过来，就像复仇者复仇那样。锦树上开的红色花朵，顿时也明亮起来，就像一朵朵燃烧的火焰，这些火焰表达着锦树们内心的亢奋，是锦树的眼睛，也是它们的心脏，在那一天的风里呼呼作响。

当小猪的一半身体穿越了篱笆时，小猪显然感受到锦树们的愤怒。当它要把后半个身体挤进去的时候，锦树们的脸都变形了，它们在齐声吆喝，就像纤夫那样，通过吆喝，把所有的力量集中起来。小猪两旁的锦树，都在发功，此时的小猪，就像是落在铡刀的刀刃口的一根稻草一样虚弱无助。只要锦树们再发功，小猪就会遭到被腰斩的命运。绝望中的小猪发出了绝望的叫声。叫声被村庄里的鸡鸣狗叫声淹没，并没有得到应有的回应。

就在这千钧一发之际，阿花来了。阿花穿越村庄里重重迷障一样的声音，向篱笆的方向跑来。阿花熟悉村里任何一个人的声音，包括说话声，也包括他们的脚步声、喘息声。阿花也熟悉村里任何一只家禽的声音。阿花甚至熟悉村里任何一棵树上的喜鹊窝里发出来的声音。阿花是如此善于倾听的一只狗。它躺着晒太阳的时候在听，走路的时候在听，吃饭的时候也在听。阿花还在梦中倾听。阿花在梦中听到的声响最丰富，既有现世的声音，还有前世的声音，甚至还有未来的声音。阿花总是被梦中的声音惊醒，它睁开眼睛，在无边的黑暗里搜寻声音的来源。黑夜无边，但声音如此清晰，从远方传来。阿花经常在这种声音里流下眼泪。因为阿花在这些声音里听出了自己最初的脚步声。

正因为阿花非同寻常的倾听本领，只有阿花，才能迅速地做出反应，做出判断，并做出决断。当阿花像一阵风一样出现在篱笆前的时候，小猪的脸正在由红转紫，小猪的叫声也在由红转紫，篱笆的脸也在由红转紫。

阿花终于飞奔起来。它要去找小猪的主人。小猪的家在村子的中央，离篱笆有不短的距离。阿花像一阵风一样跑进这户人家的时候，主人正在家里生火做饭。阿花跑进门就大声地叫着，又颠又跳，魂不守舍。小猪的主人从来没有见过阿花如此表现，留在他心目中的阿花，是那样温存可人，慢条斯理。这一天，主人因为阿花的反常表现而心烦意乱。此时小猪主人家的一顿饭，就差最后的一次饭后火了。

"饭后火"是尚博人的一句土语。尚博人烧饭的时候，先用急火让煮饭的锅子溢出蒸汽，然后熄火；几分钟以后，再烧两把稻草火，锅子里的蒸汽会再次溢出来；此时，烧饭人就会听到锅子里面"毕毕剥剥"的声音，并且有饭的香味从锅子里飘出来，饭也就烧好了。尚博人烧饭都用稻草，总是在锅子里的蒸汽刚刚溢出来的时候及时熄火。饭后火的时间也很讲究，总是不早也不晚，并且只烧两把火，不多烧，也不少烧。正因为如此，尚博人烧出来的饭不硬也不软，香喷喷，令人垂涎三尺。所以，此时，小猪的主人是绝不会放弃烧一顿好饭的机会的。

于是，主人对阿花说："我知道你有事，但你得等我把饭后火烧好呀！"阿花汪汪汪地大声狂吠起来，咬住小猪主人的裤管往门外拉。主人终于感觉到情况不妙，随着阿花跑出家门。这段路程非比寻常，阿花在前面跑，主人在后面跟，就像一个大人带着一个小孩那样。当阿花和主人来到篱笆前的时候，小猪的脸正在由紫转黑。小猪此时一动不动，放弃了所有的努力。篱笆的脸也在由紫转黑，它们正在咬紧牙关，做最后的一搏。

阿花又汪汪地狂吠起来。小猪睁开了眼睛，看见了自己的主人。主人说："看我的。"阿花又汪汪地狂吠起来，声音盖过了村里任何一种声音。阿花的狂吠声，终于招来了几个半死不活的老人。他们羸弱不堪，在家里养病。这几个老弱病残的人说："加油，加油。"就在这样的一个参差不齐的队伍面前，篱笆的牙关开始松开，脸由黑转紫，由紫转红，由红转绿。与此同时，小猪的脸也在由黑转紫，由紫转红，由红转绿。当小猪终于从篱笆的纠缠中解脱出来的时候，阿花的叫声里充满了欢笑。

从此以后，阿花声名远扬。尚博人说，从来没有见过这么聪明的狗。外村人说，尚博有一只神狗。但阿花依旧故我，在村里慢条斯理地走来走去，不发出任何的声响。

村东北角的一个老屋里，住着一个娘母。娘母和一个病残的儿子相依为命。娘母因为年老，儿子因为病残，这个母子相依为命的家庭给人风雨飘摇的印象。尚博人总会对那些想不通的人说："去看看娘母和她儿子吧！你就知道什么是风烛残年，他们能活，你不能活吗？"

娘母八十多岁了，背全驼了，一根竹棍支撑着她在家门口走进走出，走来走去。娘母的儿子骨肉全都萎缩了，终日躺在床上，但他的一个头颅和一只胃，还在正常工作，总是说："妈呀，我饿呀。"娘母要照顾自己的儿子。娘母还要照顾阿花。阿花的百家饭，娘母从来没有免除过。娘母总是说："罪过呀，也是一条命呀，就像我的儿子一样。"自从那一天以后，娘母的负担又多了一层。

那一天，阿花在娘母家附近的一间空屋里，养了一群小狗。娘母在竹棍的支持下开始走东家串西家。每进一户人家的门，娘母就说："阿花我来照顾吧，我有经验。"村里的女人会说："这怎么可以呢，不要罪过死呀，还是叫阿花吃百家饭吧。"娘母又说："不罪过，我有经验。"如果还有人要坚持让阿花吃百家饭，娘母就不会再说什么，径直走出门去了。

娘母是土生土长的尚博人，十来岁的时候从村子的西南角嫁到了东北角。娘母来到夫家后，表现出了极强的生命力。在十七岁到四十八岁的三十一年时间里，一共生养了二子五女七个孩子。长子天生残疾，最终支持着这个家庭，和娘母相依为命。三女六岁时病死；四女四岁时淹死；次子为了救妹妹，也被卷入旋涡淹死。在最初的十年时间里，娘母生育了四个孩子，但只留下天生残疾的长子活在人间。因为忧伤，娘母此后三年，没有再生育。

但三年之后，娘母又生育了三个女儿。或许是忧伤种下了病根，五女和六女生下来就病弱。五女六岁时病死，六女长大嫁到邻村后难产而死。只有七女，在一个远方的村庄里生活，养育了一群子孙。

娘母的婆婆和丈夫，没能陪伴娘母走更长的路，半途离开娘母，死了。尚博人都说，因为娘母属羊，所以命苦。女人属羊，就命苦，这是尚博人根深蒂固的认识。尚博人说，女人属羊的话，不是败夫家，就是败娘家。就连尚博村里属羊的女人，自己也认可这样的说法。所以她们的脸上总是终日笼罩着一层阴云，就算眼前没有遭遇什么不幸，也总是胆战心惊地生活着。她们似乎总是在等待着厄运的降临。所以，尚博村里属羊的女人，大老远就能看出来，因为她们的脸上有着类似寡妇脸的表情。尚博人形容一个人脸色难看，或者对自己不恭，就会说："你寡着脸干什么？"尚博人此时形容的脸，就很像属羊女人的脸。

所以，在尚博村，讨一个属羊的媳妇进门，是令人胆战心惊的一件大事。因为不管是败娘家还是败夫家，总免不了哀戚的命运。娘母属于最极端的例子。娘母的娘家也败光了，双亲早亡，一个弟弟新婚日醉死，一个姐姐没出门就病死。

这种属羊女人特有的命运让娘母抬不起头来，背也早早地驼了。娘母在竹棍的支持下，在村里走动的时候，人们只能看见她的身子，看不见她的头颅。这种情形就像夕阳西下，隐入地下。所以，当娘母出现在某个人面前的时候，这个人总会在心里摇头，并且在心里说：作孽，罪过。

就是这样的一个娘母，在村里走动着，向所有的尚博人表达自己的心愿。有时候，当娘母遇到反对者的时候，还会说："让我汏汏我的罪孽。"在娘母的坚持下，尚博人终于让步了。娘母终于成了阿花唯一的照顾人。

娘母家的后门口有一个河埠头。顺着河埠头，娘母就能走到小河边，洗衣，淘米。自从阿花养了小狗之后，娘母每天到小河边，用淘米捞猫鱼。每次娘母在河边捞猫鱼的时候，总是吓跑从河边路过的人。娘母没有头颅的背影，终是令人恐惧的。有一天，又一个被惊吓的路人终于飞奔起来，跑进自己大门的时候，就大声喊叫："我今天看见淹死鬼了！"家人问他淹死鬼长什么模样，他说："只有身子，没有头，两只手还在水里划。"

虽然经常吓着路人，但娘母从没有停止过捕捞猫鱼。娘母把猫鱼蒸熟，拌在米饭里，一半给儿子吃，一半给阿花吃。

在娘母的精心照顾下，阿花终于滋润起来，阿花奶的小狗，也终于蓬蓬勃勃地生长起来。在这窝小狗长到能够走出空屋，在门口嬉戏打闹的时候，冬季来临了。有一天，不幸的事情终于发生了。

这一天，又有一个路人被惊吓了。这个失魂落魄的人边跑边喊："有人被丢进河里了，头也被割下来了。"这个人失魂落魄的叫声，把尚博村里的人都吸引到了村子的东北。终于，一个人慢慢地说："这个人不是娘母吗？"

娘母死了。娘母的儿子痛不欲生，娘母远嫁的女儿痛不欲生。阿花痛不欲生。三天后，娘母的棺材钉上了，被抬出了老屋。阿花跟着送葬的队伍，痛不欲生。娘母的棺材终于在一块桑树地里安置下来。阿花跟着送葬的人，围着娘母的棺材走了三圈，痛不欲生。当所有的人离开桑树地的时候，阿花没有离开。阿花静静地趴在娘母的棺材旁边，成为桑树地里唯一的守墓者。

此后几天，阿花在村子和桑树地之间奔走，痛不欲生。阿花回村奶小狗，回桑树地守墓，痛不欲生。几天后，阿花回村的时候，把一只咬死的黄鼠狼放到了娘母家里。回娘家照顾哥哥的娘母的女儿说："阿花，你有话要对我说吗?"阿花就像平时一样沉默无声,眼睛里都是泪水。娘母的女儿说:"阿花,你放心好了,我会照顾好哥哥的。"这位重新支起这个家庭的远嫁的女儿,眼睛里都是泪水。阿花满含着泪水走出了老屋的门。

  当阿花养的最后一只小狗被人抱走之后,已是来年春天。有一天,阿花终于离开了尚博村。从此以后,尚博村里再也没有出现过阿花的身影。没有人知道它去了哪里,也没有人知道它是活着还是死了。

2016年2月8日,正月初一,写于尚博祖屋

小黑

我家曾经养过一只叫小黑的狗。这只黑狗让我永生难忘。

小黑与阿花完全不同,生性活泼好动。小黑喜欢和村里的小孩玩,经常跳起来,去舔小孩子的脸,有时还舔小孩的嘴唇。在小黑心里,这些乳臭未干的小孩的脸,总是香喷喷的,他们的脸上有奶香,也有粮食的味道。每次小黑舔了小孩的脸,这些小孩就会咯咯地笑起来,只有他们的母亲,像赶贼一样驱赶小黑,斥骂小黑。

小黑最喜欢的追逐对象,是村里的鸡。因为小黑的追逐,尚博的鸡飞翔本领非比寻常。小黑最喜欢追逐的,是老母鸡,特别是那些刚刚生了鸡蛋的老母鸡。只要听到村里的哪个角落里响来"咯咯嗒,咯咯嗒"的母鸡叫声,小黑就会变得非常兴奋,总是兴高采烈地向声音的来源跑去。刚刚生下鸡蛋的老母鸡,此时身轻如燕,最会飞翔。每次小黑来到鸡窝前,就会又蹦又跳,还发出很响亮的叫声。

小黑的叫声是在下战书:你下来呀,你下来呀,有种的你就下来,我们比一比谁跑得更快。尚博村里的母鸡也不是等闲之辈,它们从小就练习飞翔,能够从这个屋顶飞到那个屋顶。如今,小黑在眼前一再挑衅,哪里忍得下这口气。每每此时,母鸡就会从鸡窝里跳出来,像一阵风一样向门口跑去。小黑也飞奔起来,就像一阵风对另一阵风展开的追逐和捕捉一样。每次当小黑的鼻尖即将碰到母鸡的翅膀尖的时候,母鸡就把翅膀打开,从家门口起飞。

尚博村里流传着一个故事。当年,老虎拜猫为师,学习各种本领。当老虎以为学到了猫的所有本领的时候,就开始动歪脑筋。此时,在老虎的眼里,猫不再是自己的师父，而是自己的一顿美餐。当老虎追逐猫，想把猫吞入腹中的时候，猫就爬到了树上。爬树，是猫保留的最后一项本领。忘恩负义的老虎，只能望树兴叹。

这个故事和此时屋门口出现的这一幕，虽然没有多大的联系，但此时小黑眼中流露出来的神情，和当年的那只老虎，还是非常相似的。但小黑毕竟不是那只老虎，终于开始了自己的飞翔。小黑的飞翔，一点不逊色于母鸡的飞翔。

母鸡从家门口起飞，越飞越高，飞过屋顶、田野，飞过大路、小河，一路上遇到了喜鹊、麻雀、燕子、乌鸦，还遇到了蜻蜓、知了、蝴蝶、云朵。这些空中的飞翔者，都向母鸡投来赞赏的目光。村庄、田野、路与河流，在母鸡的眼中流淌，就像清风在河面上流淌一样。

小黑也从家门口起飞，飞过大路、小路、田野，一路上遇到了花朵、草丛、小河，它们都向小黑投来赞赏的目光。村庄、田野、路与河流，在小黑眼中流淌，就像它们在小黑的梦中流淌一样。

在对决的关键时刻，小黑总是止步于村里的河流。小黑始终不能飞越河流，在岸边汪汪地叫着，望洋兴叹。母鸡早就飞越河流，在对岸的一棵树上，咯咯嗒、咯咯嗒地叫着。此刻，母鸡在下战书：你过来呀，你过来呀，有种的你就过来，我们比一比谁飞得更高。小黑在河边汪汪地叫着。小黑的叫声里没有认输的意思。当小黑扭身离开的时候，又发出了几声汪汪的叫声。此时，小黑仿佛在隔空喊话：你等着！

很多时候，小黑把一肚子的气，撒在母鸡们孵出来的小鸡身上。当母鸡孵出了小鸡，像一窝蜜蜂一样在村里走动的时候，小黑就有了复仇的机会。

春天里，菜花开的时候，土蜜蜂都从泥路或者泥墙的洞里钻出来了，它们席卷着，穿过村庄、穿过田野、穿过河流，蜂拥而行。此时，尚博村里都是菜花的香气，都是蜜蜂的叫声。天还没亮之前，夜幕降临以后，也有游兵散将在村里活动。它们是黑夜里春天的气息。

春天里，菜花开的时候，尚博村里的母鸡，都孵出了小鸡。此时，母鸡就成了蜂王，带领着一群土蜜蜂，蜂拥而出，席卷了整个尚博村。这窝在地上飞翔的蜜蜂，比在空中飞翔的蜜蜂更欢快，它们叽叽喳喳地叫着，在尚博村里左冲右撞，深入村庄的每一个角落，洞悉村庄的每一个秘密。它们的队形时而放大，时而缩小，以它们在村庄里探寻的节奏为队形变化的节奏。

每到此时，小黑出马了。小黑摇着尾巴，挡住鸡群冲撞的路途。孵过小鸡的母鸡体形臃肿，羽毛蓬松，此时，会厉声尖叫起来，羽毛根根竖起，就像一只刺猬那样。小鸡们得到母鸡的警告，全都从四面八方聚拢来，躲进了母鸡的羽毛里。小鸡躲进母鸡的羽毛里，就像躲进了丛林里。丛林幽深无边，小鸡躲在里面，杳无踪影，就像消失了一样。母鸡继续发出警报声，小鸡在丛林里无声无息。此时，整个鸡群就变成了一只鸡，小心翼翼，谨小慎微又满腔怒火。

这只愤怒的鸡，体形更为臃肿，就像一块石头一样，稳稳地立在地上，动弹不得。小黑的机会终于来了。小黑在这块石头边上无比欢快地叫着，跳着，左右冲撞。小黑此时的汪汪叫声充满了得意，这种达到极致的得意里充满了挑衅。小黑说：来呀，来呀，有种的过来呀，我们再来比一比。受到挑衅的石头虽然动弹不得，但是义愤填膺之情陡然升级，终于发出了呼啸声。这种呼啸声，如同霹雳一般，穿透了整个尚博村。尚博村就像一棵被雷击中的老柳树一样，瑟瑟发抖，焦灼不堪。所以，此时，整个尚博村都处于惊悸战栗之中。小黑处在雷电的正中央，电流如醍醐灌顶，小黑的内心一下子就沉到了幽暗无比的深渊里。

望着这块愤怒的蛮石头，小黑进退两难，骑虎难下，呆若木鸡。此时，尚博村恢复了平静。小鸡们从母鸡的羽毛里钻出了脑袋，用小小的眼睛观望着丛林外面的一切。

当小黑终于退却的时候，这块蛮石头又变成了席卷整个尚博村的一群土蜜蜂。

小黑与鸡的每次对决，结局都是一样的。但小黑乐此不疲，成为尚博村里的鸡们最主要的挑衅者。这是每一个尚博人的共识。

不但如此，小黑还喜欢追逐在尚博村里穿梭的蝴蝶、蜻蜓、鸟雀。尚博村里的猫，也是小黑挑衅的对象。只要有猫出现，不管猫是在晒太阳还是在行走，小黑总是以挑战者独具的风格，发出挑战书。小黑对于猫的挑战，与对于鸡的挑战方式不同。小黑总是悄悄地走到猫的身边，用脚去扑打猫的尾巴、身子，或者耳朵。每每此时，猫就会把身子变成一张满弓，眉毛、胡子根根竖起，龇牙咧嘴，发出呼呼的叫声，对着小黑喷吐有毒的口水。每每此时，别的狗会对愤怒的猫退避三舍，但小黑不是。

小黑会继续挑衅，左右闪避，也发出呼呼的叫声，也让自己的眉毛、胡子根根竖起，也龇牙咧嘴地对着猫喷口水。遇到这样一只百年一遇的奇狗，猫的愤怒陡然升级。猫由一张满弓，立刻变成了一支由满弓射出去的箭。这愤怒无比的箭，箭箭中的。它们命中的，是小黑的眉心。受到攻击的小黑由一个挑衅者，陡然变成了一个复仇者。在极短的时间内，小黑由一只狗，变成了一张满弓，进而变成了一支愤怒的箭。这愤怒无比的箭，箭箭中的。它们命中的，是猫的眉心。

猫和小黑，先后变成了愤怒的箭，并且都箭箭中的。虽然都是成了愤怒的箭，但力度毕竟不同，猫的力度和小黑的力度，毕竟不能同日而语。在这种对决中，小黑可以继续进攻，而猫不能。

猫此时会用上当年收老虎做徒弟时留用的最后一招：爬到树上，或者跳到屋顶上。爬到树上的猫，会在树叶里发出不是很响亮的呼呼声。猫的胡子也松弛下来。猫轻声细语地说：来呀，来呀，有种的上来呀。小黑在树底下汪汪地叫着，望着树叶里猫的眼睛，就像望着天上的星辰。

跳到屋顶上的猫，往往不再理会小黑。屋脊宽广无边，比尚博村的任何一条道路都通畅无阻。尚博村的青黑色的屋脊，通往远方一望无边的蔚蓝的天空。屋脊是通往天空的阶梯，猫们能够拾级而上，走向远方，走到天上。这里的征途充满了无限的诱惑，仿佛可以在未来的途中得到奖赏，得到星辰做点缀颈项的宝珠。这里的光荣与梦想让猫忘却了与小黑之间的情仇，可以义无反顾地走出小黑的视野，就像小黑并不存在一样。此时的小黑，在屋脚下无望地望着，无助地叫着。

不但如此，小黑还喜欢追逐村里晒太阳的鞋子。这些大小不一的布鞋子，静静地躺在太阳光里，睡眼惺忪，懵懵懂懂，不招谁，也不惹谁，与世无争。

但即便如此，小黑还是要做它们的挑衅者。小黑此时的挑衅十拿九稳，非别种挑衅可比。小黑可以随心所欲地走到鞋子身边，可以随心所欲地叼起任何一只或者一双自己想挑衅的鞋子。小黑很少把一双鞋子同时叼走，总是把一只叼走，另一只留在原地晒太阳。小黑总是让两只鞋子分居两地，饱受相思之苦。鞋子的主人总是咬牙切齿。在最初的日子里，他们会去问询是谁干的好事。后来，他们不再询问，每次不见了鞋，总会咬牙切齿地说："总有一天，我要宰了这只瘟狗！"

到我家来告状的人越来越多。状纸上的内容五花八门，但矛头全都指向小黑。他们怒火朝天地走进我家大门，进门就说："你家的瘟狗呢？我要亲手宰了它！"他们上门告状的时候，小黑往往不在家。偶有几次在家的，告状人会操起我家大门角落里那根蛮实的栗树木门柱，要把小黑一棍子打死。每次小黑都是在门柱的呼呼响声里，落荒而逃。

小黑让我家的所有人都抬不起头来。我的父亲每次都是唯唯诺诺地点头道歉，并把家里的东西，譬如米、腌菜送给这些愤怒的告状人。这些人得了我家的东西，虽然怒火得到了消减，但在出门的时候，还是表达了同样的意思：这只狗，留不得了。终于有一天，我的父亲咬咬牙说："我要宰了这只畜生！"

那天放学回家，我在路上就闻到了很香的味道。我知道这是狗肉香，而且不是一般的狗肉香。我的心马上就沉到了谷底。走进家门，我寻找小黑的身影，终于没有找到。我在家门口大声地叫着小黑的名字，也没有得到任何的回应。我问遍了所有见到的人，没有人告诉我小黑去了哪里。我马上就大声地哭了起来。我家前面老屋里住着的八十多岁的娘母说，这是她这辈子听到过的最响亮、最悲伤的哭泣。

见我止不住哭泣，父亲走了过来，告诉我："小黑被我宰了。"父亲告诉我，那天，隔壁娘母在我家门口反反复复地走来走去，反反复复地说："我家楼上床里的枕头被咬破了。"我家没有一个人接娘母的话。娘母终于不罢休，说："你家的小黑走到我家楼上，把我家床里的枕头咬破了。"我母亲终于应了一句："一只狗上你家的楼，不会吧，它又不是老鼠。"娘母又说："不是它会是谁呢？"父亲默不作声，找遍了整个尚博村，把小黑找了回来，用我家祖传的栗树木门柱，死命击打。此时，我家的门柱成了愤怒的箭，箭箭命中小黑的太阳穴。小黑终于死了。

父亲还说："我把小黑埋进了桑树地里，子林把它挖了出来，吊在一棵楝树上，开膛破肚，去皮去毛，又用了上好的烧酒和上好的茴香，烧了一锅好狗肉。"

2016年2月9日，正月初二，写于尚博祖屋

阿黄

我家养过时间最长的狗,是一只名叫阿黄的矮脚黄狗。

阿黄是尚博村里最普通的狗名。原因很简单,尚博村的狗,大多数是黄狗。我家的阿黄,因为过于普通,竟有了很多普通的狗没有的特点。

阿黄是从范家墩奶奶家抱来的。小黑死后,我家在很长一段时间里,没有养狗,我就天天缠着大人要养狗。我的纠缠在祖屋里得到了不同的回应。阿爹沉默不语,似乎没有任何态度。但我从他的眼神里,可以看出他的真实意思:我做不了主,你们怎样都可以。我对阿爹的中立态度很不满意,就以自己的方式继续纠缠。我在阿爹烧水烧饭的时候纠缠,在阿爹喝茶抽烟的时候纠缠,在阿爹出门钓鱼的时候纠缠,在阿爹去菜地掐蒜叶的时候纠缠。但阿爹毕竟是老辣的,最后只跟我说了几个字:"你跟我说没用。"在我的印象中,阿爹很有"以其人之道还治其人之身"的本领。虽然这句老古话用在这里不是非常准确,但毕竟是有几分相似的。阿爹的真实想法还有这么一层:你真像我小时候的样子。

"你真像我小时候的样子"是阿爹经常对我说的话。几乎每天都说。只要遇到合适的事情,出现了合适的状况,阿爹就会这样说。我不知道阿爹为什么会经常这样说,以至于在我离开尚博村,去读中学之后还这样说。我也从来没有问阿爹原因。但我还是觉得,阿爹在我这般大的时候,一定经常听到有人这样对他说话。因为阿爹每次说这句话的时候,声音很轻柔,就像女人说话那样。这种说话方式,沉默阴郁的阿爹,是不常用的。

母亲的方式是直接反对。母亲反对的理由很简单,就是养狗太麻烦。母亲有时会说："人都吃不饱，还要给狗吃！"母亲说的也是有道理的。父亲的表达方式没有母亲强烈，还很婉转，但态度鲜明。父亲说："养狗养猫，会有什么好结局？"父亲自然以我家养猫养狗的历史为例，现身说法，自然是有说服力的。我家养过的猫和狗，确实都没有好结局。

但我想，凡是娘胎养出来的，谁会有很独特的结局呢？不管是人还是牲畜，是河里的游鱼还是沟里的蛇、蛙，还有天空飞翔的鸟雀、蜂蝶，谁能够免除最终会遭遇的类似的结局呢？但父亲的话，是在表达着这一层意思更深处的意思。父亲的真实意思是，我家养过的猫狗，结局太过惨烈。父亲一定还没有从小黑的事情中解脱出来。小黑是父亲亲手打死的。父亲打死小黑，是在迫不得已的情况下做的。仿佛没有别的办法，就像那些愤怒的告状人说的，"你家的狗是留不得了"。也就是说，像小黑这样的狗，只能死，而且是在离自然的死还有很长的距离的时候，用乱棍打死。

小黑这样，那么小黄、阿花、狸狸、花花、小花呢，命运又有多少不同呢？所以，冷峻的父亲这句冷峻的话，自然具有无法辩驳的力量。父亲的真实意思是，不要再让家里的猫狗来让家里的人伤心。

家里还有一个态度鲜明的人，就是我的弟弟。对于再养一只狗，弟弟表现出了和我一样的期盼和渴望。弟弟的眼中放着光芒，也不停地说："我要养一只狗。"但弟弟的力量毕竟有限，和我相差无几，于是，我还是感觉到了孤立无援的境地。

但我还是不罢休。我坚持着自己的纠缠。我的纠缠充满了祖屋，祖屋的每一个角落里，都是我的纠缠。所以，在那一段时间里，祖屋就成了我的纠缠。只要父母走进祖屋，会遭遇纠缠。即使父母走出祖屋，走向田野去干农活了，祖屋里的纠缠也会长出翅膀，飞出家门，追索父母的踪影。终日待在祖屋里的阿爹，也就深陷纠缠中心不得自拔。终于有一天，祖屋里出现了转机。

那天，父母从田野里干完农活，走进了祖屋。他们一进屋，就又一次遭遇了我的纠缠。这种情况如同他们在秧田里遭遇了蚂蟥一样。刚刚干了重体力活的母亲终于忍不住发作，骂了我几句。父亲虽然没有开口，但脸色铁青，让我感到害怕。我一下就大声地哭了起来。坐在角落里深一口浅一口抽烟喝茶的阿爹，终于说话了。阿爹说话的方式是他惯用的方式，声音很轻，很阴冷，就像祖屋最深的角落里散发的阴冷气息。阿爹说："骂他做什么，你们又不是没有小过！"

"你们又不是没有小过"，这大概是长辈说给晚辈最厉害的一句话了。这句话我在尚博村里偶有听说，总是晚辈太不像话，不可理喻，长辈的沉默或者别的无效教育感化会应了"养不教，父之过"之类的老古话，长辈才如此出口成章。这句话从沉默阴冷的阿爹嘴里出来，我更是很少听到。我感觉，阿爹也是效仿古法，效法祖屋里的古法，如法炮制，在那一天说出这句老古话。

这句话的威力果然大。父亲立刻就像一个做了错事，而且是做了很大的错事的一个孩子，满脸通红地说："好吧，养一只吧。"我感觉父亲满脸通红地在祖屋里说话，好像是做检讨，有点说给列祖列宗听的意味。母亲不再说话，阿爹也不再说话。我不再哭泣，弟弟笑了起来，祖屋好像也笑了起来。

虽然奶奶早就把范家墩养了一窝小狗的消息告诉了我们，但因为我要再养一只狗心愿的达成，过程过于曲折漫长，当我兴高采烈地跟着父亲来到范家墩奶奶家抱小狗的时候，奶奶说："你们才来。"我身边的老人总是善用古旧的修辞，譬如这次，奶奶的潜台词令我焦灼万分。我问奶奶："狗都被抱光了吗？"奶奶说："抱光了。"就在我马上要哭出来的时候，奶奶又说："你如果要，还有一只。"

奶奶的这句话让我哭笑不得。但我还是笑了起来。奶奶接着说："最好的那只狗，我帮你一直留着，死活不肯给人家。昨天有个人来，又看中了，我说，这是给我孙子留的，不能给你，他就说，尚博人都在说，你孙子不会再养狗了，我就把狗给了他。"

从奶奶的描述中，我能够想象那个一心想抱只好狗的人，是如何添油加醋，来达到自己的目的。但我觉得，即使那个人再添油加醋，也与我家的真实情况相去甚远。好在奶奶说还有一只，我马上就高兴起来。奶奶见我笑了，又想说什么，但终于没有说。奶奶的这个细节马上就被我捕捉到了，我联想到奶奶刚才说的那一番令人费解的话，就马上意识到：我马上要见到的狗,不是一只普通的狗。

我终于见到了一只令我想入非非的狗。这是一只矮脚狗,矮小瘦弱,丑陋不堪,双目无光,对我伸过去的手,没有任何反应。这是与我想象中的狗相去万里的狗。

奶奶说,这是一只没人要的狗。奶奶说:"每次有人进门抱小狗,总说,这只,我不要。"奶奶说:"你叔叔说,把它丢到河里去,我不肯,怎么也是一条命呀!"

那一天,我终于把一只没人要的不同一般的狗,抱进了祖屋。经过我的细心喂养,这只被我叫作阿黄的矮脚狗,终于慢慢地长大了。

阿黄终究是一只不同寻常的矮脚狗。阿黄不会认人,经常到我家来做客的客人,来十次,阿黄叫十次。每次客人进门,阿黄就冲到门口,扯着嗓门大叫。阿黄虽然大叫,但不是像别的狗那样,龇牙咧嘴,瞪着眼睛叫。阿黄的叫很独特,虽然声音很响亮,但牙齿不露出来,而且双目无光。所以,每次客人进门,遇到这只看门狗,总会说:"傻狗,没有用的狗,叫你叫,叫你叫!"不但来我家的大客人不怕阿黄,连小孩子也不怕阿黄。这些经常来我家做客的小孩子总是说:"傻狗,没有用的狗,叫你叫,叫你叫!"很显然他们是从大人那里学到了这句表示轻蔑的话。

虽然没有任何的警告作用,但阿黄依旧按照自己的判断,叫着,吠着,做自己心目中的看门狗。直到有一天,到我家来做客的一个客人,在喝酒后对着阿黄说:"你再叫也没用,你再叫也不能让我们断了亲戚。"这个狂妄的客人,在走出我家大门的时候,还对着阿黄不停地说着这句话。客人的极端鄙视终于让阿黄再次狂叫起来。阿黄冲着客人狂叫,跟着客人狂叫,当客人的小木船摇出了尚博村的小河,阿黄还在河边狂叫。

从此以后,尚博有一只傻狗的消息,也随着小木船,传到了客人所在的村庄。

阿黄不但对客人叫,还对村里的人叫,就连邻居走过,也叫。这些抬头不见低头见的人,从来没有见过这样的傻狗。因为阿黄对着他们狂叫,好像在对他们说:不要从我家门前走过。这句小孩子吵架时常说的话,从阿黄的嘴巴里出来，意思就有点独特。但他们终究太了解阿黄，他们会说："前世作孽，让我看见你这样的傻狗。"他们在说这句话的时候，还会捡来一块不大不小的石头，向阿黄扔来。有时他们觉得捡来一块石头不过瘾，会捡来很多石头，这些石头大小参差不齐。当这些石头像连环炮那样向阿黄飞来的时候，阿黄每次都成为称职的靶心，每次都发出凄惨的叫声。

扔石头，是尚博人对付恶狗的做法。大人经常向小孩传授秘法，譬如对于恶狗，大人会说："不要去追它，你越追它越凶，还会冲过来咬你，你只要蹲下身子捡石头，拿石头扔它就行了。"这种方法自然是管用的。在尚博村的人和狗那里，肯定有着相互较量的古老的共同记忆，所以，譬如这种土做法，不但人记得，狗也记得，每次当人蹲下身子，就算不捡石头，狗也会掉转身子，仓皇遁逃。

但我家的阿黄终归不是一只恶狗。它只是一只傻狗，就像人们说的那样。这些被村人发射而飞来的石头，块块命中阿黄的身体。所以，阿黄每次都伤痕累累。有时，这些石头过多、过密，终于有几块从阿黄的身上反弹，在我家的大门上、矮门上，撞出非常响亮的闷响。

每到这个时候，阿爹终于坐不住了，他会走出家门，对着门口扔石头的人说："你活在了狗身上。"从阿爹嘴里说出来的这句老古话，威力无比，能让那个疯狂的施虐者马上住手。

阿黄呜呜地叫着，跟着阿爹走进了祖屋。看着皮肉破绽、浑身流血的阿黄，阿爹会在祖屋里说一句很脏的骂人话。阿爹会说："*乃个*，活在了狗身上。"

阿黄不但对着村里的人叫，还对着家里人叫。我家最遭阿黄叫的，是父亲。譬如，当父亲出门干农活的时候，常常会戴一顶凉帽。每次父亲把凉帽戴上的时候，阿黄就会狂叫起来。父亲会厉声地骂阿黄，边骂边说："瘟狗，是我！"遭到训斥的阿黄，马上就会止住叫声，摇着尾巴走到父亲身边蹭父亲的腿，像做了一件大的错事一样。当父亲从农田里回来，走进家门，把凉帽摘下来的时候，阿黄又会大叫起来。父亲又会厉声地骂阿黄，边骂边说："瘟狗，是我！"遭到训斥的阿黄，马上又会止住叫声，摇着尾巴走到父亲身边蹭父亲的腿，就像又做了一件大的错事一样。

父亲在夏天总是最遭阿黄叫的。当父亲要到小河里或者长漾里去游泳的时候，总是赤膊出门。当父亲刚把汗衫脱掉，阿黄就大声地狂叫起来。不用说，阿黄会再一次遭到父亲的训斥。阿黄的傻在全家人心目中根深蒂固。但阿黄似乎只是在祖屋的大门以内傻叫。只要走出祖屋，阿黄就会变成一只没有声音的狗。当阿黄在别家门前走过的时候，总是夹着尾巴。阿黄从来不会去招惹村里的家禽，也不会像小黑一样，把人家的鞋子叼走。所以，我家的所有人，还都说阿黄是一只善狗。善狗，是相对恶狗而言的。因此，我们在心里从来没有对阿黄有厌烦的情感。就是父亲，也会像我和弟弟一样，抓着阿黄的两条前腿，用额头去碰阿黄的额头。

阿黄和我们是非常亲密的。当我们在宽广无边的田野里割草、种田、收割谷麦，或者收获番薯的时候，阿黄就在旁边躺着，看着我们劳作。阿黄总是形影不离地跟着我们，就像它也在参加我们的劳动一样。

后来，父亲和母亲到了尚博村西龙山桥的石矿上做苦力。父母的任务是把龙山上用火炮炸出来的石头，搬到拉车里，拖到龙山港的码头边，倒进码头上的驳船里。这些来自各地的驳船，让一座龙山慢慢地变小，把龙山慢慢搬掉了。

每次放炮前，有一个人会把哨子吹得很响亮，让路过的人、让拉石头的人走远一点，再远一点。但也经常有冷炮，哨子响过，炮却迟迟没有炸响。有一次，又出现了这种情况，我父亲说："又是个臭冷炮。"父亲说完，就从隐蔽处走出来，向石矿走去。就在此时，冷炮变为热炮，响了。石头像暴雨一样向父亲飞来，一块大石头，落在了离父亲的脚尖只有半步之遥的地方。那天之后父亲常说："我的命是捡来的。"

龙山，是尚博村西的一座小山。再西面，还有一座凤山。父亲说，龙山东麓原有一座庙，父亲小的时候，龙山庙香火旺盛。我亲眼看到过龙山上有许多弹坑，老人们告诉我，这里是当年打日本人时中国人放炮的地方。村里的老人说，当年龙山上发射的炮弹，从尚博村呼啸而过，在钟管东面的白彪村炸响。龙山下面有一座石头凉亭。凉亭下面是龙山港。老人们说，当年龙山港里经常过日本人的兵舰。龙山港上有一座龙山桥。老人们说,这座龙山桥是当年傅云龙为乡里人造的。当年日本人的一发炮弹,把龙山桥炸塌了。1949年以后,政府把湖州骆驼桥坍塌的桥梁运到了龙山桥。此后,龙山桥上有了湖州骆驼桥的桥梁。龙山桥就是尚博往西,通往澉山、德清方向的唯一通道。

我父母为了养家糊口,在龙山的石矿上干了好几年苦力,也就参与了把龙山搬掉的工作。父母每次出门去石矿,阿黄总要跟着出门。每次去石矿,总要经过龙山桥。在去往龙山桥的路上,总要响起好几次炮声。阿黄总是惊慌失措,总会止步于龙山桥,独自返身回家。这样的状况持续了几年。

就在父母在石矿上干苦力的几年时间里,阿黄明显老了,皮毛松弛,目光也更为暗淡,虽然依旧傻叫,但叫声也没有原来那样响亮了。有一天,阿黄跟着父母去石矿,竟然走到了龙山桥的中间,然后返身回家。父亲当时就说,这只狗总有一天会没有。

几天后,阿黄跟着父母去龙山桥,走完了大半座桥,才返身回家。父亲又说,这只狗快要没有了。终于有一天,阿黄跟着父母去龙山桥,走完了整座龙山桥。父亲说,这只狗马上就要没有了。果然,几天后,阿黄再也没有回到尚博村,再也没有回到我家的祖屋里。

父亲当时为什么会做出如此的判断,我从来没有问过父亲。但有一点是肯定的,这是因为父亲太了解这只老狗。这不仅仅因为父亲属狗。

2016年2月10日,正月初三,写于尚博祖屋

小动物

祖屋里终年居住着很多小动物,它们伴随我们度过一年又一年宁静而有趣味的时光。

祖屋里居住着一种喜食苍蝇、名叫苍蝇老虎的小动物。这种小动物体形和家蝇差不多大,浑身灰褐色,毛茸茸的,尖尖的尾部,大大的脑袋。最有特色的是它们的嘴巴,里面似乎犬牙差互,很有威势。大概尚博古人看到它们大大的脑袋和犬牙差互的威风脑袋,就把"苍蝇老虎"的美名送给了它们。多年以后我学了古文,学到"其岸势犬牙差互,不可知其源"的句子时,就马上想到了苍蝇老虎独一无二的嘴巴。

苍蝇老虎最喜欢待的地方是我们家的木门。我家的门年纪都很大了,又涂有黄褐色的斑驳油漆,所以由内而外透着古旧的气息。苍蝇老虎喜欢待在我家充满古旧气息的门板上,静静地埋伏着,注意着周围细小的动静,很有王者的风范。因为它们的颜色和门板的颜色统一,苍蝇往往看不到这里潜在的危险。一只苍蝇停在了门板上,苍蝇老虎就会慢慢地靠近,在合适的距离腾跃而起,死死地咬住苍蝇的脑袋。和苍蝇老虎一般大的苍蝇在它的嘴里挣扎着,死不瞑目。但苍蝇终于慢慢地成为苍蝇老虎身体的一部分。等到苍蝇老虎的肚子鼓得圆圆的时候,苍蝇也就彻底不见了踪影。

苍蝇老虎也喜欢待在我家苍老的墙壁上。这些墙壁是由青砖砌成的,外面没有涂任何东西,青色的砖面裸露着。青砖上长满了古旧的青苔,更加显示出深不见底的青绿颜色。苍蝇老虎在青绿色的青砖上一动不动,就像一只苍蝇在那里一动不动。苍蝇们心情愉悦地飞到青砖上,想和自己的同伴分享内心的喜悦，可是等待它的是飞翔而至的苍蝇老虎。很快，在深不见底的青绿颜色背景里，苍蝇的身体就消失在苍蝇老虎犬牙差互的嘴巴里。

家里苍蝇最多的地方是我们吃饭的八仙桌。苍蝇老虎自然看中了这块宝地，从天井的墙壁上腾跃而起，飞到八仙桌上，在空中甩出一道白色的黏丝。这里是家蝇的乐园，也是苍蝇老虎最佳的狩猎场。来到八仙桌上的苍蝇老虎，经常鼓着肚子在桌板的缝隙间休息。我家的八仙桌也太老了，这些古旧的缝隙，是苍蝇老虎理想的休息场所。

祖屋里居住着蚕蟒蛇世家。这种蛇体形修长，浑身褐色，无毒，常年躲在墙壁和阴沟里，追踪着老鼠的踪迹。它们也经常出现在我们的视野里。经常是在半夜里，或者清晨，在天井里，或者门槛边，门框上，有一条蚕蟒蛇或休息，或盘踞，或爬行。我们从小就被告知蚕蟒蛇无毒，所以离得再近也不会感到害怕。祖屋里的蚕蟒蛇有了世代沿袭的记忆，对于从不害怕它们、伤害它们的人，也从不害怕。所以每次看到我们，总是不紧不慢地爬着，然后消失在附近的一个墙洞里。

蚕蟒蛇是无毒的家蛇，但是尚博人认为，在特定的时令和地点盘踞的蚕蟒蛇，又是剧毒无药医的毒蛇。我父亲经常讲的尚博老古话里，就有关于这种剧毒蚕蟒蛇的描述：黄梅三时盘在橱里的蚕蟒蛇无药医。黄梅三时，就是黄梅的最后阶段，即将出梅入酷暑天的那几天。如果在这酷暑天将到而未到的几天里，有人打开橱门遇到了蚕蟒蛇，被它咬了，往往会无药可医。我们从来没有在橱柜里看到过蚕蟒蛇，也从没见过它们咬人，所以对于"黄梅三时盘在橱里的蚕蟒蛇"虽然敬畏，但对蚕蟒蛇始终没有生出半丝的恐惧心理。

祖屋是蚕蟒蛇的领地，很少有别的蛇进入这块领地。但也有异类偶有进入的。我父亲就讲过一个关于此种异类的著名的尚博典故。这个典故倒让我们对于蛇，产生了久远的警觉之心。父亲讲的这个典故是这样的："一个尚博人去算命，算命先生对他说：'你今年是蛇啄命。'这个尚博人回家后对家人说：'我从今天开始每一天都穿钉鞋吧，就算被蛇咬了，也咬在铁钉上，伤不到我。'这个尚博人把鞋子脱了下来，把惊惧不安的脚往墙角放着的钉鞋里套，一条赤链蛇止静静地等在钉鞋里面，一口就咬了他的脚心，要了他的命。"我们曾经问父亲钉鞋是什么鞋。父亲告诉我们,钉鞋是下雨天穿的鞋,整个鞋底由铁皮铁钉武装着。我们也曾经不无疑惑地问父亲,赤链蛇不太毒,为什么会要人命。父亲说,躲在钉鞋里的赤链蛇无药医。每次父亲讲这个故事的时候,总不忘引申一下这个故事要讲述的深刻道理:蛇啄狗咬,是逃不过的,这是命。

  我家祖屋里还住着壁虎世家。夏天,傍晚时分,壁虎就出现在透着灯光的玻璃窗外侧,异常活跃地捕食着向光的小虫子。屋内的墙壁上,也有一些壁虎盘踞着,它们在等待歇脚的蚊子成为它们的美食。白天,壁虎喜欢躲在阴暗的门角里。当我们把门角打开的时候,壁虎就会慌不择路地逃命。跑得快的,把尾巴掉在地上。壁虎的尾巴在地上蠕动着,每次都能吸引我们的注意,等到我们举头找它的主人时,它早已不见了影踪。我家的猫也经常像我们一样,被壁虎弄得莫名其妙。冬天,我们也会在靠墙的地方发现几只不知道从哪里掉下来的小壁虎。小壁虎眼睛闭着,一动不动,好像死了一样。但一碰它,幼小冰冷的身躯就会蠕动起来,就像它的父母在夏天掉落的尾巴那样。

  祖屋里常年居住着蚂蚁世家。我和弟弟喜欢在天井和门前的阶沿石上引蚂蚁。只要看见一只蚂蚁在散步,就足以引发我们引蚂蚁的激情。我们会把死苍蝇、活蜻蜓、半死不活的知了放在蚂蚁必经的路上。蚂蚁看见天上掉下来的馅饼,嗅着,吸着,吭着,咬着,亢奋异常。但蚂蚁马上就平静下来,丢下食物消失在石头缝里。短暂的时间过后,蚂蚁,一只,两只,三只……无数的蚂蚁,像一条无限长的黑线,从一个小洞里拉出来,扯出来,拽出来。蚂蚁们兴高采烈,群情激奋,向它们的猎物奔跑。奔跑,奔跑,奔跑,号子响起,响彻整个祖屋。一会儿,它们的猎物,就变成了一只巨大的蚂蚁,它身上的每一个地方都在骚动,向着蚂蚁的家骚动。在我们的注视下,这只巨大的蚂蚁为着梦想,为着希望和爱,向前蠕动着。终于,它慢慢消失在石缝里,连半丝骚动都不残留,仿佛什么都没有发生过。

  祖屋的天井里,居住着蜘蛛世家。最大那只是蛛王,把网结在整个天井的中央。蛛王每天据守蛛网中央,度日如年,或者度年如日。蛛王织网的过程尽显王者之气。它有横向飞越的绝活。在夜幕降临之际,蛛王开始施展它的绝活。它从尾部抽出来的一根丝,从天井一头的黝黑瓦片向另一头生长,在另一头扎稳脚跟后,又反向生长。如此南北东西纵横,等到框架构建好,蛛王就在天井中间部分横向织网。等到星月呈现的时候,蛛王的蛛网就完成了,蛛王开始据守正中,准备狩猎。当月亮升到天井中央的时候,蛛王迎来了丰收的巅峰时刻。在夜的最中心,在自己的领地里,蛛王享受着自己的美食。在蛛王的大网笼罩的每一个角落里,每一只蜘蛛,也正迎来丰收的巅峰时刻。于是,整个天井迎来了丰收的巅峰时刻。此刻,天井里充满了狂欢。

2015 年 7 月 18 日,写于尚博祖屋

土蜜蜂

尚博村的春天，充满了无限的趣味。每年油菜花开，尚博村成了土蜜蜂的天堂，也成了我们的天堂。

尚博村有很多土墙，这里是土蜜蜂安家的地方。土墙上，布满了仅容一只土蜜蜂进出的小洞，这些小洞就是土蜜蜂的家。每个洞里很少独居一只蜜蜂，往往住着几只、十几只，甚至几十只土蜜蜂。土墙是一个硕大的蜂巢，承载了土蜜蜂的梦想和未来。

清晨，早起的土蜜蜂醒来了，慢慢地从墙洞里爬出来飞走，它们要去草丛和油菜花田里采蜜。太阳出来了，照到了土墙上，土墙变得暖和起来，越来越多的土蜜蜂醒来，慢慢地从墙洞里爬出来飞走，它们要去草丛和油菜花田里采蜜。太阳很高了，土墙被阳光晒暖了，土墙里还没起床的土蜜蜂，终于醒来了，慢慢地从墙洞里爬出来飞走，它们要去草丛和油菜花田里采蜜，它们要去寻找早出家门的伙伴们。

晚起的土蜜蜂，往往在家门口和回家的土蜜蜂相遇。想要出门的土蜜蜂睡眼蒙眬，刚回家门的土蜜蜂一脸亢奋，它们在家门口相遇的时候，往往是睡眼蒙眬的土蜜蜂先退到洞里，等一脸亢奋的土蜜蜂进了家门，才重新出门。土蜜蜂们有的进门，有的出门，它们忙忙忙碌碌的身影，给人留下土墙终日异常忙碌的印象。

尚博村的每一个小孩，都有一件宝贝。我和弟弟的宝贝是阿爹给我们做的。阿爹找来一杆小竹，把小竹中间的竹管截下来，在一端打个小孔，然后在竹管稍平的地方，雕出连通两个竹节的凹槽。凹槽不大不小，打磨光洁，再用一个纸团把竹节一端的口子封住,我们的宝贝就完工了。

这个宝贝,是我们用来装土蜜蜂的。带着这个宝贝,我们满世界地寻找土蜜蜂的身影。我们到泥路上去找土蜜蜂。我们走在通往田野的大路上,路边的油菜花正在酝酿着春天。我们无暇顾及路边的风景,我们只留意脚下的大路。终于,我们在路中央长有一块草丛的地方蹲了下来。我们不是被草丛吸引了,我们是被旁边有一堆土的一个小洞吸引了。这个小洞很像蚯蚓的小洞,也很像螃蟹的小洞。但这个洞更小,旁边堆的泥也更细。我们一看就知道,洞里面住着好看的长着彩色身子的土蜜蜂。这些土蜜蜂比住在墙洞里的土蜜蜂个子小巧,它们好看的身体对于我们充满了无限的吸引力。我们耐心地挖着,终于挖到了躲在洞里的土蜜蜂,小心地用食指捏起来,把它关在随身带着的竹管里。

土蜜蜂在竹管里焦躁不安地爬着,探寻着重获自由的路径。它们把脑袋从凹槽里伸出来,对外面的自由世界充满了无限的向往。为了安抚这些失去自由的土蜜蜂,我们会在竹管里放一些油菜花的花瓣。果然,土蜜蜂似乎一下子安静下来了,在花瓣里钻来钻去,似乎重新回到自由的空气里。

春天最吸引我们的,还是那几堵泥墙。这里是土蜜蜂的家,也是我们的乐园。我家西面朝南的一堵泥墙和我家前面一堵朝西的泥墙,尤其令我们心驰神往。傍晚时分,等到土蜜蜂们都回了家,全村的小孩全都被这两堵墙吸引着。在我们眼里,这是住满了土蜜蜂的大蜂巢。我们像蛭一样吸附在泥墙上,用一根小小的竹棍在墙洞里深深浅浅地捅着。每捅一次,都能捅出墙洞里面土蜜蜂慵懒且带着颤音的叫声。我们把这种捕捉蜜蜂的方法叫作镶蜜蜂。无数的小孩成了吸附在泥墙上的蛭,他们手中的小木棍是蛭的吸盘。无数的吸盘深入泥墙的深处,泥墙就从深处发出了慵懒且带着颤音的叫声。一只又一只的土蜜蜂从墙洞里爬了出来,被我们的一只只小手抓住,放进竹管里。土蜜蜂一只接着一只,从墙洞里转移到我们的竹管里。墙洞里慵懒且带着颤音的叫声,也慢慢转移到了竹管里。

经过无数次被土蜜蜂刺痛的教训,我们终于知道,白嘴巴的土蜜蜂不会刺人,黑嘴巴的土蜜蜂长有毒刺,会刺人。所以每次土蜜蜂从洞里爬出来的时候，我们都格外小心，注意观察它们的嘴巴。如果从洞里爬出来的是白嘴巴，我们放心大胆地用手把它抓住。如果从洞里爬出来的是黑嘴巴，我们会大声呼叫"黑嘴巴，黑嘴巴"，要么让它直接飞走，要么直接用竹管口接住，让它自己爬到竹管里面去。

每个墙洞的最深处，总有几只顽固不化的土蜜蜂据守着，不离不弃。当其他的土蜜蜂都从洞里爬了出来，它们就在墙洞的最深处发出最为深沉的抗拒声。我们手里的小竹棍，如同金箍棒一般，翻江倒海，在墙洞的根部搅动，毫不泄气。这最后的坚守者，终于抵抗不住，全身披着黄色的尘土，从墙洞里爬了出来，仿佛泥墙最深的一部分从墙上被我们剥离了下来。

尚博村的小孩有着很好的坚持精神。慢慢地，我们裤袋里的竹管已经装满了土蜜蜂。土蜜蜂被我们的身体焐热，慢慢活跃起来，嗡嗡嗡地叫着。每到这个时候，每个小孩都在发出嗡嗡嗡的声音，似乎变成了一个个巨大的蜜蜂。我们依旧不松懈，不放弃，更像一条条吸足了土墙内部最新鲜的血液的蛭，吸附在土墙上纹丝不动。只要泥墙深处还有一丝慵倦且带有颤音的声音传出来，这些蛭就不会从土墙上下来。

夜幕降临了，尚博村飘满了饭菜的诱人香味，大人们走出家门，像叫魂一样叫着自家的小孩回家吃饭。这些被叫唤的吸附在土墙上的蛭，听到叫魂声，一部分从土墙上掉了下来。但总有几条格外执着的，把叫魂声当作耳边风，依旧吸附在土墙上纹丝不动。终于，叫魂声演变为训斥声，最后几条顽固不化的蛭，多数也从土墙上掉了下来。但总有特别顽固的，不管遭遇怎样严厉的训斥，都牢牢吸附着纹丝不动，仿佛是土墙的一部分。大人气急败坏地走到土墙边，揪住他们的耳朵，就像揪住土墙的耳朵，把他们从最深的伤口里揪下来。等到所有的蛭消失了，土墙无数的伤口就暴露在空气里，淌着血。等到夜幕完全降临，这些伤口也就慢慢愈合了。

吃完晚饭，我们会在昏暗的灯光下比谁的竹管里土蜜蜂的数量多。看着土蜜蜂的脑袋从凹槽里探出来，我们全都心满意足。为了安抚焦躁不安的土蜜蜂度过漫长的黑夜，我们把新鲜的油菜花瓣放到竹管里。我们把竹管放在床前，我们像土蜜蜂一样，在油菜花香里沉沉地睡去。

除了傍晚，清晨也是我们镶蜜蜂的好时候。我们会在太阳出来之前早早起来，趁着土墙还没有被太阳照暖，趁着土蜜蜂还在睡梦之中，我们就做了吸附在土墙上的蛭。我们异常专注，大人们从我们身边走过，我们浑然不知。清晨我们需要有足够的耐心，才能捕到足够的土蜜蜂。清晨的土墙沾满了露水，很冷，土蜜蜂在寒冷的墙洞里睡眠，就像冬眠了一样，需要我们的小竹棍加倍努力，才能让它们慢吞吞地爬出来。清晨从墙洞里爬出来的土蜜蜂，就像从冬天爬出来的一样，浑身灰尘，就像浑身霜雪。土蜜蜂浑身颤抖，发出一种似有似无的颤音。清晨爬到我们手心里的最初几只土蜜蜂，经常被我们用双手焐热。等到它们在我们的手心里活跃起来，发出的嗡嗡嗡声越来越清脆，在我们的手掌间蠢蠢欲动的时候，我们就把手掌打开。这几只土蜜蜂转瞬间就消失了。我们恍如梦中醒来，继续专注地做吸附在土墙上的蛭。

村里的土墙让我们心想事成，我们的竹管里全都装满了土蜜蜂。我们带着这些装满土蜜蜂的竹管在村里走来走去，心满意足。门口终日坐着的老得掉光了牙的几个老人，总是非常羡慕。他们张嘴说了漏风的请求。他们说："你们的蜜蜂让我看看，好吗？"我们把竹管塞到他们松松垮垮的手里的时候，这些老人笑得和我们一样灿烂。

对于这些土蜜蜂的处理，我们往往是商量的。我们总是对于甜蜜的东西充满了向往，譬如土蜜蜂身上隐秘的蜜囊。每个土蜜蜂肚子里都有一个小小的蜜囊，里面的蜜汁让我们垂涎三尺。尤其是黑嘴巴土蜜蜂，蜜囊格外饱满，蜜汁格外香甜。所以我们常常小心翼翼地把黑嘴巴土蜜蜂从腰的地方截成两段，把蜜囊从它的肚子里掏出来，放在嘴巴里咬破，津津有味地品尝新鲜蜜汁的美味。蜜囊似乎一直在搏动，就像心脏那样，从我们的嘴里一直跳到了心里。

一部分土蜜蜂被我们埋在堆满花瓣的土坑里。这些在路边挖好的土坑俨然成了地下室，是我们给土蜜蜂安置的家园。我们用树枝、青草和花瓣精心搭建，但土蜜蜂还是不太喜欢，不消多少时间，等到我们回去看它们的时候，就只剩下空空的土坑和凌乱的花瓣了。土蜜蜂早就飞到自由的天地中了。

更多的土蜜蜂被我们直接放到田野里。它们也总是像什么事情都没发生过一样,采蜜,回家,被我们抓住、放生。仿佛被我们抓住,也是土蜜蜂生活的一部分。

2015年7月22日,写于尚博祖屋

第三辑 尚博

傅云龙像

鳝鱼钓

春天，对于我们小孩来说，是一个忙碌的季节。春天的田野里总是充满了无穷的乐趣，春天的村子里也总是充满了无穷的乐趣。

从春寒料峭开始，我们便开始了我们的春天。每逢周末放学回家，我们就急急忙忙奔进家门，放下书包，扛上一把铁耙，拎上一个木桶，又急急忙忙往外走。往往是我拿铁耙，弟弟拎木桶。看到这架势，大人也不会问，他们知道我们去干什么。我们会紧赶慢赶地走进一块桑树地，挑最肥沃的部分，一铁耙一铁耙地垦起来。我们对于土地的肥沃与否有着自己的判断标准，泥土潮湿，上面有一堆又一堆弯弯曲曲的蚯蚓粪的，就是肥沃的土壤。事实证明我们的判断是完全正确的。等到我们把深深地扎进土壤的铁耙翻转过来，总能看到有很多的蚯蚓像刚起网的鱼那样在泥坑里翻滚。也总有几条只闪现一截脑袋或者一截屁股——转瞬间，整个身子全部消失在黑色的泥土中。我们往往会乘胜追击，继续垦那块它们藏身的土壤，如若不见，会把被翻过来的土块一点一点地扳开来寻找。在这个过程中，总是伴随着杀戮，很多的蚯蚓，被我们不算锋利但闪着银光的耙刺垦中，有断为两截的，有整条在耙刺上翻卷挣扎的，但我们只是像收获庄稼一样把它们全都捡进木桶里。我们垦到的蚯蚓有两种：一种通体暗红，较细，很活跃，又很容易断，只要稍稍碰及，就会断成几截；还有一种通体暗绿，较粗，比较粗笨，又不容易断，只要不被耙刺穿透，是不会断裂的。此时我们只要第二种。

我们总是小心翼翼的，就怕晃动的铁耙柄把桑枝的谷眼碰落。这里可是蚕农们许多梦想的所在地。虽然小心，但还是会不可避免地碰落一些谷眼，这个时候我们总是感到很遗憾，也总是感到很害怕。我们怕桑树的主人找我们算账。但奇怪的是，虽然我们每次都要碰落不少即将孕育桑叶、孕育希望的桑谷眼，但从来没有一个大人来找我们算账。现在想来，大概是因为每家每户都有小孩，所以，每家每户都会有小孩跑出去给别人添麻烦甚至造成损失，所以骂别人的小孩就等于骂自己的小孩了。这是中国儒家哲学的"恕道"——推己及人在生活中体现的一个极佳的例子了。

但有时我们不必如此惊恐，就能捡到满满一桶蚯蚓。当一块地收完庄稼，原本干涸的田里准备放水重耕时，泥块深处的蚯蚓们，在灭顶之灾逼近的切肤恐惧中，全都钻了出来，在那里绝望地爬动着，似乎还在绝望地叫喊着——就像地震发生时，所有躲在屋里的男女老幼全都拥了出来，绝望地叫喊奔走一样。这个时候是收获蚯蚓的最佳时机，我们就像收麦穗一样兴高采烈地把绝望中的蚯蚓收进自己的木桶里。等到"水没金山"的时候，蚯蚓也收获得差不多了。偶有几条在水中游泳的，也总是很容易被我们发现。一会儿工夫，我们就收获了满满一木桶的蚯蚓。

接下来是更大的杀戮。我们用剪刀把蚯蚓均匀地剪成几截，用来做诱饵。每一截蚯蚓都在它们黏稠又血腥的血液里挣扎，仿佛每条蚯蚓都化作数量更多的冤魂，以自己的方式显示着主人的死不瞑目。但此时的我们却只是在认真地完成一件充满乐趣的工作，毫无恻隐之心。其实，在此以前，我们已经非常认真地做了几件事情。先到龙山脚下去找已经足够老的芦粟。对于芦粟是否足够老，我们也有判断标准，那就是长在上面的粟子已经完全变黑，叶子边缘有些枯黄，芦秆折断之后，里面的絮状物已经挤不出水分。我们要的就是芦秆，我们会均匀地把它剪成几截，然后在每一截的正中央捆一截尼龙绳，在尼龙绳的另一端，缚上一个弯成 V 字形的大头针——这就是我们的钓子了。此时，我要做的，就是把一截又一截的蚯蚓穿到钓子上去。我们兄弟俩有两三百个钓子，往往要装满两个大竹篮。

等到两大篮的钓子全都套好了诱饵，我们就奔向田野。我们找农民们已经用铁耙把大块大块的泥翻过来的水田，沿着田埂，每间隔一段距离，左右对称地把钓子投进田里。我们总是快速地放着钓子，就怕最好的水田被别的小孩抢了去。尽管我们总是赶时间，但我们在一畔水田里投放完毕，匆匆忙忙赶往下一个目的地时，往往就会看到几乎和自己一模一样的身影在那里快速地投放钓子。我们便只能另找去处。往往此时，我们怕匆忙间投放的水田记不得，就在田头用柳条做好记号。尽管我们的身影在田野间一再飞奔，但经常是夜幕降临了，还有不少钓子没有投放。在没有办法的情况下，我们只能把钓子投进秧田。在依稀的星光下，我们会找那些秧畔上有像蚯蚓穿过而留下了血管一样的痕迹的地方投放钓子。

等到我们披星戴月地回到家，大人们已经在昏暗的电灯下吃晚饭了。大人们说，吃饭吧，绝不会责怨我们。由于实在太饿，我们往往是带着两腿泥，香甜地吃着晚饭。

这样的晚上总是最难熬的。似乎整个晚上都充满了此起彼伏的蛙鸣声。蛙声热情似火，又充满神秘气息。我们经常会有蛙声就在我们的枕边此起彼伏的幻觉。在这种幻觉中，我们的脑海里总是一遍又一遍展开这样的景象：一条又一条的鳝鱼吞了我们的钓子，带着钓竿在水田中穿梭；我们一次又一次地提起钓竿，一条又一条的鳝鱼凌空跳跃……辗转反侧的往往不止我一个，我的弟弟也在那里辗转反侧。我们兄弟俩都对田里充满了想象和期待。弟弟问："几点了？"我说："还不到半夜呢！"此时，淹没我们对话的是大人们粗犷的鼾声。我们睡不着，蹑手蹑脚地起了床，穿上水田袜，带上手电筒和木桶，在夜色中奔向了充斥着我们的想象的田野。我们用手电筒照着黄昏投下的钓子，果然看到有些钓子上面已经有鳝鱼吞了钩子，带着钓竿在水田里穿梭，和我们想象的完全一样。在这样漆黑的小半夜里，我们经常会有小小的收获。每次把上钩的鳝鱼放入木桶，总是把先前准备好的诱饵再次穿在钩子上，再次投进水田里。当然，我们经常也会收获遗憾，刚刚吞了钩子的鳝鱼在我们满心欢喜地拎起的时候，就像一个跳跃高手，在皎洁的月光中，以异常优美的身姿，松开钩子，一跃而入水田，钻进淤泥的深处，搅起一片浑水……

经过小半夜里的小小收获，我们又在大人们的鼾声里进了家门，上了床。之后，我们的鼾声终于汇入了大人们的鼾声里，就像溪水汇入了江海。天还没有全亮，我们便警醒了，就像经过了休整的士兵，精气神十足地奔向了宽广无边的田野。田野里的一切都像在慢慢醒来，都好像充满了睡意，不是很情愿醒来似的。我们无心留意这些，急匆匆地奔向了投有我们的钓子的水田。虽然已是第二次收获，但我们对这片水田的期望和想象丝毫没有减弱。果然，很多的钓子上都有鳝鱼，有的钻在泥块里，有的钻进洞里，有的把钓子拖得太远，需要先找到钓竿才能找到它。还有两条鳝鱼吞钩后在惊惶中游到了一起，一直受制于斯的两根尼龙绳也绕在了一起。我们欢快无比地把钓子拿起来，左手拿着钓竿，右手中指弯成半圆形，紧紧地箍住鳝鱼的颈脖，拉直鳝鱼的身体，找到透出来的大头针，在木桶上一磕，大头针便又伸直后从鳝鱼的身体里经嘴巴被拉了出来，鳝鱼便落进了木桶里。也偶有水蛇吞了我们的钓子游进洞里，我们把它拉出来后在惊讶和失望中把钓子扔向了远方。有时我们会在同一个地方找到好几个有鳝鱼上钩的钓子，往往是前几天放了钓子的人一时没找到，却被我们找到了的。但我们也经常找不到钓子，往往是吞了钓子的鳝鱼在痛苦中钻进泥块或者洞中太深，我们无从找到它们的身影——这些钓子，也往往送了第二天来放钓子的人。我们还经常在惊喜中发现一个钓竿斜插入一块泥块，便迫不及待地把钓子拉出来，但往往拉出一条已经死了好几天的发臭的鳝鱼。但我们一点也不遗憾，把死鳝鱼处理掉，把收获的一个钓子兴高采烈地放进竹篮里。

等到日出时分，我们的钓子也收得差不多了。往往是我两手都拎着满装钓子的篮子，而弟弟拎着差不多有大半桶的鳝鱼。田里的春花高过了我们的身子，我们蹦蹦跳跳地走在回家的路上，两个小脑袋不时地钻出春花田里的春花，就像是慢慢地从海面上挣脱的太阳。在家门口迎接我们的是端着粥碗的大人，他们总是笑呵呵的。大人说，快去吃粥吧。我们"哦"一声，放下篮子、木桶就去端粥碗。

填饱肚子后，我们还要理钓子，把钓子上残余的蚯蚓拿掉，把钓竿和尼龙线上缠绕的杂草摘掉，然后拿着钓竿把绳子甩到钓竿上。在甩的时候，经常会有水和污泥甩在我们的脸上，看到对方的大花脸，我们笑得很开心。我们把所有理好的钓子摊在晒谷场上晒，为下一次的收获做好准备——就像大人把谷种放在晒谷场上晒一样。

2011年8月29日，写于尚博祖屋

夏收

油菜花终于慢慢地变成了翠绿的菜荚。菜荚慢慢成熟转黄,这意味着收获的季节快来临了。尚博村所有的小孩子和大人们一样,内心充满了憧憬和期待。

当油菜田里开始发出菜荚爆裂声的时候,大人们开始收割油菜。大人们把菜荚从茎上拢下来。菜荚一离开母体,仿佛一下子就熟透了,在阳光里纷纷爆裂,让漆黑的油菜籽从里面蹦跳出来。

尚博人把空菜荚叫作"菜脯壳"。晒干的菜脯壳经常被撒在养蚕的匾里,蚕们就在上面休憩、蜕皮。那一年,菜脯壳堆满了晒谷场,菜脯壳堆得高过了人头。这一片金光灿灿高过人头的菜脯壳,是我们挖掘战壕的好地方。

每一个小孩,确定一个点以后,就开始徒手挖掘。我们像土拨鼠那样,小心谨慎地贴着地面作业,我们的隧道不停地向前延伸。隧道里很幽暗,充满了菜脯壳被阳光暴晒后的清香。我们的隧道总是随意地向前方延伸,没有方向,也没有目的地。在充满清香的空气里,我们的隧道往往互为贯通,我们为隧道中的不期而遇激动不已。

晒谷场上,无数的隧道在弯弯曲曲地延伸着。这些隧道里充满了想象力。有时这些想象力过于丰富,整个晒谷场就开始扭动起来,以致变形,最终垮塌。很多作业的小孩从菜脯壳钻出来,浑身毛茸茸的,就像是一只只惊慌失措的刺猬。

夏天终于来临了。"双抢"(抢收抢种)给我们小孩子,也终于留下了深刻的印象。

首先是抢收。我和弟弟跟着大人去割稻。我们手握镰刀，一路收割，稻子应声倒下。要不了多久，我们的身后就长出了一堆堆倒下的稻谷，这些一声不响的稻谷，很像是我们的尾巴。在我们挥汗如雨的劳作中，稻田经常会给予我们馈赠。有时稻田里会露出一汪清水、一条泥鳅或者黄鳝，静静地等在那里与我们相见。有时稻草里会露出一个鸟窝，鸟窝里的鸟蛋，在阳光下闪烁着耀眼的光芒。有时会有一只硕大无比的青蛙跳出来，又快速地钻进前面没有倒下的稻谷里。当一大片稻谷只剩下一小片没有倒下的时候，我们会格外小心，格外紧张和激动。因为这里聚集了整片稻田里所有渴望得到庇护的青蛙。

这片慢慢变小的稻田，对我们充满了无限的吸引力。在我们眼里，它就像是一只巨大的青蛙，受到了惊扰，躲避着，退缩着，突围着，抗争着……稻田越缩越小，我们眼里的青蛙越来越大，终于爆发出惊人的能量，"叫嚣乎东西，隳突乎南北"，挤压变形，直至突围而出……几只青蛙，终于跳出隐身其中的稻子，在满是阳光的稻田里奔跑跳跃起来。看到这样的情景，我们也在一瞬间变成了青蛙，以同样的节奏，奔跑跳跃，追逐在稻田里。总有几只青蛙被我们捕获，也总有几只青蛙跳进邻近的草丛、沟渠或者稻田里，让我们悻悻而归。当我们手里抓着青蛙或者双手空空地回来的时候，太阳像鞭子一样抽在我们的脊背上。

所以，每一次割稻，一大片的稻田，在我们的眼里，最终都变成了一只巨蛙，变成了让我们激动不已、让我们擅长追逐的巨蛙。夏天的午后，阳光底下的稻田，总是这样善于变化，充满了魔力。

金黄的谷子，终于被大人们一担一担挑到了晒谷场上。翻晒谷子，是老人和小孩干的事情。所以，晒谷场上经常出现这样的情景，老得掉光了牙齿的老头和刚刚换牙的小孩一起，在金光闪烁的晒谷场上翻晒谷子。晒谷场上的谷子金光闪烁，如同黄金闪烁，天空中太阳投来毒辣辣的目光，炙烤着赤脚晒谷子的老头和小孩。在一次翻晒谷子的过程中，老头像谷子一样一下子变得老熟了，小孩像谷子一样一下子变得壮实了，谷子更像谷子一样变得热烈奔放了。晒谷场上，太阳在摧枯拉朽，太阳在鞭策追逐，太阳在慢慢地穿越午后时光。

每年夏天的丰收时节,每家每户门口的晒谷场,就变成了金光闪闪的金矿。晒谷场宽广无边,家家户户养的鸡们,被翻晒谷子的老头的老眼和小孩的小眼小心谨慎地看着。早晨,它们被赶出家门后,只能在这座金矿外围寻找吃的——譬如散落的秕谷和各种各样的虫子——它们是被禁止进入金矿淘宝的。但翻晒谷子的老眼太老,小眼太小,总是被精明的鸡们抓住最佳时机,走进、跑进,或者飞进金矿里,胆大妄为、激情洋溢地在金矿里做起了淘宝者。看见鸡们在谷堆里大口大口地吃着谷子,老远的地方总能响起"嗷熙嗷熙"的苍老或者稚嫩的驱赶声。这些老谋深算的鸡们几乎不予理睬,大概在它们看来,这些苍老或者稚嫩的驱赶声,离真正的危险还有很远的距离。鸡们的傲慢几乎每次都要激怒翻晒谷子的人,于是,小孩捡起一块石头,或者把拖鞋脱下来,使出吃奶的力气向傲慢的鸡扔去。老头操起一个扫把,也使出吃奶的力气向傲慢的鸡扔去。不管是老头还是小孩,在向鸡发起攻击的时候,几乎都是说着尚博村最古老的含有性暗示的粗俗的土语。鸡们见远远地有最狠的恶语随着石头、拖鞋、扫把飞来,终于恐惧起来,走着,跑着,跳着,飞着,逃离这座令它们垂涎三尺的金矿。这些胆大妄为的鸡们,几乎每次在逃离之前,总要在谷堆里留下它们的便溺。于是,随后赶来捡回拖鞋或者扫把的老头和小孩,会把更为严重的尚博土语泼洒在午后的太阳光里。那些逃离的鸡们,总是毫发无损地在远处的树荫里观望,扬扬得意,兴高采烈,仿佛它们看完了一场精彩的表演:尚博村最老的老头和最嫩的小孩,用尚博村最老的恶俗土语,把它们咒骂了一顿。这里的快感让树荫里发出一种神秘的声响。

要下蛋的母鸡,总会在临近下蛋之前,从金矿边缘或者离金矿很远的地方起飞,飞越漫无边际的金矿,在自己家门口稳稳降落,然后镇定沉着地跳进鸡窠里,安静地下蛋。村里总是此起彼伏地响起母鸡报告蛋已经下好的叫声。夏天,在晒谷场成为金矿的收获时节,尚博村的天空中每天从早到晚都在飞翔着飞往自己家下蛋的母鸡。这些飞翔的母鸡,从翻晒谷子的老头或者小孩的头顶掠过的时候,这些老头或者小孩头也不抬地继续着他们翻晒谷子的工作。他们的冷静表情大概表达着这样的意思：尚博村的母鸡，天生就有展翅飞翔的本领。他们的沉默也代表着对这些景观的习以为常。他们早已习惯了这样终日飞翔着母鸡的天空。

2015年8月2日，写于尚博祖屋

抢种

抢收之后是抢种。尚博村的孩子从小就对"抢"这个词语非常敏感。因为他们都感受过酷暑天抢种的滋味。

中国的节气里有很多对于自然规律深不见底的总结。我父亲是个地地道道的尚博农民,对于节气推崇备至。对于酷暑天抢种,父亲也有非常深刻的体会。父亲常说,种田是不相差一时一刻的。父亲这句话的意思是说,早一刻或者晚一刻种田,都不会有好收成。也就是说,种田要在当令中完成。父亲的朴素话语,让我从小就对时间异常敏感。我后来在书里读到了"时令"这个词语,一下子就开悟了。我明白,在时间里,有着不容违抗的命令。这里的哲理,在很多尚博村的古老俗语里得到了充分的阐释,譬如尚博有一句老古话,"阎王要你三更死,谁敢留你到五更"。在这种语境中,"阎王"代表一种无法抗拒的律令,世间万物无不掌控在"阎王"的手心里,想逃也逃不掉。

于是,在父亲对于朴素农学哲理的熏陶里,我和弟弟也加入了抢种者的行列。那一年夏天,父亲生病,我们两个小孩,俨然成了家里的主劳力。

抢种的最佳时间是傍晚太阳下山以后。此时种下的秧苗,能够避免阳光直射,还能得到一个晚上的滋养生息,容易存活。但傍晚的时间毕竟有限,更多的时候,我们是在毒辣辣的阳光直射下种田。

最令人难忘的是在午后的种田经历。此时,太阳刚过头顶,毒辣辣地炙烤着尚博村,仿佛要把整个村子烤熟,就像把番薯烤熟那样。我们要种的水田,俨然成了一面反射强光的镜子。阳光,经过水面反射照在我们的脸上。我们勉强睁开眼睛,往水田里望去,此刻田埂旁边,有一堆堆的秧苗在等待着我们。我们每次拔腿迈进水田里，都需要吸足一口冷气。当我们的脚碰到水面的时候，"烫"的感觉令我们终生难忘。皮肤烫，肉烫，骨头也烫。还好有先前吸入的那口冷气，这口冷气似乎起到了降低烫感的作用。等到我们的脚深入淤泥的时候，脚底得到了淤泥的抚慰，一股温存的阴凉，从脚底升起，顺着双腿，传遍了全身。这股阴凉足以抵御滚烫的水对于小腿部位的煎熬。我那时有一种深刻的体会，就是内心深处得到的些许滋润，足以抵抗巨大的煎熬，譬如此刻田里滚烫的水对于腿部皮肉的煎熬。

当我们俯身开始插秧的时候，我们一下子就成了尚博村世袭的光荣的农民。这种光荣在于一种深入骨髓的体验。此刻，阳光奔跑在我们的脊背上，如同奔跑在青草地上。这里有一种鞭笞的力量。这种鞭笞里充满了无可抗拒的命令，它在说：挺住。小小年纪的我，能够听到这种命令，如同这个季节的任何一棵树或者草那样。我像树和草一样接受着命令：挺住。并且在几乎凝滞的时间里，感受到一种向前向上的力量。这种力量施与我的，是一种深刻的暗示，关于我无法抗拒的律令的隐喻。

不但如此，我们的脸上也驻满了经由水面反射的阳光。不消多少时间，我们的脸马上就红了，紫了。滚烫滚烫的红紫。仿佛我们的脸是这个季节最成熟最灿烂的果实。因为我们的劳作，绿色在水田里开始蔓延。等到我们从水田里全身而退的时候，整片水田全都为绿意所充盈。站在田埂上，我会有一种遐想，这块绿莹莹的水田，好像是从我的心里长出来的。

自古以来，因为田地多，尚博村的农活就很重，所以为了保证干活有足够的力气，尚博人一天要吃四餐。下午两点左右，就要吃点心，有时吃粥，有时吃糕点。那天，弟弟从水田里直起腰来说，"腰里痛死了"。我像被感染了一样，也从水田里直起腰来说，"腰里痛死了"。经过商量，我们决定到渠道边的树荫里去躺一躺。

我们两个满腿是泥的小孩，用手撑着腰，深一脚浅一脚地向树荫走去。我们边走边说，"腰里痛死了"。隔壁田里种田的大人一听见我们说这样的话，全都笑了起来。我们的阿爹给我们送点心来的时候，正好看见我们往树荫里躺。当他听见我们说"腰里痛死了"的时候，马上也笑了起来。阿爹叫我们坐起来吃点心，又笑着说了一句尚博村的大人都说过的老古话："小人（小孩子）也有腰呀？"我们美美地吃着点心，并不辩解，因为我们知道，在这样的语境里，是不需要辩解的。我们从小就知道，每当大人说这句话的时候，只要听就可以了，是不需要接话茬的。因为我们知道，尚博村的所有大人，在他们自己还是小孩的时候，也几乎无一例外地被大人们这样说过。

我们对于这句话的真实内涵是非常了解的。因为在不同的场合，不同的大人，给我们讲过几乎一样的故事。故事是这样的：在很久很久以前，尚博村里有一个败家子，懒散成性，家长让他做点事情，他刚接手就说"腰里痛死了"。他的爷爷就用老古话训斥他说："小人也有腰呀？"这个败家子想要反驳，但最终没有说。有一天，败家子和他的爷爷去桑树地里剪桑条，早早地把桑剪别在自己的腰里，爷爷劳动的时候怎么也找不到桑剪，就问败家子："你看见桑剪了吗？"败家子说："我没有看见呀！"爷爷找了半天，大汗淋漓，败家子也装模作样地帮着找。当爷爷看到别在败家子腰里的桑剪时，气急败坏地说："不是在你腰里吗？"并用尚博古话把他臭骂了一顿。败家子只冷冷地说了一句话，就让这个骂骂咧咧的老头闭了嘴。败家子冷冷地说："原来我也有腰呀！"这个闭嘴的老头一脸铁青地回到家里。一进家门，看见自己的儿子，就把儿子叫到门角里，忧心忡忡地说："我们家出了个败家子，你要当心了。"老头死后，败家子也长大了，果然把家产败得精光。

所以那一天，在树荫里，尽管我们真的腰酸背痛，但对于阿爹的轻声问询，没有做任何的辩解。因为我们谁也不愿做让人唾弃的败家子。

每次我们种田的时候，真正困扰我们的，是田里被尚博人叫作"蚂搭子"的蚂蟥。蚂搭子是水田里的骄子，不管水田里的水有多烫，它们都会嗅着我们的气味，向我们游来。很多时候，蚂搭子一吸附到我们的腿上，我们就会有感觉了。也有很多次，蚂搭子已经吸我们的血很长时间了，我们感觉到奇痒难耐的时候，才发现有蚂搭子吸附在我们的腿上。我们用手去扯，把蚂搭子拉得很长，几乎要把它拉断的时候，它也毫无放弃的想法。我们用秧苗去蹭，蚂搭子似乎被搔了痒，终于滚成圆球，从我们的腿上掉了下来。血从我们腿上的伤口里涌了出来，就像暗流从一个窟窿里涌出来。很快，附近的水田变成了血水田。我们不会管它，继续劳动。不多久，伤口就不再淌血了。

　　最可怕的是这样的情况。蚂搭子吸附在腿上，一直没有被察觉，直到它们自己喝足了血，身子变成了一个硕大无比圆滚滚的球，从我们的腿上滑了下来。这些喝足了鲜血的肉球，变得异常慵懒和笨重，在水田里一动不动。我们腿上的伤口里，血还在漫涌，这股中了妖毒的鲜血，似乎在寻找着这个慵懒的肉球一般。我们有过很多次这样的经历，因为劳动非常专注，有很多的肉球从我们的腿上纷纷滚落下来。我们几乎是踩着一条血路，冒着酷暑，坚持劳作，毫不松懈。

　　在我很小的时候，对于蚂搭子充满了莫名的害怕。那一年我刚刚记事，母亲让我坐在田埂上，看村里的妇女们拔秧。妇女们嘻嘻哈哈，劳动仿佛就是娱乐。我看着她们，内心充满了羡慕，摇摇晃晃地想要走到秧田里去。我的幼稚表现立刻引起了我们村里一个叫应莲的妇女的注意。这个比我母亲大几岁的妇女，从水田里抓了一条蚂搭子，放到了我的小手上。蚂搭子蠕动的身躯闪烁着恍恍惚惚的迷幻色彩，我马上就尖叫起来。母亲赶了过来，把蚂搭子从我的身上除走。母亲对应莲说："你大在了狗身上呀！"

　　但应莲既不脸红也不辩解，大概真的"大在了狗身上"。应莲近乎激动地放声大笑起来。我估计她因为我的幼稚表现，唤醒了自己对于和我同样年龄时所遭遇的记忆。

2015年8月3日，写于尚博祖屋

冬天的味道

尚博村冬天的冷，冷到了每一个小孩的心里。

尚博人穿的鞋子，都是女人们做的布鞋。女人们做鞋子的时候，只有鞋帮用的是新布，纳鞋底的，是从穿破了的衣裤上拆下来的旧布头、破布头。尚博村的小孩们玩心重，每天在村子里、田野里奔跑，鞋底很快就变薄了、磨破了，女人们会边骂边用破布头补鞋。

冬天到了，我们的鞋子似乎一下子就变薄了，因为我们时常感觉到一股冷气，从地心里生起，透过脚底，沿着我们的躯体一直钻到心里。冬天一到，所有的小孩子都本能地奔跑起来，因为我们知道，只有奔跑，我们才能感受到热。整个冬天，尚博村里到处都是奔跑的孩子，他们就像是夏天空中盘旋飞舞的蜻蜓，让大人们感到头晕目眩。于是，尚博村里除了小孩奔跑的身影，还经常充斥着大人们斥骂小孩的声音，其中骂得最凶的，是村里的女人们，她们的斥骂里充满了对于鞋子的心疼。

但我们的冷是确实的。我们的鞋子尽管是女人们精心打造的，特别是鞋底，女人们要用最长的针，用最大的力气，才能纳成。但我们不断长大的脚盛在这些鞋子里，依旧感觉到寒冷。我们的脚感觉到冷，最严重的部位是脚指头。我们的脚指头又冷又痛，过了一段时间，我们就感觉到脚趾已经不属于自己了。于是，我们这些没有脚趾的孩子，被门角里晒太阳的掉光了牙齿的老头教唆道："你们快轧墙角呀！"这些老头的鼻子红红的，鼻孔里流着鼻涕，嘴巴里淌着口水，说出来的话透着风，但他们说的每一句话，哪怕是教唆，都充满了诚恳的心意。这些几乎终年晒太阳的老头，眼睛里允满了对我们的羡慕和赞赏。譬如说,当其他大人训斥我们奔跑的时候,他们从不训斥,而是满脸羡慕地看着我们,并且时常诚恳地教唆道:"快跑呀,快跑呀!"有时,这些老头会不可避免地被晚辈用尚博的老古话揶揄道:"活在了狗身上!"

但老古话总是最有道理的,否则不可能经历漫长的岁月,依旧保持了顽强的生命力。譬如这句"活在了狗身上",有时说成"大在了狗身上",常常用来揶揄或者斥骂为大为老不尊的人。这句古话描述的,大概有这么几种情况:一种是大小孩欺负小小孩,一种是大人欺负小孩,一种是大人介入小孩们吵架,还有一种是类似于村里老掉了牙的老头对于我们时常进行的教唆和鼓励。这最后一种"活在了狗身上"的表现,最令我们感到亲切,除了因为我们在老头们的眼里读到了真诚的羡慕,还因为我们读到了我们从内心深处渴望得到的赏识和激励。

于是,在老掉了牙的老头们的赏识和激励中,尚博村的小孩们在有阳光或者没有阳光的墙角里,开始了轧墙角的游戏。一个小孩在墙角里站定,其他小孩挨着墙根依次排成一列,随着一声令起,每个人都往墙角里轧,一列队伍在一瞬间就变成了一条蠕动的虫子。怂恿我们的老头又激动地不停地鼓励着我们:"加油,加油!"老头的脸上几乎有了红光。得到老头的鼓励,这条蠕动的虫子仿佛打了强心针,蠕动得更厉害了,终于在身躯最薄弱的地方破裂而出,一个小孩被挤出了队伍,就像虫子的体液从身躯里迸射而出,带着血腥的味道。

这条受伤的虫子从没有停止蠕动的意思。那个被挤出的小孩,很快就补充到队伍的尾部。于是,一条崭新的虫子,开始了新的蠕动。老头更为诚恳激烈地激励着我们:"加油呀,加油呀!"虫子蠕动得更为厉害了,并在身躯的不同部位破裂,让充满血腥味的体液迸射出来。那个激励我们的老头,就像是一个千年老妖,闻到了血腥的味道,更加激动响亮地说:"加油呀,加油呀!"这时老头的激励声,没有一点漏风的味道,我们听得很真切。于是,墙角里的这条虫子蠕动得更为厉害了,时时在变形,老屋的墙角、墙壁、屋顶终于都感受到了一股可怕的力量,摇摇晃晃起来,发出一种摇摇欲坠的声响。

一个在屋里做饭的女人走了出来,用最严厉的尚博古话训斥着门前墙角里的这条蠕动的虫子。当我们抵挡不住，纷纷要从这条大汗淋漓的虫子里走出来的时候，那个老掉了牙的老头，依旧眼睛冒着金光地说："加油呀，加油呀！"这时这个一脸怒气的做饭的女人用最严厉的语气说："活在了狗身上！"女人还不解气，会继续说："把牢房轧塌了，你就开心了！"老头从不生气，或许他没有听见，或许他在心里说，塌得了吗？

尚博村冬天的冷，冷到了我们心里。那一年，我们在河边的一堵墙前面晒太阳。河面在不停地结冰，一只鸭子，想要在河里游泳，终于被冻在了河中央。鸭子动弹不得，惊恐万状，惊叫声惊动了村里所有的闲人。那天河边聚集了很多看热闹的人，有人说："把一只鸭子冻在河里，大概古书里也不会有的吧。"有个老掉了牙的老头说着漏风的话，他不屑又骄傲地说："我们小时候见得多了。"

尚博村冰冷的冬天，隐藏着我们无限的乐趣。下了雪，雪化后马上结成冰，尚博村的冬天，是冰天雪地的冬天。特别是雪后的早晨，尤其让我们期待。因为这样的早晨，有着让我们无限惊喜的东西在等待着我们去发现。

早晨，太阳出来了，家家户户的屋檐上、瓦楞上，挂满了冰凌。冰凌在阳光的照耀下，闪闪发光。尚博村所有的房子，都在闪闪发光。整个尚博村都在闪闪发光。我们在尚博村的早晨里站着，满心欢愉，满心的闪闪发光。我们从我们够得着的瓦楞上摘下我们心仪的冰凌，握在手里，如同握着闪闪发光的宝剑。我们握着闪闪发光的宝剑，在村里威风凛凛地走来走去。早起破冰挑水的大人看见我们，总会问，不冷吗？我们说，不冷不冷，尽管我们的手已经冻得通红。冰水从我们的指缝里慢慢地渗出来，带走了我们身上的热量，我们满心喜悦地享受着这种感觉。

很多时候，冰凌不仅仅是我们的武器，还是我们的美食。这些闪闪发光的冰凌，被我们叫成凌糖。凌糖无色无味，但我们津津有味地吮着，吸着，舔着，咬着……凌糖给予我们的是尚博村冬天的味道，这种味道淡而无味，却百味尽含，我们尝出了春天花草的味道，我们尝出了夏天鱼虾的味道，我们尝出了秋天谷稻的味道，我们尝出了冬天枯草的味道……一根长长的凌糖，足以消磨我们整个上午的漫长时光。我们边吃边走，在一路的寒风里，我们也听到了各种各样的声音。我们听见了春天燕子的呢喃声,我们听见了夏天知了的鼓噪声,我们听见了秋天大雁的回归声,我们听见了冬天寒风的呼号声……当我们从门前晒太阳的老掉了牙的老头身边经过的时候,老头竟不停地咽起了口水……

没有冰凌的日子,我们就到河里、缸里打捞冰块,当作我们的冰糖。从缸里捞起来的冰块常常含有稻草等杂物,我们就在河里洗干净。我们拿着这些天然的冰糖,津津有味地吮着,吸着,舔着,咬着……它们也足以消磨我们整个上午的漫长时光。

尚博村的冬天,冰天雪地,冷到了我们心里。尚博村冷到我们心里的冬天,让我们从小就领悟了"秋收冬藏"的意味。"冬藏"是一个休止符,就像一个急匆匆赶路的人,被勒令止步,等待重新出发的消息。尚博村的小孩子们,终归好奇心太重,总要把隐藏在深处的东西挖掘出来,寻觅出来。

我们往往不满足于凌糖和冰糖给予我们的滋养,我们总是千方百计地寻找着冬天里深藏的味道。尚博村每家每户都有一口腌制咸菜的大缸。尚博人腌制咸菜的原材料是大青菜,尚博人把这种咸菜叫作"盐渍菜"。家里的这口大缸,总能吸引我们的足够注意。我们把小手伸入大缸的卤水里,从压石下面扯出一棵盐渍菜。很多时候,门前的阶沿石上,一字排着很多的小孩。这些小孩双手通红,在阳光底下津津有味地吃着盐渍菜。盐渍菜像笋一样被我们层层剥去吞进肚里。菜心是最鲜嫩美味的部分,所以,当我们从外面的老叶开始吃的时候,对于最里面的菜心总是充满了向往。也有几个心急的,直接把菜打开,掏出菜心先吃。但他们越吃越无味,和别的小孩越吃越有味,显然是不同的。

阳光底下,门前的阶沿石上,总有小孩在互相询问:"好吃吗?"得到的答复是一片参差不齐的回答:"好吃,好吃。"这种好吃是确实的。

2015年8月4日,写于尚博祖屋

尚博的蛇

尚博的野外，到处都是蛇。这些蛇，大多没有毒。尚博的蛇种类很多，最常见的有赤链蛇、水拉胖、青鞘蛇、灰头鞭。

赤链蛇的腹部有着赤红色的花纹，喜欢躲在桑树地的边缘、田埂、沟渠、池塘边河边的草丛里。一旦受到惊扰，它们就会往水里逃窜。此时的赤链蛇最好看，就像是一条点燃的草绳，在水里越烧越亮。它们在水里游泳，会让水一下子充满了激情，也会让我们变得非常激动。

"水拉胖"自然是尚博人的土叫法。这种水蛇似乎终日待在水里。它们最喜欢待在沟渠、池塘、小河的杨树荫里。它们也喜欢待在水田的禾苗之间。很多时候，它们都探着脑袋，享受着水里休闲而荫翳的时光。但我们也经常看见它们急速游泳的身影。这个时候，它们也往往是受到了惊吓。它们游泳的姿态让人马上就会想起一个词语：水蛇腰。游泳的时候，水拉胖似乎只剩下了腰，身体的其他部位全都化成了腰。游泳的水拉胖常常给我带来一种迷幻的气息。它们扭动变形，极力向前，看着它们时间一久，会慢慢感觉自己就是此时正在水里努力向前游去的这条水拉胖。我们也经常会看到小河或者长漾的河面上有一条孤独的水拉胖，不管是在休息还是游泳，它们显得那样安详自得。此时的水拉胖更具有迷幻气息，你对它们凝望的时间一久，就会有一种无以名状的孤独和自由同时充满了你的内心世界。

曾经很多次，水拉胖被我当作鳝鱼，用抓鳝鱼的方法徒手抓住。这种情况往往发生在水田里。当水拉胖在水田里快速地游窜，我的右手中指就会变成能在极短的时间里逐渐闭合的一个圹。这个圹的大小因捕捉对象的大小而定。一旦被这个环控制住，猎物就很难逃脱。这种方法是尚博人赤手捕捉鳝鱼的土办法，非常管用。但当我把充满杀伤力的右手从泥水里取出来，如果发现手里控制的是一条水拉胖时，总是措手不及。因为水拉胖常常以极快的速度把头扭过来，一口咬住我的手指。虽然水拉胖无毒，但它在我的手臂上咬出来的鲜血，还是让我有头皮发麻的感觉。

"青鞘蛇"也是尚博人的土叫法。这种蛇体形颀长，浑身乌青幽暗，是尚博人常常捕食的蛇，也是尚博人唯一食用的蛇。青鞘蛇喜欢生活在竹叶墩或者坟墩里，具有一种深不见底的幽暗气息。六月里，如果家里有人长了很多痱子，且久久不能退去，家里的女人会去访一条青鞘蛇来，剥皮清蒸，喝汤吃肉。往往一条青鞘蛇吃掉，痱子就会退去。也偶有吃了一条不管用的，就会吃两条。很少听说吃了两条青鞘蛇，痱子还没有退尽的。尚博人几乎人人都吃过青鞘蛇，很小的时候就吃。尚博人幽暗的气质里，肯定有着青鞘蛇养育的一部分。

"灰头鞭"有毒。灰头鞭体形肥壮，浑身土灰，似乎终年在草丛里穿梭着。它们似乎一直在忙碌着，少有安静下来的时候。大人们总是警告我们要远离灰头鞭，但我们似乎并不需要刻意躲避，这种终日忙碌的土灰色的毒蛇，似乎从来没有和我正面遭遇过。

还有一种因为体形硕大而著名的蛇，尚博人叫作"王蟒蛇"。王蟒蛇并不多见。我们见到王蟒蛇，往往是在一个女人的尖叫声之后。女人在查点自己家的鸡鸭的时候，发现少了一只，四处寻觅时终于有了发现：一条王蟒蛇，正鼓着肚子，在墙角边慢慢地爬着。它正在向附近的竹叶墩爬去。女人虽然很生气，但每次都会让王蟒蛇顺利地游进竹叶墩，消失在草丛里。我好几次听到过女人的这种尖叫声，也就好几次看到过腹部隆起的王蟒蛇。我们也曾经在小河边见到过这种王蟒蛇。此时的王蟒蛇，腹部并没有隆起，只是在近水的地方悠闲地爬着，似乎在看着水中自己的倒影。我们依旧会发出惊叫声，而且随着围观者的不断加入，我们的惊叫声会越来越有声势。但这些都丝毫不会影响王蟒蛇悠闲自得地顾影自怜。

大人总是警告我们说，在沾有露水的草丛里走路，要格外小心。不用小孩问为什么，大人们总会不厌其烦地说，喝了露水的蛇就是仙，露水就是仙水，每条蛇都在抬头等露水滴进嘴巴里，这个时候如果有人经过，让它的成仙梦落空，它就会向人发起致命的袭击。在大人们的描述中，不管是哪一种蛇，只要是躲在了沾有露水的草丛里，就会变成穷凶极恶的致命毒蛇，具有一瞬间置人于死地的杀伤力。但我们依旧在沾有露水的草丛里走来走去，有时是黄昏，有时是清晨，甚至有时还是半夜里。我们终究没有被致命的蛇咬过。我们也都慢慢地长大了。

尚博的田野里，到处都是蛇。这些蛇像天空里的蜻蜓那样多。很多时候，当天空里有无数的蜻蜓在盘旋飞舞，地上有无数的蛇在穿梭游动的时候，我们也正在田野里漫无目的地飞奔。我们抬头看见空中有无数的蜻蜓在盘旋飞舞，我们俯首看见地上有无数的蛇在穿梭游动，我们马上就会变得异常激动。因为这个时候，我们似乎愿意是什么就会是什么。譬如，如果我们愿意自己是蜻蜓，那么自己马上就变成一只蜻蜓在空中盘旋飞舞。如果我们愿意自己是一条蛇，那么自己马上就变成一条蛇在地上穿梭游动。我们很小就知道，在飞奔的时候，当自己变成清风的时候，所有的心愿都会在一念之间实现。我们从小就知道，在那样的瞬间，所有梦想实现都易如反掌，轻而易举。所以，飞奔，是让我们心想事成的最好方式和机会。

尚博的蛇，终究不会让我们感到害怕。它们，还经常是我们欺负的对象。我们最喜欢欺负的是刚刚进食的蛇。每次，蛇进了食，腹部就会鼓起来，就像吹了气的气球那样。此时，蛇会变得非常笨拙懒散，总是停在那里，显出很享受的样子。这个时候即使我们靠近，蛇也鲜有应有的警觉，我们会以极快的速度，抓住蛇的尾巴，迅速地把它提起来。因为身体笨拙，蛇被我们提起后便垂直降落，就像一根下垂的绳子一般一动不动。我们并没有就此放过它，我们会不停地抖它，让它像筛糠一样在空中飘荡。我们会说："把你抖酥了，把你抖酥了。"蛇被我们抖酥的标志是它由一个胖子重新变回了一个瘦子：吃进肚子里的食物，全部被我们抖了出来。有时是青蛙，有时是泥鳅，有时是小鱼……当蛇变成瘦子以后，我们就会把它向最远的地方抛去。当蛇在空中像鸟一样向远方飞去的时候，我们总是发出兴奋的欢呼声。

这种屡试不爽的伎俩，我们不但用在刚刚进食的蛇身上，还用在没有进食的蛇身上。尚博的蛇很聪明，它们能依据我们的脚步声和我们说话的声音，判断眼前有没有危险。当我们的脚步里有了风声，我们的说话里有了浪声，它们就会意识到危险就在眼前。不管是在地上还是在水里，此时，蛇都会飞起来。我们哪里肯放弃，也随着飞起来。于是，一个小孩领头，另外的小孩跟随，就像是一朵飞翔的云，我们全都飞了起来。很多时候，蛇不是我们的对手。领头的小孩，会在接近蛇的一瞬间，一下子把它的尾巴抓住，并迅速地提起来。此时，蛇会迅疾地把身子翘起来，张开嘴巴，吐着芯子。这个时候，抓蛇人就会让自己快速地转起圈来。我们把这种急速地转圈，叫作胡蜂旋子。大概因为转得飞快，所以我们很自然地联想到了胡蜂。胡蜂飞起来的时候，非常迅猛，而且总是发出一种让我们感到心悸的叫声，这种叫声里夹杂着翅膀震动的沉闷响声。而我们的胡蜂旋子，情况确实差不多。我们也是转得飞快，并且让自己发出呼呼的声响。

这个提蛇的小孩，此时已经完全变成让我们都感到非常满意的胡蜂旋子。而他手里提着的蛇，已经成为这个胡蜂旋子的一部分，也在发出呼呼的响声。胡蜂旋子越转越快，这个提蛇的小孩开始面目全非，看不见他的脸，更看不见他的眉毛，他手里提着的蛇，也消失了。突然，这个消失了的小孩子，会在这个旋涡的正中心发出一声喊叫，一条蛇也就从这个胡蜂旋子里飞了出来。当这条蛇像鸟一样飞向远方的时候，胡蜂旋子也就慢慢地停了下来。这个小孩子慢慢地变回了原形，看见了他的脸，还看见了他的眉毛。这个小孩子身子晃动了好几下，才慢慢地把自己稳住。当他向远方望去的时候，蛇早已不知去向。他的脸上显出非常满意的神情。

我就做过让村里的小孩子们啧啧称赞、津津乐道很多年的胡蜂旋子。很多次，我是这群向蛇逼近的小孩子的领头人。每当这个时候，我的表现总要比一般的小孩子好许多。我不但要让自己面目全非，看不见我的脸，更看不见我的眉毛，我手里提着的蛇，也消失了，更重要的是，我不会在这个巅峰时刻让蛇像鸟一样飞向远方。我会让蛇从巅峰状态下慢慢走出来，走回来，和我一起慢慢地变回原形。而我的身体也纹丝不动，我手里提着的蛇，也纹丝不动，就像天上垂下来的一根绳子一样。在旁边的小孩子们的啧啧称赞声中，我会非常得意地说："看见了吗，早就被我弄酥了。"这话自然是事实，我手里的蛇，浑身上下全都酥掉了，脑袋、身子、尾巴都在一条直线上，没有一丝动静。

我的这种伎俩很像是我家养的猫常用的伎俩。我家的猫总是不急着把抓到的老鼠吃掉，总会要尽手段把它们弄酥，然后再慢慢享受。当蛇被我彻底弄酥之后，我才会把手臂扬起，让它像鸟一样，向远方飞去。每当这个时候，我都是毫不客气地接受所有小孩子艳羡的目光。

每当蛇像鸟一样，向远方飞去的时候，我总会产生一种极其微妙的感受。我真实地感觉自己就是这条被自己弄酥的蛇，像鸟一样向远方飞去。这条蛇似乎每次都是在不知不觉中消失在我的视野里，每次似乎总是没有看见它着陆的情景。每每这个时候，我总是心满意足。

最让我自己满意的经历，发生在长漾里。那年夏天，我像一条鱼一样追随着漾底的河蚌。当我把一只河蚌从漾底捞上来，把头探出水面的时候，我看见远方的漾面上，有一个小小的脑袋在向我观望。那里有我异常熟悉的一双眼睛。但这双眼睛里有着非同寻常的信息。我仿佛听见它在说：来呀，有种的来呀！在远方向我挑衅的，是一条浮在漾面上的蛇。

六月菱花破水开。此时，长漾里的菱苗正在开着无数白色的小花。这些小花似乎也在火上浇油。我似乎听见它们在说：去呀，有种的快去呀！处于那个年龄里的我，是不能容忍这种一再挑衅的。

此时，我所在的地方，是长漾里一个非常特殊的地方。这里是一个浅水区，我能够站起身来，水齐我腰的地方。很多次我横渡长漾，总是在这里歇脚。这里是一个耳听四方、眼观八路的好地方。这里是长漾的最北端。这条河流，在此处重新缩紧，一个胖子，一个瘦子，一路往东北流去，一路往正北流去，两路河流的中间是一片狭长的桑树地。最小的一路往西北，流成了尚博的小河。所以，在这个供我歇息的地方，我能看到南方长漾淌来的地方，也能看到东北、正北、西北长漾淌去的地方。当我在这里歇息的时候，我感觉所有的流水都在询问我，该往哪个方向淌去。

而此刻，我无心聆听流水的问询，决意往南游去。我终于像一条鱼一样，向着远方迅速地游去。我竟然发现远方的那条蛇，一动不动，眼里都是更为挑衅的目光。

这种挑衅刺激着我，让我做长漾里游得最快的鱼。见我这架势，蛇开始向前游动。我紧追不舍，很快，蛇就在我的眼前，我伸手即可触及。正当它想要扎个猛子向漾底逃去的时候，我一伸手就抓住了它。我故技重演，开始做胡蜂旋子。因为是在长漾中间，这个胡蜂旋子不同一般。当我看见白云在蓝天里盘旋的时候，一个巨大的旋涡已经形成。这个旋涡以我为中心，具有无穷无尽的力量。我终于把手臂向远方扬起，这条早已酥掉的蛇，从这个巨大的旋涡里飞上了天。

我开始放声大笑起来。我感觉，整个长漾都在放声大笑。

2016年8月11日，写于尚博祖屋

河那边

尚博村东的小河，就像是一条鱼游动过后，留在身后的水道。

这条神奇的鱼，从长漾口游入，依着村庄，一路往北游进。一条弯弯曲曲的小河，就在它的身后生长出来。这条鱼游了千百年，这条河长了千百年。

小河对岸，是一块古老的桑树地。这块桑树地，古老而硕大，就像从河西的一棵老桑树上长出来的一片老桑叶。这片老桑叶，隔着小河，把河西老桑树的秘密，流露在早晚的清风里。而千百年不死的那条游鱼，最为洞悉其中的机要。

桑树地里面，有几个老池塘。几个老池塘幽冥无边，就像是老掉牙的老头一样。只有当白云在水面上游弋的时候，情况才会发生些许变化。这个老得不能再老的老头，才会微微睁开眼睛，用几乎仅有的余光，看看周围发生的一切。

池塘四周，是一片老芦苇。这片老芦苇，就像是老头长出来的胡子。胡子经年不息，彰显着垂老的迹象。这些胡子，夏天开始开花，到了秋天，花也就美到了极致。在风中，花召唤着冬天的来临。这是这个老人最美丽的时刻。此刻老人非比寻常。老人不再沉默，用几乎仅有的余声，在季节的深处召唤。冬天也就应声来到。这个老人再次遁入季节的深处，闭门不出，为来年养精蓄锐。

朝西的河岸上，斜长着几棵苦楝树。这几棵苦楝树，虽然是从土里长出来的，但就像是从水里长出来的一样。因为它们的枝干树叶，都在河面上生长着。鱼、虾、河蚌在河里休憩，成为它们的心事。开花的时候，它们是最美的。鸟雀从远方飞来，停在花丛里，欢快地叫唤着。这种情形，就像是花在叫唤一样。这些暗红色的小花，在河水里散发着迷人的微笑。于是，鱼、虾、河蚌都在散发着迷人的微笑。清风徐来，涟漪生起。河流的微笑向远方蔓延。于是，大河开始微笑，远方开始微笑。在小河和大河的微笑里，一些果实从花心里长出来，先是青绿色，接着是半青半黄色，最后是金黄色。当苦楝树上长出金黄的果实的时候，小河里也长出了金黄的果实。河蚌、鱼、虾开始欢快起来，它们也尝到了季节深处的果实。

迷人的苦楝树边上的土坡，是我们的乐园。当大人们在桑树地里劳动的时候，我们就在土坡上"车烂泥"。我们用手在斜坡上挖出一条小沟。这条小沟自上而下，就像是一道瀑布一样。我们用手在桑树荫里刨土，让这些土从小沟的顶端缓缓地淌下来，就像是水从瀑布的顶端流下来一样。这些土在流淌的过程中，会在不同的地方停顿下来。细的停留在上面，粗的停留在下面。我们会把细的土收集起来，在旁边堆一个小山，在大人收工的时候，我们会用桑叶包，把这座小山搬回家。

我们经常是两个小孩分工合作。一个小孩在上面让土流淌下来，一个小孩在下面把细土收集起来。但也有很多时候，我一个人在这个土坡上车烂泥。当夕阳把土坡染成金黄色的时候，是我车烂泥的最好的时光。这时候，土坡金光闪闪，对于我充满了无限的吸引力。我几乎能够听到土坡里面的声响。这种声音从里面长出来，就像身边的苦楝树从泥里长出来，像树叶从树上长出来，像暗红色的花朵从树上长出来，像金黄色的果实从树上长出来，甚至还像鸟雀在花丛里鸣叫，河里的河蚌鱼虾是它的满腹心事。

这种声音听久了，我就开始欢快起来。因为此时，我也开始用这种声音歌唱。我的歌声清脆悦耳，金光闪闪，从内心深处发出来。在这种歌声里，我开始了劳作。我从老桑树的根部刨出老土，小心翼翼地用双手捧着，在小沟的顶部把双手打开。这些老土，从我的手心里源源不断地流淌出来，就像从我的心里淌出来一样，在阳光里倾泻而下。我小心翼翼地把最细的土用桑叶包包好，在大人们收工后带回家。每次当我和大人们一起过河的时候，总会在不经意回眸的时候，看见几棵苦楝树在深情地望着我。

那一年，河那边的桑树地里，建起了一座水塔。水塔建在桑树地的东南角上，斜对面就是漾口村。长漾在漾口村的眼皮底下静静地流淌，也在水塔的眼皮底下静静地流淌。

水塔下面，有几个过滤池。一道围墙把水塔和过滤池围了起来。围墙内的这一片天地，不知从哪一天开始，也成了我们的乐园。

水塔的顶部，是蓄水池。蓄水池下面，有一个圆形的小屋子。小屋子下面，是水塔的塔身。塔身内部，有一道扎根在塔身里的铁梯子。这道梯子，由一个个的铁环组成。相邻的两个铁环，一个可以踏脚，一个可以抓手。而这道铁梯子，就是通往上面圆形小屋的唯一通道。

这间凌空而建的小屋子，对于我们而言，始终充满了无限的诱惑力。有一天，胆子最大的一个小孩终于爬了梯子，顺利地进到那间凌空的小屋子里。其他的小孩子都在下面等着。这些抬头仰望的小孩子，都在等着那个胆大的小孩回到地面，听他讲述待在屋子里的感受。但那个胆大的小孩进到屋子里以后，就像消失了一样。不管下面的小孩怎样叫唤他的名字，他就是不回应。下面有一个小孩说："他不会长出翅膀飞走了吧？"听见这个小孩这样说，其他小孩就更加响亮地叫唤消失在他们的眼皮底下的小孩的名字。但上面的屋子里依旧没有传出任何的回应。

这群举头仰望的小孩子，开始变得呆若木鸡。那个小孩又说："他真的长出翅膀飞走了！"于是，另外的小孩也说："他真的长出翅膀飞走了！"一个小孩说："如果他飞走了，他妈妈不要哭死呀？"其他小孩说："是呀！"想到这些，这些小孩才觉得大事不好，全都扯开嗓门喊叫那个他们心目中的名字。

终于，小孩们的喊叫有了回应。那个小孩终于从楼梯口现身了。几乎是在地面上的小孩的欢呼声里，那个小孩从天空回到了地面上。回到地面的小孩马上就成了其他小孩们的英雄。小孩们便问他："你刚才去了哪里？"小孩说："天上呀！你们刚才不是已经说过了吗？"小孩们又问："那你飞到天上去的翅膀呢？"小孩说："翅膀被收走了。"小孩们问："谁呀？"小孩说："不告诉你们。"这个去过天上，长过翅膀的小孩，在小孩们的簇拥下，趾高气扬地过了河，回了村。

自从那一天以后，去过天上的小孩慢慢地多了起来。几乎每一天，都会有新的面孔从天上回来。这些从天上归来的小孩子，无一例外，都是趾高气扬，一脸的自豪和满足。他们在降临到地面上的时候，几乎都会说："真好呀，天上！"

后来，去过天上的小孩越来越多，没去过天上的小孩越来越少。终于有一天，我的弟弟也从天上回来了。当我的弟弟回到地面上的时候，我问道："你真的到天上去过了？"弟弟不容置疑地说："这还用问吗？"但我还是在弟弟的脸上看到了一些不同一般的东西。我接着把同样的问题问了一遍。弟弟说："你怎么能这样问呢？"于是，我不能再问这样的问题了，即使是自己的亲弟弟。

终于有一天，没有去过天上的小孩，只剩下了我。也就从那一天开始，我的绰号被重新提起。这个让我蒙羞的绰号就是"纸菩萨"。我从小体弱多病，又喜欢流眼泪，得到这个绰号也是理所应当的。在很长的一段时间里，我努力让别人不叫我这个绰号，并且真的做到了。但这一次，当小孩们重新叫我纸菩萨的时候，我变得孤立无援。因为，我几乎每一次都会看到自己的亲弟弟，也跟着起哄，有时也在叫纸菩萨，有时其他小孩叫纸菩萨的时候，我的弟弟在人堆里意味深长地笑着。于是我觉得，免除这种羞辱的唯一的办法，就是自己也去天上一次。

当我做出这个决定的时候，两腿开始瑟瑟发抖。我的恐惧是有渊源的。我从小就养成了早睡的习惯。在我上小学以前，有一个晚上，我照例早早就睡着了，母亲就把我抱到了楼上的大床里，让我独自睡觉。我一觉醒来，听见家里其他的人还在楼下讲话，包括我的弟弟。那天晚上，我没有大声地叫母亲，而是自己从床上爬了起来，摸到了楼梯口。在无边的黑暗中，我像一个球一样从楼梯上滚了下来。虽然命大，但还是留下了很大的隐患，并从此有了"纸菩萨"的美名。因为此后，我落下了偏头痛的毛病，时时发作，还常常伴随着发烧。每次病痛发作，总是眼泪汪汪。我从此恐高，每次站在楼梯口，也会瑟瑟发抖。于是，我也就声名远扬了。

每次有人叫我的绰号，总会把另一个人也顺便提及。这个人就是我弟弟。

这些不怀好意的人会说:"一个纸菩萨,一个弥勒菩萨,还是兄弟呢!"每次听到这些话的时候,我总是满脸通红。后来长大一些,我还会对那些不怀好意的人投去警告的目光,但每次都收效甚微。

想起这些不堪的往事,我决定再一次做出努力,来维护自己的尊严。终于有一天,我要爬到那间凌空的屋子里去的消息不胫而走。这条消息成了一条重大的消息。那一天终于来了。村里所有的小孩都来了,他们要亲自见证这一千载难逢的场面。

几乎是在所有小孩的簇拥下,我过了河,穿越桑树地,来到围墙里,走进水塔内部,开始攀爬那道通天的梯子。当我的双脚踩上第一级台阶,双手抓住第二级台阶的时候,就听见了来自水塔里面的声音。这些声音好像就是穿透塔身的风声。我的腿开始发抖,我马上就后悔了。看到我的裤腿在发抖,下面马上就有小孩带头叫起来:"纸菩萨,纸菩萨。"此起彼伏的一声声"纸菩萨",终于盖过了来自塔身的喊叫声。我瞬间生出了无尽的勇气,毫不退缩地向上面的小屋爬去。我几乎是一口气爬完了通天的梯子,爬进了上面的圆形小屋。

这是一间没有窗户的小屋,这是一间几乎密闭的小屋,四面都是黄色的土砖砌成的墙壁,风在墙壁外面呼叫。我还听见长漾里流水的声音,我还听见了村子里的鸡鸣狗叫声。我甚至看到了白云在天空里徜徉。我还感觉到自己已经乘着鸟的翅膀,从这间小屋里飞走,飞到了很远很远的远方。我甚至确信我已经到了遥远的远方。因为小屋下面,我已经听不到任何的声响。我听不到任何一个小孩在叫我"纸菩萨"。

经历了漫长的时光之后,我决定返回地面。当我从小屋的出口往下探望的时候,我看不见地面上任何一个小孩的影子。我依旧把脚踩在一个台阶上,双手抓着另一个台阶,我一步一步地往下爬,我又听见了来自塔身内部的声响。我终于顺利地回到了地面之上。地面上依旧没有冒出任何一个身影。虽然我也是刚从天上回到了地面上,但没有得到任何一个人的簇拥和询问。

但这并不影响我从天上回来油然而起的自豪情绪。当我自豪地走到小河边的时候,正好看见早已经过河的两个小孩在对岸走动。他们看见我,说:

"纸菩萨从天上回来了。"是啊,我从天上回来了!在这种满心的自豪中,我渡过了小河,回到了家里。

此后很多年,风一直在我心里发出声响。云,也在我的心里徜徉。

2016年11月12日,写于上海

屋脚下

尚博村西，离村最近的田坂，名叫屋脚下。

我从小就对这个名字司空见惯，熟视无睹。屋脚下，是我最早会叫的田坂的名字；屋脚下，也是我最早听说的田坂的名字。

我家祖屋，位于一排老屋的中心位置。我家祖屋往东，隔开一些老屋，才到河埠头。我家祖屋往西，隔开一些老屋，才是一片桑树地。桑树地西面，就是屋脚下。从位置来看，这片桑树地正好位于屋脚下的位置。但是这里没有被叫作"屋脚下"，一定是有道理的。要么"屋脚下"只用来做田坂的名字。或者还有一种原因，这片桑树地本身就是村里老屋的一部分；桑树地再往西，才是屋脚下。我觉得祖祖辈辈都这么叫，这两种原因，应该都有。

这里确乎是老屋的一部分。这排老屋的中心位置，有一条老阴沟。老阴沟往西流淌，流进了桑树地里。这条阴沟里的水，终年散发着老屋内部的味道。这些阴沟水渗透到的地方，承受了老屋的恩泽，土地特别肥沃。在这些土里生长的桑树，叶片特别饱满，颜色特别深厚。它们给了我"油光闪闪"的最初印象。受到恩泽的，还有土里的蚯蚓。它们欢快地在泥里穿行，让土地的皮肤上长出一根根的青筋，还把好看的粪便在那里像小花一样开出来。它们总是躲在泥里，发出很好听的声响。

这是我从小就听惯了的好听的声响。我甚至在祖屋里就能听见这种声响。当我在祖屋里安静下来，就像祖屋养育的一条蚕蟒蛇一样安静下来的时候，就能听到这种声音源源不断地从地底下，从墙壁中，从门外面传来。这种声音里总是充满了无分的诱惑力，引导找走到门外面去，走到门外面去，走到门外面去。

　　门外面,老屋西面的那片桑树地,正在把我深情地召唤。我老远就能看见,一片片桑叶在风中翻转,就像是一张张绿色的脸在对我微笑。我马上开始飞奔起来。在飞奔的过程中,我几乎能看见一双双绿色的手臂,正以最热情的姿态打开,等待着我投入其中。

　　我最钟情的一双手臂,来自地里的一棵桑树王。这棵老桑树的树干很粗大,很苍老。它伸出去的一个个桑拳头,也很粗大,很苍老。这些桑拳头上,有很多枯死的断枝,就像断指一样。这些断枝中间,常常长着一些黑色的桑木耳。桑拳头上,也有很多长着绿叶的青枝,就像女巫颀长的手指一样,向远方生长开去。这棵老桑树的树皮上,有很多地方呈现出天蓝色。这种神奇的颜色令人着迷,经常给我恍恍惚惚的感觉。因为这种颜色,有时我会觉得,老桑树里面,还有另外的一片天空。这棵老桑树里,似乎终年住着蜗牛和蚂蚁。一种叫桑啼子的小鸟,也常常把窝做在它的桑拳头里。

　　这棵老桑树位于桑树地的中心位置。每一次,我总是要从无数的桑树边挤过去,才能走到它的身边。老树见到我,马上就笑了起来。我也马上就笑了起来。我像一条蛇一样爬到它的身上。它的皮肤很粗糙,我爬到它身上的时候,我和它都像被挠了痒痒一样。每一次我都是哈哈大笑着爬到它的中心位置。这里就像是它的心脏。很多树枝从这里分叉而出,在不远的地方伸出拳头来,在拳头上长出枝叶来。我的双脚踩着这个神秘的地方,就可以站起身来。我像一条蛇一样站起身来。我在一瞬之间就有了一种神奇的感受,我就像是从这个神秘的地方长出来的一根树枝一样,向远方伸出去,把拳头打开,让枝叶在拳头上绿意盎然地生长出来。这棵老树上所有的枝叶,都向我露出了友善的笑容。

　　每次爬到这棵老树上,我总是迟迟不肯下来。飞走的鸟飞回来了,落在我旁边的树枝上,也落在我的肩膀上。我在与它对视的时候,总会听见泥里那些熟悉而好听的声音,我也常常会听见头顶呼呼的风声。

　　初夏时节的这棵老树,更为令我神迷。这棵硕大无比的老树上面,此时已经长满了桑葚。这些桑葚颜色大小不一,有青色的,有半青半红的,有红色的，有半红半紫的，有紫色的，有黑色的。颜色越深，越是成熟。树上还有不少桑葚是白色的。这些奇怪的桑葚，布满了小小的白色颗粒，就像是盲人泛白的眼珠子一样。这些白色的桑葚，总是让我们感到非常恐惧。因为这些白色的奇怪的桑葚，据说是鬼吃的。

初夏时节，当我像蛇一样再次爬到这棵老树上的时候，我就像是盗取仙草的灵蛇一样，满目放光地寻找着熟透的紫黑桑葚，每次都以最快的速度攫取，品尝。我吐着舌头，露出牙齿，酣畅淋漓地品尝着一颗又一颗果实。我满脸堆笑，发出哈哈的声响，就像蛇吐着芯子大快朵颐的样子。

这棵硕大无比的老树，一次又一次地把我喂饱。我的嘴唇、舌头、牙齿、手指，全都染成黑紫色的时候，我的眼睛也完全紫透了，就像桑葚熟透了一样。因为此时，我满眼满心都是黑紫的颜色。我心满意足地摸着鼓起的肚子，像蛇一样从这棵老树上滑了下来，也像是一块老树皮从这棵树上掉了下来。当我慢吞吞地从桑树地里退出来的时候，一路上常常会遇到慢吞吞地爬行的蛇。每次我似乎都能够听见它们在和我说话：慢走呀！

年复一年，我终于像祖屋和桑树地养育的蛇一样，慢慢地长大了。我的足迹也慢慢地从祖屋和桑树地里，蔓延到了桑树地西面的屋脚下。

屋脚下，是一片狭长的芋艿田。一垄一垄的芋艿苗，东西走向，整整齐齐。垄与垄之间，是一条条小水沟。当芋艿的茎叶蔓延开来以后，这些小水沟里终日荫翳着，鲜有阳光能够照进来。这些荫翳的水沟里，养育了很多安宁的生物，有田螺、青蛙、泥鳅、鳝鱼、虾、小鱼、水蛇……

我是跟在大小孩的身后，逐渐地对这些水沟产生了兴趣。终于有一天，我不再只是看客，亲自下到了水沟里。我像大孩子一样，弯下腰，让自己的双手在淤泥的皮肤上来回滑过。这是我摸过的最光滑的皮肤。这种皮肤阴凉无比，又温暖无比，而且，在这个过程中，总是有惊喜在不断地等着我。因为当我的双手来回抚摸的时候，水底下淤泥的皮肤上，总会有果实在不断地生长出来。这些果实和我摸到的皮肤一样光滑，阴凉，温暖。因为惊喜不断，我的手也好像是有了魔法，能够让手指所到之处，魔法的效果立刻呈现出来。

我总是要等到手心里装不下那些果实了，才会把手从水里抽出来，把果实放进竹篮里。我像珍宝一样放进篮子里面的，是一颗颗长着长长的老青苔的老田螺。这些老螺，似乎在离开了水沟之后，才如梦初醒，在篮子里把眼睛睁开，把舌头吐出来。当我从几条水沟里经过之后，这些老田螺就快要把我的竹篮装满了。这些田螺几乎无一例外，都会慢慢地把舌头吐出来；有些还乘我不注意，从篮子里翻出来，重新掉进水沟里。

我终于像蛇一样游遍了屋脚下的角角落落。屋脚下的这片芋艿田，每一条水沟里，都留下过我的身影和足迹。我熟悉这里每一种生物的目光。我还熟悉芋艿垄上每一个泥洞里发出来的幽光。我像一条蛇一样经常在这些水沟里游走，感觉自己就像是这片芋艿田养育的一条水蛇。因为我像这里的任何一条水蛇一样安静，阴凉，又充满活力。

这条水蛇也终于慢慢地长大了，活动的范围也慢慢地超出了屋脚下。我开始到屋脚下附近的水田里、沟渠里，甚至到龙山脚下的水田里、沟渠里去摸田螺。当我把一篮又一篮的田螺提回家的时候，总会在村口遇到慢慢走路的老人。他们的眼睛里总是发出羡慕的光芒，要一直目送我走进家门里面去。

不知从哪一年开始，屋脚下的芋艿田里，不再种芋艿，改种了甘蔗。于是，家家户户都有了属于自己的一片甘蔗田。尚博人种的甘蔗，是从塘栖引种的柴甘蔗。这种甘蔗枝干很粗壮，生命力很顽强。顾名思义，它们像桑柴一样，非常坚硬，牙齿不好的人，尤其是老人，很难把皮啃下来。即使皮啃下来了，也很难把里面的糖水吮吸出来。

我家的甘蔗田，在屋脚下偏南的地方。春天，父母把芽头健硕的种甘蔗剪断，芽头朝上，把一节节种甘蔗埋进泥里。春风一吹，一个个芽头就疯长起来。很快，这些芽头就变成了一株株小甘蔗。这些甘蔗毛茸茸的，层层叶片上面，长着白色的茸毛。这些快速生长的甘蔗，让我想起祖屋门前的那根节节高。所谓"节节高"，就是一根去除了梢头叶片，只剩下主干和粗枝的竹子。这根叫作节节高的竹子，安插在门前的泥里，用来晾晒衣服。而甘蔗的生长，用"节节高"三个字来形容，是非常形象的。

甘蔗的生长，似乎是从叶片开始的。叶片由无到有，由小到大，由低到高，甘蔗也就慢慢地长高、长大。把下面干枯的甘蔗叶扯下来，是甘蔗田里很重要的农活。下面的枯叶除去了，甘蔗就一节一节地露出来了。这种情形，就像是一张张脸从幕后显露出来一样。

我常常跟着父母去甘蔗田里除甘蔗叶。到后来，我常常独自一人去甘蔗田里干这种农活。当我把一张又一张的枯叶从它们身上扯下来的时候，总能看到一圈又一圈新鲜的甘蔗从里面露出来。我心花怒放。我感觉甘蔗正在我的心里节节长高。

当我深入甘蔗田的中心位置时，常常能够听到远方传来的各种各样的声音。我倾听的习惯，大概就是在甘蔗田里养成的。

就在我家的甘蔗田里，我听到过很多很熟悉又很陌生的声音。我能够听见很远很远的地方传来的声音，但这种声音也像是从我自己身上发出来的一样。这些声音像是我在尚博村里听到过的那些声音一样，但也像是我从来没有听到过的声音一样。每每此时，我仿佛掉进了一个梦里，一个老人在向我娓娓讲述，而老人也梦见一个老人在向他娓娓讲述，以至于无数的老人在这个梦里娓娓讲述……我一会儿是倾听者，一会儿又是讲述者……阳光穿越甘蔗叶，洒落在甘蔗田的泥土上的时候，我往往也就坠入了这种声音的深渊里。

甘蔗叶一片又一片从一株株甘蔗身上脱落下来，掉在我的身下，无声无息。此时，甘蔗地里似乎没有别的声音，只有远方传来的声音。于是，远方的声音成为此时甘蔗叶脱落的最真实的声音。我沉迷在这种声音里不得自拔。正是在我家的甘蔗地里，我开始熟谙远方的声音。我那时就慢慢懂得，远方的声音，很远，也很近，就像从我自己心里发出来的一样。

只有一种声音，能够使我从这种声音里拔身而出。这种声音就是阿爹的叫声。阿爹的叫声，每次总是从家的方向传来："阿红，好回来了，吃饭了。"于是，我会从这片甘蔗田里退出来，就像一条蛇从刚刚蜕下来的皮里出来一样，迷醉不醒地沿着狭窄的泥路，向家门方向走去……

十月一过，田里的甘蔗都长大了，开始有了甜味。小孩子们也开始品尝屋脚下的甜味。每个小孩从田里钻出来的时候，往往手里都会握着一根甘蔗。这些甘蔗往往已经去除了梢头和叶片。这些从根部被折断的甘蔗，像长枪一样被小孩握在手里。这些长枪太重了，小孩们握着它们，总是有点摇摇晃晃。

小孩们就像是一只只喙舌锐利的鹰隼一样，徒口撕扯着这些柴甘蔗老而硬的皮。等到一节甘蔗的皮都被撕下来，小孩们就大口大口地咬起来，嚼起来，吮吸起来。这些从柴一样硬的柴甘蔗里挤出来的糖水，让小孩们顿时心花怒放起来。

这些心花怒放的小孩，人手一杆老枪一样的柴甘蔗，撕着，嚼着，咬着，吮着，慢悠悠地向村里走去。一路上，他们会遇到一些正是家里顶梁柱的男女。他们听见小孩们在"丝丝哈哈"，看见他们在心花怒放地龇牙咧嘴，会说："要是我也像你们一样有牙齿就好了。"他们几乎是咽着口水说这句话的。他们说的这句话，意思好像是他们的牙齿全都掉光了一样。当小孩们回到村口的时候，手里的长枪也往往只留下短短的一小截了。村口似乎总有一些老人守在那里。这些老人听见小孩们在"丝丝哈哈"，看见他们在心花怒放地龇牙咧嘴，会说："要是我也像你们一样有牙齿就好了。"这些老人说这些话的时候，眼睛里总是有明亮的光芒。他们把嘴巴张开的时候，我们果然看见他们的嘴巴里稀稀拉拉没留下几颗牙齿了。

每次，我总是心满意足、心花怒放地回到家，走进家门。每次我来到家门口的时候，手里的那杆老枪，已经被我全部吞进了肚子里。我几乎是打着饱嗝向祖屋里走去。我边走边叫着阿爹。我在阿爹的回应里安顿下来。就像祖屋里的蚕蟒蛇一样。

2016年11月14—16日，写于上海

愚蠢的洞主

不知从哪一天开始,我摸索出了一种抓鳝鱼的新方法。

这种我独创的方法是这样的:找到一个鳝鱼洞,把套好蚯蚓的弯头钓送进洞口,要不了多久,洞主几乎每次都会上钩。弯头钓是一种大型钓钩,钩子回转,几成一个"口"字,钩锋斜上,成为捕获猎物最要害的部位。弯头钓被捆在一根细细长长的尼龙线上,线的另一头,缚在一块一头削尖的竹片上,每次钩子被送到洞口后,竹片也就被插进附近的湿泥里,起到固定的作用。

我在小小年纪就能够发明这种方法,是因为我熟悉鳝鱼的本性。在我的印象中,鳝鱼似乎一直处于饥饿之中,只要附近有食物,闻到食物的气味,就会不顾一切去取食,哪怕付出生命的代价。所以,在我的心目中,鳝鱼不但饥饿、贪婪,也很勇敢,还很愚蠢。

自从我独创了这种新的方法,弟弟和我马上就开始行动了。这种方法的试验田就是屋脚下的那片甘蔗田。这片先后种过芋艿和甘蔗的老田,基本格局从来没有变动过,有很多老掉牙的老沟和老洞,这是它得到我的钟情的原因。我总是想,因为这块田很老、这些沟很老、这些洞很老,所以洞里的鳝鱼也应该很老。

找到这些老洞,是我们首先要做的。这些老洞,总是位于很老的老地方。所谓"老地方",就是不太能碰到的地方,譬如最深的角落里、最深的草丛里、最老的树根下……事实也是如此,我们往往能够在这些地方找到我们想找的老洞。这些老洞,几乎都躲在阴影里,洞口不大,在我们屏气凝神地蹲在洞口观望的时候,总能看到洞口的水在微微地动着。这里的动静只有在我们屏气凝神的时候才能觉察到，因为此刻这里的动静，就像是刚出生的婴儿睡着时的气息一样，微弱而安静。

每次我和弟弟找到这样的老洞的时候，总是悄无声息地笑着。我们小心翼翼地把弯头钓放在洞口，有时还会用一根小棍子把它送到洞里去。我们把连着线和钩子的竹片插进泥里，就走开了。我们往往先要回一趟家。在回家的路上，我们的脑海里就会开始出现这样的画面：原先松松垮垮的那根一头连着钩子，一头连着竹片的线，被拖到了洞的深处，绷得紧紧的，深深地陷进了泥土里⋯⋯

几乎每次刚进家门，弟弟就会说："哥，好去了。"我说："再等等。"过了几分钟，弟弟又说："哥，好去了。"我说："再等等。"我比弟弟稍长，最主要的表现就是这种沉得住气。我每次说"再等等"的时候，弟弟也似乎总是没有什么意见。祖屋里发生的这一切，被阿爹看在眼里。他总是不露声色地坐在那里。但我常常能够在他的脸上捕捉到不易捕捉的很微弱的表情，就像屋脚下甘蔗田老洞口水的动静一样。

在弟弟和我的几轮对话之后，我们终于出了门。甘蔗田边上，是水稻田。通往甘蔗田的田埂，总是被水稻覆盖着，不是茂盛的稻叶，就是金黄的谷穗。我们每次返回甘蔗田的时候，田埂上的那些田鸡也回到了原来的地方，被我们再次惊扰，向旁边的水沟里、稻田里跳去。也有不少田鸡正处于瞌睡中，来不及躲避，总是和我们的脚步同时起飞，让我们的脚指头感受到它们的皮肤不同寻常的湿润和阴凉。

我们终于穿越了被水稻覆盖的田埂，来到了那个老洞边。一切如我们所愿，那根一头连着钩子，一头连着竹片的细细长长的线，已经被洞主拖到了老泥洞的深处，绷得紧紧的，深深地陷进泥土里。那根插进泥里的竹片也松动了。弟弟和我兴高采烈地开始收钓子。我们的笑声和说话声惊动了老洞的深处，那根绷得紧紧的线，马上就抽搐起来。接着，老洞也开始抽搐起来，泥浆从洞里不断地涌出来。

我赶紧把竹片从泥里拔出来，以最快的速度，把竹片一头的线，绕在自己的胳膊上。于是，我的一条胳膊，取代了那块安插竹片的泥土，成为这个钓子生根的地方。很快，这条胳膊就感受到了老洞深处不同一般的力量。这股力量老辣凶狠、浑厚深沉、深不见底，我们对于很多在语文书中学到的词语的切身感受——譬如殊死搏斗、垂死挣扎——就是在此时最初得到的。

这条接受挑战的胳膊，开始产生麻木和疼痛的感觉，但也绝不会轻易投降。于是，一场拉锯战进入了白热化状态。这条胳膊使出了吃奶的力气，想把线从洞里拉出来；洞主也使出了吃奶的力气，想把这条不知天高地厚的胳膊拉到洞里去。这根进入白热化状态的细细长长的线，在洞口摇摇晃晃、进进出出，一阵又一阵的泥浆随之从洞口涌出来，就像是一股股浓烟从老掉牙的老头的嘴里吐出来一样。

我每次都是咬着牙，连一旁的弟弟也在咬着牙。当那根线嵌进我的胳膊上的皮肉里的时候，线那头的洞主势头开始减弱了。终于，这根线开始慢慢地被我从洞里拉出来。但几乎每一次都会出现这样的情况，在很顺利的一段拉扯之后，洞主总会再做努力，让线再次往洞里钻。总是在我们再次咬咬牙之后，这根线就会很顺利地被拉扯出来。这个过程很奇特，越到后来越轻松，当洞主的脑袋几乎可以看见的时候，这根线的扯动几乎已经是不费吹灰之力了，就像是洞主自己游出来的一样。

出现在洞口的，是一条吞下了弯头钓的鳝鱼。有时是一条油光发亮的青黑色的老鳝鱼，有时是一条同样油光发亮的金黄色的老鳝鱼。这条深居简出、老谋深算的老鳝鱼，孤立无援地在空中腾跃着，在阳光里腾跃着，表达着自己此时的心情，但似乎也在表达着此时我们的心情。我们提着这条活蹦乱跳的老鳝鱼，蹦蹦跳跳地向家里跑去。当我们在那条小田埂上奔跑的时候，老鳝鱼会在深绿色的稻叶或者金黄色的谷穗上面腾跃，就像刚刚从一望无际的稻浪里腾跃而起一样。

但也有出现意外的时候。有时候，我们刚把钓子放在洞口，洞主闻到气味，就一口咬了，那根线一下就绷紧了。弟弟沉不住气，会催促我收钓钩。在弟弟的一再催促下，当我犹豫不决地去拉扯那根已经绷紧的线时，十有八九会落空。只有开始的几秒钟，线是被拉紧的，之后，线就松了，被轻易拉到了洞外面。还有一种情况也会出现意外。当我们放好钓钩，满心欢喜地跑回家以后，弟弟沉不住气，就开始催促出门，我们没有像以往一样，要等到我说过好几次"再等等"以后就出了门，到了洞口，虽然那根线也绷紧了，但结果也往往是没有任何收获。每当这种情况出现的时候，钓钩上的蚯蚓往往已经消失了。

于是我们就会在附近的泥里挖蚯蚓，重新在钓钩上套上蚯蚓，故技重演。但此时我们一般会把钓钩送到老洞的深处。弟弟曾经问我，"为什么一定要把钓钩送到洞里面"，我没有回答他，只是说，"你自己想想为什么"。这条吞食过我们的蚯蚓，又曾经逃脱过的老鳝鱼，最终的命运并没有改变什么。几乎无一例外。我们能做到这一点，也主要是因为我的沉稳和老练。当我们再次回到家的时候，每次弟弟要出门去的时候，我要比以往多说好几次"再等等"。弟弟也曾经问我为什么，我同样没有回答他，只是说，"你自己想想为什么"。

但还有另外一种意外。有几次，当我们放好钓钩，回到家以后，弟弟要出门去，因为我对弟弟说"再等等"的次数太多了，就造成了这样的后果。等到我们慢条斯理地来到那个老洞附近的时候，一下就被眼前的景象惊得目瞪口呆。这个老洞的洞主，因为搏斗挣扎的时间过长，不堪痛苦和折磨，已经从洞里游了出来，在洞外面的泥里、水里折腾了很长时间。因为线和竹片的限制，洞主无法游到远处，只能在洞的附近打滚，几乎用尽了全部的力气，此时肚皮朝上，浮在水面上。

当屋脚下的鳝鱼被我们捉得差不多的时候，我们便开辟新的场所。我们最钟情老路、老渠道和老池塘，越老越好，因为这里才有我们要寻找的老泥洞。这些老洞终于不负所望。这些老洞的洞主每一次出场，总让我们激动万分。我们曾经捉到过和我们的胳膊一样粗的老鳝鱼。这些老谋深算、深居简出的老洞主，终于落到了两个乳臭未干的小孩子的手里。

正因为老洞里的鳝鱼几乎无一例外地被我们擒获，鳝鱼便给我留下了不但饥饿、贪婪，也很勇敢，还很愚蠢的深刻印象。它们给我留下如此独特的印象的原因，还有另外一层。那是常常挂在我父亲嘴上的一句话。我父亲的口头禅里，有这么一句：就像摸鳝鱼一样。我父亲还有一句口头禅：就像捉田螺一样。虽然提及的事物不同，但这两句话的潜台词却是一样的：事情很简单，十拿九稳，胸有成竹。

父亲的这句口头禅，关系到他捕捉鳝鱼的一门绝技。有的时候，负责做饭的阿爹会似乎自言自语地说："今天一点菜都没有。"阿爹的话几乎每一次都能引起父亲的注意。父亲会说："我去摸几条鳝鱼回来。"父亲说这句话的时候，总是不紧不慢，胸有成竹。果然，没过多久，父亲总会捉回好几条鳝鱼给阿爹下锅。父亲进门时的情景让我印象深刻。父亲的手里拎着几根头尾相系的稻草，稻草上面，穿着好多条鳝鱼。这些鳝鱼，被父亲用稻草从腮帮里穿进，从嘴巴里穿出，像一串辣椒一样串在一起。在父亲进门的时候，这些鳝鱼还在努力地挣扎着，它们把身子翘起来，把尾巴翘起来，一圈稻草在父亲手里摇摇晃晃。可见，在之前的时间里，它们有过怎样痛苦而执着的挣扎与努力。看到父亲满载而归，有时候阿爹会说："一个屁时辰，就捉了这么多呀！"但更多的时候，看见父亲满载而归，阿爹总是一言不发，脸上也似乎没有任何表情。阿爹似乎在说：没什么好稀奇的。

我曾经很多次跟着父亲去田坂里摸鳝鱼。父亲喜欢在两边都是浓密禾苗的田埂上施展自己的绝技。父亲在田埂上行走的时候，两眼盯着田埂旁边的地方。父亲要找的，是田埂边的白沫沫。每次父亲看见田埂边有白沫沫，就会说，鳝鱼吐沫沫了，一定在洞里生子了。父亲蹲下身子，小心翼翼地在白沫沫另一侧的田埂边摸索着。父亲每次都能顺利地摸到一个泥洞，有时在白沫沫的正对面，有时在白沫沫的斜对面。接着，父亲将双脚分别落在田埂两边的淤泥里，弯下腰，把一只手探到白沫沫覆盖下的泥洞口，把另一只手探到田埂另一侧的泥洞口，然后让两只手从不同的洞口出发，同时向田埂的中央推进。当两只手从泥洞里伸出来的时候，父亲的一只手的中指弯里，总是死死地扣着一条鳝鱼。当父亲把这条动弹不得的鳝鱼穿到稻草上去的时候，会说："摸鳝鱼，就是这样容易的。"父亲的这句话，加深了鳝鱼留给我的愚笨不堪的印象。

父亲还有一种捉鳝鱼的方法，不是用手去摸，而是用脚去踩。这种抓鳝鱼的方法，尚博人叫"踩鳝鱼"。每次找到一个鳝鱼洞，父亲就会从田埂上走到田里去，用手把泥洞挖一挖，然后把一只脚探到洞口，另一只脚向后踩在泥里支撑身体。等到整个身子稳健如弓，父亲就开始踩鳝鱼。此时，父亲探在洞口的腿脚，一进一退地踩着那个泥洞，田埂的另一侧，总是先有一些泥水从泥洞里喷出来，父亲的动作越来越快，当田埂另一侧喷出来的泥水越来越急的时候，父亲会很紧张地盯着这股喷泉下面的洞口，身子瞬间弯成了一张弓。果然，一条鳝鱼，像一股泥水一样从泥洞里喷射而出。出洞的鳝鱼似乎总是令人措手不及，以迅雷不及掩耳之势，开始逃命。父亲的一只手，此时如同一支箭，瞬间离开了蓄势已久的弓和弦，向亡命之徒飞去，追去，扑去。父亲以极快的速度，从泥里拔腿而出，向田埂的另一侧扑去。果然，当父亲从田里退回来的时候，一只手中指的指弯里，又死死地扣着一条鳝鱼。父亲把鳝鱼穿到稻草上去的时候，会说："踩鳝鱼，就是这么简单的。"父亲的这句话，又加深了鳝鱼留给我的愚笨不堪的印象。

　　但父亲踩鳝鱼，也偶有失手的时候。每次失手，是因为父亲遇到了过于强悍的对手。当父亲在泥洞里越踩越急的时候，鳝鱼从洞里出来的速度过快，以至于父亲真的措手不及。当这个亡命之徒很快就消失在禾苗丛中的时候，父亲总是用尚博老古话狠狠地骂着。看我在旁边目瞪口呆，父亲会说："你看好了，一个屁时辰，又会被我抓到。"果然，当我们在别的田埂上踩鳝鱼回来，父亲故技重演的时候，这个重新回到洞府的洞主，没能像前一次一样幸运，终于成了父亲的手下败将。但也有我们回来后，失魂落魄的洞主还没有返回洞府的时候。每每此时，父亲会用尚博老古话把它狠狠地再骂一次。看我在旁边目瞪口呆，父亲会说："你看好了，没过几天，又会被我抓到。"果然，一天或者几天之后，这个胆战心惊，刚刚打道回府的洞主，没能像前一次一样幸运，终于成了父亲的手下败将。父亲每次抓住这样的鳝鱼，在把它穿到稻草上去的时候，总会说上这样一句："想逃出我的手掌心！"父亲的这句话，又加深了鳝鱼留给我的愚笨不堪的印象。

　　尚博的每一条田埂，父亲都非常熟悉。父亲知道一条田埂有几个洞府，哪几个洞府虚位以待，哪几个洞府里洞主在家，哪几个洞府里洞主暂时逃难去了。父亲总是对我说："要吃鳝鱼，是很简单的。"父亲的这句话，不断地加深着鳝鱼留给我的愚笨不堪的印象。

但鳝鱼真正给我留下愚笨到不可救药地步的印象，还是我们冬天的经历。

天寒地冻的日子，终于来了。这些日子里，小孩们跟大人们说得最多的一句话是"脚指头痛"。小孩们说的痛，不是别的痛，而是冻痛了。因为小孩们脚上的布鞋，到了冬天，一下子就变得单薄了。尚博村的寒冷，透过鞋底和鞋帮，钻到脚趾上、脚心里，经过脚踝，钻到腿上、腰里、心里……有不少小孩在向大人诉说的时候，会招来一顿骂。因为他们终日奔跑，鞋底很快就磨破了，鞋帮也很快就磨破了。他们在向大人诉苦的时候，大人们一下就看到了从鞋子里露出来的脚底、脚背、脚趾。大人们往往会忍不住大声地骂起来。他们用尚博老古话骂着这些流着鼻涕的"褪饭瓜"。"褪饭瓜"就是没能长大，或者没能成熟、半途夭折的小南瓜。大人们这样骂自己的小孩，是因为实在太生气了。

冷得痛到心里，是这些日子里，尚博的每一个小孩子的真实感受。但是，寒冷并没能让小孩们终日躲在家里，小孩们照样在门前奔跑，让鞋子在新鞋子还没做好以前，就有了一个又一个的窟窿。虽然小孩们遭到大人的训斥似乎忽然多了起来，但依旧我行我素，甚至成群结队地向田坂里跑去。寒风呼啸，天寒地冻，小孩子们不顾大人们的警告，像蚂蚁一样，走在渠道上，向田坂里进发。我和弟弟也总在其中。

这个浩浩荡荡的队伍，是去田坂里掘鳝鱼的。确切地说，只有一两个大小孩是去掘鳝鱼，其他的小孩都是看客。当队伍下到田里的时候，小孩们各自散开，开始寻找露在外面的小洞。此时田坂里的湿泥，早已经成为冻泥。泥里的稻茬，也冻僵了。冻泥和冻僵的稻茬，加重了我们脚的疼痛感。但我们兴高采烈，就像春夏季节田坂里的蜂蝶一样充满活力。当有人找到一个朝天的泥洞，并且确认是鳝鱼的洞府出口的时候，扛着铁锹的大孩子就会走过来。这个大小孩像大人一样，在手心里吐了一口唾沫，两个手掌相互搓一搓，就握住铁锹，从洞口开始，沿着泥洞的走向掘泥。当他开始行动以后，其他的小孩们一下就成了充满期望的看客。

围观的小孩越多，抡铁锹的大小孩就越起劲。有时候，大小孩刚刚掘了几铁锹，一条半死不活的鳝鱼就露了出来。但也有很多时候，事情没有这么简单。有时候，被铁锹掘起来的冻泥，已经堆成了一座小山，但那个泥洞，还在往地心里钻。也有的时候，被铁锹掘起来的冻泥，像一条蛇一样在田里生长，已经长到半块田坂，甚至大半块田坂那么长了，但那个泥洞，还在往田坂的另一头钻。这个时候，最小的小孩说："真奇怪呀，鳝鱼长了翅膀飞走了吗？"稍大一点的小孩说："是呀，可是明明在泥里，怎么飞呀？"大一点的看客似乎始终不说话。听见看客们说这些，那个正在劳动的大孩子似乎一下子就挥汗如雨了，一开始也不说话，后来不耐烦了，就说："你们不要响了！"当大孩子满脸通红，把外套脱掉，把里面的棉袄也脱掉的时候，泥里终于露出了一条半死不活的鳝鱼。

这个时候，小小孩说："原来鳝鱼没有飞走呀！"稍微大一点的小孩说："是呀，原来没有飞掉呀！"大一点的看客还是没有说话。那个挥汗如雨的大小孩似乎更加不耐烦了，说："你们不要响了！"

龙山脚下，开始出现夕阳西下的奇妙景观。尚博村里，家家户户的屋顶上，开始炊烟袅袅。此时，我们身边的田里，已经半死不活地躺了好多鳝鱼。小孩子们似乎没有一个想到要回家去。终于，夜幕又浓重了许多，村里叫唤小孩的声音此起彼伏，不断传来。于是，开始有小孩脱离这个队伍。但这个过程极其缓慢，总有几个小孩坚持到底，不愿脱离这个慢慢萎缩的队伍。于是，村里叫唤小孩的声音越来越少，却越来越响。但留在田里的小孩，似乎没有一个听见这种气急败坏的叫唤声。终于，叫唤声逐渐逼近，叫唤的内容，也由小孩的名字，改换成了"褪饭瓜"。大人们骂骂咧咧地走到田里，大声地骂着"褪饭瓜，天黑了，也不回家去"，一把拎起自家小孩的衣领，往回走。这些小孩被拎在大人的手里，手舞足蹈，大声地叫着"我还不高兴回家"，就像一只只田鸡被拎在空中一样，在暮色中腾跃。大人大声地说"褪饭瓜，要吃生活了"，一下子就让那只闲置的手派上了用场。大人的手在暮色中虎虎生威，在空中画出矫健的弧线，沉重地落在小孩的屁股上，发出非常响亮的声音。被拎在空中的田鸡开始号啕大哭起来，声音传得很远，就像是整个田坂在号啕大哭一样。

冬天，尚博的田坂里，经常出现这样的画面：田里，小孩们被大人像田鸡一样拎起。渠道上，很多走动的大人手里都拎着像田鸡一样腾跃的小孩，大人们都在骂"褪饭瓜"，小孩们都在哭诉"我还不高兴回家"。

等到我们长到足够大的时候，我和弟弟也成了肩扛铁锹的掘鳝鱼的大小孩。因为这门技巧活我们已经观摩了很多次，又因为我们从小就有无师自通的禀赋，每一次，我们都能掘到很多半死不活的鳝鱼。当鳝鱼半死不活地堆在田里，闪射着冬天才有的冷光时，我们会对身边围着的看客们说："掘鳝鱼，就是这么简单。"

这种在冬天亲自掘鳝鱼的经历，让鳝鱼留给我们的愚笨到不可救药地步的印象，达到了极致。

2016年11月18—20日，写于上海

金泥鳅

尚博人捉泥鳅的方法很多,最常用的方法,是挖泥鳅。

尚博人需要用手或者工具挖的东西,大多长在泥水里,譬如荸荠、慈姑、芋艿、藕……这些东西,几乎都是长在淤泥里的某种植物的果实,有的是水果,有的是蔬菜,有的是粮食。收获这些长在淤泥里的果实,尚博人无一例外用了"挖"这个词。尚博人捕捉泥鳅,也用了"挖"这个词,给人的感觉,就像泥鳅是从淤泥里长出来的果实一样。

凡是果实,一定长在树的枝头,或者长在植物的根部,依附于母体,不移不易,等待着收获者的收获。尚博人的潜意识里,大概泥鳅也有这种特点。

我最早看到挖泥鳅的情景,是在屋脚下的茭白田里。屋脚下的茭白田旁边,有一块高地。这块狭长的高地,是老底子我家的土地。我出生的时候,这块地不再是我家的了,成了公家的地,但我的阿爹和父亲经常说,这块是我们家的地。所以,我从小就认定这是我家的地。

这块高地里,有好多老树。这些老树虽然很老,却大多不是很高。仅有的两棵高树上,终年有喜鹊在做窝。矮树,是丝瓜和羊眼豆最喜欢攀附的地方。夏秋,甚至初冬时节,丝瓜和羊眼豆在这些矮树上攀爬、开花、结果。这块老地里有很多老石头,这些老石头有很多埋在土里,也有很多被堆在一起,有些还堆成了一堵石墙,常常有蛇从里面爬出来。夏天,南瓜的花开在这些石头上,就像是这些石头在开花一样。这块高地,就是这样的一片小树林。那一年,就是在这一片我最熟悉的小树林里,我看到了永生难忘的景象。

那一年,我刚刚学会走路。那时,我已经能够脱离大人的怀抱,独立行走。有一天，我跟着母亲走进了这片树林里。我跌跌撞撞地向树林的边缘靠近，因为林子下面，茭白田里发生的一切，对我充满了无限的吸引力。母亲一下子把我抱在怀里，抱得紧紧的，说："滚下去还了得呀！"一到母亲的怀里，我马上就长得和母亲一样高了。因为一下子长高了，我的视野一下子就开阔了。我看到茭白田里，父亲正在挖泥鳅。我看到的景象让我马上兴奋起来，我在母亲的怀里又叫又笑，活蹦乱跳。

茭白田里，父亲正在挖泥鳅。那一块区域，已经被父亲用泥块围了起来，围墙里面的水，也已经被舀干了。父亲赤着脚，裤脚卷得很高，袖子也卷得很高，正弯着腰挖泥鳅。父亲的两只手同时用力，一下就成了动作灵敏的铁耙。这把锋利又利索的铁耙，落在淤泥里，用力翻转，淤泥块就翻转过来了。每一次泥块翻转，总有黝黑的黑泥鳅和粉嫩的粉泥鳅露出来。这些露出真容的泥鳅，梦想以极快的速度钻回淤泥里，父亲以迅雷不及掩耳之势，让刚刚还是铁耙的双手，变成了一个碗。这个沾满淤泥的碗，在它们逃离之前，迅速地把泥鳅舀起来，倒进鳅笼里。有时候因为父亲翻动的泥块过大，父亲经常把手指伸进泥里面去抓，几乎每一次，父亲的手指中间都会有几条泥鳅钻出来。

正是这样的情景，让我兴奋不已。我似乎从来没有看到过这样有趣的场面。我觉得这些肥硕无比的老泥鳅，是从父亲的手掌心里长出来的。我在母亲的怀里蹦蹦跳跳，我虽然还不会说话，但也是在以自己的方式和父亲说话：再挖一次，再挖一次！父亲听见我兴奋无比的声音，抬起头来看看我。我看见父亲抬起头来，在母亲的怀里蹦跳得更厉害了，就像要从母亲的怀里挣脱出来一样。母亲把我死死地抱住，说："小祖宗，别动，掉下去你变成老泥鳅了！"父亲满脸堆笑，低头继续挖泥鳅。直到父亲从这片茭白田里拔腿出来，也走进了这片小树林里，我的兴奋依旧没有消退。父亲的鳅笼里，几乎装满了肥硕无比的老泥鳅。这些老泥鳅，很不安分地在上下钻动着，整个鳅笼里不断地冒出来很多白色的泡沫。

当我稍稍长大，看到电视里有变戏法的画面，马上就想到了父亲挖泥鳅的场面。这个场面给我留下了人生之初极其深刻的印象。我生命中的很多此类印象，都与父亲有关。

我出生的时候，村里有一头年老的水牛。这头老水牛给村里耕田，村里每家每户轮流放牛。我很小的时候，父亲就带着我去放牛。那年春天，油菜花开得特别好，整个尚博村金光灿灿，散发着浓郁的芳香。有一天，父亲带着我，沿着夹路都是油菜田的老泥路，又放牛去了。

我坐在牛背上，一下子长得比牛还高，能够看到一望无际的油菜田，兴奋异常。我咯咯咯地笑着，在牛背上扭动着身子，牛就抬起头来看看我，哞哞地笑着叫着。父亲在旁边笑着说："一只小老鼠，骑在牛背上。"我属鼠，父亲经常叫我小老鼠。听见父亲这样说，我笑得更开心了。父亲说："我来讲个老鼠和牛的故事吧。"父亲的故事很精彩，我在老牛背上安静地听着，仿佛就在听自己和老牛之间的故事。

那一年，玉皇大帝过生日，下令动物们正月初九前来祝寿，并宣布将按照前来祝寿的先后顺序，选定十二种动物，做通天之路的守卫，按年份轮流值班。

老鼠和猫是邻居。平时，猫常常欺负老鼠，老鼠敢怒不敢言。猫很贪睡，接到玉皇大帝的命令后，请求老鼠前去祝寿时，叫醒自己一起去，老鼠满口答应。到了当天清晨，老鼠悄悄出了门，没有去叫猫。

老鼠起得很早，跑得也快，但到了宽宽的河边，发愁了，只好坐在河边，等其他动物过河时，伺机跳到它们身上一起过河。等了好一会儿，牛终于来到了河边，老鼠迅速地跳到牛的耳朵里，和牛一起过了河。老鼠躺在牛的耳朵里，既舒服，又省力，就没有跳下来的意思。中午，牛带着老鼠，终于到了玉帝的家门口。

正当牛要进门时，老鼠迅速地从牛的耳朵里蹿出来，抢先跳到了玉帝面前。老鼠取得了第一名，牛取得了第二名。稍后，虎、兔、龙、蛇、马、羊、猴、鸡、狗，也陆陆续续赶到了。猪虽然很懒散，也按时赶来，名列第十二名。玉帝按它们报到的次序，赐封它们为通天之路的轮岗守卫。十二生肖就这样确定下来了。

次日，猫终于醒了，趁着天黑上路了。一路上，猫以为别的动物还没出发,扬扬得意。猫来到玉帝家门前,扬扬得意地敲门喊报到,开门人哈哈大笑说:"真是一只笨猫,你迟到了!"猫如梦初醒,愤怒极了,与老鼠结下了刻骨仇恨,一见到老鼠,就像见了前世冤家……

父亲在讲故事的时候,我一直在咯咯咯地笑着,听见我笑,老牛常常抬起头来望望我,也笑着哞哞地叫着。父亲故事讲完了,对我说:"你就是一只欺负老牛的小老鼠。"我摸摸老牛的头,说:"我和你最好了,我不要欺负你。"我对父亲说:"那我为什么不怕猫呀?"父亲马上就哈哈大笑起来。想起父亲属狗,母亲属猪,我又问父亲:"你和妈妈为什么那么晚才赶到呀?"父亲又哈哈大笑起来,说:"因为爸爸要看门呀,妈妈是一头大懒猪呀!"

老牛在田坂里慢悠悠地散步、吃草的时候,我一直坐在老牛的背上。直到夕阳西下的时候,我们才慢慢地回到了村口。远远地看见母亲在路口等我们,我就大声地喊叫起来:"妈妈是头大懒猪,妈妈是头大懒猪!"等到我们走近,母亲问我在说什么,我就把刚才说的话又说了一遍。看见父亲在笑,母亲也笑了,说:"你这个做爸爸的,真会教孩子呀!"听见母亲这么说,父亲笑得更响亮了,仿佛得到了母亲的表扬一般。老牛也笑着哞哞地叫着,仿佛也得到了表扬一般。

可是第二年冬天,老牛就没有了。最先想让老牛没有的,是一个酒醉子。这个酒醉子光棍一个,懒散成性,穷困潦倒。酒醉子对这头老牛觊觎已久了。几年以前,有一次轮到他放牛,酒醉子就开始实施自己的鬼主意。酒醉子把牛赶到一块白地里,把它系在一棵老死的桑树上,自己走到朝南的土坡上晒太阳。所谓"白地",就是白白的地,没有种东西的空地。这块地在尚博村南,原来也是一块桑树地,不知从哪一年开始,成了白地。这块白地里,稀稀拉拉残留着几棵枯死的老桑树,和两旁郁郁葱葱的桑树地,形成了鲜明的对比。

酒醉子有一天闲逛时,无意间看到了这片白地,就有了一个计划。这一天,实施这个计划的时机,终于来了。酒醉子把老牛拴在白地的中央,任凭老牛怎样努力,老牛都无法离开这块白地的手掌心。酒醉子一大早就把老牛拴在那里,不再管它。中午时分,酒醉子的肚子开始咕咕叫了。老牛也饿了,焦躁不安地围着那棵老死的桑树,哞哞地叫着。虽然老牛围着桑树绕圈了,却朝酒醉子叫唤着。老牛太老了，阅人无数，所以懂得用合适的方式对待眼前的这个人。酒醉子从土坡上爬起来，对着老牛说："我去吃点东西。"酒醉子说完，就钻进了旁边的桑树地里，消失在老牛的视野里。

　　酒醉子穿越了几乎密不透风的一片桑树地，几乎是喘着粗气从地里钻了出来。酒醉子四下看了看，就在一片番薯地里蹲了下来，像老鼠一样在地里挖了起来。酒醉子从地里挖出了好多还没有长大的番薯，把这些半大的番薯放在自己的破凉帽里，又钻进了桑树地。为了避人耳目，在回去之前，酒醉子在挖出番薯的坑里培了一些土，又把挖出来的番薯茎插在上面。

　　从另一头的桑树地里出来后，酒醉子气喘吁吁地回到了白地里。酒醉子对老牛说："太饿了，得吃点东西。"老牛听见酒醉子这样说，又看见他的破帽子里的番薯，马上就激动起来，拼命地拉着那根控制自己的麻绳和死桑树，发出了充满饥饿的叫声。酒醉子心怀鬼胎地把破帽子给老牛看了看后，就向那片向阳的土坡走去。酒醉子一到那里，就躺了下来，拿起番薯，直接吃了起来。酒醉子吃得津津有味，发出很响亮的声音。阳光洒在他的脸上，他的脸因为吃饱了，显得有些变形。一会儿，酒醉子就在土坡上打起盹来。

　　酒醉子醒来的时候，已是午后。老牛前一天晚上吃过一顿草料，到此时，没有再吃过一根草，没有再喝过一滴水。似乎是为了节省体能，老牛不再叫唤，也不再挣扎。酒醉子在土坡上一直躺着，等到夕阳西下的时候，才把老牛从死桑树上解下来，牵着它回村。一天没有进食的老牛，一声不响地跟着酒醉子回村，它的蹄子就像踩棉花一样。酒醉子把老牛径直拉到了队长家门口，大声地叫着队长。酒醉子说："队长，队长，这头牛太老了，快要死了。"队长看见老牛浑身软弱的样子，说："真是这样的。"酒醉子说："把它杀了吧，家家户户分牛肉吃。"一个妇女正好从附近经过，听见酒醉子的话，把他骂了个狗血喷头。

　　之后每次轮到酒醉子放牛，老牛总是老去一圈。酒醉子还主动地要多放几次牛，老牛就又多老了好几圈。每次放牛回来，酒醉子总是要把牛给队长看，把同样的话在队长面前说一次。终于有一天，队长在开会的时候说："我们的老牛也太老了，快要死了，我们就把牛杀了，家家户户分牛肉吧。"带头鼓掌的是酒醉子，还有几个男人也鼓了掌，女人没有鼓掌的。

父亲把这条消息带回了家，我马上就哭了起来，母亲马上就骂了起来，母亲骂想杀牛的人不是人，但事态的发展并没有因为母亲的愤怒而改变。有一天，一台拖拉机开进了尚博村。终于，几天后，那一天，也来临了。

那一天，老牛被拉到了那条老泥路上。这条老泥路，是老牛走得最多的老路。这条老路边，有一棵老树。这是一棵老柳树，没有人知道是哪辈人种在那里的。村里三四十岁的人说："我小的时候，这棵老树就在那里了。"村里五六十岁的人说："我小的时候，这棵老树就在那里了。"村里七八十岁的人说："我小的时候，这棵老树就在那里了。"村里还有一个自称是最老最老的快接近一百岁的老头说："我小的时候，这棵老树就在那里了。"有一天，一个年轻人不知深浅地问了一句"真的呀"，这个老头用没有牙齿的漏风嘴巴说："拉死鬼，我爷爷的爷爷的爷爷说，我爷爷的爷爷的爷爷说过，我爷爷的爷爷的爷爷说过，我爷爷的爷爷的爷爷说过，我爷爷的爷爷的爷爷说过……"这个没有牙齿的老头，就像着了魔一样，说的话停不下来了。年轻人终于忍不住问："到底说了什么呀？"老头说："我前半句还没说完呢。"

"拉死鬼"也是尚博老古话，意思是拉肚子拉死变成的鬼。这个称呼和"褪饭瓜"的意思差不多，是专门用来骂顽皮不堪的小孩的。这两个古老的称呼，尚博人只用来骂男孩，从来不会用来骂女孩。尚博村里的女孩子即使再顽皮，也几乎没有得到过类似的称呼。

几天后，这个被老头叫作拉死鬼的年轻人在路上遇到了老头，忍不住又问了："你那天说的，到底说了什么呀？"老头说："我前半句还没说完呢。"一年后，这个被老头叫作拉死鬼的年轻人在路上遇到了老头，忍不住又问了："你那天说的，到底说了什么呀？"老头说："我前半句还没说完呢。"终于有一天，这个神秘莫测的老头，叫他满头白发的孙子去叫被老头叫作拉死鬼的年轻人。年轻人满腹狐疑地走到老头的床前，叫了一声老爷爷。老头说："拉死鬼，我的前半句话还没有说完呢。但我估计来不及了，我先把后半句话告诉你吧：我爷爷的爷爷的爷爷小的时候，这棵老树就在那里了。"老头把这句话讲完，就寿终正寝了。年轻人如梦初醒，似乎一下子就开悟了。年轻人心里想，毕竟是老爷爷呀，说出来的话也这么深呀！年轻人这么想着：像老头的亲人一样，在老屋里号啕大哭，惶惶戚戚然如丧考妣。

这一天，老牛就被拴在了这棵老树上。酒醉子自告奋勇地说："这个活，我来吧。"酒醉子从家里拿来了祖传的铁凿子和石头锤子，兴冲冲地跑来了。酒醉子来到老树下的时候，泥路上已经聚集了很多人。酒醉子从人缝里钻了进去，一只手把凿子对准了老牛的太阳穴，另一只手抡起了石头锤子锤打凿子。凿子凿在老牛的骨头上，发出来沉闷的声响。老牛开始发出充满了哭腔的哞哞声。老牛的哭泣一下子把围观的很多人弄哭了，女人开始用袖子抹眼泪，扭头离开，有的躲到桑树地里去，有的躲到家里去。这些女人边走边说："这个酒醉子，要死了。"

老牛哭泣着，眼泪开始落下来。酒醉子看到老牛的眼泪，听见女人们的咒骂，开始心慌起来。他住了手。酒醉子放下手里的工具，转头向家里走去。过了一会儿，酒醉子回来了。酒醉子满脸通红，满嘴酒气。酒醉子回来的时候，老路上已经稀稀拉拉没有几个人。酒醉子走到老树下面，故技重演。只是这次，酒醉子动作连贯，用力凶猛，就像在凿击最老的蛮石头一样。

老牛的太阳穴里，有很多的血流出来，涌出来，喷出来。这些血像喷泉一样喷出来，淌下来，老牛的眼睛红了，鼻子红了，嘴巴红了，眉毛红了，胡子红了，牙齿红了……血流到地上，从地上溅起来，泥土红了，石头红了，草红了，树红了……老牛还在不停地哭泣，老牛的哭泣里充满了疼痛感，老牛的哭泣也红了……酒醉子疯了，酣畅淋漓起来，终于把铁凿子凿进了老牛的太阳穴里。酒醉子用石头锤子在铁凿子的木头柄上狠命地锤打着，发出砰砰的响声，就像是从一块最老的老石头上面发出来的一样。老牛的血从铁凿子上流出来，从石头锤子上流下来，从酒醉子的手上流下来，从酒醉子的胳膊上流下来，从酒醉子的腿上流下来……老牛在酒醉子疯狂的喊叫声里哭泣，声音传得很远，几里以外的地方，人们都在说，尚博的牛在哭。

终于，老牛倒在了老路上，倒在了老树下，倒在了血泊里。酒醉子的铁凿子，深深地钻进了老牛的太阳穴里，酒醉子在这把铁凿子上击打了最后一下，红着眼睛说："还没听说过打不死的牛。"

那一天,我被母亲禁止出门。阿爹陪着我,躲在祖屋最深的角落里。老牛的哭泣从老路上传来,从门口传来,从屋顶上传来,从墙壁里传来,从地底下传来……我马上就哭泣起来。阿爹抱着我,一言不发。后来,母亲就跑回家来了。母亲进门的时候,还在恨恨地骂着。母亲说:"这个酒醉子,好死了。"过了一段时间,父亲也跑回家来了。父亲进门的时候没有说话,但一脸青黑色。我的父母都回家以后,阿爹就把我交给了他们。阿爹出了门,过了好一段时间,阿爹也反剪着手臂回来了。阿爹进门就说:"官路上,已经有人在分牛肉了。"阿爹说的官路,就是那条老泥路。父亲问:"谁在分肉?"阿爹说:"还会有谁,酒醉子呀!"父亲终于忍不住说:"这个酒醉子,真的要死了。"

村里好几户人家拒绝领牛肉,我家就在其中。连最老最毒的老母鸡都要吃的阿爹,这次也说,这头牛的肉,不能吃。这些被拒绝领取的牛肉,后来被人分掉了,酒醉子分得最多。之后几天,酒醉子躲在屋子里,天天喝酒吃牛肉。终于有一天,有人问别人说:"你见过酒醉子吗?已经好几天不见了。"那个人说:"是呀,酒醉子好几天不见了。"当这两个好奇的人走进酒醉子的家门的时候,发现酒醉子已经死在了桌子底下。酒醉子死在一堆牛骨头里,桌子上,有没有喝完的烧酒和没有吃完的牛肉。

有人说,酒醉子是撑死的;有人说,酒醉子是醉死的;有人说,酒醉子是被人咒死的;还有人说,酒醉子是被老牛叫走的。我母亲说,酒醉子到底死了。我父亲说,酒醉子真的死了。阿爹还是一言不发,仿佛在说,早就想到会这样。

老牛死后不久,父亲的风湿病就犯了。父亲病得很重,浑身关节酸痛,躺在床上爬不起来。母亲很着急。但阿爹似乎一点不着急。阿爹对父亲说:"你这是老毛病。"见父亲不解,阿爹说:"我,还有你大伯都有这毛病。"阿爹是想说,这种毛病,是遗传的。

父亲瘫在床里不能起来,前后有几年时间。就是那几年,我和弟弟常常到田里去劳动。当我们像大人一样从水田里拔腿起来,躺在泥路上喊腰疼的时候,常常被送点心到出坂里来的阿爹听见。阿爹就会给我们讲一个小攒掉虫的故事。"掼掉虫"是尚博土语，就是要把家底败光、无药可救的败家子。故事里的小孩跟着爷爷去桑树地里劳动，劳动还没有开始，就说腰痛了。爷爷说："小孩子是没有腰的。"过了一段时间，小孩子把桑剪插在腰里，故意四处找桑剪。爷爷说："桑剪不是在你腰里吗？"小孩说："你也知道小孩有腰呀！"听见自己的孙子这么说，爷爷就知道家门不幸，出了一个"掼掉虫"了。阿爹每次给我们讲这个故事，虽然当笑话讲，但似乎总是在告诫我们，不要做掼掉虫。

父亲终于被母亲送到杭州去看病。去的次数多了，父亲就结识了杭州医院里的一名医生。这位姓张的医生，医术高明，对于父亲很是体恤照顾。父亲每次去省城，总要到钟管或者泉家潭买来毛脚蟹或者甲鱼，作为送给张医生的礼品。毛脚蟹和甲鱼总要蓄好几天，才能蓄够数量。这些毛脚蟹，放在一个脚盆里，脚盆的上面，罩着一个网。祖屋里的这个脚盆，那几天，会终日发出毛脚蟹吐泡泡的声音。随着这些细小泡泡的破碎，祖屋里散发着新鲜无比的腥味。这些新鲜无比的腥味，总是让我想到长漾的味道。我和阿爹在长漾里钓鱼的时候，曾经在远方吹来的清风里闻到过这种好闻的味道。

父亲因为久病，与张医生建立了深厚的友谊。有一年过年前，张医生接受父亲的邀请，带着比我稍大的儿子，到我家来做客。这对父子，在我家住了几天。很多人到我家来问诊，张医生把听诊器塞进这些男女老幼的棉衣里，用纯正的杭州话询问病情。那个在杭州城里长大的名叫张灵的男孩子，用杭州话和我们交流，并没有太多障碍。

为了给父亲补充营养，母亲经常到渠道里去挖泥鳅。母亲常常和一个叫"大块头影子"的奶奶一起去挖泥鳅。

"大块头影子"的块头确实很大。早年，影子和丈夫文贵，带着一个领养的儿子，从江北老家出发，划着一条江北小木船，来到了尚博村。夫妻俩每天划着小木船，靠给村里捻泥为生。

捻泥，既是技术活，又是体力活，通常由村里的青壮年劳力来承担。这些青壮年，先将小木船撑到河中央，然后在船头、船尾的固定孔中插入竹竿直至河底，把船固定住。他们在两侧船舷上一前一后搁两块跳板，每块跳板近船舷处背对背各站一人，面朝河面作业。用作捻河泥的器具，是竹编的畚箕，口子后端连有一根三四米长的细竹竿，口子前端两侧和后端中间各系一根麻绳，三根绳子上端连在一起打结构成三角形提手。

作业时，拉紧后端，松开前端绳子，使畚箕与竹竿保持一直线，畚箕口朝船舷并紧贴船舷用力地直插河底，再拉起畚箕前端两根绳子，河泥带水就滑入畚箕里；三根绳子平衡用力提出水面，水自然漏掉，泥倒入船中。有时候还会有意外收获，拖泥带水中会有一些鱼、虾、河蚌。一处清淤完毕，小木船就移到别处作业，等到船舱里装满淤泥，就把船靠岸，用铁锹将淤泥抛往岸帮上。抛到岸帮上的淤泥，再逐层搬调到桑树地里用作肥料。尚博人把用捻泥箬把河底的淤泥捞到船里叫"捻泥"，把从临河的岸帮上逐层搬运淤泥叫"搬调"。

从河里捻上来的淤泥，乌黑发亮，是桑树地和农田的上好肥力。

文贵、影子夫妇捻泥技术很好，在尚博的时间长了，就认识了村里老老小小所有的人。后来，经人介绍，他们就到我家前面孤寡老人聋子阿太家顶户头，做了阿太的儿子、儿媳。也有人叫聋子阿太"森宝奶奶"，因为她死去的丈夫叫森宝。文贵、影子夫妇俩回了一趟江北老家，把自己的侄女接来，和自己领养的儿子配了亲。这样，他们就算给聋子阿太开了门。"开门"是尚博的老古话，意思是没有血缘关系的晚辈顶了孤寡老人的户头，让这户即将绝户口的人家续上了香火。

影子身体虚胖，身上有不少老毛病，走路缓慢，很多尚博人叫她"江北奶奶"。不知道从什么时候起，尚博人对江北人有了成见。有人饭量很好，尚博人会说，像个江北人一样；有人邋里邋遢，尚博人会说，像个江北人一样；有人做事情蛮不讲理，或者不计后果，尚博人会说，像个江北人一样。不知什么时候开始，尚博人有了一句口头禅：江北人不要面孔，江北人不要性命。

"奶奶"这个词，尚博人日常只用来指女人的乳房或者奶水。尚博人叫祖母或者老年女人为娘母。尚博人口中的"江北奶奶"，却有了北方语系中老年女人的意思。很多尚博人在背后叫影子"江北奶奶"，似乎还有另外的意思。影子很胖，两个乳房硕大无比。到了夏天，影子穿一件薄薄的纱布衫，两个乳房在纱布衫里晃荡，就像两个大葫芦在藤蔓上晃荡。每次小孩们看见影子从远处走来，会非常大声地说："江北奶奶来了，快逃呀！"虽然影子对小孩子很友善，但小孩们还是每次都这样说，仿佛一旦被影子抓住，后果会非常严重似的。在大人的教唆下，尚博的小孩都会在影子背后唱山歌："江北奶奶，螺蛳采采，吃么吃点小白菜，困么困只小棺材……"

影子身上确实有很多独特的地方。譬如吃了亏，不管是在聋子阿太那里，还是在文贵那里，儿子、儿媳妇那里，尤其是在外人那里，就会满地打滚。影子打地滚时，总是边哭边唱，尚博人只觉得她很悲伤，却不太听得懂她在说什么，唱什么，因为她说唱用的都是江北话。

影子重男轻女。有一次，影子烧了番薯，满心等孙子来吃。但在路口等来的是并排走来的孙子和孙女，而且孙女走在前面，孙子走在后面。影子不停地向走在后面的孙子使眼色。影子使眼色示意孙子留意自己的衣襟里面。这里是影子经常给孙子藏好东西的地方。但那一天，无论影子怎样使眼色，孙子就是没有领会到。孙女却察觉到自己的奶奶的诡异表现，顺着她的眼神，按图索骥，很快就发现了影子衣襟里面的秘密。这个开始懂事的女孩子就在地上打滚，哭喊着奶奶偏心眼。这个女孩子像尚博村里的其他小孩子一样，那一天，还第一次把自己的奶奶叫作江北奶奶。

这些，都是影子在尚博人心目中江北人形象根深蒂固的原因。很多尚博人不愿意和影子交往。他们常常摇着头，说："和这个江北奶奶，没什么好说的！"但母亲并不排斥影子，经常和影子一起去挖泥鳅。

那是夏末的一个傍晚，我和弟弟跟着母亲和影子去挖泥鳅。我们的目的地是澈山的一条南北向的老渠道。这条老渠道很老，渠道边的泥路很老，路边的一排树很老，树与树之间的芦苇丛很老，路边很老的茅草丛里，爬出来的蛇、鼠、田鸡都很老。那一天，母亲和影子找了这条老渠道最老的一段，作为当天劳动的场所。

影子和母亲用岸上的老泥，在这段老渠道的两头都拦了一条泥坝。堤坝拦好以后，两人就各占一头，往堤外舀水。一开始，她们用提桶舀水。她们一手提着提桶的柄，一手托着提桶底部的边缘位置，舀一桶，倒一桶，动作娴熟。坝内的水位开始时和堤外持平,后来就慢慢地低了下去。

当水位低到两个舀水人的小腿位置时,渠道里就开始热闹起来。水里的主人,慢慢地露出了真容。首先是较大的鲫鱼、鲤鱼、草鱼、鲢鱼,慢慢地露出了脊背。它们游得很快,仿佛这样就能从这里游出去一样。接着,小鱼、小虾也露出了真容。这时,先前快速游动的大鱼,已经搁浅在快要见底的渠道里。只有小鱼、小虾游得很快,仿佛这样就能从这里游出去一样。终于,渠道快要见底了,母亲就换用迁箄,影子就换用蚌壳,把渠底最后一点水,向外舀出去。

迁箄,是尚博人舀水的工具。这是尚博人自制自用的古老工具,截一截老树枝,对半分开,取其中的一半,一半只留下一个握柄,另一半凿成船舱一样的形状。尚博人用迁箄舀水、舀泥,还用它来舀谷、舀米、舀麦、舀豆,养蚕季节,还用来舀蚕……

母亲用迁箄持续不断地舀着残水,影子用蚌壳持续不断地舀着残水。不一会儿,渠道就见底了。渠道里最后露出真容的,有螺蛳、河蚌、几只田鸡,还有几只青黑色的甲鱼。看到几只甲鱼从水里露出来,影子和母亲都惊叫起来。影子说:"今天是什么日子呀?运气这么好!"母亲说:"是呀,今天是什么日子呀?运气这么好!"影子和母亲兴高采烈地把已经露出真容的东西,都收进了提桶里。此时,提桶就成了装东西的容器。

等到把这些东西全都装进提桶,挖泥鳅的活也就正式开始了。影子和母亲还是各自占据一头,向着这段沟渠的中央,面对面挖泥鳅。这段老渠道果然名不虚传,从影子和母亲的手掌心里,像变戏法一样变出来的泥鳅,不但多,而且大,有黝黑发亮的黑泥鳅,有油光闪闪的粉泥鳅。影子和母亲每一次把手插到淤泥里,都能捏出几次才能捧完的老泥鳅。我和弟弟看得目瞪口呆。终于,弟弟说:"这些泥全都变成了泥鳅吗?"我把这句话也说了一遍。弟弟和我的疑惑不解,把在渠道里挖泥鳅的影子和母亲逗得哈哈大笑。影子说:"这两个小人真好玩。"母亲说:"是呀,人在小的时候都是好玩的。"

太阳已经落到了龙山顶上。影子和母亲也已经从渠道里爬了上来。两个泥人开始分泥鳅。泥鳅分好后分鱼、虾、青蛙。最后留下那几只黝黑发亮的甲鱼。影子说："你家阿林在生病，这些甲鱼，都给阿林吃吧。"母亲说："这多难为情呀！"影子笑着，这是影子才会有的笑。母亲不再推辞，把几只甲鱼全都收进了自己的提桶里。

父亲吃了这几只黝黑发亮的老甲鱼后，身体慢慢地好了。终于，父亲开始从床上爬起来，走出屋外，还走到田里，能够干活了。那时，我和弟弟又长了好几岁。就在这个时候，父亲无师自通，发明了捉泥鳅的一种新的方法。父亲把这种捕捉泥鳅的方法，叫作"打泥鳅"。

父亲手巧的特点，这一次又得到了充分的体现。父亲自制的捕鳅工具，叫三角网。这个三角网，是名副其实的三角网。底和三个侧面，都是三角形。这几个三角形，都以细小的竹子作为支撑。最后面的是最长的一根竹子，就像是三角网的脊柱，前端的一截，可以用来握手。除了朝前的一个三角形，其他三面都用网包起来，几根竹子，不但是三角网的骨架，还起到了把网穿连起来的作用。这没有网的一面，就是泥鳅的入口。

打泥鳅的时候，除了这个三角网，还需要一个工具，这个工具是赶泥鳅用的。这是一根更粗壮的长竹竿，竿底装一个铁的三脚架，底的铁丝上，挂一些小铁环，只要把这根装备特殊的长竹竿一摇晃，就会发出清脆悦耳的铁的声音。

于是，我和弟弟经常跟着父亲去打泥鳅。尚博的渠道，南北向的都是一些大渠道，东西向的多是一些小渠道。大渠道是主渠道，不多；小渠道的分渠道，很多。但不管是大渠道还是小渠道，都是老渠道。父亲打泥鳅去的场所，不是影子和母亲挖泥鳅的大渠道，而是刚好能安下三角网，两头没有漏隙的小渠道。

这些又小又老的渠道，两边都种着杨树。这些杨树很老，新枝的旁边，总有一些死枝。这些渠道上，有不少横跨两头的青石板，就像小桥一样，能够让人来回行走。

这些渠道的两边，都是水田。春天一到，田里菜花开的时候，这些渠道都成了春花沟。"春花沟"是尚博人常常挂在嘴边的很古旧的一个词语。尚博人提到这个词语的时候，总是满脸堆笑，因为春花沟总是给尚博人带来很多的快乐和满足。东西走向的渠道,是大春花沟。大春花沟连着无数菜花掩映的小春花沟。菜花开的时候,无数黑背脊鲫鱼,正从大春花沟的各个角落里赶来,努力逆水而上,抢到小春花沟里。

小春花沟里,是它们谈情说爱、交配产子的天堂。连接小春花沟和大春花沟的地方,是一个小小的瀑布。小春花沟里的水,通过这个小瀑布,源源不断地流到大春花沟里去。这些漂着花瓣,散发着花香的春水,在瀑布里发出好听的声响,让发情的黑背脊鲫鱼激动、癫狂起来,竭尽全力抢水而上。此时的瀑布里,总是有它们在抢水而上时发出的拍水声、击水声、摆尾声……这些很努力的声音,和瀑布流水很自然的声音互相应和着,让人心情愉悦。从大春花沟里抢到小春花沟里的鲫鱼,会在小春花沟里一阵激游,让自己的黑背脊露出来,发出很响亮的声音。这种声音与另外一种声音很接近,但不尽相同。另一种声音里更充满了激情。两条黑背脊鲫鱼,正在你追我赶,打情骂俏,在合适的时间和地点,把生命深处最黑暗、最明亮的激情释放出来,让自己的生命从这条春花沟里流淌出去……

尚博人喜欢春花沟的原因,不仅仅是因为这里能够看到最好看的花,闻到最好闻的香味,听到最好听的声音,还因为他们能在这里捕到一年中最好的黑背脊鲫鱼。这个时候的黑背脊鲫鱼,雄的身体健硕,雌的满腹鱼子,是尚博人心里最好的黑背脊鲫鱼。这个时候,尚博人会说:"我去拣几条黑背脊鲫鱼回来。"尚博人说的是事实。因为这个时候,小春花沟里,到处是追逐激游的黑背脊鲫鱼,小瀑布里,也挤满了逆水而上的黑背脊鲫鱼。尚博人只要一伸手,一条或者几条油光发亮的黑背脊鲫鱼,就钻进了自己的手心里。

而我们到那里去打泥鳅,是在黑背脊鲫鱼激情戏文散尽后的夏天和冬天。这时,这些渠道似乎一下子成了泥鳅的天下。柳树的阴影里,我们总是能够看到很多泥鳅,很快地探出头来,在水面上吐出一个小水泡,又摇着尾巴回到了水面下。这些悠闲自得地不断冒出来又迅速消失的,有的是油光发亮的黑泥鳅,有的是油光发亮的粉泥鳅。

我们偶尔还会看到金泥鳅。每次金泥鳅从水里冒出来的时候,我和弟弟总是非常兴奋地叫起来。因为我们此时看到的泥鳅,果然非同凡响。这些泥鳅浑身金黄，体形肥硕，长着长长的金黄色裙带状的鳍和尾巴，还长着龙须一样长长的金黄色的须。

有一年夏天的一个午后，天气异常闷热。父亲说："今天天气不错。"父亲的真实意思是：今天的天气最适合打泥鳅。于是，弟弟和我再一次跟着父亲出了门。这天我们去的，是南横头的那条老渠道。南横头是一块老田坂的名字。南横头北侧，有一块老桑树地。老桑树地里，有好几个老祖坟。朝南的土坡附近，是油豆腐阿坤的棺材。南横头南侧，有一块小高地。我家的老祖坟就在这块高地上。这块高地南边，有一条老泥路。泥路南面，是一片叫六谷田里的老田坂。六谷田里北侧，也是一片高地。我家的自留地就在这片高地上，与我家的老祖坟隔路相望。

我们一走到南横头北侧的老渠道边，就看到一条金泥鳅慢悠悠地从水里冒出来。我们马上就兴奋起来。父亲说："你们不要响，响响泥鳅都逃跑了。"但我们还是忍不住问父亲："它几岁了？"父亲告诉我们："它已经一百岁了。"弟弟说："那它比阿爹年纪还大呀！"我也说："是呀，那它比阿爹年纪还大呀！"父亲说："是呀！"

父亲走到一块横跨在渠道上的青石板上，把三角网安放在渠道里。父亲沿着渠道一侧的泥路，沿着三角网开口的地方，走出几十步，就停了下来。把装有铁环的竹竿放到渠道里，在水里拼命地击打，让渠道里生出很多的水花和声响。竹竿一直要击打到渠道的淤泥里，竹竿击打所到之处，渠道里的清水，马上就变成了浑水。父亲边击水，边向三角网靠近。在父亲离三角网还有几步路的时候，三角网里已经有了哗哗的响声，三角网上面的竹竿，也开始颤动起来。接着，整个三角网也颤抖起来了，弟弟和我看得目瞪口呆。

这个时候，父亲同时加快了击水和跑步的速度。离三角网只有两三步路的时候，父亲最后一次用力击水，并一个箭步跑到了那块青石板上，提着那根竹竿的梢头，把三角网口子朝上，迅速地提了起来。父亲非常艰辛地让三角网露出了水面。当三角网的最后一个三角露出水面，整个三角网口子朝天的时候，我们全都惊呆了。三角网里，有一半都是硕大无比的泥鳅。

在我们的帮助下，父亲小心翼翼地把泥鳅倒进提桶里。很快，一个提桶都装满了，还有很多泥鳅装不下，在三角网里蠕动着。父亲说："今天果然是好天气，这么多泥鳅。"我说："今天果然是好天气，这么多泥鳅。"弟弟说："今天果然是好天气，这么多泥鳅。"

父亲说："就用这个三角网做装泥鳅的提桶吧。"于是，父亲让三角网继续三角朝天，让泥鳅在里面蠕动，我和弟弟一人伸出一只手，提起了装满泥鳅的提桶，我们满载而归。每走几步，弟弟和我就把提桶放在地上说："真重呀！"父亲也把三角网的三角顶在地上，让三角网继续口子朝天说："真重呀！"

回到家，所有的泥鳅都被倒进了祖屋里最大的老脚桶里。这只硕大无比的老脚桶，也一下子装满了。阿爹听到声响，也走到大门口来看，问我们打了几网，当听说只打了一网时，也惊得目瞪口呆。我和弟弟找遍了整个老脚桶，也不见那条金泥鳅，就说："好奇怪呀，那条比阿爹还老的金泥鳅，明明就在那一段渠道里呀，怎么不见了呀！"父亲说："金泥鳅，有这么容易就能被打到的吗！"

我们开始缠着阿爹。弟弟说："阿爹，这条金泥鳅比你还老，你小时候一定也见过它吧。"阿爹："当然见过了。"阿爹给我们讲述了小时候见过的金泥鳅的样子。

阿爹说，他像我们这么大的时候，有一天，跟着爷爷到田坂里去。阿爹的爷爷当时眼睛已经瞎了，全靠吸烟用的大烟管头做拐杖。阿爹跟着他爷爷的时候，阿爹就成了他爷爷的拐杖。当阿爹扶着他的爷爷，走到老泥路上时，正好看见一只金色的老鼠从一块高地的泥洞里爬出来。阿爹惊叫着说："爷爷，一只金老鼠！"阿爹的爷爷说："是不是连胡须也是金色的？"阿爹说："是的，连胡须也是金色的！"阿爹接着问："爷爷，你是怎么知道的？"阿爹的爷爷说："我当然知道了！"听见阿爹和他的爷爷在说话，金老鼠飞一样跑了起来。金老鼠不是在地面上飞，而是在金色的稻浪之上飞奔。阿爹又把这样的情景向他爷爷说了。阿爹的爷爷说："我知道的。"金老鼠在南横头的稻浪的浪尖上飞了一圈，就纵身跳进了渠道里。阿爹对他的爷爷说："爷爷，我要在这里等金老鼠出来。"阿爹的爷爷说："你不用等了，它不会出来了。"阿爹问："为什么?"阿爹的爷爷说:"因为它已经变成了金泥鳅。"

阿爹说:"我的爷爷说过,金泥鳅都是会飞的金老鼠变的,是永远也抓不到的。"弟弟说:"原来是这样呀!"我也说:"原来是这样呀!"阿爹说:"是呀!"我问:"阿爹,可是,我们没有看见过金老鼠变成金泥鳅呀!"弟弟也说:"是呀,我们没有看见过金老鼠变成金泥鳅呀!"阿爹笑着说:"说不定这条金泥鳅就是我小时候看到过的那只金老鼠变的!"弟弟说:"怪不得这条金泥鳅比阿爹还老呢!"我也说:"怪不得这条金泥鳅比阿爹还老呢!"阿爹说:"是呀!"

在我和弟弟也会挖泥鳅、打泥鳅的时候,大块头影子的身体越来越差了,终年吃煎药,病也不见好转。终于有一天,影子对做得一手好木匠活的文贵说:"你给我做只棺材吧,那一天快了。"文贵一声不响地倒了一棵老树,给影子做棺材。棺材刚做好,影子就死了。影子睡在棺材里的时候,没人唱那首山歌了。

两年后的一天,文贵对他的儿子、儿媳妇说:"今年,我也要走了。"几天后,文贵自己穿好了新衣裳,把儿子、儿媳妇叫来,说:"今天傍晚,我要去找你们的妈了。"文贵把这句话说完,就一身新衣新裤躺到床上开始等死。果然,傍晚时分,文贵也断气了。

我母亲常说,"多亏了影子给阿林的那几只甲鱼,阿林的毛病才好得那么快"。父亲也说,"多亏了影子,他们自己的身体也不好"。

2016年11月21—25日,写于上海;26—27日,定稿于尚博祖屋

北京鸭

尚博的田坂里，有一种土灰色的蛙，尚博人把它们叫作"麻骨朵"。

在尚博村小孩子的心里，麻骨朵是最蠢笨的一种蛙。小孩子们的这种经验，是在钓麻骨朵的过程中得到的。

每年南瓜花快开的时候，也是我们开始钓麻骨朵的时候。垂钓者从柴堆里抽取一根桑条，这就是钓麻骨朵用的钓竿；再在桑条梢头上缚一根细线，钓麻骨朵的工具就做好了。

用来钓麻骨朵的诱饵是南瓜花的花蕊，以没有开的花骨朵的花蕊为佳。垂钓者在路边的南瓜藤上摘一个花骨朵，就像掰开莲蓬一样把花骨朵掰开——垂钓者需要的，就是里面缀满了花粉的花蕊。像摘取莲子一样，垂钓者把花蕊从里面摘出来，缚在钓竿的线上。这样，钓麻骨朵的准备工作就全都做好了。

麻骨朵喜欢躲在阴暗潮湿的地方，譬如桑树地里、草丛里、坟堆里、芋艿垄上……我和弟弟都是垂钓麻骨朵的高手。每次准备工作妥当，我们就向田坂出发了。

我们最喜欢去的地方，还是芋艿垄。一垄一垄硕大而浓密的芋艿叶，给麻骨朵们带来了浓密的绿荫。这里是它们的天堂。我们来到芋艿垄边，总是先往芋艿叶片深处观望。我们常常会看到一只或者几只麻骨朵，悠闲地在垄上休息。我们就把系在细线上的南瓜花蕊从叶片的缝隙里垂下去。当这个从天而降的花蕊出现在麻骨朵的头顶上的时候，马上就被它们看见了。麻骨朵兴奋起来，歪着脑袋看上面，几乎是毫不犹豫地跳了起来，一口就咬住了在头顶蠕动的神奇的东西。

一看到麻骨朵上钩了，我们马上激动起来，把钓竿提了起来。麻骨朵紧紧地咬着南瓜花蕊，似乎瞬间就长出了翅膀，从芋艿垄上飞了起来，穿越浓密的绿荫，出现在叶片之上。飞翔的麻骨朵飞到一定的高度之后，开始降落，最终落进提在我们另一只手里，张着嘴巴的口袋里。这种情形就像被一张嘴巴吞了下去一样。

我们钓麻骨朵，几乎没有失手的时候。这些浑身土灰色的土蛙，对于从天而降的南瓜花蕊，总是抵御不了诱惑。它们总是充满激情地一跃而起，一口咬住。麻骨朵咬住花蕊，就像灵蛇咬住灵芝草一样，死也不肯松口。偶有中途脱口的，但失去花蕊的麻骨朵的命运并没有发生任何改变，总是沿着原来的弧线，飞进等待着的口袋里。

很多时候，我们并没有看见任何一只麻骨朵，但我们依旧充满自信地开始了垂钓。我们小心翼翼地把南瓜花蕊从芋艿叶片的缝隙里垂下去，在离泥不远的地方，让它一上一下地动着，就像在长漾的水草里钓白鱼一样。每次总是要不了几秒钟，总有几只麻骨朵，会从不远的地方蹦跳过来。它们都是发现了不同寻常的景象，并为之吸引、痴迷、陶醉……当它们互相看见对方在向同一个目标奔去的时候，就开始加快脚步。几乎每次都有跑得最快的两只，还没有来得及腾跃而起，就顶头撞在一起。头碰头的两个倒霉蛋，马上弹射开去，肚皮朝天，摔在垄上。等到它们迅速翻身的时候，发现原本跑在后面的一只麻骨朵，早已经腾跃而起，一口咬住了在头顶晃动的南瓜花蕊。当我们再次把南瓜花蕊从芋艿叶片的缝隙里垂下去的时候，先前的两个倒霉蛋，早已经恢复了精气神，此时正扬起脖子等待着时机。当一只跳起来的时候，另一只也跳了起来。咬住南瓜花蕊的那只，最终飞进了袋子里。没有咬住南瓜花蕊的那只，重新落到了地面上。当我们再次把南瓜花蕊从芋艿叶片的缝隙里垂下去的时候，这只麻骨朵也如法炮制一般，咬着花蕊飞进了我们的袋子里。

这是足够神奇的芋艿垄。因为总有麻骨朵从不远的地方，从遥远的地方蹦跃而来。当我们一次又一次把南瓜花蕊从芋艿叶片的缝隙里垂下去的时候，也就把整块田坂都搅动了。无数的麻骨朵闻风而动，得了消息，向我们垂钓的地方蹦跃而来。它们是多么渴望品尝一下这个从天而降的虫子呀！每一次，我们几乎总是站在同一个地方，不露声色地垂钓。一只又一只的麻骨朵咬了为我们掌控的神奇的虫子，落进我们的袋子里。很快，我们就会满载而归。

麻骨朵，是我们钓黑鱼的上佳诱饵。尚博小河里的树荫底下，停泊着大大小小很多船。这些船的船底下，躲着很多黑鱼。它们在船底下盘踞着，关注着外面的风吹草动。

用来钓黑鱼的是弯头钩。让弯头钩从一只麻骨朵的嘴巴里钻进去，一直钻到它的肚子里，钓黑鱼的准备工作也就完成了。当我们看到船底下有一个黑色的影子时，就把作为诱饵的麻骨朵甩到黑影附近。看见有美食从天外飞来，黑影就迅速地从船底下抢了出来，一口就咬住了麻骨朵。得到美食的黑鱼迅速地往船底下钻，我们迅速地把钓竿一提，这条准备班师回朝的黑鱼，也就从船底下，从水里飞了起来，降落在了岸上。

钓黑鱼和钓麻骨朵，有很相似的地方。有时候，黑鱼从水里飞起来，飞到空中的时候，也会脱钩。脱了钩的黑鱼，有的还是沿着一条无形的弧线，飞到了岸上。但也会出现不同的情况。如果黑鱼脱钩的时间较早，那根无形的弧线就没有成熟，黑鱼就飞不到岸上，而是落到了水里。

最让我们懊丧的，是一种特殊的情况。有时黑鱼脱钩的时间不算太早，已经飞到了河埠石上，它赶在我们追过去控制它之前，就蹦蹦跳跳地回到了水里。但黑鱼大多并没有因此而改变自己的命运。当我们再次把麻骨朵抛到它身边的时候，它早就忘记了先前的惊险，还是会一口吞下。也有因为心有余悸，暂时不上钩的。但只要隔了一夜，我们再去老地方垂钓的时候，它就忘了前一天惊心动魄的经历，一口吞了麻骨朵，随后飞到岸上，成为我们的俘虏。

我和弟弟钓黑鱼从不带桶。我负责钓鱼，弟弟负责跑腿。等到弟弟把一条黑鱼放到家里跑回来的时候，经常会又有一条黑鱼已经被我钓上了岸。弟弟在家和小河两头奔波，气喘吁吁，又兴高采烈。

麻骨朵除了被用作诱饵钓黑鱼，还是喂鸭的上好食物。我家养了一群北京鸭。这群鸭子，每天早晨走出家门后，一路往东，经过许多家门口，不断地有别人家的鸭子进入它们的队伍里来。当这个队伍来到河边的时候，已经颇为壮观了。这个队伍颜色驳杂，其间除了白色的北京鸭，更多的是黄褐色的草鸭。不知是谁起了头，这群鸭子全都张开翅膀，开始向小河飞奔而去。到了岸边，它们就开始起飞。它们叫着、笑着，像它们的祖先一样，开始飞翔。虽然非常努力，但它们刚刚起飞就开始降落。落到水里的鸭群又开始了欢庆，用翅膀拍打水面，让河面开出洁白的水花。它们让河面开花的时候，总是发出非常响亮的叫声。经常会有其中的一只，突然在水面上站起来，就像站在地面上一样，张开翅膀，贴着水面一路飞奔，发出更为响亮的叫声。一条水路在它的叫声里开辟了出来。

河面上还经常会出现这样的景象。一只鸭子钻到了水底下，它消失的地方，涟漪几乎要散尽的时候，河面上还没有出现它的影子。终于，很远的地方，有一个脑袋在水面上探了出来，随着很响亮的叫声传播开来，那里的涟漪也在河面上荡漾开来。有了一只带头的，其他的鸭子也如法炮制，在一个地方消失，很久之后在远方的另外一个地方出现。小河里不停地有鸭子在消失和出现，如同着了魔法一般。

小河里漫长的一天，都是它们的快乐时光。很多时候，它们在河里慢慢地游着，就像浮萍一样在河面上慢慢推移，也像白云一样在河面上慢慢推移。也有很多时候，它们在岸边的水草里啄着，发出另一种很响亮的声音。很多小鱼小虾会从水面上跳跃起来，只有少数能够再次回到水里，多数会在河面上跳跃的时候落进鸭子的嘴巴里。

小河边有很多芦苇丛。其中最大的一片，在小河的一个拐弯处。这里是经常让我们惊喜不断的地方，我们经常会在这里拾到鸭蛋。这些鸭蛋在芦苇丛里静静地伏着，等待着我们。每一次，我们总是兴高采烈地把它们捡起来。有时候我们还会捡到软壳蛋，这个时候，我们会小心翼翼地把软壳蛋捧在手心里，慢慢地走回家里去。

我们还经常会在河边的水里有惊人的发现。一个，或者几个鸭蛋，静静地躺在水底。如果蛋在近岸的地方，我们直接伸手去捞。如果我们的手够不着，就用芦苇去拨。蛋被拨到岸边，我们再伸手去捞。也常有我们束手无策的时候。一些沉蛋离岸太远，在河底隐隐约约，诱惑着我们。我们蠢蠢欲动，却又无计可施。河里的鸭子依旧欢快地叫着，仿佛在嘲笑我们的无能一般。

我家的北京鸭，不但能吃到自己在河里捕捉的小鱼、小虾，还能吃到我们喂给它们吃的麻骨朵，所以长得格外健壮。我们不但给北京鸭吃麻骨朵，还给它们吃痒死它。"痒死它"是尚博人对知了的土叫法。尚博人用叫声来命名的东西不多，痒死它似乎是绝无仅有的例子。痒死它开始叫的时候，我和弟弟就再次忙碌起来了。

尚博的小孩抓痒死它的方法，大概都是祖传的。小孩们从祖辈或者父辈那里得到真传，所以个个技术炉火纯青，我和弟弟也是如此。抓痒死它的工具似乎非常简单，只要一根竹子，一个铁环就可以了。铁环的根部留一截铁丝，把这截铁丝插进竹梢头的竹管里，工具就做好了。

天还没有全亮，我们就扛着梢头长出铁环的竹竿出门去了。我们要抢在其他小孩出门以前出门。我们要去的是有蜘蛛网的地方。屋檐下、弄堂口、树底下，是我们常去的地方。因为这些地方是蜘蛛最喜欢结网的地方。看到一个蜘蛛网，我们就把竹竿竖起来，让那个铁环像一个手掌一样在蛛网上一再翻滚。见蛛网上有风吹草动，蛛网的主人总是惊惧万分，极其迅速地撤退，躲到幽暗的角落里，或者躲到浓密的树叶里。在蜘蛛悻悻的目光中，那个长在竹梢头的手掌就易如反掌地把蛛网全部缠在了自己身上。

我们需要足够多的蜘蛛网缠在铁环上。所以，我们需要赶跑足够多的蜘蛛，才能完成我们的工作。当铁环上缠上了我们需要的厚厚的一层蛛网的时候，天也亮了。当我们走回家吃粥的时候，总会遇到刚出门的小孩。他们睡眼蒙眬地看见我们已经完成了他们要去完成的工作，常常会像村里的成年男人一样，用粗俗的尚博话骂我们。

回到家的时候，阿爹的粥也烧好了。我们心急火燎地喝完热粥，又扛着竹竿出门了。我们这次要去的是有痒死它叫的地方。河边是我们喜欢去的地方，因为这里有很多老树，痒死它喜欢停在这些河边的老树上大声地叫着自己的名字。当我们向河边走去的时候，又经常会遇到满世界寻找蜘蛛网的小孩子。他们找得不是很顺利。看见我们，又会像村里的成年男人一样，用粗俗的尚博话骂我们，但他们的举动不会影响到我们的心情。很快，我们就来到了河边。我们扬起头，寻找着引吭高歌的痒死它。这些唱歌天才，有的在树干上，有的在树枝上，都在得意忘形地专注地唱着痒死它。我们小心翼翼地把竹竿竖起来，把那只黏稠无比的手掌伸过去，就像把自己的神秘手掌伸过去一样。因为太专注于自己的歌唱了，痒死它对于周围的状况几乎毫无察觉。当我们的手掌伸到一定的距离，就急速地向猎物扑过去，那个得意忘形的唱歌高手，就被我们从天而降的手掌牢牢地罩住了。

这只被我们的神秘手掌牢牢控制住的痒死它，原先悠长的叫声，马上变得急促起来。此时，它似乎如梦初醒，开始拼命地扑腾自己的翅膀，想要和往常一样，能够展翅飞翔。但它很快就绝望了，因为它的翅膀，已经被牢牢地粘在我们遥遥伸过去的那只神秘的手掌上。这是具有魔力的手掌，痒死它越是挣扎，就越有强劲的控制力。我们不紧不慢地把竹竿横放下来，从铁环上的蛛网里摘下痒死它，放进口袋里。

因为过于专注于自己的歌唱了，这棵树上其他的痒死它，哪怕是停在刚才那只被我们捉住的倒霉蛋边上的，对于伙伴的突然消失，几乎也是浑然不知。当我们充满魔力的手掌再次向它们伸去的时候，它们也就很快成了我们的囊中之物。

我们捉到的痒死它，大多数是引吭高歌的歌唱高手，但也有一些体形较小、尾部尖细有针刺的痒死它。这是些不会叫自己名字的痒死它，我们叫它们"哑巴痒死它"。这些哑巴痒死它停在树上，一声不响，一动不动，它们也是我们抓捕的对象。树上还有一些体形硕大的知了，它们浑身漆黑，喜欢齐声发出响亮、尖锐而单一的叫声："吱……"尚博人把这种大知了叫作"吱叶蝶"。吱叶蝶性情孤僻，喜欢在很高的地方放声歌唱，虽然我们很希望捉到它们，但很少有机会如愿。

捉痒死它最好的去处，是我家后面的一片树林。这片树林里，有许多不知道长了多少年的老树。这些老树非常粗壮，全都饱经沧桑。这片树林就像是一户人家一样，除了这些饱经沧桑的老树，还有一些不大的树，很小的树。

这些树错杂地相处在一起，平安无事。这片树林，绝大多数是榆树，还有枫树、楝树、水杉树，还有一些叫不出名字的树。林中最老的几棵老榆树上，终年做着喜鹊窝。喜鹊们把树林里的枯枝，或者远方找到的枯枝，衔到树上去做窝。喜鹊们终年忙忙碌碌，但似乎没有让树上的喜鹊窝发生过任何变化。这些窝没有变大，也没有变小，似乎永远都是我第一次看到的样子。阿爹也曾经说过："这几个窝，我小时候就在那里了，那时就是这个样子的。"阿爹说这句话的时候，估计想到了我家的祖屋。我家的祖屋，在阿爹的心目中，大概多年以来也没有发生过任何变化。很多次，我们都是在喜鹊的叫声里醒来，慢慢起床，沿着木楼梯慢慢地走下来。

到了夏天，这片树林很荫翳。林子里的泥地上有很多小洞，树干上，停着很多沾着泥土的蝉蜕。这些蝉蜕的背部已经开裂，主人已经从中钻出，爬到了更高的地方。就像灵魂出窍，升到高空一样。而天亮以前，它们还穿着陈旧的衣服，从泥土里钻出来，爬到树干上，把衣服脱在这里。

这些脱去旧衣服的痒死它，此时，已经加入了歌唱者的行列。这些痒死它的共同努力，让整片树林都在引吭高歌：痒死它、痒死它、痒死它……

每次当我们走进这片林子的时候，就会马上觉得自己也成了其中的一棵树。因为我们的耳朵里、心里，全都是"痒死它、痒死它、痒死它……"的叫声。更为奇妙的是，这些叫声，会在耳朵里、心里不停地叫下去，就像坠向无底深渊一样。很快，我们就会产生恍惚的感觉：去年的痒死它在叫，前年的痒死它在叫，很多年以前的痒死它在叫……虽然我们是很小的小孩子，但这种感觉是依稀而确切的。在这种恍恍惚惚的感觉中，很容易产生一种苍老的感觉。似乎在一瞬之间，自己就变成了和阿爹一样的爷爷，甚至比阿爹还苍老的老爷爷……

在满耳满心的"痒死它、痒死它、痒死它……"的叫声里，我们马上变成了异常平静的小孩子。树林里有很多鸟在飞、在叫。有白头翁、麻雀，还有一种浑身绿色的名叫绿啼子的小鸟。虽然整个林子里都是"痒死它、痒死它、痒死它……"的叫声，但我们还是听到了这些鸟的叫声。我们还能听到林子里其他的声音，这些声音有来自风里的，也有来自地底下的。因为内心平静，所以我们能穿过一种声音，听到另外一种声音。就像驾着小船，穿越长漾，抵达对岸的漾口村里一样。

这片林子还是猫的天堂。总有几只猫，像鸟一样停在树上。它们在树上保持了和树一样的气息，就像是树长出来的疙瘩一样。有些猫在树上休息，有些在树上觅食，还有一些在树上避难。这些避难者是为了躲避狗的追逐，才上了树。那个追逐它的前世冤家，也仰着头坐在树底下。它们互相对望着，谁也不肯示弱。

每次似乎都要在林子里转很久，我们才能想起自己是来抓痒死它的。林子里的痒死它太多了，只一会儿，我们的袋子里就装满了正在做无谓挣扎的痒死它。当我们收拾工具，准备从后门回家的时候，我们扛着的竹竿上面的魔掌里，还会自动钻进几只痒死它。这些痒死它已经厌倦了原先的那棵树，想要到另外一棵树上去寻找一点新鲜感，不料半途中就出了意外。

我们也经常不用任何工具去抓痒死它。我们转战的场所，就是桑树地。桑树地里到处都有痒死它在叫，给人无数的桑树在叫着"痒死它、痒死它、痒死它……"的幻觉。这些天才的歌唱家，颜色和桑树的枝条、树干皮的颜色非常接近。所以我们走进桑树地，总要循着它们的叫声，才能发现它们。

因为我们没带工具，也就少了那只用来捕获痒死它的神奇的魔掌。但我们马上就有了另外的魔掌，这个让痒死它胆战心惊的魔掌就是我们自己的手掌。当我们小心翼翼地循声来到痒死它的身边，就开始小心翼翼地把自己的一个手掌伸出去。当到达一定距离的时候，这个手掌就会像一个幽灵一样，非常迅疾地向痒死它扑过去。我们的手掌很快就变成了名副其实的魔掌，就像灵魂附体一样，牢牢地依附在桑树的树干上，手掌心里，那只倒霉的痒死它在恐惧而无助地叫着。

我们在桑树地里捉痒死它的成功率，比在我家祖屋后面捉痒死它低多了。这是因为在桑树地里，我们总要走到离痒死它很近的地方，才能把我们的魔掌伸出去。在这个过程中，痒死它会听见我们的脚步声、气息声，以及我们的手掌起飞时的风声。很多时候，在我们向它们靠近的时候，它们就已经停止了叫声。一只痒死它停止了叫声，就像警报一样，马上引起了邻近的痒死它的警觉。很快，邻近桑树上，甚至整块地里的痒死它停止了叫声。当一只痒死它从桑树上起飞的时候，那些学样的痒死它也会纷纷从桑树上起飞。所以，很多时候，我们会遭遇到这样的场景，当我们在向一只痒死它靠近的时候，会在很短的时间里让一片桑树地里的痒死它全都安静下来，并且从这里逃离。整块桑树地会在很短的时间内发生巨大的变化，开始时叫声高亢，接着似乎在瞬息之间鸦雀无声，然后整块桑树地的上空都是撤离者的翅膀发出的呼呼风声。

带头逃离的痒死它选择的时机也各不相同。有的在我们离它很远的时候就逃离了，有的要在我们出手的那一刻之前逃离。尽管有不少痒死它逃走了，但也有不少痒死它被我们捉住了。有些虽然很警觉地停止了叫声，但起飞时机没有把握好，最终还是落入了我们的魔掌。还有一些痒死它始终没有感觉到我们的靠近，直到我们伸出手掌，还在引吭高歌。只有在被我们的魔掌控制住的时候，原先得意忘形的歌唱，马上就变成了哀怨恐惧无助的哭泣声。

尚博的桑树地里有很多"眼睛草"。这个名字似乎是尚博的小孩子们取的。这种草叶片小而厚，茎是嫩红色的，茎和叶之间，长着很多小小的眼睛。这些，就是痒死它眼睛。我们小心翼翼地把其中的一些眼睛摘下来，里面包着的黑色的草籽也就露了出来。我们摘下来的眼睛，很像是一个个小小的帽子。这些小帽子，就是痒死它眼睛。我们把两个眼睛套在痒死它的两只眼睛上，套上痒死它眼睛的痒死它，马上就非同寻常起来。

这只痒死它，就成了给我们带来无尽快乐的痒死它。我们把手松开，给它起飞逃跑的机会。这只失魂落魄的痒死它，终于抓住了这个机会，扑腾起翅膀，尝试着从我们的掌心里起飞。它在一个黑暗的世界里飞翔，也在一个经验的世界里飞翔，还在一个想象的世界里飞翔。它的飞翔非比寻常，充满了激情和想象，横冲直撞，不顾后果。很多次，痒死它撞在泥土上，撞在桑树上。但也有很多次，痒死它向天空飞去，就像从我们手心里飞出去的一颗石头一样，有力度，充满了激情，和以往的任何一次飞翔都不一样。

就在痒死它像一块石头一样从我们手心里飞出去的时候，我们就会非常满足地笑起来。这只被我们戴上痒死它眼睛的痒死它，最终会飞到哪里，最终的命运如何，我们不得而知。这些被我们戴上痒死它眼睛的痒死它，终于全都成了我们自己制造的谜。

而那些被我们捉来的痒死它，是我们喂食北京鸭的上好的食物。傍晚时分，这些北京鸭就走回家来了。当它们在家门口听见祖屋里面痒死它在叫的时候，就会马上飞奔起来。我们把痒死它的翅膀拧在一起，扔在地上，北京鸭马上就兴奋起来了。它们扑腾着翅膀，你争我抢，大声地叫着。

有时候我们会到河边去给它们喂食痒死它。我们来到河边，会把装满痒死它的袋子抖一抖，整个袋子马上就不同寻常起来，就像是一只硕大无比的痒死它一样，以一种奇特的情绪大叫起来。这种情绪杂乱、复杂、丰富、激烈，最终成为河边最有特点的一种声音。我家正在河里漫游的北京鸭，马上就听到了这只硕大无比的痒死它不同寻常的叫声，全都扑开翅膀，在河里飞翔起来。它们叫着、笑着、欢呼着，向着我们飞翔而来。上岸之后，它们就大快朵颐起来。它们发出另外一种声音，这种声音里包含的情绪，杂乱、复杂、丰富、激烈，最终成为河边最有特点的一种声音。我和弟弟心满意足地笑着，仿佛是我们在大快朵颐一样。河边发生的这一切，对于河里别的鸭子来讲，似乎没有任何的吸引力，也似乎没有引起它们的任何注意。它们依旧在那里漫游着、嬉戏着、追逐着、休憩着……

尚博村里的鸭子都会自己回家。但也有天已经黑了，而鸭子还没有回家的时候。鸭子没有回家的原因很多：有时是因为走到半路上，被一只狗追逐，魂飞魄散地逃回河里；有时是因为一户人家的鸭子，没有在主人期望的时间回家，主人拿着一根长竹竿来赶，又抛出河边的石头去赶，气急败坏的鸭子主人这样做的时候，往往用粗俗的尚博话骂着这些不听话的畜生，虽然这些畜生最终会被怒发冲冠的主人赶回家，但河里其他的鸭子也早就已经魂飞魄散，失去了上岸回家的兴致和胆量；有时是因为鸭子跟着别人家的鸭子上了岸，走进了别人家的门；有时是因为它们贪恋河里的美好时光，天黑了也忘记了回家。每每此时，主人也会用粗俗的尚博话骂着这些不听话的畜生。主人还会说："头浑掉了！"但不管是哪一种情况，鸭子是很少在外面过夜的。主人们总会尽自己最大的努力，把它们找回家。

我家的北京鸭，也有头浑掉的时候。每当这个时候，当阿爹在家门口愤愤地骂它们的时候，我和弟弟就提着一袋痒死它出门了。我们摸到河边的时候，天往往已经黑了。望着漆黑无垠、寂静无边的小河，我们并没有恐惧，也没有失望。我们用力抖动起手中的魔袋。这个魔袋，瞬间就变成了一只硕大的痒死它。这只硕大的痒死它亢奋无比，充满激情，河面上马上就飘荡起它的叫声。在远方的一个黑暗的角落里，终于发出了异乎寻常的声音。是我家的北京鸭，一只带头，正从远方飞翔而来。一只飞翔的鸭子，在痒死它的召唤下，很快就越长越大。很快，几只鸭子就变成了一只鸭子。很快，所有的鸭子都变成了一只鸭子。这只越长越大的北京鸭在起飞，在叫唤，在迫近。终于，我家这只越长越大的北京鸭，在夜幕里露出真容。

我家的北京鸭们，就像一只北京鸭一样，很快就来到了河边。在我们手里的痒死它的召唤下，这些北京鸭像围着一只痒死它一样围着我们。我们了解它们的心愿，但我们并不打算马上就满足它们的心愿。在夜幕中，我们拔腿就跑，向家门方向跑去。痒死它在我们的路上叫着，就像是我们在叫着。我家的北京鸭们也亢奋无比地向家门方向飞翔起来，就像是一只鸭子一样。直到进了家门，我们才满足它们的心愿。在我家祖屋幽暗的灯光下，所有的北京鸭们酣畅淋漓地大快朵颐起来，就像是一只鸭子一样。

有一天，我家的北京鸭们又像一只鸭子一样回到了家里。但这一天的鸭子们很有些异常，最先发现这一点的是阿爹。阿爹说："今天的鸭子伤了元气了。"阿爹的话引起了我们的注意，家里所有的人都走过去看。那天我们看到的鸭子们，果然伤了元气，没有了原先的活力。阿爹说："肯定是被狗赶过了。"阿爹又说："可能是被谁赶过了。"母亲眼尖，说："少了一只。"果然，我家的北京鸭少了一只。怪不得呀，我家的北京鸭就像丢了魂一样。

之后几天，母亲用了很多办法，想让那只鸭子回家。我家原先也丢过鸡鸭，母亲也用过这些方法，而且效果不错。这些丢失的鸡鸭，总会在隔了一两天之后，回到自己的家里。这次，母亲也是充满了信心。母亲说："一定又是要的人把它关起来了。"母亲说的"要"，是尚博人的说法，意思是贪恋别人的财物。

母亲用的方法，是尚博的女人常用的方法。每当一户人家家里丢了鸡鸭，女主人往往会把这个消息在村子的每一个角落里说一说。她们几乎逢人就说："这些人真要呀！"她们还会特意走到村里闻了名的特别"要"的人那里，特别清晰地把情况说一遍。每每此时，这些听到消息的人，都会把让鸡鸭消失的那个"要"的人用恶毒的尚博话骂一遍。而且村里闻名的特别"要"的人，似乎比其他人骂得更狠。很多时候，消失的鸡鸭会在不久以后回到自己的家里。

但也有例外的时候。当天下午或者傍晚，或者第二天早晨，丢失的鸡鸭并没有出现。这时候，女主人就会走到村前村后，大声地加以告诫。女人说话的方式很奇特。女人说："我知道是你，你只要把它放出来，我是不会说出去的。"这一招的效果往往也很好。很多时候，消失的鸡鸭会在不久以后回到自己的家里。

但也有例外的时候。当天下午或者傍晚，或者第二天早晨，丢失的鸡鸭并没有出现。这个时候，女主人走到村前村后，用最恶毒的尚博话骂那个"要"的人。这种骂腔里，往往带有诅咒的意味。这一招的效果往往也很好。很多时候，消失的鸡鸭会在不久以后回到自己的家里。如果这一招无效，那丢失的鸡鸭，就永远也不会再出现在自己的家里了。

我母亲也会用这些方法。但我母亲一般只用前两种方法，第三种方法不会用。这一次，母亲就用了前两种方法，但都毫无效果。母亲不死心，用了自己独创的第三种方法。母亲走到村前村后，大声地说："你真要呀！这只鸭子是我家两个小孩子用麻骨朵和痒死它养大的，你也吃得下去呀，你家没有小孩子呀？！"母亲说的自然是事实，母亲说这些话的时候，我和弟弟马上就大声地哭了起来。因为母亲说到了我们的伤心处。母亲的话让那些难忘的细节在我们的脑海里重放了一遍。

但母亲轻易不用的这第三种办法，也没有任何的效果。我们满心希望看到的那只鸭子，最终没有出现在我家门口。我和弟弟满心伤感，但一种计划却在我们心里慢慢地酝酿成熟了。

终于，那一天，我们提着一袋痒死它出门了。我们提着这个具有魔力的袋子，村前村后走动，我们在每户人家的前门、后门口都要把袋子抖动几次。

这个具有魔力的袋子，瞬息之间马上就变成了一只硕大无比的亢奋的痒死它。痒死它向着门里，大声地叫着。我们一家一家地走，不放过任何一个家门口。我们走遍了半个村庄的家门口，仍旧一无所获。就在我们慢慢有了失望情绪的时候，异乎寻常的情况发生了。

一种声音，一种异乎寻常的声音，正从远方传来。这种声音无比熟悉，又无比陌生。这种声音无比遥远，又无比迫近。我们循声而去，穿越了半个村庄，终于在一户人家的后门口停下了脚步。

这是和我家祖屋差不多的一间老屋子。我们一下就能断定，声音是从位于屋子中央位置的天井里传出来的。而且，这是一种叫唤的声音。毫无疑问，这是我家丢失的北京鸭小白发出的声音。我们把手中的袋子更为有力地抖了抖，我们硕大无比的痒死它，就更为亢奋地叫起来。我们马上就听到了另外一种异乎寻常的声音。我们听到这间深不见底的屋子里，有一双翅膀在扑腾，在起飞。过了一会儿，我们马上就听到了风声。终于，丢失了几天的小白，从这间老屋的屋顶上飞了出来。

我们看到的是一张饱经沧桑的脸庞。后来在学堂里读到"如丧考妣"这个词语的时候，我马上就会想起这张脸庞。这张如丧考妣的脸庞，见到我们，马上就笑了起来。它向我们飞来、跑来，叫着，笑着，欢呼着。

小白回家以后，我家的北京鸭就声名远扬了。村里人都在说，阿林家的鸭子本事大，能通天。我和弟弟很快也声名远扬了。村里人都在说，阿林家的两个儿子本事大，能通天。再过几天，邻村人都在说，阿林家的鸭子本事大，能通天。他们还在说，阿林家的两个儿子本事大，能通天。在那段时间里，那个让小白消失了好几天的"要"的人，一直面赤如同猪肝，就像发着高烧一样。

在我和弟弟的养育下，我家的北京鸭长得无比健硕。这些鸭子在村里走动的时候，经常会有人啧啧称赞：真像一个大部队。这个闻名遐迩的大部队，也以纪律严明著称，所以整个大部队就像是一只硕大无比的鸭子，这只大鸭子对于我们充满了深情。但有一天，这只鸭子还是发生了意外。

有一天，我和弟弟走在放学回家的路上。那一年，我读一年级，而弟弟是跟着我到学堂里去玩的。当我们走到机埠的地方，开始往南拐弯的时候，就听见了远方不同寻常的声响。我们隐隐感觉到那里发生的一切，与我们有关，我们马上就加快了脚步。当我们几乎小跑着从弄堂口钻出来的时候，远远望见我家的家门口，我家的北京鸭正六神无主地叫着。而平时这个时候，它们早就已经进了门。

当我们走到家门口的时候，才发现我家祖屋门前的阶沿石上，有一堆白色的羽毛，羽毛附近还有一些殷红的鲜血，我们一下子就明白发生了什么。我们跑进了家门，看见外公坐在八仙桌旁喝酒。八仙桌上，有一碗冒着热气的鸭肉。我和弟弟马上就哭了起来，外公莫名其妙地放下了筷子。母亲脸上的表情非常复杂，想要训斥我们，但最终没有训斥。我们在母亲的脸上读到了这样的信息：担心的事情，终于还是发生了。

外公从一块方布头里，拿出我们最爱吃的糖果。这些我们最喜欢吃的糖果，是外公在来的路上，经过钟管的时候，专门上岸去买的。外公淡蓝色的方布头，有时用来包糖果，有时用来包甘蔗，对于我们有着无限的吸引力。但是这一天，当外公把这块方布头打开的时候，当里面的糖果向着我们微笑的时候，我们依旧在流泪。

外公向母亲询问怎么了。母亲很想说没什么，但终于没有说。母亲说："今天杀的这只鸭子，是他们的心头肉。"母亲把我们用麻骨朵和痒死它喂鸭子的事情说了一遍，还把小白失而复得的事情说了一遍。而那天被杀的北京鸭，就是小白。外公对母亲说："你错了。"外公说："你这是不让我喝酒呀！"外公又说："你这是不让我吃饭呀！你这是不要我来呀！"母亲说："不是没有菜嘛。"外公说："我不是外人。"母亲没有再接话。

外公离开了座位，用自己的破袖子给我们擦眼泪。外公说："莫哭，外公不好，外公不好。"

那天，外公没有再喝酒，也没有再吃饭。外公要回家去了。母亲送外公到河埠头。一路上，外公和母亲都没有说话。走到香樟树下的河埠头，外公对母亲说："细丫头，我走了，两个小孩可要照顾好。"母亲说："知道了。"

外公走下河埠头，跨进了自己的船里，把橹脐安在橹人头上，开始摇船。当外公的小木船摇出小河,转弯进入了长漾里,也就消失在母亲的视野之外……

2016年12月15—28日,写于上海

游戏

我们和村里的其他孩子一样,玩过各种各样的游戏。

三角包是我们最喜欢的玩具。制作三角包的材料,就是老头们抽完烟留下来的香烟壳子。香烟壳子的品牌很多,有雄狮牌、经济牌、大红鹰、飞马牌、凤凰牌、金鹤牌、金猴牌、大红花、雪峰、上游牌、恒大牌、骆驼牌、黑猫牌、蓝西湖、红西湖、新安江、大前门、宁波牌、杭州牌、上海牌、利群牌、牡丹牌、大重九、红山茶、茶花、云烟、红双喜、良友牌、剑牌、三五牌、黄鹤楼、红河、阿诗玛、玉溪、箭牌、勇士牌……

这种用老头们抽完烟留下来的香烟纸折叠而成的三角包,玩法很简单,尚博人把这种游戏叫作"掼三角包"。"掼"是尚博人经常说的一个动词。譬如,谷子熟了,要到田里去掼稻;见到一个仇人,可以说掼死你。掼还有一种用法,是用来形容懒惰成性、无可救药的败家子的,叫作"掼掉虫",或者"掼脱货"。可见,尚博人经常说的"掼",基本的意思是打、扔、甩。

我们小孩子常玩的掼三角包游戏,其中掼的意思,就综合了它的多种意思。一个人把三角包埋在地上,另一个人用自己的三角包去掼,如果对方的三角包翻了过来,那么这张被掼翻的三角包就成了他的战利品。对方要再埋一张三角包,掼三角包的人可以继续掼,直到对方的三角包没有翻转过来,两人的角色才互换,掼的成为被掼的,被掼的成为掼的。由此可见,埋和掼的技术,是至关重要的。

擅长埋三角包的人,会把三角包的三道边弯折一下,埋在较低的地方。高手埋下去的三角包,仿佛长在了泥地上,三角包与泥土天衣无缝。擅长掼三角包的人，会观察对方的三角包最薄弱的地方在哪里，再选择合适的策略，用直掼或者斜掼的方式来攻破。不管采用哪一种掼法，都是为了让自己掼下去的三角包，翼下生风，抓住关键，把对方的三角包掀翻。

村里有个三角包王，埋三角包的技术一般，但掼三角包的本领高强。三角包王饭量很好，长得比一般小孩高大，力气也大。每次掼三角包，他会把家里的一件老衣服穿在身上。这是一件麻布大衫，原来的白颜色已经变成了黑颜色，袖子宽大，就像唱越剧的人穿的戏服一样。三角包王每次出门掼三角包，就会把这件戏服穿上，飘飘欲仙，志在必得地向别的小孩子走去。

其他的小孩自然不是他的对手，只要轮到他掼三角包，他会让自己的三角包生出无限的威力，让对方的三角包飞起来翻过来。几乎是次次得手，偶有几次，因为他的三角包生出来的风过于猛烈，对方的三角包飞了起来，在空中翻转，落到地上时，仍旧是覆面朝下。但这种情况毕竟是少数。

三角包王由三个三角包发家，很快，就成了最富有的一个小孩。他赢过村里所有的小孩，赢到的三角包在家里堆成了一座小山。但是，他很快就失去了所有的对手。当他穿着戏服飘飘欲仙地走出家门的时候，其他的小孩就闻风丧胆，四处逃窜。他开始追赶，其他的小孩逃得更快。他就讨饶，说："我脱了衣服还不行吗？"其他的小孩说："不行，你吃得那么多，我们不是你的对手。"终于，三角包王成了村里最孤独的小孩。

我们还喜欢玩打弹珠的游戏。所谓"弹珠"，就是小玻璃球。最常见的玻璃球中等大小，纯色。也有罕见的玻璃球，一种是内芯有花的花弹珠，这种花弹珠要比普通弹珠小许多。还有一种大弹珠，大小是普通弹珠的两倍。最罕见的弹珠是内芯有花，大小是普通弹珠两倍的大的花弹珠。拥有这种弹珠的小孩，可以在村里从东走到西，扬扬得意。

弹珠的发射器由大拇指和食指组成。大拇指抵在食指第二指节下面，食指和拇指就组合成了发射器。弹珠放在拇指指甲前面，就算装进了发射器。发弹者在拇指上着力，让第一指节从食指的压迫下弹射出来，弹珠就随着大拇指弹射出去了。因为经常打弹珠，我们小时候大拇指的指甲，经常是粗糙的，还有些怎么也洗不干净的泥土。

弹珠的玩法有两种：一种是用自己的弹珠去击打对方的弹珠，打中了，对方的弹珠就属于自己了。还有一种玩法叫进潭潭。

第一种玩法中，一颗弹珠被击打后，如果有明显的弹跳，那就没有纠纷，被打中的弹珠，就此易主。但经常会有纠纷。有的时候，因为打弹珠的小孩用力不大，打出去的弹珠在目标边上停了下来，目标并没有明显的动静，这时，纠纷就产生了。一方说碰到了，另一方说没有碰到，争执不下。但每次都会有解决纠纷的方法，请一个公道的小孩，轻轻地用手指捏住一颗，移开，如果另一颗动了一下，就说明打中了，如果没动，就说明没有打中。有一个小孩为了确保万无一失，每次等到裁判的仲裁进入关键时刻，就会不露声色地对着弹珠吹气。这个小孩，后来也成了一个不受欢迎的小孩，没有男孩子陪他玩，只能跟着女孩子玩。

高手打弹珠，不但会贴着地面打，还会蹲着、站着打。如果目标躲在一块石头后面，或者隔开一块高地，就需要这样击射。高手每次都是蹲着或者站着，一只眼睛闭起，一只眼睛睁着，用力发射，常常把目标击中。

高手还会一门绝招：弹跳击打。就是让自己的弹珠在中途落地弹射，再次落地后击中目标。拥有这门绝技的小孩，在村里凤毛麟角。这些凤毛麟角，也成了孤独的王者，因为水平太高，其他小孩都不愿意和他们一起玩。

高手的水平不仅仅体现在进攻上，也体现在防御方面。如果进攻无望，可以选择逃避。高手总是要让自己的弹珠停留在对手不太容易打到的地方。除了砖石背后，高地背后，还有一个好地方，就是坡上。要让弹珠停在坡上，不是一件简单的事情。先要找到坡上一个能够停住的凹陷之地，发出的弹珠不但路线要准，力度也要合适，才能达到目的。

高手防御的撒手锏令人叹为观止。高手会让自己的弹珠不偏不倚，恰到好处地停留在一堆烂糖鸡粪的后面。尚博村里到处是鸡，这些自由自在的鸡，也总是随心所欲地拉屎拉尿。其中一种鸡粪，就像烂糖一样的，最令人讨厌，这就是臭名昭著的"烂糖鸡粪"。烂糖鸡粪呈稀糊状，金黄色或者黄褐色，如果不小心沾到手上，三天后手还是臭的。

高手的弹珠要躲藏在烂糖鸡粪的后面，又不能碰到烂糖鸡粪，其中的难度可想而知。进攻的小孩看到目标躲在烂糖鸡粪后面,只能望洋兴叹,因为即使能打中目标,也会不可避免地让自己的弹珠沾上烂糖鸡粪。沾上了烂糖鸡粪的弹珠就变成了一颗臭蛋,会臭很多时日,还会把其他的弹珠变臭。所以,沾上烂糖鸡粪的弹珠,就成了废弹,不会有小孩把它藏在兜里,放在弹珠堆里,只能扔掉。

每到这个时候,进攻的小孩就会像大人那样,用最难听最恶毒的尚博老古话骂人,并最终放弃了这次进攻的机会。这些经常被骂的防御高手,也终于慢慢地成了孤独的人,很少有小孩愿意和他们过招。

弹珠的第二种玩法叫进潭潭。所谓"潭潭",就是在泥地上挖的小坑。这些潭潭呈圆形,就像养鱼的小潭潭。这些潭潭处在同一条直线上,往往有三个,两两之间的距离是一样的。在距离第一个潭潭两米开外的地方,有一条线。这里是比赛的起点线。

所有的小孩从起点线开始,依次把弹珠打进第一个潭潭里。只有进了第一个潭潭,才能进第二个潭潭。只有进了第二个潭潭,才有资格进最后一个潭潭。最后一个潭潭是老虎洞,弹珠进洞以后,马上就变成了老虎,老虎出洞后,可以把其他没有变成老虎的弹珠,像吃羊一样吃掉。

这是一个充满想象力的游戏,能让自己口袋里的弹珠,变成所向披靡的老虎,这是多么具有诱惑力的事情。有一天,我经过自己的努力,终于让自己的弹珠变成了老虎。当我的老虎从洞里出来,要转身吃羊的时候,遇到了一个正在皮笑的大男孩。

这个大男孩,手里拿着一根小木棍,木棍的头上,有一些烂糖鸡粪正在往下滴。原来,在我全神贯注地把自己的弹珠变成老虎的时候,这个不怀好意的大男孩,已经在第一个、第二个潭潭里注满了烂糖鸡粪。一个和我比赛的小孩子说:"现在没办法了,我们的弹珠不能进潭潭里了,这局只能作废了。"另一个小孩子接着说:"是呀,也是没有办法的事情,我们不是故意的。"这些小孩子纷纷把自己还没有变成老虎的弹珠,一颗颗收起来,放到自己的兜里去。

就在这一瞬间,我变成了一只愤怒的老虎。这个平时令我敬畏三分的大男孩，此刻在我眼里变成了一只羊。我怒不可遏，义愤填膺，冲到他的面前，就像一只饿虎一样。我像尚博村里最厉害的人一样，用手指指他，用最难听的老古话骂他，我还跺着脚，就像精力旺盛的泼妇、悍妇那样。大男孩怔住了，他没有想到，原本可以像老虎吃羊一样好对付的一个小屁孩，竟然变成了一只老虎，而自己，一下子变成了一只羊。

老虎一旦发威，毕竟是可怕的。我这只老虎，不但成了尚博村里最泼辣的人、最恶毒的人，也成了尚博村里最会讲道理的人。我把我在尚博村里听到过的道理，都讲了一遍。最后，我用尚博老古话总结道，为人者，心肝要好。大男孩像个小孩子一样，垂下了头，脸涨得通红。

一个老头子从家里走了出来，看了半天，听了半天，不停地点着头。

祖屋门前是晒谷场。这里既是晒谷子的地方，也是我们奔跑的地方。晒谷场的中央，横插着两块青石碑。没人知道这两块老石头来自哪里，也没人知道它们几时来到这里。

这是我最早见到的青石碑，因为我觉得石头的颜色和青天的颜色是一样的。所以，在我学会说话没多久，在没有一个大人告诉我的情况下，我就无师自通地对大人说："我刚刚在那块青石板上坐过了。"这也是我最早说出来的，自己原创而不是人云亦云的话之一。

这里确实是小孩子们经常停留的地方。晒谷场是小孩子们你追我赶的好地方。尚博的小孩子把你追我赶的游戏叫作"挃牢逃"。"挃牢"就是抓住，"逃"就是逃跑。可见，这个游戏的名字描述了游戏的两种状态，要么被对方抓住，要么逃跑，吸引对方来追赶。

其实，这种游戏还有第三种状态：回到据点休息。只要回到了据点，对方是不能再来抓人的。游戏中，逃的人可以是一个，也可以是好几个。逃方要各自指定一个地方作为自己的据点。追的人一般只有一个。只要逃的人离开自己的据点，追的人就可以出击，努力抓住对方，不管是抓住手臂还是衣服，都算赢。但逃方只要回到据点，追方就不能再靠近。因为这里是他的后方，他的据点，是军粮补给的地方。

每次游戏一开始，晒谷场上，险象环生，惊叫连连。就像是天空里的燕子,在追赶着亡命的蜻蜓。也经常看到这样的景象,逃方回到据点,气喘吁吁,大汗淋漓。追方在不远处蹲着,也是气喘吁吁,大汗淋漓。双方都在为下一轮的较量养精蓄锐。

如果逃方被追上了,那么角色就要互换。我喜欢做逃方。我从小体弱,跑不过别人,后来膝盖受了伤,尽管痊愈了,但奔跑的速度更不如从前了。我喜欢做逃方,还因为逃方可以随时回到据点,在据点想待多久就待多久。

我的据点,就是那两块横插在晒谷场上的青石板。每次我逃回到据点,就像亡命的鸟回到了巢里。我大汗淋漓,大口喘气,坐在青石板上,还用两个手掌支撑自己的身体。就像一只鸟,惊惧而又疲惫地停在一根树枝上。

追方在不远的地方等着我离开据点,就像是一只鹰觊觎着一只惊弓之鸟。我知道自己不是对方的对手,所以我选择据守不出。直到对方麻木,心焦,不耐烦,进而终于忘记了我的存在,把兴趣和注意力投放到别的逃跑者身上去。

所以,在这种游戏里,我往往是滥竽充数的人。我虽然参加游戏,但经常被人忽略、遗忘,以为不在游戏场上。我在据点里有过太多的时间。在这些时间里,我看场上的热闹,也看天上的白云和飞鸟,我更喜欢朝下看。我喜欢看这两块像和我长在一起一样的青石碑。

这是两块倒插的青石碑,碑上有一些倒着的文字,其中有三五个很大的字。后来我到尚博小学读书,识了很多字,再过了很多年以后,我才想起其中似乎有一个"东"字。这应该是和我家老祖宗的名字杨东美的"东",是同一个字。

就是在这种游戏中,我养成了和这两块青石板长在一起般坐在上面的习惯。即使不是玩游戏的时候,我也常常到青石板上坐坐,就像一只鸟经常到它喜欢的枝头栖落一般。有一个老头,每次看到我,总会说:"这个小孩子,像个老头子一样,这么喜欢在青石板上坐着。"

青石板的附近,有一条南北向的老泥路。这是村里通往田坂的唯一通道。尽管很多人从这条老路上走过,但这条老路却很有生机,路的两边有很多草,草丛里,有蚯蚓拉出来的很多屎。这条路,还是我们玩炸碉堡游戏的地方。

炸碉堡是两个人玩的游戏。双方在各自一头，用小刀在路上画一个方块作为自己的碉堡。从自己的碉堡开始进攻，进攻的方式是用小刀在前方投到路上，然后用中指和拇指做成的尺子去量和前一个点之间的距离，如果在一尺之内，进攻有效，行军成功。如果量出来的距离在一尺之外，进攻无效，就要退回到原来的进攻点。两人轮流进攻。在进攻过程中，避免不了两军相遇，这时，只要让自己小刀的落点落在对方的行军线上，对方的进攻路线就被切掉了最前面的一段。如此前进、攻击、防守，看谁先到达对方的据点，把对方的碉堡炸掉。

这个游戏虽然名字叫作炸碉堡，但并不需要奔跑、匍匐、投掷等重体力劳作，我能够胜任，所以每次我都很投入。经常是夜幕降临了，我还在和一个小孩子炸碉堡。

那两块青石板，就在旁边默默地看着我们。

2017年7月28—29日，写于尚博祖屋

死的警告故事

我们从小接受的生死之"死"的启蒙,是我们自懂事起就听到的关于死的警告和故事。

尚博村是一个沿河布局的自然村落,河流养育了尚博村,也让村里的大人们忧心忡忡。这条河流对于村里的孩子们太有吸引力,这种吸引力内部,暗含着死亡的召唤。这种情形如同激流里的旋涡一样。我们人生得到的第一份警告就是:不要到港边去!后来我们年龄稍长,这份警告修改为:不要一个人到港边去!这句修改后的警告里暗含着这样的意思:除了大人陪同,或者由大人教练游泳两种情况外,小孩子是不允许靠近河流的。而当我们不再受到类似警告的时候,已经长大到能在河流里像鱼一样游泳了。

我们还经常受到间接的警告,这种警告更具独有的警告效力。这句具有魔力的警告是这样的:水獭野猫要抓小人的。野猫,是尚博村的孩子最害怕的一种动物,大概是因为野猫总是躲在黑暗里,又几乎都没有见过的缘故吧。大人们用野猫来警告小孩子的手段,总是屡试不爽。譬如顽皮的孩子不肯睡觉,大人只要来一句"再不睡觉野猫要来了",这个孩子就会钻进大人的怀里,一声不响,只一会儿就睡着了。水獭野猫自然是躲在河里的野猫。大人们告诉我们,只要有小孩子靠近,水獭野猫就会从港里跳出来,把小孩子拉到水里去。大人们的这种警告和描述让我们对河流充满了恐惧心理,在我们的想象里,河里潜伏着无穷无尽的野猫,它们总在河底潜伏,静静地注视着河岸上的动静,只要小孩靠近,就会迅速地跳出水面。每次从河边经过,我们经常警觉地观察着河面的动静,做好野猫出现后及时逃到远处的准备。我们总是不知道河里什么时候会跳出水獭野猫来拉我们，内心充满了惊惧和不安。大人们对于我们的这种心理，往往非常满意。

但也会有小孩对此表示质疑，他们会说："那大人到河里去，为什么不要紧呀？"大人们会说："大人们太大了，野猫拖不动。"大人的话总是有道理的，于是尚博村的孩子们对于大人的能力，又有了这样一层认知：大人太大，水獭野猫拖不动；大人力气大，能把水獭野猫赶走。于是我们认识到，只有在大人陪伴下，我们来到河边才是安全的。

在尚博村里，还流传着让小孩子们惊悚不安的故事。我的父母就讲过这样的故事。我家离河边较远，但每到夜深人静的时候，经常能够听见东面小河里发出的异乎寻常的声音。这些声音和我们白天听到的声音，又几乎是一样的。我们听到的声音是摇橹声，接连不断的摇橹声，我们经常在后半夜听见这种接连不断的摇橹声。每到这个时候，大人们似乎和我们一样害怕。他们会说："香樟树底下又有船队在过了。"更多的时候他们不解释是怎样的船队在过，因为我和弟弟已经知道，在后半夜，如果是人的话老早就睡觉了。我们虽然恐惧，但因为我们经常听见这种午夜时分接连不断的摇橹声，似乎也慢慢习惯了。我们经常是在接连不断的摇橹声里沉沉睡去，直到天明。好几次我们醒来，就径直跑到香樟树底下去看。此时的香樟树底下，早有男人在挑水，女人在洗衣，老人在淘米，充满了祥和的生活气息。

河流经常让我们感到惊悚。村里经常会有早起挑水的男人，或者早起洗衣的女人，早起淘米的老人在传播着这样的消息："今朝天蒙蒙亮的时候我跑到河边，看到一个淹死鬼坐在河埠石上。"他们的描述绘声绘色，充满了无限的魅力。他们说："淹死鬼面朝小河，等到我走过去的时候，他就转过头来朝我望望，然后扑通一声跳到河里去了。"他们会说："这种声音就像是一块蛮石头沉到河里发出的声音。"他们的描述几乎都有一个共同点，那就是强调河埠石上留有淹死鬼坐过的水印子。每次消息传出，都会有人跑去看水印子。我也去看过，果然有屁股大小的一个水印子，留在河埠石上，格外显眼。

我们是在警告和故事里慢慢长大的，我们还是在一种比警告故事更惊悚的几乎是真实生活的情节中长大的。尚博村里有好几个水眼，能够看到阴阳两界的情景。水眼经常会说，昨天晚上，他看见谁了。他描述的谁是大家熟悉的已经死去的人。这个谁可能是刚刚死去的人，也可能是死了很久的人，还可能是只听说过的几辈之外的一个尚博村先人。这位水眼会说："我跟着他走了很远，后来在路拐弯的地方不见了。"他有时还会说："我叫他，他不应，回过头来看了我一眼，和活着时没什么两样。"水眼描述的在夜里看到的人，大多是白色的，所以在黑夜里特别显眼。

除了有特异能力的水眼，普通人在特定的时候，譬如在特定的情境下，身体虚弱的时候，临死的时候，也会临时具有水眼。尚博村的很多老人，在临死前都会说："我看见我姆妈了。"有些临终的老人断水断粮很多天，不会说话，不管事很多天，也会在临死前这样说。每每此时，总会有人问道："你姆妈叫什么名字呀？"这个垂死的老人会用最后一点吃奶的力气，准确地说出自己母亲的名字。这个时候，在场总会有人说："快给伊穿衣服，快给伊穿衣服。换好新衣服，老人就可以上路了。"

那年夏天的一个晚上，在我家门前乘凉的人，也成了水眼。那时候，我家东隔壁的老头已经病入膏肓了。老头的老伴是祥珍娘母。那天傍晚，老头躺在躺椅里，对祥珍娘母说："祥珍，你去看看，谁在烧火凳上哭呀？"祥珍娘母跑到灶头后面查看，没有看见一个人，就对老头说："烧火凳上没有人坐呀！"可老头只安静了一会儿，又说："祥珍，你去看看，谁在烧火凳上哭呀？"祥珍娘母来来回回看了好几次，始终没有在屋里发现别人。

祥珍娘母跑到门外，看见门前乘凉的人，就问他们："你们看见有人进我家的大门了吗？"我妈就说："刚才我们看见好几个穿白布衫的人，急匆匆从东面走来，在墙角的地方拐弯，走到你家大门里面去了。"另外几个乘凉的人也说："我们都看见了。"几天以后，我家东隔壁的老头就死了。我的母亲说，那天晚上，是祥珍娘母家的祖宗大人不放心，都回家来探望了。这些忧心忡忡的祖宗大人，终于把老头接走了。

对于天生就是水眼的人，尚博人的感情是复杂的。一方面对于他们非常崇敬，一方面对于他们非常畏惧。而临时成为水眼的人，有一种是总能得到别人格外怜悯和关照的。那就是，他们在白天也看见了谁。有人会说，他可能活不长了。果然，不久后，这个被预料的人就莫名地死了。但也常有说破后四处烧香拜佛，最终不遭劫难的人。

所以，尚博村很少有人承认自己白天是水眼。但我在村里看见过很多忧心忡忡的人，他们最终不能寿终正寝，大概其中一部分，隐瞒了自己白天是水眼的事实吧。

2015年8月6日，写于尚博祖屋

孩子之死

我们从小听说的死去的小孩,是培清。培清是蚕琴的儿子,是聋子阿太警告多次而最终淹死的小男孩。培清比我们大好多岁,在我出生以前就淹死了。但因为死了,所以他就永远长不大,成了一个永远的小孩子,就好像是一颗琥珀里包含的一只小丑虫。

大人们总是不厌其烦地给我们讲培清淹死的故事。于是,这个永远长不大的死孩子,成了大人们对于我们恒久有效的警告。在大人们的警告里,尚博村的孩子们,终于慢慢地长大了。但有一天,有一个男孩子,退出了我们的队伍,也成了一个永远也不会长大的死孩子。

这个给予我们深远影响的男孩子叫水京。我家是水京父亲的外婆家,我家和水京家是亲戚,所以我们从小就和水京有很多接触。水京是家里的长兄,后面还有一个妹妹和两个弟弟。那年夏天,天气特别炎热。有一天,水京带着最小的弟弟水章到河里去游泳。那时河里沉没了一条水泥船,弟弟水章很调皮,在这条沉船的船舱里走来走去,河水齐到了脖子。突然水章一脚踩空,踩到了沉船的窟窿里,这只深陷囹圄的脚上的拖鞋一下子滑落,消失在了船底。水章是家里的幼子,在家里最得宠,水京是长子,经常被他父亲训斥毒打。水章对水京说:"你把拖鞋给我捞上来。"水章的这句话,在水京心里就像是父亲的命令一样,具有无限的威力。

水京一个猛子钻到船底,很久以后浮出了水面,水章看到哥哥双手空空地浮出水面,不禁大哭起来。水京又一个猛子钻到船底,很久以后又是双手空空浮出水面。水章看到哥哥又是双手空空地浮出水面,哭声更加响亮了。

水章的哭声吸引了河里戏水的所有小孩子，也吸引了路上走过的行人。这些人都成了角色，是一对亲兄弟上演的戏文的看客。

看着围观的人越来越多，水章的哭喊声更加响亮了。水京又一个猛子钻到船底，很久以后又是双手空空浮出水面。水章看到哥哥又是双手空空地浮出水面，哭声更加响亮了。此时的水京脸色苍白，眼睛里流露着哀求一般的神色。水章看着无声地哀求自己的哥哥，哭喊声里夹杂了一句直接要了自己的亲哥哥性命的话："你不把我的拖鞋捞上来，我叫爸爸打死你！"

水京向弟弟投去最后一瞥，吸了人世间最后一口气，又一个猛子钻到了船底下。很长时间过去了，水京都没有浮起来。很长时间后，人们看见船底泛起很长的一串水泡，就像是一条大鱼在河底游过。但水京还是没有浮起来。河里和岸上所有的看客，全都屏住呼吸，等待着奇迹的出现。但很长很长时间过去了，水面上不起一丝的涟漪。终于有一个看客说，水京淹死了。

"水京淹死了，水京淹死了！"呼喊声震动了整个尚博村。此时，我和弟弟正在香樟树底下游泳。听到北面的骚动声，沿着小河北望，我们依稀看见远处晃动着骚动不安的人影。我们赶快从水里爬出来，沿着河岸飞快地向北面跑去。等到我们跑到那里的时候，水京已经被人从船底捞起来了。

我们看见这个打捞者背着水淋淋的水京，深一脚浅一脚地上岸来。水京被放平在了南北向的路上。村里的赤脚医生赶来了，他二话没说，开始给水京做人工呼吸。赤脚医生坚持了很长时间，直到最后脸色惨白，他始终没能让水京活过来。不远的地方，水章像菩萨那样坐在地上，一动不动。

围观的人越来越多。水京的父母却一直没有出现。有人说，他们还在田里干活，还不知道儿子死了。那个打捞水京的人终于开口了："真可怜呀，我钻到船底下时，一摸，就摸到了像一条四脚蛇（壁虎）那样张开腿脚的水京，他紧紧地吸附在船底，我费了吃奶的力气，才把他从船底扒下来。"

有人就说："造孽呀，他是听见水章说了不找到拖鞋就要叫他老头子打死他，所以没有找到拖鞋就不敢从水里冒出来。"有人就顺着这句话说："水章作孽呀，这个做老子的作孽呀！"还有人说："水京这么好的水性也淹死了，真是见了鬼了。"听见他们在说这些话，我觉得都有道理。我在心里想，这只水獭野猫也真厉害，把水京也拉走了。

我们吃完晚饭，就到水京家去。水京家的大门已经卸下来了，放在门前搭成挺尸的板床。电灯被拉到了门外，挂在一杆竹竿上。昏黄的灯光照着门板上躺着的一动不动的水京，泛起昏黄斑驳的光晕。水京的母亲，我叫阿姆（大婶）的一位慈祥热情的女人，在地上打滚。阿姆叫着儿子的名字，眼睛闭着，眼泪在脸上横着流。现场没有水章的身影，也没有看见水京父亲的身影。这两个人，应该躲在一个昏暗的角落里。

水京之死让我们真切地感受到死亡和每一个人距离的临近。一个伙伴从我们的队伍里出列，再也不会回来，这就是我们最能感受到的最迫近的死亡。这种死亡让我们感受到，死亡不是老人的专利。死亡属于每一个人，离每一个人都不远。所以后来我经常想，如果没有大人们足够的警告，尚博村里的孩子要长成大人，是不容易的。

我们还看到过另外一个小孩子的死，只不过这个小孩子我们不认识，与我们素昧平生。那一天，我和弟弟到龙山桥河边的田里摸田螺。那是一片秧苗翠绿的水稻田，田里到处都是长着绿毛的田螺。我和弟弟是在偶然间发现了这个秘密，便多次到这里来摸田螺。那一天，正当我们兴高采烈地劳动的时候，我们听见一个女人哭天抢地的声音从河对岸传来。

因为这条河在龙山脚下，所以尚博人把这条河叫作"龙山港"。龙山港的对岸是石矿。一座不小的山，每天被东南西北开来的大船载走一部分石料。我们从田里拔腿而出，奔到河帮上看对岸。河对岸的景象让我们心惊肉跳。一个六七岁的女孩子，躺在河岸上一动不动。一个女人抱着一个崭新的红书包，在地上打滚。我们一下就明白了。一对运输石料的苏北夫妻，给宝贝女儿准备好了新书包，过了这个暑假，他们的女儿就要上学了。可就在这个节骨眼上，这个即将读书识字的女孩子，从父母的运输船上滚到了龙山港里，淹死了。

在龙山港里装运石料的大多是苏北人。这位绝望的母亲在河边，在女儿的身边，呼天抢地，满地打滚。我们听不懂她哭喊的任何一句话，但我们懂她在哭什么。这对阴阳两隔的母女旁边，有一片桑树地。我看到桑树地里的桑叶在纷纷坠落。我想，它们也是受到了极大的感染了吧。

那天午后，我们两个手提篮子的小孩子，在河堤上站了很久。我们隔着一条名叫龙山港的小河，看一个淹死的女孩子和她悲痛欲绝的母亲，看她们同在异乡的老乡凄惨哀婉地站在附近，呆若木鸡。我们距离这份绝望和伤痛，只有一条小河的距离。我们距离死亡，也只有一条小河的距离。这条小河，就在我们身边，它依旧在流淌，不起一丝的改变。

有一天，村里一个刚刚学会走路的女孩子，挣脱大人的怀抱，走到了离河不远的地方。小女孩看见一个男孩子掉在河里，头倒挂在河底，脚心露在河面上，一动不动。这个女孩子说话晚，还不会说话。女孩子步履蹒跚地跑到大人身边，用手指指小河，发出一种没人听得懂的声音。大人顺着小女孩指点的方向走去，一下就发现了河里倒挂的男孩子，抓住他的脚一提，男孩子就像萝卜一样，被大人从河里拔了出来。由于发现及时，这个男孩子最终被救活了。

尚博村有一种说法：如果一个男孩子掉到了河里，女孩子看见了会报信；如果一个女孩子掉到了河里，男孩子看见了会报信。这句话隐含着这样的意思：如果女孩子看见女孩子掉在河里，或者男孩子看见男孩子掉在河里，即使已经是口齿伶俐的大孩子，也是不会报信的。尚博人说，每到这个时候，人就浑掉了。所谓"浑掉了"，就是蒙掉了。

但我对这句话始终很怀疑，因为我有过救起一个同龄男孩的亲身经历。尚博村里有一个很大的露天猪水茅坑。尚博人家家户户养猪，所谓"猪水茅坑"，就是囤积猪粪尿的一个露天大坑。这个大坑终年发酵，一股发酵的气息，在附近很大的范围内弥漫。那天，我从猪水茅坑边经过，一下就闻到了那股熟悉的气息。正当我想要习以为常地疾步逃离这个令人作呕的地方时，我听见有人在轻声地叫我的名字，这种声音就像刚出生不久的婴儿发出来的。我朝周围张望，没有看见任何一个人影。当我再次听到叫声的时候，才发现声音是从猪水茅坑里传来的。我一下子感觉到这种叫声仿佛带有这个露天沼气池终年发酵的气味。

原来，和我同龄的一个名叫水华的男孩，不小心掉进了猪水茅坑里。显然,他经过了挣扎和努力,他曾经希望通过自己的努力,摆脱这个危险的境地。但不知为什么,水华没有能够到达岸边,而是事与愿违,让自己的身子移到了池子的正中央。水华脸色苍白,目光迷离,就像是长在了猪水茅坑里一样,一动不动。我快速地从池边的一棵大树上折下一根长长的树枝,一头自己拿着,一头传给水华。水华抓住树枝,用尽了最后一点吃奶的力气。我对他说:"抓住,不好松手!"我抓住树枝的另一头,使出了吃奶的力气,才把水华从猪水茅坑里拖上来。

水华获救后,有一天他告诉我,那一天他掉进猪水茅坑里后,已经挣扎呼喊了很长时间了,就是没有人来救他。他说:"要不是你,我就淹死在猪水茅坑里了。"我听着心里暖洋洋的。因为当时我想,一个人淹死在猪水茅坑里,名声是不会好的,如果要死的话,还不如淹死在清清白白的河里。我当时想到的理由很简单:猪水茅坑是臭的,淹死的人也是臭的,自然名声也是臭的。

经历了这件事以后,我对大人的话,譬如男孩与男孩之间、女孩与女孩之间不会互救之类的说法,产生了质疑。有一天,当我父亲再次说起这句话的时候,我就说:"那我还救了水华呢。"我的父亲对于我逐渐增多的不同意见,向来不会横加指责。父亲说:"猪水茅坑跟港,是不一样的。"这句话自然是有道理的,最简单的区别,就是一个是臭的,一个不是臭的。父亲又说:"那天你又没有去叫人,而是自己救了人。"这句话也是事实。

看来,尚博人关于男孩与男孩之间、女孩与女孩之间不会互救的说法,只适用于小孩子掉到了河里或者池塘里,而不包括掉进了粪坑里这类特殊的情况。大人的话总是有道理的。我母亲经常讲述的一段经历,就是极好的证明。

我母亲出生不久就被亲生父亲送到了渔家庄他的一个好朋友家,也就是我母亲的养母家,我的外婆家。母亲到了这个家庭后,很快就带来了福音,一个男孩子和四个女孩子,相继来到了人世。因为家里穷,我的两个最小的姨妈,被送到了邻近的村庄。

作为外婆家的长女,我的母亲自然有看护弟妹的义务。我的舅舅和两位姨妈，在外公、外婆和我母亲的看护下，慢慢地长大了。那一年我母亲十三岁，有一天下午，我的母亲突然生病了，迷迷糊糊地躺在床上爬不起来。我的舅舅蹦蹦跳跳来到床前，说："阿姐，我出去玩了。"如果换了平日，我母亲是一定要阻止的，因为她是家里的长女。但那天母亲竟然说不出一句话来，眼睁睁地看着弟弟消失在自己的视野里。我的舅舅出门不久，我的母亲就听见河里扑通一声闷响，接着传来舅舅一声声的呼救"姐姐，姐姐"。母亲双腿像灌了铅一样，一动都不能动弹。

过了不久，屋外就传来了外婆哭天抢地的声音。母亲此时就像卸掉了千斤重担那样，一下子就好了，身轻如燕地飞到屋外，看见家门口的小河边，外婆正在地上打滚。而她的弟弟，水淋淋地躺在地上，一动不动。

之后我母亲经常说："是淹死鬼把我弄浑，好在那一刻把我兄弟带走。"

2015年8月7日，写于尚博祖屋

河流里的手臂（一）

在我的记忆和印象里，出于亲近，河流总是试图伸出手臂，把靠近它、亲近它的生物揽入怀里。这种情景我见过多次，以至于熟视无睹。这种熟视无睹，对于我的意义是巨大的。我从小就懂得河流的真实心意。河流总是观望着，等待着下手的机会。这种行为的后果很像是子夜时分，具有无与伦比的归零能力。能够使亲近的生物，瞬间走出时间，没有返回的机会。

因为熟视无睹，所以习以为常。其中养育出无可救药的亲近。我在这种对于河流无可救药的亲近中慢慢长大。虽然这种亲近中饱含着无尽的未知因素，譬如河流对于我的垂涎三尺觊觎已久。但我终于因为熟视无睹而无知无畏。我对河流的亲近与日俱增，这个过程中我始终被很多忧惧裹挟着，首当其冲的是母亲，父亲和阿爹似乎好一些。但当我能够像一朵浮萍一样在河面上游荡，母亲的忧惧也慢慢减弱，以至于似乎忘却。我，终于慢慢地长大了。

我是一个幸运者，这个幸运者冷酷无边。这种冷酷无边的养育，是以大的事件的发生为契机的。这种契机在我的不同年龄里出现，所以我的冷酷无边也就慢慢炉火纯青起来。

那一年夏天，我和弟弟挣脱了隔壁一个稍长我们几岁的男孩的跟随，从后门溜出，来到龙山港边一条沟渠里摸田螺。因为我们先前在门前炫耀了摸来的田螺又多又大，这个大男孩垂涎三尺，想跟我们一起去摸。他见我们不但嘴里闪烁其词，连眼神也闪烁其词，他就像我们的尾巴一样跟着我们，一刻不松懈。但他还是有了疏忽。他一心想着我们会从前门出去，没有想到我们会从后门出去，于是，我们就有了挣脱他的纠缠的机会。

我们就像刚刚做了贼事一样，怀着贼心，从后门落荒而逃。因为总是感觉那个大男孩，也就是我们的尾巴在我们的身后长出来。我们知道，要挣脱这条尾巴，唯一的办法就是让自己跑得像风一样快。只有这时，这根令人讨厌的尾巴才会从我们身上脱落下来。我们的这种经验的得到，是以壁虎为师父的。当壁虎遭遇了危险，总是以迅雷不及掩耳之势，让尾巴脱落。于是，它的警报也就解除了。事实证明，这种经验是非常有效的。

当我们越跑越快，耳边只有风声的时候，我们已经来到了大路上。我们腿脚生疼，就像鸟的翅膀一样，因为急速飞翔而生疼。当我们回头看身后的村庄时，发现我们已经彻底挣脱了那个一心想做我们的尾巴的大男孩。就像断了尾巴的壁虎张开了血盆大嘴一样，我们张开了满是怨愤情绪的嘴巴，用尚博最古老的脏话骂了这条被我们甩掉的尾巴。我们小小年纪就会用这种方式骂人，也是因为有了多次这样的契机。

那天，当我们来到心驰神往的水田里寻找那条沟渠的时候，我们的心情已经慢慢地平复下来。当我们挽起裤管跳进沟渠里的时候，我们似乎不是在寻找这些田螺。我们的真实感受是，这些田螺听见我们的召唤，一个个自动游进了我们的手里。这些田螺大小不一，有些是像我们一样充满了朝气的小田螺，有些是像阿爹一样长满青绿苔丝的老田螺。因为它们是主动向我们游来的，所以这条沟渠，这片水田，这天下午都在主动地向我们走近。这种情形很像一条蟒蛇把一只老鼠吞进肚里去一样。我们对于蛇的猎食，也熟视无睹。蛇的猎物落入蛇的口中之后，从蛇锋利的齿尖上得到了致命的毒液，随后进入迷幻状态，开始自动地成为蛇的一部分。直到尾巴上的最后一根毛尖也消失殆尽。那天下午，龙山脚下接下来发生的一切，与之毫无二致。

正当我们因为大丰收而酣畅淋漓的时候，我们听到了一种类似于晴天霹雳的声音。奇怪的是，我们听到的声音不是来自天空，而是来自大地。当我们再次寻迹的时候，终于知道这种声音来自龙山脚下，隔港那边。当我们静下心来细心聆听的时候，田螺、沟渠、水田，全都停止了向我们游来的进程。它们全都慢慢地离开我们，从我们内部退出来。这种情形也像几乎不可能发生的一种情形：慢慢成为蛇的一部分的猎物，终于清醒过来，脱离了先前的迷幻状态，从蛇身体里游出来。原先饱腹臃肿的蟒蛇，重新成了一个瘦子。这天下午，我们就是重新成为瘦子的两条蟒蛇。

我们这两条瘦弱的蟒蛇，贴着水面聆听着来自大地的霹雳闷响。我们终于听清楚了，是很多人在发出绝望的呼叫。我们放下篮子，失魂落魄地向港塘上奔去。当我们跑到塘上的时候，一下就知道了"像筛糠一样"和"呆若木鸡"这两个词语的意思。因为我们亲身经历了这两个词语所包含的一切。

"像筛糠一样"这个词语是尚博人常用的土语。让我们像筛糠一样的，自然是龙山脚下隔港那边发生的一切。当我们把目光投向隔港那边的时候，一个湿淋淋的汉子，正在把一个湿淋淋的汉子往岸上拖。这个被拖上岸的汉子，就像一根湿淋淋的树桩一样僵硬而安静。周围已经聚拢了很多围观的人。他们发出的声音就是我们刚刚听到的惊天的闷雷。很快，这根湿淋淋的"木桩"被拖到了岸上。这根"木桩"像木桩一样被横放在地上的时候，像木桩一样一动不动。只有水在继续流出来，就像从他身体里流出来一样。周围的人绝望的叫声响亮起来，刺疼了我们的耳朵。

因为看到了闷雷的来源，更看到了引发闷雷的那根湿淋淋的"木桩"，我们就像筛糠一样，在塘上不能自已。这种情形一定和那一天在塘上迎风摇摆的茅草毫无二致。

不仅仅是塘上的茅草在摇摆，隔港那边的那根"树桩"上，也有茅草在摇摆。那是几根稻草，被紧紧地抓在手心里，就像从手心里长出来一样。这个一动不动的汉子，仰面躺在地面上，死不瞑目，一只手臂向着天空伸着，手心里紧紧地攥着那几根稻草。

也就是在这一瞬间，我一下子明白了救命稻草的真实意思。可以想象，这个不幸的汉子，在龙山港里，有过怎样垂死的挣扎。在不久前与这条河流的纠缠和抗争里，他是多么希望能抓住什么。他希望抓住的东西能让他走出困境，走出绝境。就像刚刚学步的时候跌在地上，发出凄厉的喊叫，渴望着妈妈伸过来的手臂。于是，在无尽的黑暗里，在河流内部的时间里，这个汉子不停地叫着"妈妈，妈妈"。这也是这个汉子在这个人世间说的最后几个字，这几个字是在河流里说的，就像鱼或者河蚌那样，引起了 串水泡。当这串水泡在河面上破裂开来的时候，一个从远方跑来的人说，"完了，完了"。这个从小与河流打交道的人说出这句绝望的话，是有依据的。因为在这串水泡之后，河面上恢复了平静。就像一条刚刚进食的蟒蛇恢复了平静一样。或者说，就像河里的鱼或者河蚌呼吸之后，在水里或者淤泥里栖止下来一般。

这个不幸的汉子，在做安静的鱼或者河蚌之前，在不停地叫着"妈妈，妈妈"的时候，在满心想要抓到妈妈的手臂的时候，在水里抓住了沉在水里经年的老稻草。此时，这几根老稻草，在汉子的手里飘摇，还在流淌着河水。这几根老稻草，很像最老的老人的胡须，流淌在上面的河水，就像是老人的泪水。这种情形让人想起"老泪纵横"这句老古话。

也就是在这一天，我马上明白了河流是如此渴望付出亲近，得到亲近。只要有人亲近，河流就会像抓住一根救命稻草一样，紧紧地抓住机会不松手。也就是在这种领悟中，我知道了河流内部有无数的手臂，时时观望，觊觎亲近者的一举一动，抓住机会，以迅雷不及掩耳之势，把亲近者揽入怀中，不让对方有任何挣脱的机会。这种情形很像最爱孩子的母亲，把自己的孩子揽入怀中，让孩子重新回到自己的内部一样。

我就这样呆呆地冥想着，呆若木鸡。后来我在课文中学到这个成语的时候，我一下子就想起了那时的景象。我呆若木鸡地望着隔港那边，那里的景象慢慢模糊起来。我依稀听见那些会走动的"树桩"在不停地叹息、喊叫。从这些恍恍惚惚的叹息和喊叫里，我隐隐约约知道了事情的原委。就在这一天，这个汉子独自一人从附近的一个村庄出发，开着一条挂机船，沿着彼此相连的河流，来到龙山港装载石头。当时龙山的石矿还在离港不远的地方，这个满心憧憬着住进新房子的男子，那个村庄里一户人家的顶梁柱，在把装满石料的挂机船发动的时候，就出了事。汉子因为实在想把宅基地的墙脚打得扎实一点，就多装了一块上好的墙脚石。当汉子把自己也装进船里的时候，船就不停地吃水，这个满心憧憬的汉子没有丝毫觉察。挂机刚刚发动不久，船就沉没了。汉子因为挖石头用尽了力气，没能挣脱河流的纠缠，最后死不瞑目。

我呆若木鸡地望着隔港那边。我隐隐约约地看到一个几近崩溃的影子从远方赶来。这个影子刚赶到那根一动不动的"树桩"边的时候,就崩溃了。她呼天抢地的声音,是那天最惊心动魄的闷雷。我隐隐约约知道这个影子就是汉子的妻子。人们在安抚,但毫无用处。

当我在塘上呆若木鸡的时候,龙山港显出了不同一般的样子。这条我从小就熟视无睹的河流,此时面目全非起来。我看到它在对着我做着各种各样稀奇古怪的表情:有召唤,有怪笑,有引诱。种种表情都暧昧到极致,以至于我有一种莫名亲近的冲动。一个小小年纪的孩子,能在这一刻,看到河流的这种暧昧到极致、复杂到极致的表情,意义是深远的。因为我自此也就有了对于河流暧昧到极致的亲近,这种亲近如同久别家门回到家一样。于是,小小年纪的我,对着眼前的这条河流,也做出各种各样稀奇古怪的表情:有召唤,有怪笑,有引诱。种种表情都暧昧到极致,以至于河流有一种莫名亲近的冲动。

正是在这个时候,河流就成了我心里的河流。就像河流是我相依相伴的亲人一样,我知道河流只是想亲近我,就像母亲想亲近自己的孩子一样,除此之外没有别的想法。

弟弟在旁边说:"阿哥,我们回家去吧。"是的,我们应该回家去了。隔港那边的那根一动不动的"树桩",已经被抬走,那个崩溃的影子已经消失,围观的人群也在慢慢消散。戏文已经散场。更重要的是,河流已经恢复到原来的样子。河面上泛着微波,宁静安详,就像什么也没有发生过一样。

我对弟弟说:"走,我们回家去。"当我们找到自己的篮子时,发现所有装在篮子里的田螺都回家了。是到了该回家的时候了。我对弟弟说:"走,我们回家去。"当我们刚走到村口的时候,就遇到了那个一心想做我们的尾巴的大男孩。这个男孩怒火冲天,但当他看到我们的篮子空空如也的时候,怒火一下就消散了。他说:"幸亏没有跟着你们同去。"

稻草,在尚博人的生活中,占据着非常重要的地位。蚕熟的时候可以做山毛稻草,熟透的蚕在山毛稻草上做茧子。稻草是尚博人烧水烧饭最主要的柴火,家家户户的搁舍上,都堆满了稻草。有些人家的稻草是几代都没有清过的老稻草,不知道有多少猫和老鼠在里面做过窝。尚博人家造房子的时候,稻草可以被和进稀泥里，砌在几代不倒的墙壁上。越是老旧的墙壁，稀泥里的稻草越会有露出脸来的欲望。这些从墙壁里睁开眼的稻草，会让人产生非常温暖的感觉。稻草还是寒冷无助的冬天，尚博人用来铺床的极佳的垫子。躺在稻草床里，就像躺在稻田里，会在青草和阳光的味道里安然入梦，能在梦里轻易见到各种想见而轻易见不到的人和事。

稻草还有不同一般的用途，可以做成切桑叶时用到的砧板，可以做成供人跪拜时着膝的蒲团。家人有人老了，会在挺尸门板的一头放几捆稻草，供祭拜者跪拜时着膝之用。出殡之后，也总要在家门口把刚老的人睡过的稻草烧掉。

稻草最为极端的用途，就是做救命稻草，虽然并无用处。那天我在龙山港塘上看到的景象，就说明了这一点。但有一天，我又看到了类似的情景。

那是一年收割晚稻的时节发生的故事。那一天，村里的主劳力都在田里收割谷稻，留在村里的只有老人和小孩。这一天，一个弱不禁风的老头，把同一句话说了很多遍。原来，老头中午从长漾的漾口经过的时候，正好看见一条挂机船在河埠头停靠。从船上下来的是一个清瘦的汉子，他叫这个老头阿爹，说："阿爹，尚博有人卖稻草吗？"老头说："你等等吧，能做主的都在田里呢，等他们回来，你问他们。"汉子道完谢，目送老头向北走去。

那一天，老头的香烟抽完了，他是从家里出发，沿着长漾，穿过一块桑树地，再沿着小河，向村北的小店里走去。老头是去买烟。这个老头是村里最老的老头之一，走路缓慢，就像蜗牛一样。老头挂着拐杖在路上走的时候，总会有人对他说："等你走到，天也黑了。"这一天的情况也差不多。等到老头买好香烟，原路返回的时候，已经过去了几个时辰。当他经过漾口的时候，用老眼往长漾里看去，正看见挂机船的梢头后面在冒着水泡。那个问过他消息的汉子，没有出现在他的老眼里。老头说："出事了，出事了。"

老头改变了方向，穿过另一片桑树地，向田野的方向走去。老头边走边说："出事了，出事了。"老头在桑树地里穿行的时候，嘴里念念有词，这些出自肺腑的老辣的土语，惊动了桑树地里所有的鸟雀。鸟雀们鼓噪着从桑树地里飞了出来，笼罩着桑树地上面的天空，就像暴雨来临前的乌云一样。一个在远方收割谷稻的汉子最先看到了这种不同寻常的情景，情不自禁地说："出事了，出事了。"这个汉子丢下手中的镰刀，向桑树地飞奔起来。汉子边喊边说："出事了，出事了。"他的身后不断有人加入他的队伍，人人都在喊："出事了，出事了。"这些人的喊叫惊动了尚博村里所有的鸡鸭和猫狗，它们全都鼓噪不安，就像地震来临前的景象一样。

终于，这个庞大的队伍开始向桑树地里进发，在这块老地的中心位置，他们与那个拼命赶路的老头会合了。队伍里七嘴八舌地叫着阿爹。看见这些浑身冒汗的年轻人，老头就像抓住了救命稻草，说："出事了，出事了，长漾口。"老头没有再说话，但队伍里的每一个人都已经知道发生了什么事情。当他们穿越另半边老桑树地，来到长漾口的时候，发现河面没有一丝的波纹。他们终于又说："出事了。"

村里的汉子们终于在挂机船的梢头部位找到了这个收稻草的汉子。汉子和挂机都沉在水里，汉子连同衣服挂在挂机上。汉子被打捞上岸的时候，我正好也赶到了漾口河埠头。我看见这个汉子直挺挺地躺在河埠头，水淋淋的，一动不动。和龙山港里那个变成一动不动的树桩的汉子一样，这根"树桩"也是死不瞑目。就在这个时候，老头也从老桑树地里钻了出来，又说了一句："真出事了。"

田里干活的人都在赶来。人们猜测着，这个汉子等待不及，要把挂机摇开，准备打道回府，挂机没有固定在船尾，一下就掉进了河里，汉子也被带进了河里。

听到人们议论纷纷，老头有点气急败坏。此时老头已经坐在了一块老泥上。老头说："我买完香烟，一回头的时候就知道要出事了。"老头说："光天化日下，我看见一个白色的人，在我的前面赶路，很急。"有人问老头："这个人你认识吗？"老头更加气急败坏地说："认识的话还会出事呀！"老头继续说："这个白人比我还急，和我是同一个方向，我知道大事不好了。"有人又问："你是怎么知道的呀？"老头越发气急败坏地说："光天化日，村里的人都在割稻，只有鬼才会出现！"又有人说："那你不是在村里出现？"老头没有和他理论，只是说，"要是我能走得快点就好了"。

这是事实。老头如果能走得快点，说不定能赶在索命鬼赶到之前，把危险告诉那个收稻草的汉子。老头如果能走得快点，说不定能够把出事了这个消息快点告诉在田里干活的人，让那个汉子有起死回生的机会。老人虽然气急败坏，但还是轻轻地说："这就是命呀。"

有人又说："你是水眼吧。"老头有些得意地说："那还有假。"那个死不瞑目的汉子静静地躺在那里，似乎也在听着老头的这些话。直到傍晚，下舍的一个女人才来认尸。这个女人哭天抢地的声音，让尚博村一下子天黑了。

这件事情过去了很久，人们还在担心。人们担心那个老头白天见鬼，活不长了。人们的这种担心自然是有道理的。尚博村里有很多故事可以证明这种古老的说法。曾经有人在河埠头看见了白人，一晃就不见了，马上就大病了一场。曾经有人在路上看见一个白人，跟着他走了很长时间，但在桑树地里消失了，马上大病一场，最后死了。人们对于有水眼的人，总是有很复杂的感情。一方面敬畏，一方面担心，另一方面总是避而远之。

但我依据自己的判断，真正天生有水眼的人，是不多的。很多的水眼，都是在体弱生病的时候，由不是水眼变成水眼的。这种后天的水眼，白天见了鬼，十有八九会死。而这个老头是天生的水眼，不在此列。

有一天，我在路上遇到了这个像蚂蚁一样移动的老头，把人们对他的担心告诉了他。老头马上就笑了起来。老头说："我是老水眼，我还怕死呀！"是的，在尚博人的口碑里，老头从小就是水眼，看见过男女老幼不计其数的白人，有过无数次白天见鬼的经历，不但没死，还成了尚博最老的老头。果然，此后多年，老头才寿终正寝。

和这个老头有关的发生在长漾口的这个故事，对我产生了重大的影响。那个到尚博收稻草的下舍人，死于非命，死不瞑目，也终于死于稻草，但最终也没能捞到一根救命稻草。而这个水眼老头和这个事件的关联，则让我的熟视无睹、冷酷无边越发炉火纯青。这个老头对我的影响，要延续到此后无穷无尽的时间里。从他的传授里，我已经知道，当真正有力的手臂向你伸来的时候，你无须躲避。要么它把你变成它，要么你把它变成你。而最老辣的尚博人，譬如这个老水眼，就属于后者。所以，无数次，当黑暗中的手臂向他伸来的时候,这些手臂都最终成了他的一部分。所以,这个老头,是我心里最佩服的尚博人。

尚博的河流里满是手臂。因为亲近,蠢蠢欲动,随时准备着,把亲近者揽入怀中。对此我熟视无睹。我在这种熟视无睹里冷酷无边,并且日益炉火纯青。

2016年8月4日,写于尚博祖屋

河流里的手臂（二）

那是冬至边的一个晚上，那是那天晚上的后半夜，我终于沉沉地从梦中醒来。

让我从梦中沉沉醒来的是村北传来的一种奇特的声响。这种声响，就像是一条蟒蛇，受到了极大的惊扰，在蠕动、抗争、纠缠、还击……这种声音异常沉闷，就像是从地底下传出来的。要命的是，这种声音像水波浪一样，在逐渐迫近。所以，我真实地感受到了一条蟒蛇在向我迫近。这种感受越来越真切，越来越强烈，就像是整个村子在慢慢地蠕动起来，在蠕动、抗争、纠缠、还击……我受到了极大的惊吓，我感觉我就是蟒蛇的一部分，而且是正在蠕动，蠕动得最激烈亢奋的那一部分……

我毛骨悚然起来。我的身边，父母鼾声连连。我叫着爸爸妈妈，没有得到他们的任何回应。我在孤立无援中的哭泣声，才把母亲从沉沉的睡梦里拉了出来。母亲眼睛还没有睁开，就问我怎么了。我说我很害怕。母亲问我为什么害怕，我说我听见了村北可怕的响声。母亲不再追问，叫我也别再出声。母亲终于把父亲叫醒，把弟弟也叫醒，说："机埠根出事了。"尚博村的中心位置有一个打水的机埠，母亲说这句话，意思是机埠附近有人出事了。父亲也叫我们都别出声。父亲说："真出事了。"

父亲说这句话的时候，我感觉先前的那条蟒蛇的蠕动还在向南推进，而我已经成为其中逐渐消退的部分。父亲说，有人在哭。母亲说，很多人在哭。弟弟说，数不清的人在哭。是的，村北，有无数的人在哭，哭声像波浪一样，正在向村南卷来，席卷着整个村庄。

受到这个波浪的席卷，我家二楼的卧室里，马上也充满了哀戚的气息。我不再害怕，却有一种想哭的冲动。看得出来，父母和弟弟情况也差不多。我还听见楼下阿爹也在叹息，其中充满了哭腔。父亲说："我们去看看吧，到底出了什么事？"母亲极力反对。母亲说："冬至边，有杀气的，晚上不要出去。"母亲的警告是有效的，父亲不再说起出门看看的事情。

尚博人的心目中有很多禁忌。在有杀气的节令里，夜里出门，或者大门洞开，都是禁忌。这些有杀气的节令有清明边、七月里、冬至边等。所谓"边"，就是附近、前后。所谓"里"，就是整个月内。由此可见，在尚博人的心目里，一年里最有杀气的是清明和冬至前后几天，以及整个漫长的七月。特别是每年漫长的七月，尤其令人难熬。村里的女人，因为忧心，总是在每年的七月里老去许多。这些女人，尤其是那些年轻的女人，总是为自己年幼的孩子担忧着。这些年幼的孩子，喜欢在炎热的七月里下河游泳，而且总是不听大人的劝告和警告。这让那些年轻的女人们，几乎每天都过着胆战心惊、如履薄冰的非人日子。

事实确乎如此。每年七月里，总有孩子淹死在河里。这些孩子有小孩子，也有大孩子。所以，除了年轻的女人，村里那些年老的女人，甚至老掉了牙的老女人，每到七月里，也总是过着胆战心惊、如履薄冰的非人日子。我经常看到这些不大出门的老女人，躲在幽暗的角落里，嘴里念着阿弥陀佛，她们在祈愿家里的每一个孩子都能顺利地走出七月里。

每年到了清明边和冬至边，女人们也总是忧心如焚。因为度日如年，所以这两段时间，在尚博的女人心里，也并不比七月里短暂。这里充盈的杀气，让人们屡屡饱尝过关斩将的风险。这年冬至边的这一天，更是如此。

这个夜晚让我终生难忘。我的感觉是，整个村庄就是一条巨大的蟒蛇，身体的某个部位受了伤，流着血。那种哀戚绝望的喊叫声，持续了一整夜，以至于这天的黎明也充满了哀戚的气息。清晨，一棵大树底下，人们在交头接耳。我很快知道了事情的原委。原来，机埠根一户人家，昨晚死人了。死的是一个大肚皮，肚皮里有双双子。"双双子"就是双胞胎。怪不得，昨晚如此异乎寻常！

这个大肚皮是锦荣的老婆，这个女人我很熟悉。在我上学的路上，她几乎每天都要和我见面。这个女人脸蛋饱满清秀，总是面带微笑地看着我经过。几乎在很短的时间里，这个女人由一个俊美的大姑娘，变成了一个臃肿的大肚皮。这个大肚皮好像是风吹大的，我每天都能看出这个肚皮大了许多。我经常听见有些女人在离她不远的地方窃窃私语。她们说，见过长得快的，没见过长得这么快的。后来，她们又说，见过大肚皮，没见过这么大的大肚皮。

　　当女人们如此窃窃私语的时候，这个大肚皮的肚子确实已经很大了。那一天，我照例在上学路上遇到她。当时她正扶着一棵大树，脸色很憔悴，见到我，几乎是非常艰难地朝我笑了笑。这天早晨我见到的这个大肚皮对我的微笑，令我印象深刻。我感觉她正承受着巨大的负担，但要把最大的善意传达给我。我似乎还读到了另外一些难以言传的东西。当我从她身边经过之后，终于忍不住回头看了她。我的这次回头，有了更为惊人的发现。这个大肚皮双手扶着这棵老树，就像是这棵老树上面结的一个硕大的果实。这个硕大的果实依旧对着我微微地笑着，仿佛在传达着这棵老树巨大的善意。我也向她笑了笑，这是我曾经有过的唯一一次对她的微笑。

　　当我继续往前走的时候，又看见了那几个喜欢嚼舌头的妇女。她们还在说，见过大肚皮，没见过这么大的大肚皮。一个女人说，这么大的肚皮，应该是双双子吧。另一个女人说，弄不好是多胞胎，就像猪狗猫羊一样。不知道什么原因，这些女人此时发出了令人惊悚的笑声。直到此后很久我才知道，这种笑声叫作荡笑。

　　这竟是我在路上最后一次遇到这个大肚皮，而我也只对她笑过一次。当这天早晨大树底下的人们谈论着这个女人的死亡时，我的眼前全是她的笑容，这是令人害怕的一种感觉。她的笑容只在她的死亡面前才会显示出来。在那么漫长的时间里，她每天都会对着我笑，但我从来不会想起她的笑。只有此刻，不用我回想，她的笑全都涌了出来，就像地心里的水一样。由此可见，她的死是她的笑的一个出口。从树底下的女人的谈论里，我还判断她的死也是她生前所有的好的出口。只有在死面前，一个人才会被另外的人由衷而自觉地审视。

女人们还惋惜地说，肚皮里是双双子呢，太可怜了！女人们还说，锦荣昨晚疯了。这应该是实情。我想起了昨晚整个村庄的不安，源头应该就是他。很快，昨晚发生的事情，就在这棵大树底下公布了出来。

原来，那天，锦荣和大肚皮老婆，是去漾口村吃上梁酒。漾口是与尚博隔漾相望的一个村子，也是锦荣老婆的娘家。锦荣岳父岳母家的房子久久没有竣工，拖到了冬至边才上梁。而大肚皮老婆自从进了锦荣家的大门后，还从来没有和锦荣分开过一天。锦荣去漾口吃上梁酒，一去会是一天，大肚皮感觉不自在。锦荣说："你肚皮这么大了，就别去了。"大肚皮说："我一天不见你，会不自在，肚皮里的小人也会不自在。"锦荣的母亲忧心忡忡地说："让锦荣一个人去吧，你肚皮这么大了，又是冬至边。"但大肚皮依旧把说过的话再说了一遍，还额外说了一句："我妈好多日不见了。"锦荣就说："其实，我一天不见你，也会不自在。"锦荣的母亲听见他们说这些，脸上立即笼上了更为浓郁的担忧。她知道，对于这件事情，她此时已经回天无力。

这个为儿子操劳了一辈子的老女人，只能眼睁睁地看着儿子和大肚皮媳妇出了家门，沿着河埠头，落进自家的小木船里。小木船沿着小河，向南驶去。当小木船从小河来到长漾口，进入了长漾，锦荣母亲才失魂落魄地返回家门。

锦荣坐在船艄划桨，大肚皮老婆面对着他坐在船头。两个人面对着面，好像永远看不够。两个人都微微笑着，但一直都没有说话。当船驶进长漾的时候，锦荣终于先开了腔。

锦荣说："还记得七年前，在长漾上我们初次见面吗？"听见锦荣这么说，大肚皮马上脸红了。原来，长漾，正是他们初次见面的地方。

七年前的夏天，一个男孩子跟着自己的阿爹，从尚博村出发，沿着小河，划着小船，到长漾里来钓鱼。一个女孩子跟着自己的阿爹，从漾口村出发，划着小船，到长漾里来钓鱼。两个老头是老相识，但两个孩子是第一次相识。男孩子经常跟阿爹来长漾钓鱼，女孩子却是第一次，所以他们才第一次相遇。其实这个男孩子，早就被漾口的那个老头看在眼里了，所以才会把自己家里的女孩子带到长漾上来。这个老头有着自己的打算。

果然，这一天的长漾上出现了很不一般的气息。两个老头虽然像以往一样钓鱼、聊天，但总是心不在焉。两个老头太默契，都是同样的心不在焉。他们在观望着他们从家里带来的两个孩子。在两双老辣的眼睛里，两个孩子眼睛里的意思，都一览无遗。在长漾的清风里，两个孩子相互观望着，无声无息。两个老头微微笑着，心满意足。

此后，两个孩子常常跟着两个老头到长漾里钓鱼。他们依旧相互观望着。两个老头也总是心满意足。两个老头在慢慢变老，两个孩子在慢慢长大。两个老头顺理成章地把两个原本互不相识的孩子变成了夫妻。这两个孩子就是锦荣和他的老婆。

说起这些陈年往事，锦荣和大肚皮老婆都笑了起来。锦荣说："你阿爹真有心机呀！"大肚皮老婆说："你阿爹也好不到哪里去。"在说笑声里，他们的小木船终于在漾口村的河埠头靠岸了。

女儿、女婿的到来，为漾口村的这户充满了喜庆气氛的人家，更增添了几分喜气。酒席散尽，锦荣和大肚皮老婆才打算离开。他们向爷爷告别之后，就走出了家门。爷爷在门里面大声地喊："长漾里天黑浪高，要特别当心。"两个年轻人大声地答应着。

天已经全黑了。冬至边夜里的长漾果然不同一般。就像爷爷说的，天黑浪高。爷爷一生与长漾打交道，对于长漾的脾性，自然是非常了解的。依旧是锦荣在船尾划桨，大肚皮老婆在船头面对面坐着。天太黑了，好在长漾边的桑树地比夜更黑。锦荣能够依据桑树地的黑影，让自己的小木船向着尚博村划去。离漾口不远的地方，有一个大土墩，土墩上种满了桑树。土墩就像一条黝黑的老鳝鱼，静静地浮在长漾里。土墩南端是这条老鳝鱼的头。这里是行船拐弯的地方。往左拐，一直沿着鳝鱼的边缘划行，就能拐进尚博的小河，顺利抵达尚博村。当小木船快要靠近鳝鱼的这个极为关键的头时，就发生了很严重的事情。

一艘满载石料的挂机船，正反方向驶来，离小木船很近，赶路太急，开得很快，激起的浪花一下子把小木船打沉了。大肚皮老婆叫着丈夫的名字，很快就消失在黑暗无边的长漾里。锦荣叫着老婆的名字，在河面上摸着、捞着，又潜到水里，摸着、捞着。锦荣哭着、叫着，除了黑夜，锦荣什么也捞不到。

此时漾口村里喜庆的气氛还没有退去，对于长漾里发生的一切，却浑然没有知晓。锦荣在绝望中不知道摸了多久，捞了多久，除了黑夜，什么也捞不到。锦荣丧心病狂地游到了土墩上，像一只丧家犬一样，在这条黝黑无比的鳝鱼背上，深一脚浅一脚地往家的方向走着。游过小河，滚进了家门。锦荣的母亲听见声响，出来看情况，马上就昏死过去了。

锦荣滚进家门后，开始发疯。他还带动了很多人发疯。这正是我那天晚上听到的奇怪的声响。

村里出动了很多人，连夜到长漾里打捞，连一根稻草也没有捞上来。天亮的时候，水产大队的滚钓船也来了。经过细心作业，在临近中午的时候，用来滚长漾里最凶猛的大鱼的滚钓，终于把锦荣的大肚皮老婆打捞了上来。远远看到女儿水淋淋地从长漾漾底被打捞上来，漾口村口被人强行架住的一个女人，马上就昏死过去了。

曾经让他们有机会见面的长漾，最终把他们都撕碎了。用的是长漾里面的手臂。

2016年8月6日，写于尚博祖屋

野事

冬天一到，尚博村里的狗，又进入了发情的季节。

有一年冬天，天气格外寒冷。有一天，尚博村里很多大人和小孩在门前的角落里晒太阳。雪地里，似乎突然出现了两只连在一起的狗。这两只狗出现后，门前角落里晒太阳的人们，立刻就骚动起来了。因为这两只狗实在是太不寻常了。

它们的屁股连在一起，头向着相反的方向。此时，它们一动不动，似乎已经耗尽了所有的力气，没有力气再动了。两只狗看着骚动的人群，就像是一只狗在观望，因为它们的眼睛里流露着几乎一样的神情。它们的目光是柔软的、湿润的，和当天的雪光有着明显的区别。这两只就像是一只狗的狗的出现，让晒太阳的每一个人的脸马上就生动起来了。

男人们都笑了起来。他们笑得很放肆，他们的笑好像既是嘲笑，也充满了羡慕的意味。女人们也都在笑。年纪较大的女人笑得很响亮，眼睛里似乎已经笑出了泪水。年纪轻的大姑娘小媳妇一笑，脸就红了。这些人都在笑，把我也带动起来了。我问旁边的一个女人："这两只狗怎么了？"女人听到我的问话，笑得更响了。她答非所问地说："你自己去看。"

我就又看了看这两只连在一起的狗。人群的笑声，让这两只连在一起的狗不安起来。我在它们的眼睛里看到了不同于刚才的眼神。它们动了起来，似乎想要把自己从对方的束缚里挣脱出来。它们努力的结果似乎是适得其反，它们越想挣脱对方，就越是被对方牢牢地控制住。这两只走入迷魂阵的狗，马上就呜呜地哀叫起来。它们你来我往，陷入了拉锯战之中。它们的目光中充满了痛楚。

这种痛楚的目光和叫声,让当天晒太阳的每一个人激动不已。村里有一个瘸子,过了三十还没有老婆。当天,他是笑得最响亮的一个。这一天,他似乎看到了自己最想看到的笑话。他在人群里甩出了一句话:"看我的!"瘸子从屋里找出一根小竹棒,一瘸一拐地走到雪地里,操起竹棒击打这两只痛楚而无助的狗。瘸子专门对准两只狗连接的部位击打,所以就像是在击打一只狗。每次击打,都让两只狗同时汪汪地叫起来。它们好像在哭泣,这种同时而起的哭泣,又加深了它们留给我的就像是同一只狗的印象。它们拼命地想要从对方那里挣脱出来,但收效甚微。

人群的笑声开始有点变调。有几个男人开始起哄,还有几个女人开始骂人。我听见几个女人在骂瘸子。女人们在说:"绝户头的,怪不得讨不到老婆。"不知道是狗的哭泣声,还是女人们的咒骂声,一下激起了瘸子的无穷斗志。他转身进屋,找了一把亮光闪闪的铁锹,又出门向两只连在一起的狗奔去。

看见刀一样的铁锹向它们逼近,两只狗开始拼命挣扎。它们使出了吃奶的力气挣扎,想要让自己从对方的纠缠里挣脱出来。这两个可怜虫,就像是落入了魔爪中一般,越是努力,就越是陷入绝望的深渊里。它们就像是处于恐惧和绝望中的婴儿一样大声地哭泣起来。在这种让人心碎的哭泣中,它们的境况似乎终于得到了改变。一只狗,终于拖动了另一只狗,开始亡命逃奔。

于是,雪地里出现了令人永生难忘的一幕。一只狗,朝着田野的方向,艰难地奔跑着,它的尾巴下面连着的另一只狗,就像是它的一个沉重的负担,在雪地里被拖着前行。看到这样的情景,我马上就想到了一句俗语:拖油瓶。那只可怜而勇猛的狗,拖了一个拖油瓶,哭着,叫着,喊着,向着田野的方向亡命而逃。

瘸子操着铁锹,呼叫着向它们逼近。瘸子使出了吃奶的力气去追赶,终于,瘸子在村口的一棵大树下追上了它们。他故技重演,对准两只狗的连接部位,一铁锹铲了下去。瘸子在出手前,还在一个手掌心里吐了一口唾沫,两个手掌揉匀后,才操起铁锹出了手,就像是用铁锹去铲最干硬的老泥巴一样。刀光剑影之后，殷红的鲜血从两只狗连接的地方飙了出来。随着鬼哭狼嚎般的声音响起，一只狗马上就变成了两只狗。这两只终于从对方的纠缠里挣脱的狗，鬼哭狼嚎地向相反的方向跑去。雪地里是一条弯弯曲曲长长的血路。

瘸子回村的时候，就像是英雄凯旋一般。几乎所有的女人都在骂他，但他就像是得到了嘉奖和表扬一般，情绪亢奋而激昂。之后，这两只狗再也没有在村里再次出现过。

这两只狗虽然消失了，但此后我似乎在村里看见更多的狗由两只变成了一只。路上、河边、草丛里、树荫下、门前门后，我经常能够看到这些奇怪的狗。它们吐舌头，喘着粗气，看见我走近，也毫不恐惧。很多时候，当我再次看见它们的时候，早已经分开了。但也有当我玩了一圈回来，它们还是连在一起的时候。我曾经看到过一只黑狗和一只花狗隔了一夜还是连在一起。我把这件事情和阿爹说了，阿爹马上就笑了起来。阿爹说："我也见过。"

阿爹虽然话语不多，有时会给我们说起他见闻过的事情。阿爹曾经给我们讲东洋人造反的时候天火烧的事情。

那一年，东洋人的兵舰在龙溪里开来开去，龙溪边的很多村子被他们烧掉了。尚博村东北，龙溪北岸的木鱼斗村，就是其中的一个村庄。木鱼斗有我阿爹一个名叫水发的好朋友，水发曾经向阿爹描述过一场让人永生难忘的天火烧。

那是那一年黄豆熟的季节，沿龙溪的很多村庄，被东洋人烧掉的消息，不断地传到木鱼斗。从那一天开始，木鱼斗也遭到了东洋人的骚扰。那一天，隐隐地听见东洋人兵舰的马达声从菱湖方向传来，木鱼斗村里的人全都落荒而逃。水发还是一个十岁的孩子，被大人拖着拉着逃到村北一块高高的桑树地背后，躲了起来。这里已经聚集了很多人，每个人的脸上都布满了惊惧恐慌的神情。

很快，兵舰的马达声响大了起来。很快，兵舰开进了木鱼斗村。东洋人的兵舰几乎没有减速，就冲到了岸上。这是一个空荡荡的村子，只有一些鸡在里面不知所措地走动着。这些已经受到惊扰的鸡，看到东洋人进村，就再次受到了惊扰,有些飞到了屋顶上,有些飞到了搁舍上。"搁舍"是德清人在第一进屋里用木头或者竹子搭建起来放柴草用的阁楼。这些飞到高处的鸡,难以摆脱恐惧,在那里不停地叫着。还有一些飞不起来的鸡,惊慌失措地向角落里钻去,好像那里有一条能让它们钻进去的缝一般。

东洋人进村后,一下子就发情了。他们像发情的公狗寻找母狗一样寻找着女人。他们又喊又叫,眼睛里放着光,嘴巴里流着水。这些荷枪实弹的东洋人,见门就进,寻找女人。可是他们怎么也找不到满心想要的女人。他们也找不到任何一个村里的人。这些欲火难消的东洋人,似乎一下子由公狗变成了恶狼,他们开始追赶失魂落魄的鸡。躲在角落里的那些鸡,很快就成了他们的俘虏。他们在村里烧饭烧鸡,吃饭吃鸡,拉屎拉尿。东洋人浑身舒坦以后,就在村里练靶。沙泥墙、槿树篱笆、节节高,都成了他们的靶子。屋顶上的鸡和龙溪里的鸭,也成了他们的靶子。太阳快要下山的时候,东洋人才从村里撤退。他们跳到兵舰里,发动了马达,兵舰就向菱湖方向开去。

等到东洋人兵舰的马达声慢慢地远了、轻了、消失了,高地背后的木鱼斗人才慢慢回村。这个失而复得的村子,让这些惊魂未定的人感到非常陌生。村里散落着很多鸡头,河里漂浮着几只鸭子,屋顶上也倒着几只鸡。躲在搁舍上的几只鸡,似乎知道主人们回来了,惊魂未定地从稻草堆里钻了出来。槿树的叶子掉了很多,节节高也短了,墙上满是弹坑。

当人们走进自家大门以后,马上就有了惊人的发现。锅里,有残余的米饭,还有东洋人拉的屎。村里的老人说:"东洋人不是人呀,要被天上菩萨打雷打死的。"被窝里,也有东洋人拉的屎。村里的老人说:"东洋人不是人呀,要被天上菩萨打雷打死的。"当年新纺的棉布,雪白的新棉布,也被他们找了出来,上面有他们擦屁股留下的屎。村里的老人说:"东洋人不是人呀,要被天上菩萨打雷打死的。"

"东洋人不是人呀,要被天上菩萨打雷打死的",这是当天老人们说得最多的一句话。老人们告诫着遇到的每一个人,东洋人是鬼,千万要当心。很快,东洋人是鬼的消息,当晚就在村里传播开了。

从这一天以后,东洋人隔三岔五到木鱼斗来。他们每次来,照例先要找女人。但村里的所有女人都已经得到了警告，每次总会逃在逃离队伍的最前面，东洋人依旧是每次都进了空空荡荡的村子。东洋人似乎已经习惯了这样毫无进展的进驻。他们在村里为所欲为地吃喝拉撒，练习打靶，大声说笑。直到那一天，情况发生了改变。

那一天，东洋人又来了，但法娥老太婆没有像以往一样撤离。法娥老太婆名叫法娥，已经八十多岁了，村里男女老幼都叫她"法娥老太婆"。法娥老太婆虽然老伴已经死了，但常常被很多人羡慕。人们常常说，"要是像法娥老太婆一样长寿，命好就好了"。这自然是事实，法娥老太婆不但长寿，而且是村里仅有的四世同堂的两个老人之一。老人的两个儿子，头发也都白了。两天以前，东洋人来之前，老人的大儿子背着老人逃离，在穿越一块桑树地的时候，被一棵老桑树绊倒了。母子俩都倒地了。老人的腿摔断了。那一天，老人在高地后面发出的呻吟声，差点传到了村里。

所以，这一天，当儿子再次来背老人撤离的时候，老人不再同意了。老人说："我不能拖累你们了。"老人的两个儿媳妇忧心忡忡地对她说："妈，你不能留在村里，东洋人是鬼。"这个警告，老人先前也得到过。老人说："妈这么老了，不再是女人了，东洋人对我不能做什么。"老人说："你们也这么老了，不能拖累你们。"老人的几个孙子说："娘母，我们来背你。"老人说："不能拖累你们了，你们小的还小，需要照顾好！"老人为了表示自己的决心，当着全家人的面，把那句话又说了一遍。老人说："我这么老了，不再是女人了，东洋人对我不能做什么。"

法娥老太婆终于成了当天留在村里的唯一一个人。很快，东洋人就进了村。躲在高地后面的人，这一天格外关注村里的动静。因为这一天，村里留下了一个人。所有的人都屏气凝神。他们似乎都听到了东洋人的脚步声，并且这些脚步声似乎是从他们身边传过来的。很快，村里传来了法娥老太婆尖利的惨叫声。老人的惨叫声撕裂着家人的心，他们都想从高地后面跑出去，跑到村里去。但他们都被别人按住了。他们听到的是一句这样的话："东洋人是鬼，出去就是去送死。"

老人的惨叫声撕裂了整个村庄。东洋人像野兽一样叫着、笑着。之后，村庄里就冒出了浓烟。很快，火苗也从村庄里蹿了出来。高地后面的人说："天火烧了，木鱼斗天火烧了！"整个村庄浓烟滚滚，火苗飞扬。法娥老太婆的惨叫声再次传来。这时老人的惨叫声，跟先前的惨叫声，有些不同。这次的喊叫，虽然凄惨，但给人其中有马上就要得到解脱的意味的感觉。老人的喊叫声慢慢地轻了下去，消失了。此时，火苗已经吞没了整个村庄。

这是水发看到过的永远不会忘记的天火烧。整个村庄就像是一个火球一样扭动起来，高地后面所有的人都在哭泣。天火烧的声音盖着他们的哭泣声，就像一只手掌狠狠地把从河底冒出来的脑袋按下去一般。东洋人像野兽一样在狂笑、狂叫。一会儿，龙溪里又传来东洋人的兵舰的马达声，东洋人要回去了。

这时，躲在高地后面的人们，开始蠢蠢欲动起来。法娥老太婆的两个儿子和水发的父亲，终于不顾众人的劝说，向火光冲天的村里跑去。法娥老太婆的两个儿子跑进家门，循着焦煳味道，找到了血肉模糊的老母亲，老人已经没有任何气息。两个儿子把母亲抱到屋外的空地上，一把鼻涕一把眼泪地哭泣。此时，水发的父亲已经躺在不远处的一个血泊里，也没有了气息。这个血气方刚的男子，进村后就爬到自家的屋顶上去救火，被龙溪里兵舰上的东洋人看见了。东洋人用在木鱼斗村里练习枪法时击打槿树篱笆、沙墙、节节高和鸡鸭的技法，扣来一枪，就把他打中了。男子像一截树桩一样，从屋顶上滚落下来。

躲在高地后面的人陆陆续续回来了，回来的人全都鬼哭狼嚎起来。水发的嗓子哭哑了，虽然已经哭不出任何一点声音，但一声声阿爸还在心里不停地叫着。

阿爹说，水发是在埋葬父亲的第二天来尚博找他，告诉他这件事情的。水发对阿爹说："东洋人是鬼，不管男人还是女人，都要小心。"受到水发的嘱托，当天阿爹小小年纪逢人便说："东洋人是鬼，不管男人还是女人，都要小心。"

我曾经问阿爹，尚博离龙溪较远，是不是没有被东洋人烧过。阿爹告诉我，东洋人造反的时候，尚博北部的一些房子，也被他们烧过。阿爹也曾经躲在田坂里，看到过尚博村里天火烧。在我离开尚博，到钟管读书的时候，阿爹还跟我讲过一件事情。这件事情应该是对先前讲过的东洋人造反的故事的补充。这件事情留给我很深的印象，让我相信，每一个村庄，都会有喊叫声传出来，只要你静静地去聆听。

　　阿爹说，那一天，东洋人从官路上来，进了尚博村。因为先前得到了消息，在东洋人进村前，尚博人都逃到田坂里去了，但还是有一个叫阿菜的女人没有来得及逃出去。东洋人把几间房子烧着以后，躲在屋里的阿菜就只能从屋里逃出来，就像一只从洞里逃窜出来的老鼠一样。东洋人看见这个女人，弹夹都没有卸掉，就开始轮奸她。阿菜的哭喊声持续了整个下午。阿菜哭爹喊娘的喊叫声传到田坂里，把所有的人弄哭了。

　　阿爹在讲这个故事的时候，说："我到现在还经常会听到阿菜的叫声。"我说："阿爹，过去这么多年了，怎么到现在还能够听到呢？"阿爹说："我也不知道呀。"事实证明阿爹的说法是对的，自从我听过阿爹的故事以后，也会听到阿菜的喊叫声。这种声音从很深的地方传来，让我毛骨悚然。

　　我从小就听阿爹讲东洋人造反时天火烧的故事。我还亲自看见过远方的村子天火烧的情景。

　　有一天傍晚，西北方向的一个村庄，突然就天火烧了。尚博村里的人，都伸长脖子，看西北方向的天火烧。起先，那里只有一道烟，一团火。后来在风力的助推下，火势迅速蔓延起来。很快，整个村庄就成了一团火。这团火左右扭动着，又向空中舔着、吮着，仿佛要把整个天空烧着一样。它的努力似乎有了回报，至少半个天空，似乎真的被点燃了。夜幕降临以后，它的势力范围得到了扩大，似乎整个天空都被点燃了。

　　火光里映现出了非比寻常的景象。很多树和草，在夜风里，胆战心惊地飘舞着。很多鸟雀，胆战心惊地逃窜着。周围的村庄，胆战心惊地站在那里，似乎都在发抖，随时准备离开这个是非之地一般。很多人在哭喊，手舞足蹈。很多鸡鸭在飞，很多猫狗在叫。尚博人看得目瞪口呆，又如痴如迷。大人们抓住这千载难逢的机会，告诫小孩小心火烛。

　　这场天火烧似乎烧了整整一夜，也终于烧到了我的梦里。我梦见很多树和草,在夜风里,胆战心惊地飘舞着。很多鸟雀,胆战心惊地逃窜着。周围的村庄,胆战心惊地站在那里,似乎都在发抖,随时准备离开这个是非之地一般。很多人在哭喊,手舞足蹈。很多鸡鸭在飞,很多猫狗在叫。

这场天火烧给我留下了非常深刻的印象,很多次在我的梦里显现出来,仿佛很多年一直在燃烧一样。阿爹也常常拿它做文章。当我和弟弟在柴草堆附近放鞭炮的时候,阿爹就会发出警告。阿爹说:"上次的天火烧忘记了吧,牢房不要住了?"我不知道阿爹为什么在警告小孩的时候,要把自己的祖屋叫作牢房,但我相信一定是有道理的。我有很多机会问阿爹为什么要把祖屋叫作牢房,但我最终没有问过一次。

但有一点是肯定的,阿爹还是小孩子的时候,一定也得到过这样的警告,一定也有大人把祖屋叫作牢房。而且,我还听到过很多大人在警告自家或者别家小孩子不要玩火的时候,都会把老屋叫作牢房。这些被尚博人一再叫作"牢房"的老屋,毕竟太容易天火烧了。

尚博村里的老屋,主支架都是木结构,几乎每家人家的第一进屋里,都有搁舍。搁舍上堆满了桑柴稻草,有的人家还有一两口备用的寿材放在那里。每家每户灶头后面也堆满了柴草。所以,整个屋子几乎一点就着。只要一家人家着火,相连的人家都会殃及,整个村子的房子都会受到威胁。所以,尚博村里的大人们,只要看到小孩子玩火,不管是不是自家的小孩子,就会加以警告,并把受到威胁的老屋叫作牢房。

可能是因为亲眼看过天火烧的缘故,每当大人们向我们发出警告的时候,不管是怎样顽劣的小孩子,都会收敛,住手。因为天火烧实在是太可怕了。

我在尚博村里听说过很多令人惊悚的故事,这个故事就是其中的一个。

潋山一家人家,有一个四个月大的小毛头。有一天,小毛头睡着了,被独自留在家里,大人们都出门采桑叶去了。大人们出门后,这家人家就发生了意外。小毛头后来醒了,马上大声哭泣起来。因为没有得到大人们的回应,小毛头哭得更加响亮了。整个老屋都被搅动起来,小毛头身上的奶花香,很快就飘满了整个老屋。老屋的一个角落里,是猪棚。猪棚里关着一只马上可以出栏的猪。这　天,主人忘记了给它喂食,此时它已经饥肠辘辘。小毛头的奶花香飘来，猪就开始焦躁不安起来。猪圈很高，猪无法从里面翻出来。但这一天，情况发生了改变。

小毛头的哭喊声依旧没有得到任何的回应，就开始歇斯底里地浪哭。这种哭泣不但响亮，还很有节奏感，每次哭泣以后，总是要停歇一段时间，为下一次的哭泣蓄势。所以，小毛头的哭泣就像是在连续不断地上山和下山。这种非比寻常的哭泣，和小毛头身上的奶花香一样，在老屋里回旋荡漾，让老屋里充满了迷醉和疯狂的力量。猪，在这个旋涡的最中央沉浮，终于激发出了不可思议的力量。猪吐着白沫，就像发情了一样，猪腾跃而起，就像长出了翅膀一样。这只如得神力的猪，终于轻而易举地摆脱了猪圈的羁囿，跳到了猪圈的外面。

小毛头上山下山一般的哭泣还在继续。猪在靠近，是小毛头的奶花香在鼓励它靠近。猪急促而激动的喘息声让小毛头的哭泣发生了改变。小毛头此时的哭泣，就像是爬到了山顶上，在山顶的一块大石头上躺了下来，酣畅淋漓地躺了下来——哭声持续而尖利。猪瞬间就疯了，张开嘴巴，大快朵颐。猪吃的是充满了奶花香的小毛头。奶花香让猪陶醉、沉迷，小毛头的衣服鞋袜也没有留下，全被猪吞进了肚子里。

大人们从桑树地里采叶回来的时候，老屋里只有一摊血，猪在血泊旁边，满足地躺着。一个从外面锁起来的老屋里，一个小毛头消失了。几个大人全部哭死过去了。

大人在给我们讲这个故事的时候，总会顺便说上这么一句："如果这个被猪吃掉的小毛头没有被猪吃掉的话，和你们一样大了。"这句话给我异乎寻常的感受。大人以这种方式，表达着对于小毛头被猪吃掉的惋惜，对于小毛头家人粗心大意的不满。大人们似乎还在表达着另外的意味，这些意味我们小孩子是轻易说不出来的。即使我们这些小孩子长大了，也未必说得清楚。但有一点是清楚的，这个故事实在是太恐怖了。

我从小到大听到过很多野话，这些野话大人们很喜欢说，而且常常是有说有笑地说。

有一天，我听见两个男人在说话。一个男人在田里掘烂泥，另一个男人在不远的地方看。掘烂泥的每间隔一段时间，总要在手心里吐一口口水，然后两个手掌合拢，把口水搓匀，再握住锹柄掘下去。因为泥很硬，铁锹入泥不深，他就把一只脚踩在锹背上，用力踩下去。每次踩踏，男人的身体就像一张弓一样张开，就像要把一支锋利无比威力四射的箭射出去一样。每次这个动作做到酣畅淋漓时，男人总要很酣畅地大声喊叫一声。正是这样的叫声把另外的一个男人从远方吸引了过来。这个看客看得酣畅淋漓，满脸堆笑。男人说："你一挺一挺的，力量真大，能够挺出很多子孙呀！"掘泥的男人说："是呀，我每次挺，总要挺到最深的地方，所以养了四个子孙，你肯定挺不深，所以就养了一个女儿。"这两个男人说这些话的时候，就像喝着高度烧酒，满脸放着红光。

这时，看客的老婆正好从远方走来。掘泥的马上就说："你的烂泥地来了，你的烂泥地又软又深，等歇间问问她，她的男人掘泥挺得有多深。"等到女人走近，掘泥的说："你男人夜头和你一起掘泥的时候，挺得深不深？"女人说："肯定比你深。"男人说："你怎么知道的，要不今天夜里我来试试看，看谁挺得深。"另一个男人就把一块泥巴扔过去，说："给你烂泥，你现在就给我挺挺看！"

两男一女在说这些话的时候，全都非常亢奋，女人似乎更加亢奋。虽然她的男人已经打算把这个由自己引起的风波平息下去，但女人意犹未尽，决定再起波澜。

女人说："我的烂泥地又软又深，水潭很深，草长得特别好，开的花也香喷喷，我的男人每天夜里在烂泥地里干活的时候，总是要嗷嗷叫，我也嗷嗷叫。我对他说，地里的花呀草呀，你可以像牛一样吃；潭里面的水，你可以像狗一样舔、一样吸、一样吮、一样喝。"掘泥的男人已经把持不住，脸上放着红光，女人借势又烧了一把火。女人对掘泥的男人说："看你和我关系这么好，肥水不流外人田，你也到我的烂泥地里水潭里来喝水吧！"掘泥的男人已经开始流口水，只差说上一句答应的话了。女人说："我家男人腿力小，又大方，所以你放心来干活好了。"女人对自己的男人说："你说是不是呀？！"女人的男人脸已经像太阳晒过的猪肝一样，又红又紫。

这天我看到的场景，让我印象深刻。我还听到过另外的人说草长得好的事情。

村东有一个珍祥娘母。娘母有气喘病，皮包骨头，非常消瘦。娘母每走几步路，就要停下来喘气，眼神黯淡，脸上写满了痛楚。但她每次提到一个人的时候，马上就精神起来，眼神一下子就明亮起来，就像打了强心针一般。

这个被她提到的人是撒屁阿贵。大概是因为阿贵常常说话不作数，所以得了这样的一个名号。撒屁阿贵名气很大，尚博人遇到不讲信用的人，常会说一句话："像撒屁阿贵一样。"我母亲就讲过撒屁阿贵的故事。

有一年油菜结荚的时节，有一天，我母亲和同伴水琴去龙山桥脚下的油菜田里割羊草。撒屁阿贵当时是龙山的看护人，看见两个女人来割草，就说："你们放心大胆地割好了，如果有人来了，我给你们报信。"我母亲和水琴就钻进了菜地里，猫下身子开始割草。菜地里的草非常茂盛，不久，两个人的草筐就装满了。就当两人准备从地里钻出来回家的时候，她们从油菜茎之间的缝隙里，看到了令人惊异的景象。撒屁阿贵正在向远处招手，很快，看护油菜地的人就跑了过来，撒屁阿贵用眼神和手势示意菜地里有人。看护人就钻进了菜地里，寻找着两个偷草人。

母亲和水琴猫着腰，像两只野猫一样，在菜地里逃窜。她们要逃到山上去。只有逃到山上去，才能把那个人甩掉。如果甩不掉，可以逃到山那边去，再绕道回家。当她们从菜地里逃出来，向龙山跑去的时候，回头看见撒屁阿贵又在向那个人示意偷草贼逃到山上去了。撒屁阿贵的脸上是一脸的坏笑。

在山坡上奔跑，和在平地上奔跑，毕竟是不同的。母亲和水琴气喘吁吁，背着的草筐像石头一样，让她们不堪承受。看护人在远处喊话："你们两个阿娘儿，逃到哪里去？"母亲和水琴做出了她们能做的选择，把草筐卸掉，继续逃跑。卸掉草筐的两个妇女马上就变得轻快起来，又像野猫一样往山顶方向奔跑。身后传来看护人的喊话："你们两个阿娘儿，逃到哪里去？"

看护人是虚张声势，当他收获了两筐草以后，就开始下山了。这个几乎不劳而获的看护人说："两个阿娘儿，想和我斗！"看到山脚下渐渐远去的背影，母亲和水琴决定不再逃跑。当那个不劳而获的背影消失以后，她们开始下山。在山下又遇到了撒屁阿贵。撒屁阿贵说："我刚才拼命地拦住他，就是拦不住呀！"两个女人说："你这个撒屁阿贵，真是个撒屁阿贵！"两个女人回村后，撒屁阿贵的名声就更响亮了。

就是这个撒屁阿贵，是珍祥娘母经常提起的对象。娘母讲的故事发生在她嫁到尚博村不久。有一天，阿贵和珍祥在相邻的桑树地里削地。阿贵给珍祥讲了一件事情。阿贵说："我经常到宝珠的茅草地里去割草，那块茅草地茅草真兴呀，茅草长得又浓又密，我拨开茅草，就看到一个水潭，潭里流出来的水香喷喷的，我喝得很起劲。"宝珠是钟管一带有名的一个美女。珍祥说："真的呀，那你下次到宝珠那里去，帮我舀点来。"阿贵说："好是好，不过你自己也有的。"珍祥说："我家哪有茅草地呀？"阿贵就大笑起来，不再说话。

几天后，阿贵遇到珍祥，说："我给你讲一件事情。"阿贵说："我昨晚去宝珠的茅草地了，茅草地里的茅草又长兴了不少，我拨开茅草，就看到了那个水潭，潭里的水有动静，我知道里面有鳝鱼，我就在潭里摸鳝鱼，潭深不见底，里面滑溜溜、软乎乎、热乎乎的。"阿贵说："虽然没有摸到鳝鱼，但我挺到了洞底，这时，宝珠就尖叫起来了。"珍祥说："是不是宝珠发现你在偷摸鳝鱼，就叫了起来。"阿贵就大笑起来，不再说话。

又过了几天，珍祥的男人到山里买炭去了，阿贵来找珍祥。阿贵说："我告诉你一件事情。"珍祥说："你是不是又去宝珠家的茅草地了？"阿贵说："你怎么知道的？"阿贵说："昨天夜里，我从宝珠家的茅草地过，看到一个和尚在茅草地里洗头，这个和尚的头真光，在茅草潭里进进出出，着了凉，鼻涕都流出来了。"珍祥说："还有这样稀奇的事情，这个和尚哪里来的，你认识吗？"阿贵这次照例大笑起来，但说了一句话。阿贵说："这个和尚我太熟悉了，烧成灰我也认得。"珍祥说："我也认得吗？"阿贵又大笑起来，不再说话。

男人从山里回来后，珍祥就把这件稀奇古怪的事情说给她的男人听。男人说："你遇到流氓了。"男人告诉珍祥："你下次遇到这个流氓，就说，'我的茅草也兴了，你可以来割，还可以在茅草潭里洗头'。"第二天，珍祥就遇到了阿贵，就把男人告诉他的话和他说了。阿贵激动地说："那我什么时候可以来你的茅草潭里洗头？"珍祥说："今天夜里就可以，我家男人又出远门了，不在家。"当天晚上，阿贵果然摸黑进了珍祥家后门。阿贵一进门，就被珍祥的男人抓住，用稻草绳绑了起来。这个男人咬牙切齿地说："叫你来洗头，叫你来洗头。"男人用一块竹板在阿贵的身上乱打，阿贵鬼哭狼嚎的声音响彻了整个尚博村。

那年秋天的一天，我跟着一个大男孩到田坂里去玩。当我们沿着田埂走到一块稻田的深处的时候，我看到了稻田里非比寻常的景象。稻田里，有一片稻子倒了下来。倒下的稻子清晰地显出了一个人的形状。稻子很凌乱，所以这个人好像经历了扭打、撕扯、喊叫。我对大男孩说："你看呀，稻田里有一个人！"这个漫不经心的大男孩，马上就被吸引住了。男孩大笑了起来，说："有人打过滚了！"我问："谁在稻田里打滚，为什么要打滚？"男孩说："你问我，我问谁呀？"

那一天，我虽然跟着大男孩在田坂里疯跑，但一直被那两个问题纠缠着。一进家门，我就把在田坂里看到的奇怪的景象告诉了阿爹。我还把那两个纠缠我的问题抛给了阿爹。阿爹一言不发。我不肯放弃，再次问了这两个折磨人的问题。阿爹终于说话了。阿爹说："小小年纪，问这些做什么？"我还想再问究竟，但还是放弃了。因为我知道，凡是阿爹说这句话的时候，我再努力追问，也是没有结果的。

但几天以后，我似乎有点知道了那两个问题的答案。

村里有一堵老墙，墙上终年靠着一只菱桶。这是一堵几乎没有用的老墙，因为它所属的老屋是一间不住人的空屋子。据说这间老屋和另一间老屋的关系非同一般，很多年以前，两弟兄分家，各自分到了这两间老祖屋。老大分到了这间，分家后就病死了，这间祖屋就成了老二的空屋。很多年来，这间老屋只用来堆柴草，经常能够看到有老猫领着一群小猫从老屋的稻草堆里走出来。菱桶也是废弃的老菱桶，虽然没有散架，但老态龙钟，已经不堪河水的荡漾，没人知道哪一天开始被主人靠在这堵老墙上。老墙和老菱桶相互依靠着，就像是同病相怜一般。这两个相依为命的老伙计，很少见到人影。因为老屋在村东南的角上。老屋东面是小河，南面是一块高高的桑树地，地里有很多老棺材。

有一天夜里，有一个年轻人喝醉了酒，怎么也摸不到自家大门。摸了半天，年轻人就摸到了村东南的角上，他听到了一种从来没有听到过的声音。这种声音好像是从桑树地里传来的，也像是从老屋里传来的，还像是从小河里传来的，甚至像是从地底下传来的。年轻人一个激灵，酒就醒了一小半。他停下脚步静静地听，终于知道声音是从菱桶里传出来的。年轻人马上就意识到，今夜见鬼了。鬼，已经从高地里，躲到了菱桶里。当他这样想的时候，酒已经全醒了。他想迈开脚步逃跑，但腿脚已经酥软，正在筛糠一样，他无法迈出一步。

此时，他想到了钟管人常用的一个古老的自救办法。这种古老的方法就是：喊地方救命。钟管镇东有一座古旧的石桥，这里曾经发生过一个非常著名的喊地方救命的故事。没人知道这座古桥是哪个朝代建造的，也不知道从哪个朝代开始，钟管开始流传这个令人毛骨悚然的故事。

很久很久以前，镇东老桥西桥堍边，有一个烧饼摊。卖烧饼的在家里排行老五，所以叫阿五。烧饼阿五每天晚上摆夜摊，卖烧饼给赶夜路的人。桥东是一片无边无际的老桑树地，地里有很多老桑树，没人知道这些老桑树长了多少年了。桥堍下面，是一条老路，这条老路是桑树地里唯一的路，通往远方。因为这条老路正好对着桥堍，对着老桥，所以这条老路就像是这座老桥长出来的一样。阿五每夜要等的人，就是从桥东老路上过桥来的，或者从桥西过桥往东去的过路客。不管是往哪个方向走的人，这些人都要过桥。所以阿五的主顾大多是一些过桥客。

有一天夜里，桥东走来一个老人。老人穿的衣服很古怪，不像阿五见到的其他人穿的，阿五似乎从来没有见过。老人过桥后，就到烧饼摊买烧饼。老人说的话阿五虽然听得懂，但也觉得很奇怪，问他叫什么名字，老人说："我叫阿五。"阿五倒吸了一口冷气，说："我也叫阿五。"老人朝他笑笑，拿起烧饼，转身过桥，消失在了夜色里。第二天，阿五的袋子里，少了几块铜钱，多了几张火纸。阿五的老婆吓得面如土色，说："你见鬼了！"之后一连几天，桥东阿五都来光顾阿五的烧饼摊，次日，阿五总要收获一些火纸。

阿五以胆大闻名，他已经知道桥东阿五不同寻常，但还是决定继续守着烧饼摊，等待桥东阿五的光顾。这天晚上，桥东阿五又来了。烧饼阿五问桥东阿五："你每天来买烧饼，是给谁吃呀？"桥东阿五说："我娘喜欢吃烧饼，给我娘吃。"桥东阿五给过铜钱，转身过桥离去。

这一晚，烧饼阿五决定不再放过这个桥东阿五。阿五也过了桥，跟着桥东阿五，走进了桥东的桑树地里。这一晚月亮很大，阿五很容易跟住桥东阿五。桥东阿五带着烧饼阿五，走了很长的一段路。突然，桥东阿五不见了。因为消失得太突然，烧饼阿五觉得，桥东阿五就像是钻到了自己身上不见了一样，也就是传说中的鬼魂附体。这时，远方传来一个老女人的声音："儿呀，你终于来了，娘最喜欢吃烧饼了。"

此时，阿五心里有了很奇怪的想法。他很想向远方走去，去找那个叫他的娘。但又有一种微茫的记忆：赶紧喊地方救命。于是，阿五大声地喊"地方救命"，喊了无数遍，终于把一个路人引来，把他带出桑树地，过了桥，找到了自己的老婆。

这个喊地方救命的故事很有名，因为人们经常指着那座老桥说，就是这座老不死的桥，烧饼阿五当年过了桥，喊了"地方救命"，才把命捞回来。还有一个喊地方救命的故事更有名。虽然这个故事发生的地方没有那么确切，但这个故事让人更加唏嘘不已。

很多年以前，吴兴县一个古老的村子外面，有一大片菱荡。村里叫水根的一个后生，在荡边搭建了一个茅草披，晚上住在茅草披里看护菱荡。有一天半夜里，水根隐隐约约听见对岸有人在喊摆渡。月朗星稀，水根向对岸望去，依稀看见一个穿白裙子的女人，站在河堤上。

水根摇着自己的小船，向对岸驶去。小船靠岸的时候，岸上的女子叫了一声阿哥。女子说："阿哥，你能给我摆一渡吗？我从娘家回来，要到对岸去。"月光下，女子楚楚动人，水根从来没有见过这么好看的女人，听到女人的请求，求之不得。女人下到水根的木船里时，木船并没有往下沉。水根感到很奇怪，正当水根想把心里的想法说出来的时候，女人又叫了一声阿哥，水根就像从梦里醒来一般。

六月菱花破水开。菱荡里，白色的小花就像是眼睛一样，在油黑的叶片间闪烁。天上的星星，也像眼睛一样，在远方闪烁。这些眼睛好像在互相诉说着什么。女人向着远方望去，好像心里充满了思念。每次水根想要说出心里的想法，问女人家在哪里，娘家在哪里的时候，女人就会轻轻地叫一声阿哥，就像这是对水根的回答一般。看着这个目光如水，近在咫尺又远在天涯的女人，水根的心里充满了爱怜。

一路无语，水根的小木船终于靠岸了。女人上岸时，小木船并没有往上浮。女人回头叫了一声阿哥，就在夜幕里往远方走去，很快就消失在水根的视野之外。

此后，每天夜里，女人都会来摆渡。水根每晚都要满心爱怜地把女人从彼岸接到此岸。每次水根要把心里的想法说出来的时候，女人就会叫阿哥，仿佛这就是对水根的回答。水根满心欢喜，又满腹狐疑地过了很长一段时间。终于，有一天，水根回家把这件事情告诉了自己的老母亲。

母亲说："儿呀，你是遇到地仙了。"母亲说："儿呀，你好福气，地仙只要吃了烟火食，就不会走了，你可以把她领回家来。"当天晚上，水根带着母亲给的半个饭团，回了菱荡。女人又来喊摆渡。当晚，当女人第一次叫阿哥的时候，水根就把饭团塞到了她的嘴巴里。女人吃过烟火食，又叫了一声阿哥。女人在叫阿哥的时候，眼睛没有再看往远方，而是看着水根。月光下，女人目光闪烁，楚楚动人。这一晚，女人没有往远方走去，跟着水根回了家。

女人做了水根的女人，水根有了自己的女人。几年以后，水根和女人有了三个孩子。老大、老三是儿子，老二是千金。三个孩子经常缠着女人去外婆家做客。看着村里的其他小孩子每年都去外婆家做客，三个小孩子非常羡慕，因为他们从来也没有去过自己的外婆家。每次三个孩子来纠缠的时候，女人有时候说外婆家太远了，有时候说，总会去的，再过几天吧。不管小孩子们如何纠缠，女人的回答总是这两句话。

终于有一天，女人兑现了自己的诺言。女人把三个孩子叫到身边，说："今天我们就去外婆家。"三个孩子马上就像鸟雀一样蹦跳起来，他们像风一样飞到了屋外，把这个让人兴奋的消息告诉了遇到的每一个小孩和大人。水根从田坂回来的时候，就有人在村口把这件事情告诉了他。水根到家的时候，女人早就在门口等待。女人说："水根，我要去我妈家，三个孩子都去，你去不去？"水根说："去，当然去。"水根的母亲在旁边默不作声，只是说，"一定要早去早回，见到了人就马上回家"。水根觉得母亲的话很奇怪，但也不便于追问。

女人向婆婆告别。女人说："妈，我回娘家了，你要好好保重。"女人挨家挨户地去告别。好几个女人在说："看到水根女人来道别，我真想哭。"

傍晚时分，水根和老婆孩子出门的时间到了。水根的木船从家门口的河埠头起步，穿越重重夜幕，向远方驶去。水根问女人："岳母家在哪里？"女人说："你只要照着我看的地方摇船就可以了。"于是，每到河流拐弯的地方，水根就看看自己的女人，按照女人给的方向，继续前进。三个孩子久久平静不下来。三个孩子问自己的母亲："外婆家人多吗？"女人说："人很多。"三个孩子问："外婆家好玩吗？"女人说："好玩。"三个孩子问："外婆会像妈妈一样喜欢我们吗？"女人说："会的。"三个孩子问："外婆家远吗？"女人说："远，也不远，今夜总会到达的。"

小木船不知道拐了多少弯，夜慢慢地深了。三个孩子不再说话，依偎在女人的怀里，已经睡着了。水根的小木船按照女人看着的方向，向远方驶去。子夜已过，水根想和自己的女人说说话。每次水根想开口的时候，女人就开口叫一声水根，仿佛这就是对水根的回应一般。

一路无语，夜幕深沉，水根看到的夜景让自己感到陌生起来。两岸是无数的树木，这些树木异常高大，一棵连着一棵，树梢上的尖顶，就像是一座又一座小山的山头。水根觉得自己此时是在披星戴月翻山越岭一般。水根很想问自己的女人，已经到了什么地方。刚想开口说话，女人就叫了一声水根。两岸无数的大树在向后方退去，水根觉得自己翻越了数不胜数的崇山峻岭。

远方有一声鸡鸣隐约传来。女人说："快到了。"在微微的曙光中，水根向远方望去。水根看到了永远都无法忘记的景象。在穿越了无数的大树之后，小木船终于来到了一个神奇的地方。远方，是多么美好的一个村庄呀！

女人把怀里的孩子全都叫醒。女人说："外婆家到了，醒醒，醒醒。"三个孩子一个个醒来，睡眼惺忪地向远方望去。第一个孩子说："外婆家真美呀！"第二个孩子说："外婆家真美呀！"第三个孩子说："外婆家真美呀！"

女人用眼神示意水根让小木船靠岸。小木船终于像鸟停在树上一样靠岸了。女人说："你们在船里等着，我先上岸去，让我娘家的人来接你们。"水根说："早点回来。"最小的孩子说："妈，我和你一起去！"这个迟迟没有断奶的小孩子，终于让女人割舍不下，跟着女人上了岸。

远方有鸡啼声不断地传来。天慢慢地亮了起来，女人和孩子上岸已经很长时间了。两个孩子开始问水根："妈妈和弟弟几时回来？"水根说："再等等。"太阳终于出来了，女人和孩子还没有回来。两个孩子又问水根："妈妈和弟弟几时回来？"水根说："再等等。"太阳又走了很长一段时间，女人和孩子还是没有回来，两个孩子开始哭泣起来，水根也像个孩子一样，跟着两个孩子哭泣起来。

水根决定违背女人的嘱托，上岸查看。水根和两个孩子上岸以后，终于看清了岸上的景象。这里不是村庄，而是漫无边际的墓地。水根叫着自己的女人和孩子，两个孩子叫着自己的母亲和弟弟，如丧考妣一般。

他们边找边哭，边哭边叫，终于有了发现。他们在一座坟墓的缝隙里，看到了一块红色的裙角，这就是裹在女人带走的小孩子身上的裹裙的裙角。水根绝望地号啕大哭起来，比旁边的两个孩子还像孩子。水根拼命地去拉扯裹裙的裙角，怎么也扯不出来。水根和两个孩子在这座露红的坟墓边，大喊大叫，涕泗滂沱。墓地宽广无边，他们的哭泣宽广无边。

绝望中的水根想到了自己能想到的最后一招：喊地方救命。水根的母亲曾经告诉过他，如果遇到了鬼迷心窍的境况，一定不要慌乱，一定要大声地喊"地方救命"。母亲告诉他，只要大声地喊"地方救命"，地方上的人就会听到，会很快就找来，迷住自己心窍的鬼，也会因为害怕而逃跑。水根觉得，这是最后一根救命稻草了，这是把鬼赶走，救回自己的女人和孩子的最后一根救命稻草了！

太阳已经走到了头顶的位置。水根扯开嗓门大喊"地方救命"。水根的喊叫声传得很远，好像被远方吸收了一样，听不到一点回音。水根叫两个孩子加入喊叫者的行列里。于是，一个男人，一个女孩子，一个男孩子，大声地喊"地方救命"。三个人都使出了吃奶的力气大声喊叫。他们的喊叫声传得很远，好像被远方吸收了一样，听不到一点回音。

三个人没有放弃努力，很快，情况似乎发生了改变。远方走来一群人，这些人满目哀泣，有几个扛着稻草，有几个扛着桑柴。他们走到三个喊地方救命的人面前，不走了。这些似乎从天而降的人，请三个喊叫的人走开。他们说："走开，这是我家的墓地，今天是烧棺木的日子。"水根说："莫烧，我的女人和孩子到里面去了，不信你们看这条裹裙。"这些准备生火烧火的人仔细查看了一番，终于发现了非比寻常的地方，他们毅然决定不再生火烧棺。

这些满目哀戚的人，开始七嘴八舌地说话。有人说，姐姐回来了。有人说，妹妹回来了。有个老翁说，女儿回来了。他们惊魂未定地去扯那块裹裙角。这块红色的角，像一只手一样缩了进去。他们收住泪水，对水根说："没用了，你女人已经和她母亲和老祖宗们在一起了。"这些人对两个孩子说："好孩子，你们找到外婆家了。"

一声声的"地方救命"，让水根找到了自己女人的娘家，也让两个小孩子找到了外婆家。水根的故事很有名，在德清钟管和周边的吴兴地区广为流传。所以，这一天，这个在尚博村的东南角摸索的年轻醉汉，也马上就想到了喊地方救命这根救命稻草。

年轻人马上就大声喊叫起来："地方救命！"这一招果然是管用的。当他喊过五六遍以后，村里就有了动静。有三个老头，提着煤油灯，从各自家里出来，往这里走来。一个边走边说："深更半夜，是谁呀？"一个边走边喊："你等在那里，不要怕！"第三个老头在骂人。这个骂骂咧咧的老头就是年轻人的父亲。这个一听就听出是自己的儿子在喊地方救命的老头说："*你妈个*，半夜里不回来，死在外头好了！"看来，这个老头已经在家里等了大半夜了。

当三个老头走到年轻人身边的时候，还有一些人在赶来。骂人的老头先开了口。老头说："见啥鬼了？"另外两个老头也说："见啥鬼了？"年轻人指了指菱桶，说："鬼就在菱桶里。"骂人的老头说："菱桶里有鬼，我是头一回听说。"但另外的一个老头却说："我听说过菱桶里会有鬼的。"第三个老头说："我好像也听说过的。"当三个老头你一言我一语的时候，菱桶里一点动静都没有了。三个老头都说，果真是活见鬼了。

又有一些人赶了过来。最先赶到的三个老头决定把菱桶搬开，看看里面到底是什么鬼。当他们向菱桶靠近的时候，旁边的几个女人向后面退去。菱桶终于被三个老头搬离了相依为命的老墙壁，所有的人倒吸了一口冷气。菱桶里面的鬼，原来是他们都认识的一男一女。

这两个人，就是尚博人捕风捉影了很长时间的一对男女。有人说："原来稻田里打滚的就是他们呀！"有人说："原来麦田里打滚的就是他们呀！"有人甚至说："原来雪地里打滚的就是他们呀！"此时，这被认定随地打滚的一男一女，呆若木鸡，一声不响。

这一男一女不是夫妻，他们各有家室。尚博人把这种情况叫作"偷亲家婆""偷亲家公"。那个喊地方救命的年轻人，要求他们给自己放爆竹。年轻人说："你们让我活见鬼，就应该给我放爆竹。"随着几个爆竹放到天上，这一对男女的名声就一下子大起来了。

我经常听到有人在说着他们的事情。有人说村里村外所有的滚都是他们打的。但有人表示反对，说这不可能，这么多滚，两个人打得过来吗？我曾经看到过几个妇女为此争得面红耳赤。

有一天，几个妇女又在说这件事情。她们说得太投入了，连那天晚上躲在菱桶里的女人走到她们身边，也没有发现。这一天，一个女人一口咬定所有的滚都是他们打的，理由是这些滚打得都差不多，都很像一个人的印子，都一样凌乱，都一样深。她说："要不都是他们打的，打出来的滚会这样像吗？"曾经躲在菱桶里的女人经过时，正好听到有人在说这句话。菱桶女人终于不再沉默，说自己在田坂里只打过一次滚，另外的滚都不是自己打的。先前议论她的女人只说了一句话，就让她就地打起滚来。女人说："你是半夜里做鬼的人，你的话鬼才信呀！"

女人的这句话让菱桶女人彻底绝望了。菱桶女人满地打滚，涕泗横流。闻声赶来的是菱桶女人的母亲林了。林了听得女儿的冤屈，把几个长舌的女人骂了个狗血喷头。林子义愤填膺，唾沫星子横飞，情不能自已。林子骂这些女人多管闲事，还骂她们冤枉自己的女儿，说自己的女儿从小就是说一是一的老实人。林子还骂这些女人是昧良心的，说她们自己打了滚还冤枉别人。林子说："你们说，哪个女人没有打过滚呀？！"林子越骂越激动，突然，仰面倒在地上，双眼紧闭，像一块青石板一样僵掉了。几个女人终于见识了林子的厉害。人们都在传说，林子会让自己僵掉，就像僵尸一样，今日果然见证了。几个长舌的女人面若菜色，落荒而逃。

菱桶女人的男人和父亲闻讯赶来，一个抱头，一个抱脚，把林子抱回了家。林子就像一块条石一样笔挺而僵硬。林子被抱回家后，才慢慢醒过来，软过来，活过来。

从此，在很长一段时间里，没有人再说菱桶女人的事情。但有一天，这些长舌的女人就像好了伤疤忘了痛一般，又把菱桶女人的事情提了起来。这回，林子正好路过，听到了她们近乎肆无忌惮的说笑。林子二话不说，把裤子脱了下来，对着长舌女人们破口大骂。此时，我和另外几个小孩子正在附近的林子里玩耍，看到这个架势，撒腿就跑。

路上，遇到一个男人，他说："大白天见鬼了吗？跑这么快。"我说："是呀，见鬼了。"男人问："见到淹死鬼、吊死鬼，还是大头鬼呀？"我说："见到鬼了，林子把裤子脱掉了。"男人问道："看到她的毛了吗？"我说："她的屁股对着我，我只看到她的屁股。"

男人并不打算就此放过我，问道："白吗？"我说："很白，太白了，我没有见到过这么白的屁股。"

2017年2月6—12日，写于尚博祖屋

聋子阿太

尚博村里有一个聋子阿太。在我刚刚记事的时候,聋子阿太就已经是一个耄耋老人,她是当时整个尚博村最老的老人之一。我印象中的聋子阿太总是穿着粗布衣服,在村里走来走去,忙忙碌碌。

阿太是土生土长的尚博人。因为她的丈夫叫森宝,所以有人叫她"森宝娘母"。这样叫她的人,都可以做她的孙辈。也有人叫她"心针"。能够这样称呼她本名的,都是和她年龄相仿的老人。但尚博人除了和阿太年龄接近的少数几个老人,大多叫她"聋子阿太",就算是论辈分应该是阿太子辈、孙辈的,也和我们小孩一样,喜欢叫她聋子阿太。

人们对于一个人的称呼,很多时候反映了这个人在人们心目中的形象和地位。阿太的几个称呼,透着尚博村独有的古旧气息。"心针"应该包含着阿太父母的许多心愿,譬如希望女儿做一个有心的人、有热心的人、有耐心的人、有爱心的人。而一个"针"字,显然是从缝衣针得到直接的启示,希望女儿像缝衣针那样,具有凝聚人心的热情、能力和品质。这个名字因为来自父母,所以具有追溯的意味,可以循着这个既具温度又有诗意的名字,追索到尚博村很远的地方,可以追索到最古老的尚博人最古旧的心愿和希冀。"森宝娘母"这个称呼,也具有同样的追索意味,可以循着阿太丈夫森宝这个名字,追索尚博人对于男子的祝福和希冀。而尚博村最爱叫的"聋子阿太"这个称呼,除了说明阿太耳朵失聪以外,显然隐含着尚博人的一种隐秘的集体心理:通过有意把阿太叫老的方式,表达对于阿太的崇敬与爱戴。

聋子阿太经常说一些尚博土语。这些土语,世代传承,诠释了尚博人的处世哲学和人生态度。譬如聋子阿太曾经说过这样一句话："床面前一堆谷，死了有人哭；床面前一堆糠，死了有人钻。"尚博人认为，人生在世，每个人都应该通过自己的努力留下一些财富，只有这样，在离开这个人世间的时候，才会有人送终。这句话颇有看透世态炎凉的意味，但也从另一个角度提醒勉励每一个尚博人：人生在世，就应该辛勤劳作，积累财富，遗泽后人。

有一次，我父亲看见聋子阿太挑着一担粪，颤悠悠地向菜地走去，就想过去帮忙，聋子阿太死活不肯。父亲说："阿太，你年纪大了，不要做农活了，要吃菜，到谁家地里去拔一点都可以。"聋子阿太说："囡儿呀，一天不死要吃米，一夜不死要盖被，人人不晓得几时死呀。"这句话表达了经由聋子阿太传承的尚博人一种深刻的处世哲学：人活在世上，要自食其力，自立自存，尽量不要麻烦别人。

有一天，一个叫春法的男子一大早帮聋子阿太挑了一担水。春法说："阿太，你这么大年纪了，走到河埠头去挑水，滑一跤怎么好呀！"春法说完，就想把桶里的水往聋子阿太的水缸里倒。聋子阿太死活不肯，叫春法把水挑到门外去。春法没办法，只能把水挑出来。

聋子阿太深爱着尚博村里的每一个小孩子，总是把家里的鸡蛋用篮子装了，拎到小店里去换糖。聋子阿太是村里走动最多的一个人。她总是有那么多的人和事要叮嘱。见到我们，经常一边叫着乖囡儿，一边从口袋里拿出几颗糖给我们吃。我母亲经常叫她进门坐坐，她总说你们忙你们忙，转身就走开了。

聋子阿太曾经有过一个非常完整幸福的家庭。有一个做木匠的丈夫森宝，有一个儿子。但这个独养儿子娶亲后不久，就生病死了。儿子死后不久，儿媳妇改嫁去了邻近的一个村子。这个原本充满希望的家庭，在很短的时间里，就成了没有后代的"绝后代户"。阿太和她的丈夫森宝伤心欲绝。心灰意冷的森宝把最好的一大半祖屋拆了，用拆卸下来的砖石木料在家门附近造了一座安置棺木灵柩的享堂。享堂建好后，夫妻俩费了九牛二虎之力，把儿子的棺材从清水钵头的桑树地里移到了享堂里。

清水钵头，是尚博村南长漾边一块桑树地的名称。这块桑树地有一个很深的缺口,就像被长漾咬掉一块,因为这个缺口里的水特别清,所以这块地方就有了"清水钵头"这样一个好听的名字。这里也是甲鱼钟情的地方,成年甲鱼在这里谈情说爱,到了时间,无数的小甲鱼从清水钵头的桑树地里爬出来,游到长漾里去。这里是甲鱼的天堂,也是令尚博村的小孩子们神往的追赶甲鱼的地方,但聋子阿太认为这里不是儿子的久留之地,就把儿子的棺材移了出来。

尚博村的享堂里,还供奉着五圣菩萨和观音菩萨。菩萨两边,放着棺材。聋子阿太儿子的棺材移到享堂里不久,丈夫森宝也死了,阿太把森宝的棺材也安置在享堂里。阿太经常到享堂里去看丈夫和儿子。人们经常看见阿太在喃喃自语着:"你们等着我。"这间享堂还留有一个空位置,那是给阿太预留的。

村里有些人,经常在享堂的屋顶上晒东西,有时是一匾棉花,有时是一匾谷稻,有时是一钵头正在发酵的酱。聋子阿太看在眼里,但不能说什么。终于有一天,聋子阿太对经常在那里晒东西的祥珍娘母说:"祥珍,我老头子说,昨天身上被压得重死了,都不能翻身了。"祥珍起了一身的鸡皮疙瘩,像一只受惊的老母鸡一样飞了过去,把享堂屋顶上的一匾谷稻搬了下来。

这个命运多舛的老人,在孤苦伶仃地一个人生活了很长时间后,一对苏北夫妻文贵和影子带着自己的儿子、儿媳,安置到阿太家做晚辈。尚博人把这种情况叫作"开门"。这样,聋子阿太又有后了,门也不用关了。这对苏北来的夫妻进阿太家后做的第一件大事,就是把享堂拆了。在放了很多爆竹之后,文贵和影子把两具棺木重新安置到桑树地里,用享堂上拆卸下来的砖石木料,在森宝拆除的祖屋的原址上,造了几间房子。在造房子的时候,阿太哭得很伤心。

聋子阿太在尚博人心目中树立起来的崇高威望,很大一部分原因是她与生俱来深不见底的恻隐心。后来,尚博村庙堂里的菩萨,和其他地方的菩萨一样,也在劫难逃。阿太把菩萨藏在搁舍上的稻草堆里,所以尚博村的五圣菩萨和观音菩萨被保全了下来。此后,阿太经常对人说:"菩萨经常来看我,昨天晚上又和我说话了。"

阿太是水眼。所谓"水眼"，就是拥有能看到阴阳两界的眼睛。尚博村的孩子多，阿太总是最忙的，她经常跑东家跑西家，叮嘱完这家的大人，又叮嘱那家的大人："这几天淹死鬼在上岸，叫你家囝儿离港远一点，不要到港边去。"每次听到阿太的警告，人们大多会产生足够的重视和警觉。但也有意外的情况发生。那年夏天，阿太反反复复地跑到一个叫培清的男孩家里严肃地叮嘱道："这几天淹死鬼在上岸，叫你家囝儿离港远一点，不要到港边去。"培清的母亲蚕琴感觉到事情的严重性，对儿子看得很紧。但培清还是看准了最好的时机，走到了河边，淹死了。"培清被淹死鬼拉走了"的消息在村里炸开了锅。聋子阿太闻讯赶来，看到哭天抢地的蚕琴，不停地抹眼泪。旁边有人说，早听聋子阿太的话就好了。听到人们的议论，蚕琴的哭声更响了。哭声传到了村外很远的地方，那里的人说，尚博死了一个小孩。于是，只一会儿时间，培清淹死了的消息，就传遍了尚博附近的村庄。

那一年尚博村地震，村里人忧心忡忡。有人说，尚博要稳沉了。所谓"稳沉"，就是整个地方陷到地心里被埋葬。这时不谙世事的小孩如果向大人提出哪怕是最简单的要求，都会遭到最为严厉的训斥。这种训斥里饱含着绝望："明朝都不晓得怎样，你还要这样讨债！"尚博村的小孩，在那一年第一次对于绝望产生了永生难忘的深刻印象。

那几天，尚博人都不敢在屋里睡觉，男女老少都逃到门外过夜。当地震发生，整个尚博村都在抖动，有人说："过了今朝，明朝尚博就没了。"这些话像瘟疫一样，很快就传染了所有的尚博人。男人们都在叹气，女人们都在哭泣，小孩们也全都跟着女人们哭了起来。整个尚博村陷入了绝望之中。聋子阿太挤到人群里，几乎对着所有人说："囝儿，领着小人安心掉落去睡觉好了，今朝观音菩萨从湖州来，过尚博时到我这里转过了，菩萨对我说，过了今朝，明朝就好了。"

聋子阿太把村里的多数人都叫囝儿。这些被她叫作囝儿的人，终于陆陆续续地进屋睡觉去了。尽管尚博村的屋子时常晃动得很厉害，但人们依旧能够进入梦乡。第二天醒来，尚博村稳稳地立住了，既没有再发生地震，也没有陷进地心。尚博人都说，这是聋子阿太的功劳。

聋子阿太家的西墙边有一棵大柳树。这棵柳树长了多少年，没人能够说得清楚。有一年夏天的一个晚上，大家都在门前乘凉。经过我父亲的提示，大家看到一只萤火虫从柳树上起飞，向西面龙山方向飞去。萤火虫越飞越大，飞到龙山顶上的时候，已经变成了一个月亮。人们被这番景象惊呆了。第二天，聋子阿太说，昨天观音菩萨又来过了。

聋子阿太死的那一年，我在尚博小学里读小学。那天晚上阿太的屋里挤满了人，这些人都是来送聋子阿太的。几天前，阿太就把自己的死讯在村里传播了。阿太说："那一天，菩萨要来接我了。"所以那一天晚上，尚博村的人都走出了家门，专门来送聋子阿太。屋子里挤不下，很多人都站在了门外。他们站在门外的黑暗里，焦灼不安地探听着屋里的动静。

我们家的人因为去得早，所以坐在了阿太床前的凳子上。我，一个小孩子，第一次给一位老人送终。这位老人还是我非常敬重的老人。当我们进屋的时候，阿太和平时似乎没有什么两样，躺在床上，招呼我们坐下，和我们说话。过了一段时间，聋子阿太对我们说："等一下你们让出一条路来，好让菩萨进来接我走。"阿太说完这句话的时候，她的脸明显发生了变化。这张变化了的脸让我们感到既陌生又熟悉，仿佛是阿太的脸，仿佛不是阿太的脸。此时，屋里的人说，赶紧让开一条路，赶紧让开一条路。

聋子阿太无限热爱于尚博村每一户家庭，每一个人，特别是小孩子的双眼，终于消失了。在脸庞上眼睛的地方，深陷下去，就像两口井一样。每口井里都有一汪泉水。屋里的人全都大声哭起来，声嘶力竭地叫喊着"聋子阿太，聋子阿太……"屋外的人听见里面的声响，也全都大声哭起来："聋子阿太，聋子阿太……""聋子阿太，聋子阿太"的哭泣声在尚博村里逐渐长大，天还没亮之前，聋子阿太老了的消息就传到了很远的地方。

那天，尚博村里的公鸡没有啼叫。它们听了一夜的"聋子阿太，聋子阿太"的哭喊声，也以高亢的嗓音呼叫起来："聋子阿太，聋子阿太……"

2015年8月5日，于尚博祖屋初稿；2017年10月10—13日，于上海改定

胡细毛

尚博村里，有很多人叫细毛。拥有这个名字的，男人居多。同其他的名字一样，这个名字也寄寓了父母的莫大心愿：希望自己的孩子像细毛一样微贱。而人往往因为微贱而更好养，活得更长久。

尚博小河边有一排破败的平屋，平屋里住着一个叫胡细毛的老头子。这个老头子本姓杨，是送给胡家做儿子的。这个老头子，果然如他的名字一样，浑身上下都透着微贱的气息。

胡细毛身材短小，头发稀疏，额头很高、很宽大，也很光亮。眼睛里终年有血丝，一到秋风起，鼻子也红了。鼻涕总是从鼻孔里垂下来，快要流进嘴巴里的时候，又被他用力吸进了鼻孔里。鼻涕在他的鼻孔和嘴巴之间进进出出，是细毛留给我的最深印象。我在尚博小学读书时，学到了"糟老头子"这个词语时，马上就想到了住在小河边的这个胡细毛老头子。可是，就是这样一个糟老头子，在村里却是一个非常著名的人物，甚至在邻近的澈山，他的知名度也很高。

村里人津津乐道的关于他的故事有很多。有一天，细毛和他的哥哥五宝去桑树地里削地。"削地"是尚博人的土叫法，也就是锄草。那是那年夏天最炎热的一个午后，知了在桑树地里歇斯底里地叫着。兄弟俩在自家的这片老桑树地里削地，挥汗如雨。兄弟俩各自占据了桑树地的一头，向桑树地的中央进发。他们就像是两条老蚕，从一片老桑叶的一头边缘开始咀嚼，向老桑叶的中央进发。所以，这两个老头的劳作，很容易让人想到"蚕食"这个词语。

此时，两个老头的介入，让这片老桑树地即刻充满了痛感。这是一块高地，站在地里，能够看见周围很多低地里的桑树，就像长子看矮子一样。这也是一片老地，这主要是因为地里的桑树都是老掉了牙的老桑树。这些老桑树高高大大，树干上有很多老洞，有些洞里长着一些杂草，有些洞里有鸟雀做的窝。这些老桑树的树皮皲裂，但每一棵的树皮上面，总有一块地方显出蓝天一样的颜色。桑拳头也很粗大，每个桑拳头上稀稀拉拉地长着几根桑条，桑条没有得到很好的滋养，都很短小，稀稀拉拉长着一些黄而小的桑叶。

这块稀稀拉拉的老桑树地，却滋养了无数的杂草。这些杂草在桑树间恣意妄为地生长着，让这块老地显出不一样的生机。这些蓬勃生长的杂草吸引了很多蛇。地里有两口老棺材。这两口老棺材都已经坍塌了，主人的子嗣——细毛和五宝弟兄俩，每年冬至边总会给老棺材培土。两口老棺材都只露出一个头，很快就要沉入土里，成为细毛和五宝家的祖坟。蛇在草里待腻了，就会游到两口老棺材里去。

这块老地的东面是一条老路，这条老路的东面还是桑树地，这片桑树地的东面就是长漾。这条老路很像是一条老蛇，这条老蛇太老了，终年懒懒散散地躺在桑树地里，一动不动。但这条老蛇也有爬动的时候。因为这里的桑树地过于宽广无边，胆小的人从路上走过，总是忍不住奔跑起来。这个时候，这条老蛇也就奔跑起来了。也常有醉鬼从路上走过，醉鬼的醉眼望出去，一棵棵桑树全都走动起来，这条老蛇也扭动起来。

那一天，这条老路上走来了一个老掉牙的老头。老头从细毛和五宝家的老桑树地边经过的时候，马上就满嘴漏风地大骂起来。这个老头用了尚博最老的老话，最土的土话，最毒的毒话骂人，被骂的就是细毛和五宝弟兄俩。

原来，那天老头从细毛和五宝家的高地边经过的时候，正好看见两口老棺材里的蛇在里面待腻了，正吐着芯子往外面钻。这些蛇就像从老棺材里溢出来的，老头说："作孽呀，真像粪蛆虫从茅坑里拱出来呀！"老头说："我这把老骨头，还没见过这样的世面呀！"接着，老头开始骂人。骂完五宝骂细毛，骂完细毛骂五宝，最后兄弟俩一起骂。老头说："狗*出来的五宝、细毛，把这块老地弄成这个样子！"

老头实在气不过，掉头就去找五宝和细毛弟兄俩。老头推开五宝家的门，开口就说："狗*出来的五宝。"老头推开细毛家的门，开口就说："狗*出来的细毛。"受到羞辱的兄弟俩一声不敢吭。他们各自从门角里摘了锄头，来到了自家的老地里削地。

　　兄弟俩开始蚕食这块老地里的杂草。在那个老掉牙的老头面前，兄弟俩大气不敢出。但到了这块老地里，情况发生了改变。兄弟俩见了老地里的杂草，就像见了仇人一样，每下去一锄头，总要恶狠狠地骂一句"狗*的"。因为每一锄头里都有一句"狗*的"，所以格外有力。杂草纷纷应声倒下。

　　但情况很快就发生了改变。这种转变发生在弟兄俩能够互相隐约听见"狗*的"的时候。兄弟俩抬起头来，见到对方，就像见到了仇人一样。兄弟俩都红着眼，在骂的时候，又都加了一个字："你狗*出来的！"

　　因为各自加了一个字，事情马上变得严重起来。兄弟俩你来我往，指手跺脚。兄弟俩终于难分胜负。细毛先抓起一把老土，向五宝撒去，边撒边喊："你狗*出来的！"五宝也抓起一把土，向细毛撒去，边撒边喊："你狗*出来的！"兄弟俩你来我往，还是难分胜负。这片老地里，老土像冰雹一样纷纷扬扬地垂落下来。因为这些冰雹里夹杂着密集的"你狗*出来的"，所以格外有力，格外响亮。那个老掉牙的老头又从路上经过，看见老地里发生的一切，又说："我都要入土的人了，还会看错吗？真是狗*出来的呀！"老头摇着头走到村里，把这个消息在村里传播开来。当这对两败俱伤的兄弟回到村里的时候，他们早就成了闻名遐迩的名人。

　　也许是破罐子破摔，从那一天以后，兄弟俩经常会对骂"你狗*出来的"，有时在秧田里，有时在路上，有时在家门口。他们对骂的时候常常故技重演，会随手向对方投去一些东西，就像桑树地里的老土一样，有时是污水，有时是路石，有时是饭也没吃完的饭碗。他们经常头破血流，连他们的老母亲也说："你们两个是狗*出来的！"

　　细毛和五宝弟兄俩的这些事情，声名远扬。当消息传到澈山仙家漾的时候，一个老人咬牙切齿地骂了一句。这句骂人话和细毛、五宝的母亲说的骂人话差不多。这句话比另一个老人说的话少了三个字："你是狗*出来的！"

老人骂这句话的时候,眼前并没有别人,但老人分明又像是面对面在骂人。这个被骂的人就是细毛。

这个骂细毛的老人,是细毛的亲妈。"亲妈"是钟管一带人的叫法,就是岳母。这里的人把岳父叫作"亲爸"。不是亲生的父母,却被叫成亲妈、亲爸,这里有着很多微妙不能言说的集体心理。

这里的人,会特意把疏的说成亲的,甚至还会降低自己的辈分,以表达内心的尊重。譬如,一个婆婆会把儿媳妇的姐姐叫作"姐姐",就会出现婆婆和儿媳妇都叫同一个女人为姐姐的奇观。但两个"姐姐"的意思毕竟是不同的,不管是叫的,还是被叫的,都会心安理得。

但这些称呼,传达的心理,往往不仅仅是敬重。譬如这里人说的亲妈、亲爸,还传达着这样的意思:这两位被叫的老人,把宝贝女儿给了一个男子,让他从此获得了新的生命。所以,这种称谓里,还满含着对于再生父母的感激之情。

正是这样一位让细毛获得新生的亲妈,那天说出了这样毒辣的一句话。因为很多年过去了,老人心里的怨恨没有得到丝毫削减。

事情发生在三十多年前。那一年,老人的女儿——细毛的妻子芳英怀孕了。芳英的肚子已经很大了,但仍然跟着细毛做各种各样的田地活。临近年关的一天后半夜,芳英把细毛叫醒,说:"细毛,我肚里痛。"细毛起床,用勺子从水缸的冰窟窿里舀了半勺水,拿到床前给芳英喝。芳英虚汗淋漓,见水就喝。细毛说:"多喝点,喝了就好了。"芳英把半勺水都喝进了肚子里。半勺河水下肚,芳英冷汗淋漓,好像这些河水转瞬间全都变成了冷汗。芳英说:"细毛,我肚子痛死了。"细毛说:"没事的,天亮就好了。"芳英开始在床上打滚,细毛说:"没事的,天亮就好了。"天终于慢慢亮了起来,芳英的喊叫声慢慢轻了下来,身体也慢慢安静下来,细毛说:"天亮了就好了。"

天终于亮了,细毛把大门打开。昨晚听见动静的邻居向细毛询问情况,细毛说:"不痛了,已经没事了。"这个女人不放心,走进里屋去查看。女人进屋就看到了芳英,眼睛睁着,朝着门外,身子一动不动。女人马上掉头,在门口对细毛说:"你是狗*出来的,你老婆死啦!"

芳英的母亲得到女儿死讯时，正在仙家漾的河埠头淘米。这天，仙家漾被冰全部封住了。老人用一块蛮石头，在冰面上敲了一个洞，在洞里淘米。老人淘好米，沿着河埠头的石阶上岸，当她走到最后一个石阶的时候，淘箩里的米都冻成了冰。老人说："前世作孽，这么冷的天少见呀！"这句话还没说完，报死的人就到了。

这一天，这个从尚博出发的报死人，遇到了难题。他从细毛家出门的时候，就开始思考今天的死怎么报。上了年纪的人死了，可以说老了。年纪不大，但生了很长时间的毛病，近亲远亲都已经多次来讨信，最终死了，可以说没了。可今天的情况非同一般。直到仙家漾漾口的村庄隐约可见的时候，报死人才有了主意。

见到老人，报死人说："你女儿肚里痛死了，快要生了！"这个报死人到底是老报死人，他的报死老辣无比，融会贯通，暗藏玄机。不但把死暗藏其中，还把生暗藏其中。报死人的话，也深含着他历经无数次报死之后对于生死的参透，不但说到了要害，还是一种看似朴素的最巧妙、最具哲理的报死方式。听到这异乎寻常的消息，老人放下淘箩，向尚博方向跑去。

老人是小脚，这段路程异常艰辛。老人要先走山路，过了一座桥，再走土路，才能到达女儿家。当老人终于快要走到女儿家门口的时候，正好看见村里一个老掉牙的老头在掼她女婿的头颈颈，而且连续掼了三下。"掼头颈颈"是尚博人的土叫法，就是用巴掌狠打对方的颈部位置。这个老头在掼细毛头颈颈的时候，咬着不见影踪的牙说："你这个狗 * 出来的！"因为有"你这个狗 * 出来的"这句话在里面，所以老头虽然老掉了牙，所掼的头颈颈依旧虎虎生威。但这些头颈颈就像掼在木头上一样，细毛一动不动；鼻子红着，鼻涕落在嘴唇上，没有习惯性地被吸回去。

原来，当邻居女人骂过他之后，细毛到里屋看了一眼，就去卸自家的大门了。这扇大门，自然是给老婆躺尸用的。那个老头掼他头颈颈的时候，旁边还有很多人义愤填膺地在说话。他们说："这个狗 * 出来的，给老婆孩子躺尸用的大门，要你自己去卸呀！"他们说："这个狗 * 出来的，连哭都不哭一声呀！"他们说的，自然都是事实。

但躺尸的大门还是被细毛卸了下来,平平稳稳地搭好了。细毛的亲妈一进门,就扑在女儿的身上昏死过去。老人醒来后就哭,哭了后又昏死过去。这个老人哭哭死死,一连三天。女儿入土后,在离开细毛家时,老人对细毛说:"你这个狗*出来的!"老人的嗓音已经嘶哑,但这句话依旧虎虎生威。从此以后,老人就没来过尚博村。

此后,偶有人想到要给细毛介绍女人,但马上会遭到其他人的反对。这些人会说:"这个狗*出来的,不配有老婆!"

我们从小听惯了这些故事,所以小小年纪就对细毛另眼看待。我们甚至也学着大人的样,在他面前或者在他背后,小声地或者大声地说:"你这个狗*出来的!"

给我印象最深的事情发生在那年夏天。那年夏天,天气异常炎热。一天傍晚,我们五六个男孩子和一个女孩子,坐在河边的一棵老楝树下闲聊。这个女孩子和我一般大,但已经开始发育。这个女孩子很像她的父亲,非常老实,跟着我们一起玩的时候,对我们言听计从。这一天也是如此。

这是一棵老楝树,我们对于苦味道的印象,最初就是从这棵老树上得到的。我们小的时候,喜欢什么都尝一尝。这棵老楝树的叶我们嚼过,皮我们啃过,果实我们尝过。这棵老树给予我们对于苦味的印象,令我们终生难忘。每次品尝后,我们总是皱着眉头说:"苦,真苦呀!"但我们似乎对于这种苦味非常着迷,总是一而再细细品尝。我们还尝过一种异乎寻常的苦味。每到秋天,楝树上被我们叫作楝树卵卵的果实黄了,熟了,掉在了地上。我们捡起这种金黄色的果实,把起皱的皮剥掉,就会看到淡黄色的果酱,我们用牙尖咬取一些,细细品尝。一种苦中有甜、甜中带苦的独特味道,可以让我们回味半天时间。

那一天,一个男孩子爬到了这棵老树上,摘了两把楝树卵卵。他把这些青果实分给每一个小孩。我们照例品尝起来,一个个皱着眉头说:"苦,真苦呀!"这时,细毛光着膀子,只穿着一条老式的短裤,从我们身边经过。这是一种土布裤子,裤腰是一圈白布,此外都是黑布。裤腰很宽大,总有一部分被塞进去,再用一根布条捆绑,才能穿到身上。这种短裤穿在老头们身上,怎么也穿不端正，总是一边高，一边低。这天细毛从我们身边过，就给我们一只裤脚长一只裤脚短的滑稽感觉。

虽然是夏天，细毛依旧挂着鼻涕。他从我们身边过的时候，冲着我们憨憨地笑着。细毛见我们一个个皱着眉头，呧着嘴巴，问我们："苦不苦？"只有一个男孩回答他："你说呢？"细毛依旧笑着，向河埠头的方向走去。这个时候，又有一个男孩说："这个狗＊出来的，好像没吃过一样。"

吃完楝树卵卵，我们开始引蚂蚁。一个男孩子从路边抓来一只蜻蜓，把它的翅膀拧在一起，然后把这只无法飞翔的蜻蜓放在一只蚂蚁的面前。这只蚂蚁看到有馅饼从天而降，激动异常，马上改变了自己外出的计划，反身回到老楝树树根窟窿的蚂蚁窝里。只一会儿，一支浩浩荡荡的队伍就从老树根里拉了出来。队伍里的每一个成员都兴高采烈，神采奕奕。它们来到蜻蜓身边，各自占据自己的位置，开始了搬运工作。这只不能飞翔的蜻蜓，很快就变成了一只黑蜻蜓。这只黑色的蜻蜓，正在向老树根的方向慢慢爬行。我们所有小孩子的脑袋都聚在一起，看着这场百看不厌的精彩戏文。那个女孩子还在喊叫着，加油，加油。

细毛已经在河里游过泳，洗过澡。他从我们身边过的时候，鼻涕已经被河水洗掉了。细毛问："好玩吗？"也只有一个男孩子回答他："你说呢？"细毛依旧笑着，向他家后面的北门走去。一个男孩说："这个狗＊出来的，好像没有引过蚂蚁一样。"

细毛一个裤脚长一个裤脚短，不紧不慢地向家门走去。细毛离家门越来越近。一个男孩说："你们说，这个狗＊出来的，卵毛是白的还是黑的？"所有的男孩全都笑了起来，那个女孩也笑，脸却马上红了。一个男孩说："我们一起去看看吧。"

男孩的倡议得到了所有小孩子的响应。当细毛走进家门，一个男孩就开始倒计时。随着男孩的一声令下，我们的队伍就像一群胡蜂一样，向细毛家的木门卷去。细毛措手不及，来不及闩门，就用肩膀把门顶住。我们开始冲撞细毛家的木门。冲在最前面的，竟然有那个唯一的女孩子。这扇形单影只的老木门，哪里经得住我们的冲撞，门轴吱呀一声脱落出来。老门后面的细毛惊慌失措,拼命想把门顶住,手一松,那条老裤子就脱了下来。

当细毛红着鼻子把裤子重新提起来的时候,我们已经看清了这条老裤子里的所有秘密。一个男孩说:"这个狗*出来的,卵毛这么黑。"还有一个男孩说:"这个狗*出来的,屁股这么白。"那个唯一的女孩子跟着我们一起笑,显得很激动,脸红红的。她再次体验了和男孩子一起玩才会有的乐趣和激动。

当细毛换上老式短裤,红着鼻子把门重新装上的时候,我们还是逃跑了。但我们马上就放心了,细毛没有把这件事情告诉任何一个大人。

于是,在我们再次相聚的时候,又说:"这个狗*出来的,真是狗*出来的。"

2016年8月17日,写于尚博祖屋

麻子阿琴

2015年2月6日上午,农历甲午年十二月十八,我家西隔壁一个叫杨琴初(村里人惯于叫他阿琴)的老人,一个自称为"尚博村里最大的一棵大树"的老人,一个出生于1924年11月3日的九十一岁的老人,终于走了。

一

大前天晚上,我和妻儿穿越夜幕,回到了尚博村。车在家门口一停顿,打开车门的时候,我没有闻到老豆腐的香味,心想,还好。在德清,人死了以后,举村吃豆腐饭,一连三天。放了茴香、重油煮透的老豆腐,香味能够飘出几里远,所以村里一旦有人走了,消息总能随着老豆腐的香气飘出村子,飘到远方。

几天前,妻子给家里打电话。母亲在电话那头说,隔壁的老人已经断粮几天了。几天来,我的心里一直挂着一块石头。而此时,我没有闻到老豆腐醇美的香味,一块石头也就落了地。但我还是看到隔壁老屋不同寻常的地方,大门开着,透着灯光;而在平时,在这样的时间,阿琴早就关好大门,关灯睡觉了。

二

昨天早晨,我终于走进了隔壁阿琴家的老屋。一直走到第三进老屋,我才看到老人的床。阿琴斜躺在床上,背后衬着被子,眼睛闭着。他的老伴阿珍坐在床边的竹椅里,见我进来,叫我坐在一条长凳上。

阿琴的眼睛一直闭着，时不时发出婴孩一般的呻吟声。阿琴的脸并不显瘦，和好时差不多。我说："脸不瘦。"阿珍似乎很安慰地说："是吗？"得到我的再次确认，阿珍向我说了很多的细节。

阿珍说："今天他才不管事了，前天，他还叫我把灯关掉。"阿琴的节约是很有名的，我们经常能隔着墙壁，听到阿珍在骂阿琴。阿珍的骂人很有特点："你死不来了，已经变作路边的青石头了！"有时会换个角度，"你要死快了，越老越不成形了"。起初我们总以为发生了什么大事情，我母亲总是很担心，急急忙忙走进隔壁老屋，一心想要劝架，但母亲每次总是笑着出来。原来，引起阿珍不满的大概是这样一些事情，不是阿琴叫阿珍把昏黄的灯熄掉，就是叫阿珍用他洗过脸的脏水洗脸。我母亲每次回来的时候，总是向我们说这些笑话。几次之后，母亲也就没了去劝架的念想了。于是，只要我回家，总能隔着墙壁听到阿珍往死里骂阿琴的声音，而且每次阿琴似乎总是没有回应。

而且最近几年，阿珍骂阿琴的次数多了起来，程度也严重起来，骂里面还常常夹有哭泣声。有几次不知何故，阿珍不再待在屋里骂，而是坐在门口骂，眼睛都骂红了。我走到门前的时候，这个我叫娘母的老人满眼通红地说："叫他饿死，谁还会给他烧饭吃。"果然，阿珍有几次坚持了好几天不烧饭给阿琴吃。阿琴最后说："就算我错了好了。"这之后阿珍也就算了，继续给她的老伴烧饭。

导致两个老人矛盾激化的事情，有一件我是清楚的。一年四季，不论阴晴，每到路灯亮起的时候，像菩萨一样坐在破椅子里的阿琴，总会起身把门闩好，上床睡觉了。那年夏天的一天，阿琴照旧把门闩了，可阿珍当时还在外面，等到说完话想回家睡觉的时候，门被闩得死死的。阿珍推门、敲门、大声喊叫，都没有得到阿琴的回应。阿珍无奈之下，把同村的大女婿叫来。大女婿也推不开木门，只能把老式的木门卸了下来。阿珍进门，听到阿琴的呼噜声，一下就把被褥给掀了，大声骂了起来："叫你黑心，叫你黑心！"

这件事情的后果是非常严重的。直到第二天，阿珍还在哭。先是在屋里哭，然后在门口哭。见人从门口过，阿珍就说："这个黑心人，把我闩在外面，是想要我死呀！"不管阿珍怎么叫骂，阿琴没有任何回应。自然，连好几天，阿珍都不给阿琴烧饭吃，一直到有一天阿琴说："就算我错了好了。"

三

阿琴是从戈亭辉山塔附近的一个村子里抱养来尚博村的养子。抱养阿琴的人家，是地主，有不少田地产业，也有不少房子。被抱到这样的家庭，后果是严重的。后来，阿琴家的田地产业和房子全部充公，政府只给他和老母亲一间堆柴草的草披房，另外的好房子都分给了贫农。阿琴自然也逃不过被批斗的命运。据我父亲讲，阿琴戴着高帽子，在村子里被批斗，头低着，一声不响。每次脖子酸了想抬头活动一下，一些贫农子弟就把他的脑袋摁下去，吐着口水说："你这个地主，也想抬头呀！"

我出生的时候中国还处在"文革"中，我开始懂事的时候"文革"也就结束了。但有一次村里放电影，阿琴的女儿和另外一个女孩子吵架，那个女孩子就骂了几个字，就让他女儿闭嘴了。这个伶牙俐齿的女孩子说："你这个地主家的种！"阿琴的女儿满眼泪花地跑去找阿琴，跑去找自己的靠山。可这座靠山终究没有给自己的女儿撑腰。

这个被无数次骂哭过的女儿，是阿琴的老来子。阿琴说自己是村里最大的一棵大树，其实是不准确的。其实他的老伴阿珍，比阿琴还大两岁。如果要说村里最老的老树，也应该是阿珍，要么是阿珍和阿琴两棵老树。阿琴撇开阿珍，独领这个称号，似乎是不合适的。但每次阿琴总是大言不惭，所以我想，这其中也许有一些合理的因素。阿珍从小在尚博村做童养媳，生了一大堆儿女，中老年以后丧偶，最终和阿琴做了半路夫妻。可阿珍有着惊人的生育能力，在自己四十八岁、阿琴四十六岁这一年，终于为阿琴生了一个老来子，这个老来子就是经常被骂哭的女孩子。这个经常受委屈的女孩子，也是阿琴在这个人世间唯一的亲生孩子。

四

自我记事起，阿琴就已经是一个老头子了。阿琴比我的阿爹大五岁，但我的阿爹，在二十七年前六十岁的时候，就离开人世了。记得我阿爹走的时候,阿琴走来走去,忙忙碌碌,一言不发。作为我家的邻居,作为我阿爹的同龄人,在这个特殊时刻,阿琴在尽心尽力地做着他该做的一切。

阿琴给我留下深刻印象的还有很多细节,这些细节都是在普普通通的时刻留下的。而且很多时候,他都是在和我聊天的时候,给我留下了深刻的印象。

在很多年以前,阿琴总是喜欢对我说这样的话:"菜蔬是可以不吃完的,饭是不能浪费的。"见我很费解的样子,阿琴就会解释说:"浪费粮食是顶罪过的。"接着,他会对我说当年如何没有粮食吃的情景。但我终究有隔膜,我自懂事起,吃饭似乎已经不是什么问题。我毕竟从小就接受了很多很有生命力的教育,譬如,在我很小的时候,大人就告诫说:"地上一粒米饭,天上菩萨看见的是一个大冬瓜,哪个人浪费饭粒,天上菩萨会打雷的。"于是,在这样生动的警告里,我们从小就培养起了对于粮食和天上菩萨的敬畏。而且,存有这种敬畏心最典范的榜样,就在我的身边,就是阿琴。阿琴吃饭基本不用菜蔬来下,特别是夏天,半条炖咸鱼,能够支持他吃好几天饭。阿琴饭量很好,几大碗米饭,用筷子在咸鱼汤里点一下,吃得比什么都香。阿琴吃饭不但很香,而且很快,快到两大碗米饭就像倒进了一个黑洞里。每次吃完,阿琴会把碗细细地舔干净,就像一只猫吃完浇过鱼汤的饭一样。阿琴还会说:"在我手里,钞票不知道已经变过多少回了。"阿琴说:"有几次,钞票要用箩去背,但一箩钞票也买不回什么东西。"阿琴说这些话的时候,好像比较满意,因为当时我已经上学了,能用我学到的历史知识对他做出回应了。

阿琴也会和我说我家以前的事情,他会说起我家一个老祖宗和他的老枪的事情。我家当时也很发达,也有不少田地产业。在说到我家的老祖宗"盲子阿爹"时,阿琴的脸上总会荡起很多崇敬的涟漪。我家墙壁上现在还挂着我家的老祖宗"盲子阿爹"的老照片。"盲子阿爹"是民国时期尚博村里著名的丝商,生丝生意做到了湖州、上海,为了防止强盗的抢劫,他总是随身携带着一把老枪。据说,我家的老祖宗"盲子阿爹"命很好,在东洋人打到尚博村之前,就寿终正寝了。"盲了阿爹"死后,我家用最好的油豆腐,办了七天七夜的豆腐饭。阿琴几次对我说，当时邻近的潋山、山水、清墩等村子都在传言，这是他们闻到过的最好闻的豆腐饭香味了，他们都在问，谁家老人老了呀。经过打听，终于得知是我家的老祖宗"盲子阿爹"老了，他们都说，猜得果然没错。

我家当时的田地产业虽然没有阿琴家多，但在尚博村里，也是放租人家之一。我家的命运和阿琴家很不同，至于为什么不同，阿琴应该是很清楚的，但阿琴对此却一直讳莫如深。从我家在村里的口碑里，我得到的说法是这样的：每次我家的男人在年关去收租，走进佃户人家后，就在八仙桌旁坐坐，听到这些乡亲人家说实在没钱，饭也吃不饱时，总是没有办法说起正事。所以，我家的男人在新年快要来临之际，在和佃户们说了一些闲话之后，就会提着灯笼回来了，进门后，在家人的询问中总是一言不发。新年来临之后，这些陈年旧账就一笔勾销了。尚博村的口碑充满褒奖地说，因为做人好，之后划成分，整个尚博村的人都为我家说情，我家的成分也终于没有划为地主富农，而是被划为中农。我家也因此没人被批斗。

对于这段史实，阿琴一直讳莫如深，给人的感觉是，他一旦提起我家的陈年往事，就会和自己家的情况形成对比，给自己带来难堪。但我更相信阿琴的话。阿琴以另外一种方式，试图解开我家命运的真相。阿琴告诉我："你家的老祖宗'盲子阿爹'死后，你家的男人就一个一个不像样起来，不是生病，就是死了。"从我奶奶那里，我了解到的情况也是如此。我家的老祖宗"盲子阿爹"死后，他的子辈、孙辈都一个个生病，看病花完了家里所有的银圆。这些生病的男人都死了，家里的女人也改嫁了。我家的男人只有一个成为漏网之鱼，就是一个叫阿金的老头子——我家的老祖宗"盲子阿爹"最小的孙子、我父亲的叔叔、我的阿爹，虽然从小体弱，我的这位阿爹竟活了下来，一直活到六十岁，在我即将出远门读书的1988年的夏天才离开人世。

五

阿琴对于我家男人的命运，除了惋惜，一直有很深的好感。阿琴说，阿贵，也就是我父亲的父亲，我的亲爷爷、亲阿爹，可是尚博村里有名的美男子呀！阿琴的话是可信的，因为阿琴说，阿贵是他的小朋友。

所谓"小朋友"，就是同龄且要好的人。这些"小朋友"要好的程度，应该是接近于"有难同当，有福同享"的。譬如，"福"中讨新娘子的过程中，总是少不了小朋友忙碌张罗的身影。阿琴曾经多次向我描述阿贵的情况。从阿琴的嘴里，我似乎看到了这位与我素未谋面的亲祖父。阿琴说："阿贵可是一个活跃分子，邻近几个村子里，都是他的影子，我也跟着他蹿来蹿去。"阿琴的话是可信的，在尚博村里，没有人会造一个小朋友的谣言。

从阿琴的嘴里，并综合我奶奶的口述，我也终于知道了我家更多的事情。我的奶奶林楠，七岁到我家做了童养媳。当时阿琴家也有一个童养媳，名叫中英。两个同样命运的同龄人，很快就成了好姐妹。我奶奶长得矮小干瘪，我爷爷却是远近闻名的美男子，所以，我爷爷根本就看不上我奶奶。按照我奶奶的说法，我爷爷和我奶奶是冤枉巴拉（勉勉强强）做了夫妻。那年，我父亲出生了。我奶奶在"母因子贵"之类的古话里满心憧憬沉迷的时候，不测发生了。

那一天，出生才几个月的我的父亲坐在门前的坐车里晒太阳，我的爷爷吃好午饭，走出家门逗了一会儿自己的亲骨肉，就出家门干农活去了。就在满心喜悦地盼望见到丈夫的美好身影时，我奶奶见到的是跌跌撞撞跌进家门的她的丈夫。这位出门时生龙活虎的美男子，我奶奶的丈夫，我的亲爷爷，此时脸上写满了病痛。一进家门，我爷爷就上吐下泻，浑身发冷，盖了几床棉被还瑟瑟发抖。附近最有名的官仙婆（巫婆）都班师进驻我家。很快，我家就成了捉拿妖魔的道场。

但我的祖父，在年轻如花的年龄，在厚重的棉被下，在最后的一阵抽搐之后，在夕阳下山之前，就离开了人世。

我奶奶抱着不谙人世的我的父亲，哭得死去活来。这个年轻的媳妇，就在自己的命运即将发生转机的关口，一下子被拉进命运的旋涡深处。但我奶奶的命运似乎并没有一沉到底，几年后，范家墩的一个后生进我家做了我奶奶的丈夫。但我奶奶竟和她的第二任丈夫合谋，把我家的丝绸偷出去，运往范家墩。我父亲的奶奶，我的人人，终于下了早就想下的决心，动了能动的所有力量，把我的奶奶和她的第二任丈夫，逐出了我家的大门。

在尚博村人的口碑里，留着我奶奶很多的耻辱，其中最大的一条是，我奶奶被逐出我家大门的时候，在看望熟睡的儿子——我的父亲以后，把盖在我父亲身上的一条小花被也扯走了。

我奶奶对此似乎一直不置可否，但我从一些细节里，能够推测出这大概是真的。我奶奶曾经许多次描述出我家门之后，她想再回来看儿子的艰辛。有一次，我奶奶把头发剪了卖掉，换钱买了几个鸡蛋来看我父亲。当有人把我奶奶拎着一个篮子向我家走来的消息报告给我的太太之后，我的太太破口大骂，并像最老的老母鸡一样，护着她的命根子——她的宝贝孙子。自然，我的奶奶没能进门，我的父亲从门缝里看到一个既熟悉又陌生的女人，满脸泪花地叫着自己的名字。哭完之后，我的奶奶留下篮子，回范家墩去了。但这个装着几个鸡蛋的篮子，也被我的太太扔到了田坂里。

我认为这些事情是真的，更重要的原因是阿琴对于我奶奶的态度。在我奶奶和我父亲母子相认很多年以后，在我和我弟弟出生以后，我奶奶每次来我家，阿琴对我奶奶似乎总是很冷漠，这种冷漠里似乎还夹杂着一些揶揄的眼神。阿琴家当年的童养媳中英——我奶奶当年的好姐妹，早已不知去向。我奶奶每次来到我家，总免不了感受到凄惶、耻辱和落寞。

六

阿琴和我多年的对话里，似乎总是充满了告诫。我对于别人的直面训诫，似乎一直没有全面接受的雅量。但我在阿琴面前，情况是不一样的。我总觉得，这个见过我家老祖宗盲子阿爹，并和盲子阿爹的孙子、我的亲爷爷做小朋友的老人，他对我的训诫里，总有着不同寻常的意味。其中的一层是，这些训诫某种程度来自我家的老祖宗盲子阿爹和盲子阿爹的孙子、我的亲爷爷。

在阿琴对我的告诫里，除了要节约粮食，还有要对老人好之类。阿琴的孝顺是有名的，对于自己的母亲，也就是自己的养母，阿琴总是有求必应。在尚博村人的口碑里，总是留有许多感人肺腑的景象。譬如阿琴在有了老婆之后，每次从田里回来，躺在门口的竹躺椅里，就像一个神仙一样，老母亲拿一把鸟毛扇，不轻不重地为他扇着凉风。阿琴总是在母亲的习习凉风里，进到不浅也不深的梦里去。

阿琴和我的对话里，我最感兴趣的，是他对于往事的描述。在阿琴的描述里，我得以以一种特殊的方式，回到尚博村以往的时光。

那一年，尚博村的河埠头来了一艘兵舰，上来几个日本人，把糖分给村里的小孩，把香烟分给村里的男人。阿琴说，日本人满脸堆笑地给尚博村的男人递送香烟的时候，还说着很奇怪的鸟话：他巴姑。之后我在查英语词典的时候，查到了"Tobacco"（烟草）一词。这不正是许多年以前，日本军官满脸堆笑地在尚博村的河埠头说过的这个鸟语吗！当我找到这个词语的时候，很是激动，我惊讶于阿琴惊人的记忆力，在这种惊讶中，我对于当年河埠头发生的情景，展开了无限的想象。

我在想，当天尚博村的男女老少，看到这些很像自己人的日本人时，该会产生如何复杂的感情。从阿琴的描述中，我得知，尚博村的男女老少，至少是其中的一部分，在日本人进村的时候，是没有逃避的。而日本人，在他们初次来到的古老村庄里，竭尽所能地讨好着村里所有的男女老少。

阿琴的讲述，有时还充满了血腥的味道。他说，龙山桥、辉山塔，不知道埋了多少死人骨头。日本人的兵舰在溪上过，会扫来很多子弹，飞过在田里种田的人的头顶，呼呼地响。田里种田的人听到这种呼呼声，马上就逃得没有踪影。

阿琴的讲述，很多时候涉及的地方，会超过尚博村。我印象中他讲过湖州马腰的事情。那一年，荷弹实枪的队伍过马腰后，也死了很多人，数也数不过来，都埋进一个大坑里。

阿琴的讲述，涉及的时间也常常会穿越他生活的年代。在我很小的时候，我就听到过他讲的白话（老故事）。这些故事有《三国志》之类有名的故事，也有仅在尚博村口耳相传的老白话。这些故事不知道什么原因，在我这里都慢慢淡忘了。阿琴也常说一些老古话，像唱诗一样好听，令人过耳不忘。譬如，他就说过"乌龙盘井，国家难医"这样令人难懂的话。这些老古话虽然让我费解，但我还是非常感兴趣。

七

二十年以前，十多年以前，我每次回到尚博，阿琴总会让我坐在他身边破旧的竹椅子里，叫我陪他晒太阳，让我陪他说话。当时他的耳朵还没有聋，所以我坐着和他聊天，能和他有良好的互动。后来，阿琴的耳朵越来越不好用了，一开始别人还努力和他对话，但后来即使是大喊大叫，也得不到他的回应，最后也就懒得和他说话了。于是，阿琴渐渐地变得孤单起来。我经常看到的景象是，阿琴孤立无援地坐在门口的椅子里晒太阳。

但阿琴每次见到我，总有和我说话的想法。我也总是顺他的心意，在他身边的破椅子里坐下来，把口袋里的香烟拿给他。这个从十七岁就开始抽香烟的老人，每次在接过香烟的时候，总会说同一句话："自己么不吃。"这句话的潜台词里充满了感谢和客气，意思是：你总是把香烟省给我抽。其实，我是不抽烟的，很多时候身边有些香烟，怕受潮了扔掉，就想起拿了给他，哪里是省下来的。

在几十年的时间里，阿琴似乎从来没有间断过和我之间的对话。尽管这种对话变得越来越艰难，特别是在阿琴的耳朵完全聋了以后，这种对话似乎成了阿琴的独角戏。我努力着，让对话成为对话，总是尝试着和他说些什么，但我在阿琴那里，要么得不到回应，要么得到答非所问式的回应。不过我依旧很满足。

随着时间的推移，阿琴和我对话的内容似乎也有了一些变化。在近年，阿琴在完成一段时间的讲述后，会突然说这么一句话："我见过的死人太多了，我也该死了，否则这个世界上就没有这么多的地方让人住了。"我初次听到这句话的时候，很是惊愕，后来也就慢慢习惯了。

阿琴对于"死亡"等常人很避讳的事情，是从来不忌口的。越到老年，他说话就越硬气，特别是对于自己，譬如"该死了"之类的话，是经常挂在嘴上的。以至于我母亲经常告诫我，不要和他说话，特别是新年新岁里。

阿琴除了从十七岁就开始的抽烟这一癖好外，还有一个终身不易的癖好，就是喝茶。阿琴喝的茶是绿茶，而且是自己采摘，自己清炒的绿茶。但阿琴自己家没有茶树，每年清明时节，阿琴照例每天都要外出采茶，有时甚至早出晚归。阿琴在采茶的最佳时令采摘的上好绿茶，自然是别人家的茶。远近地里的茶树，阿琴了如指掌。有一次，阿琴来到离家很远的一片茶树地里采茶，茶树地的主人看见这个熟悉的陌生人又来了，心疼地上前劝阻。阿琴虽然耳朵聋了，但还是马上就明白了来者的用意，露出了口里硕果仅存的几颗老黄牙，并且把老黄牙咬得发出很响的声音，说："哼，不让我采，你们会有得采吗？！"

乡里向来有老人牙齿毒辣辣的说法。一个正行好运的人，如果被一个老人诅咒，后果是严重的。所以，当天茶树地的主人，看到阿琴的老黄牙，就像看见了这个世界上最毒的毒蛇的毒牙一样，瑟瑟发抖，落荒而逃。于是，这片上好的茶树地，最终成为阿琴自家的茶园。

阿琴每天起床的第一件事，就是烧水喝茶。阿琴喝的，自然是自己一手打造的上好绿茶。

八

或许真的是因为阿琴说话越来越硬气，而尚博人又担心被他冲着，阿琴的聊友似乎越来越少了。除了我，阿琴的铁杆聊友，还是有好几个。譬如白头发阿初和他的儿子梅春。这对父子不知何故，也像我一样，几十年来，喜欢坐在阿琴身边，听他说话。

阿初比阿琴小十岁左右，但满头白发，好像比阿琴还老。阿初是老党员，走南闯北见过大世面，年纪大了，不再闯荡了，就喜欢坐在门角里，和阿琴一起晒太阳。梅春是阿初抱来的儿子，热情开朗，见到长辈阿琴，也老是叫他的绰号"麻子阿琴"。大概阿琴也喜欢梅春的性格，也常对他说些贴心话。譬如，我从梅春口里，听到了阿琴从来没有对我说过的话。梅春说，阿琴曾经和他吹牛，说自己活得这么老，因为有从德国进口的零件。这句吹牛皮的话，自然是吹嘘自己的身体素质好。我对阿琴说过这样的话表示怀疑，梅春马上就向我翻起了白眼。于是我想，阿琴大概真的说过这样的话。那么，阿琴为什么要说是德国进口的零件，而不说从美国进口的零件，其中原因我不得而知。

在所有的聊友中，最忠实的还是阿珍。这个比阿琴大两岁的老人，和阿琴做了半路夫妻，并且走过了相互扶持的几十年时光。越是老年，特别是阿琴的耳朵完全聋了之后，阿琴终于成了阿珍哭骂的对象。阿珍每次哭骂的时候，似乎总要说自己"苦脑子"（可怜）。因为我家和他们家只有一墙之隔，所以这对老夫妻之间的恩恩怨怨，我们了如指掌。大概我父亲是最了解他们的。每次听到隔壁阿珍的哭骂声，我父亲总会说，"等一下，就好了"。果然，除了少数的几次长时间的冷战，不消多久，他们就和解了。

不知道从什么时候起，阿琴和阿珍都信了基督教。作为长寿者的典范，他们经常被邀请参加教会的各种聚会。基督教是主张不祭祖的，这对老脑筋的老夫妻，居然也能够做到。

阿琴有一样本领：断蛇舌。自古以来有这么一样病症，病人的腰间，会有蛇纹一样的圆圈升起，就像是蛇盘绕在柱子上一样。等到这些魔幻的蛇纹把病人的整个腰背绕完，病人也就差不多要等死了。所以，在德清民间，能够化解这种病症的人，是很受欢迎的。而阿琴就是这样的一个能人。

我从小到大见过多次阿琴看病的景象。阿琴从门角里拿出一个老砚台和一根老墨，用灶台前的水缸里的水磨出墨汁，病人把腰背露出来，阿琴用毛笔在病者腰间画圆圈或者线条，边画边口中念念有词。法事完毕，阿琴会念着咒语把施以魔法的一根稻草一截一截扯断，这样，妖蛇也就被咒语咒死了。阿琴的魔法总是很灵验，每次作法，总是让病人痊愈。于是，阿琴声名远扬，成了远近闻名的名人。所以几十年来，阿琴见过无数人的腰背，有老人佝偻的腰背，有年轻人挺拔的腰背，甚至有大姑娘洁白的腰背。每次阿琴目不斜视地施完法术，总能得到丰厚的回报。

自从阿琴、阿珍信了基督教后，有人就说，阿琴信教了，那些法术就不灵了。可阿琴不管这些，依旧我行我素，法术不但没有失灵，而且似乎变得越来越老辣灵验了。

九

当我坐在隔壁老屋里，跟阿珍一起陪着阿琴的时候，时不时听到阿琴婴儿般的呻吟声。阿珍说，十多天前刚从新市医院回来的时候，精神还很好。阿琴回到家的第一件事情，就是要阿珍从石灰甏里取出今年春天他亲自采摘的上好茶叶，泡杯好茶给他喝。阿琴心满意足地喝着上好的绿茶，说："这才叫茶呀！"阿珍说："刚回来的时候，阿琴还能每天吃几颗汤圆子，后来是两天吃几颗，再后来是三天吃几颗。从前天开始，就不再吃了。大前天还要女婿把香烟点着送到他嘴里，烟到嘴里，就拼命地抽烟，一直抽到海绵烟蒂烧红为止。前天，还抽了半根香烟。昨天，女婿问他要不要烟抽，他摇头不要了。"

阿珍说到这里，拿袖管去擦自己噙满眼泪的眼睛。阿珍说："他是想法有毛病呀，以前抽烟，一根香烟抽到一半，就放进一个空烟盒里，盖上盒子后烟就灭了，歇会儿再抽。"阿珍说："这样做人家，现在又有什么好？"我问："是不是他以前就这样做人家的？"阿珍说："以前还好些，现在他总说，没有进账了呀。"是呀，这对老人，除了阿琴和阿珍生养的最小的女儿，还有阿珍和前夫生养的七个子女，健在的总共还有六个子女。但即使这样，阿琴总是比阿珍有更多的忧患意识。

从阿珍嘴里，我还听到了阿琴最近在病床上讲的充满哲理的一句话："今天不死么吃不光，明天不死么没得吃。"这句吴语老古话，很像我奶奶说过的一句老古话："一天不死么要吃米，一夜不死么要盖被。"这些老古话里充满了忧患意识，里面饱含着传承了很多代的近乎悲观的忧患意识：人事无常，生活又过于艰辛，所以，要时刻准备着，为明天准备些什么……这句由阿珍转述的老古话，在我看来，很像是阿琴的遗言，也很像是他的座右铭，或者，完全可以作为他的墓志铭。

我说："真没想到呀，元旦我回来的时候，我见他在门前晒太阳，还给了他几根香烟，他说'自己么不吃'，没想到这么快。"阿珍说："是呀，谁想得到呀，十一月里，他还在地里除草，他自己也是没有想到会死的。"阿珍又说："直到前几天，他说，这次真要死了。"

当我和阿珍说这些话的时候，阿琴、阿珍的女婿从后门进来了。从这位身材魁梧的女婿这里，我也知道了更多的细节。近二周以前，阿琴小便出不来，就被女儿、女婿接到新市医院。阿琴动了手术，插了管子，小便通了，可医生看了片子说，心脏坏了，肺叶坏了，其他的也坏了。于是，阿琴自诩过的从德国进口的所有零件，终于全都坏了。阿琴听到这个消息，在病房里发了疯，当女婿说"我们回家吧"时，阿琴的疯病又好了。

阿琴的女婿说："其实他自己是有数的，今年暑假里，还问我儿子什么时候上大学，我说明年的时候，他说：'要明年呀，我就努力努力吧。'"阿琴的女婿又说："可是从医院回到家后，他又表现出了求生的愿望，要我给他吃一种乌丸，说，吃了乌丸，就好了，可这次哪有这么简单呀。"

在这间老屋里，又发出阿琴婴儿一样的呻吟声。我说："福气呀，能活九十多，生活质量还这么高。"阿琴的女婿得了极大的安慰，说："是呀！"但他接着又意味深长地说："他的一生不容易，受了很多罪，有很多消极的想法，有很多负能量，我是很希望接触正能量的人，但也没有办法，躲也躲不开，我已经二十多天陪夜了，这也算是责任感吧。"

在自己的女儿、女婿面前，阿琴说过什么，做过什么，我不是很清楚。为什么女婿会说这些话，我也不得而知。但我相信阿琴女婿的这番话，总是有道理的。

但是阿琴传递给我的，好像没有什么负能量。

十

今天一大早，隔壁就传来了阿珍和女儿的哭泣声。我知道，阿琴的情况变得更糟糕了。

过了一会儿，我听见阿琴的女婿在和我母亲说话。这位女婿说，"已经在穿衣服了"。这里的"穿衣服"，在德清方言里的意思是给临终的人穿上新衣服，准备送终了。我母亲从隔壁回来，我问情况，母亲说，"就剩一口气了"。我要去看，我母亲不让。我问："谁在穿衣服？"母亲说："是梅春他们。"原来是一个和我一样喜欢和阿琴聊天的人，一个生性活泼、喜欢叫阿琴这位长辈的绰号"麻子阿琴"的人——梅春，在给阿琴穿衣送终。

母亲说："总归老了，就像蚕熟了一样，总归没用了。"父亲说："就像一盏油灯一样,灯油慢慢地烧尽了。"这样的比喻,我觉得是非常贴切的。因为蚕和油灯,我都是再熟悉不过的。

没过多久,我听到了声嘶力竭的死了人才能听到的哭喊声。阿琴,终于在阿珍和其他家人的陪护里,离开了这个世界。

镇里的基督教组织马上派来了一个乐队,奏乐,颂诗。晚上,一个布道者在阿琴家门前做了精彩的演讲。我听到这位口才一流的布道者在说:"我们的长辈杨琴初,暂时离开了我们;这个世界不是我们的家,我们都是寄居在这个人世间……"我看到他的眼里充满了泪水。这位口才一流的布道者显然把这个夜晚,当成了难得的布道机会,他的演说非常流利,不但引经据典,还列举了时下一些名人早逝的事例。这些典型事例,让坐在门口披麻戴孝的阿珍的一个儿子和他的媳妇,哈哈大笑起来。

屋里的一块布上,写着"不是永别"几个大字。这几个大字边上,是阿琴端正的遗照。布匹里面,一动不动地躺着阿琴的遗体。阿琴旁边的长凳上,在靠近阿琴脑袋的地方,坐着从未离开的阿珍。阿珍的哭泣很有穿透力,穿越了乐队的奏乐、布道者的布道和精彩的故事,穿越黑夜,传到很遥远的地方。

老屋里昏黄的灯光照在门前的空地上,照亮了阿琴生前种养的一盆小葱。这盆每天早晨被阿琴的漱口水滋养的小葱,郁郁葱葱,似乎正要把白色的小花开放在无尽的夜幕之中……

2015年2月7—8日,写于尚博祖屋

三个人

在祖屋里，父母给我讲过三个人的故事。

父亲在尚博小学读书的时候，学校里只有一个老师。这个老师就是陈明芳老师。陈老师是地地道道的德清城里人，还是好出身，是德清城里大户人家老陈家的大家闺秀。当年，家里的长工排队盛饭，烧饭的铁锅大得吓死人，铁锅上的大锅盖，需要一根长铁链和一个大轱辘，才能吊到半空中。

在尚博小学里，父亲听陈老师讲过很多好听的故事。其中最好听的是那些德清故事。其中的一个德清故事就是戴阿大的故事。很久以前的一个端午节，德清长桥河里划龙舟比赛。有一个米店的伙计戴阿大，靠在临河的窗户上看风景。几条龙舟从起点起飞后，岸上的人群一下子就发了疯，他们大声地叫着、喊着。人群的喊叫声让龙舟一下子也发了疯。其中最疯的那条龙舟，终于在河中央翻沉了。

很快，落水的人，让这条古老的河流骚动不安起来。会游泳的，像鱼一样向岸边游去。不会游泳的，在水里扑腾，让岸上的看客发出一阵又一阵的惊叫声。戴阿大看在眼里，急在心里，像一只鸟一样从窗口起飞，入水后又像一条鱼一样向落水者游去。戴阿大一次又一次地把落水者捞到岸上，终于用完了力气，沉到水里，淹死了。

讲完戴阿大落水的经过，陈老师提到德清城里的戴公祠。陈老师说，戴阿大死后，就住进了戴公祠，做了戴老爷。陈老师告诉尚博小学的学生，戴公祠前面有一棵老得不能再老的老树，这棵老树走到了，戴公祠也就走到了。陈老师说，到了德清，就要去拜拜戴老爷。老树的旁边，就是戴公祠。银山跟着父亲，走了进去，向戴老爷拜了拜。讲完这些，陈老师就像突然又想起了一件事情，就很郑重地向学生们叮嘱起来。她说："万一有人落水，千万别喊戴老爷救命，要喊戴阿大救命。"学生问为什么，陈老师说："如果喊戴老爷，他就会穿好官服，坐着八抬大轿出来，要浪费很多时间，救人早就来不及了。"学生们觉得陈老师说得很有道理，就不再问话。

陈老师读过很多老书，有一天，把一本老书带到了学堂里。陈老师说这本书是祖上传下来的。这是一本手写体的老古书。陈老师把书中宋朝人葛应龙写的《左顾亭记》念给大家听：

汉余不乡隶乌程县，乡名由溪之清澈，谓其余莫此若也。至晋隶武康。唐析武承塘东界置武源县，即余不也。武源改曰临溪，临溪改曰德清，遂为定名，协以余不之义。县因溪而尚其清，溪亦因人而增其美。

晋车骑将军山阴孔敬康愉，人之瑞也。幼以孝闻，长以信著，晚以节称。温峤语之曰："能持古人之节，岁寒不凋，唯君一人。"考其言行，订其初终，清正莫如焉。尝游余不亭，路逢笼龟者，买而放之溪，龟于中流左顾数四。

暨以功受余不亭侯之封，工铸侯印，印龟左顾，三铸皆然，乃佩之。自是人名溪为龟溪，而溪增美矣。

龟，神物也；敬康，清正人也。惟清正者与神为一。中流左顾，人曰龟有知也。印龟左顾，人不以为事之怪，则以为传之诞，惟通者信之。左顾名亭，君子异其龟，慕其人也。人若敬康，非惟今所少，古岂多乎哉！

县志言：宣和初，宰，西安赵景东重建余不桥。中为大亭扁之，左右二亭翼之，左曰左顾，右曰吴羌。景东，才长之宰也。当清溪寇起，郡邑震撼，人民骇逃，景东独发仓廪，集耄健，团保甲。贼犯边境，邀击之，擒获其首徒器械，县赖以全固，宜其能思古人而亭左顾也。窃意自东晋以来至宣和之前，宰兹邑而能存古者不乏。当时兴焉，有不暇纪，后人忽之，有不屑记，浸远浸忘。过者徒见溪流之或舒或怒，或白或黄，溪舟之或舫或舠，或舣或奔而已。

淳祐戊申冬，余受辟浙西帅，监德清正库。朋交喜言库廨占溪山之胜，予亦喜之。至则知为左顾亭，而亭亦非旧，扁（古"扁"，同"匾"）虽扁曰"第一溪山"，而溪山但无在眼者。入小室，启北窗，仅见其扁。

予怃然不自安也，语于众曰："孔将军放龟之所不宜私居而私障之。况为东西舟楫经从之所，为远近宾客游息之所，为监司奉使临止之所，为本县祝寿放生之所！居甚卑隘不称，居之安乎？虽寄居借之前官，又借之我，必复之。"

有是其言而难之者，库官之廨未易成也。予曰："帅量包川薮，智周事物，京城内外，遗迹胜区，圮缺欤全，陋朴顿丽，隘狭尽敞，朽缩突壮，百为新美，其志存古励俗也。德清其乡邑也，库官其末属也，一库廨何难为！"已而白之，其应如响，且曰："县复此亭而修治之，吾当助之！"遂檄县及库，库给十七界楮万有五千使置廨，县给五千楮使治亭。库廨详悉予已记之。

宰欣承帅命，撤旧更新。昔之障塞者既辟之，而熏风之自南者荐其清；昔之蘙荟者既疏之，而苍松之在望者见其清。盖是亭之止，南则面吴羌山而山光接，北则杭余不溪而溪光远，中创三间，高敞得宜。扁复"左顾亭"之旧。左顾之东三间，扁曰"济川"，以为达官显人入位表著，出临台郡，皆宜思济斯民，非徒若溱洧之仅济也。左顾之西三间，扁曰"际清"，以为良朋胜流清思之合、德清之会，取前修之诗"际天气象何其清"之句也。

宰之规图若是，其政与志协可知矣。乃谓予曰："亭复于县，子之果也；亭新其旧，帅之惠也：记属于子，事之实也。"予何敢辞。原余不之义，嘉德清之名，迨念敬康会羌于余不，遐思灵龟示灵于左顾，以宰之才良超于诸县，帅之德度恢于时贤，愿述而明之。予又有说焉。溪以其清而为县之最胜，龟以灵而为溪之至祥，灵足以称其清矣。左顾怀生育之恩，印铸昭神物之异，是惟敬康之清正感之。入兹亭者，思左顾而竭忠荩于国家，以不负平时之恩宠，思敬康而帅行义于公私，以渐消斯世之贪浊，其济可博，其清可全，则重新斯亭之意不没矣。不然，"德清"徒一县之美名，"左顾"特一时之灵异。而诸扁之揭，总为美观，凡百君子其思之！帅，安吉赵公，字德渊，名与筹。

陈老师念得很慢，这篇长长的文章，陈老师念了三遍。念完，陈老师用德清话把文章里的故事再讲了一遍。陈老师说，做人不能忘恩，这个德清故事一定要在心里牢牢记住。

杨乃武与小白菜的故事，在尚博村里广为流传。陈老师还给学生们讲了一个发生在德清城里的冤案。这是清朝道光五年，发生在德清城里一徐姓大户人家的故事。徐老爷的妾和徐老爷与妻所生的儿子勾搭成奸，被儿媳蔡氏察觉。奸夫淫妇怕奸情败露，用酒把蔡氏灌醉，又用笆斗压住蔡氏的脖颈，直至其窒息而死。

蔡氏死后，徐家人谎称蔡氏暴亡。蔡家疑有冤情，坚持鸣冤告状。徐家倚仗财大气粗，夸口说："天大的官司，自有地大的银子来抵挡。"徐家买通官吏、仵作，造成冤案。蔡家几度告状未果，就把诉状递到了京城刑部大堂。诉状写道："白骨炼成黑炭，黄金买尽青天。"此案惊动了道光帝，皇帝勒令浙江学政重审此案。学政微服私访，开验尸骨，查实蔡氏颈骨被人为偷换的事实，终于使冤案得以昭雪。之后，上至省巡抚，下到县典史，都受到了严厉查处，案件轰动了全国。这就是著名的"笆斗案"。

陈老师讲完这个故事，对学生们说，笆斗再大，银子再多，也盖不住天大的冤案，做人要正，心地要善，才会有好结果。

给学生们讲德清故事，教育学生把人做正的陈老师，后来离开了尚博小学，去了青墩小学教书。陈老师离开尚博后不久，"文化大革命"也来了。

有一天，红卫兵冲进青墩小学，就高喊口号："打倒资本家的后代！"陈老师被戴上了高帽子，拖到台上批斗。很多次批斗之后，陈老师在一个后半夜，把自己吊在了学堂里的一棵香樟树上。第二天，陈明芳畏罪自杀的消息，就传播开来了。陈老师的女儿女婿得到这个消息，胆战心惊地来到青墩。他们没能见到自己的亲人。他们赶到青墩的时候，陈老师已经被红卫兵埋掉了。

两个年轻人转身回家，泪都不敢流。在回去的路上，陈老师的女儿把一句话在心里说了很多遍：人连狗都不如呀！

我的父亲得知陈老师吊死了的消息后，想要到青墩去看看。父亲对阿爹说："陈老师告诉我们，做人不能忘恩，做人要正，心地要善，陈老师死了，我应该去看看。"阿爹说："不能去，你不要命了！"阿爹又说："你最好对别人也不要提起陈老师教过你。"父亲问为什么，阿爹说："不要问了，你记住就好了。"

红卫兵也到我家来抄家，每次来，就像一阵大风一样，从前门进来，从后门出去，或者从后门进来，从前门出去。每次红卫兵来的时候，阿爹都胆战心惊地躲在祖屋的角落里，看他们进进出出。有一天晚上，阿爹把门闩严了，用刨子把做米糕用的雕花板上精美的图案全部刨光了。

有一天，父亲发现了祖屋里的异常，藏在一扇老门的门楣上方的一个铁盒子不见了。这个铁盒子里藏着一幅父亲非常熟悉的画轴。这是一幅宽大的画卷，画里面，有一个穿着长衫马褂的男子，还有同样穿着讲究的两个女人。画里的三个人神色安详，雍容华贵，是我家的老祖宗杨东美和他的大小老婆。这幅画一直藏在这扇老门的门楣上方，父亲常常爬在长凳上，把画取下来细细端详，然后再放回去。不见了这幅画，父亲问阿爹看见画了没有。阿爹说，没看见。父亲问："怎么会无缘无故不见了呢？"阿爹就说："别问了，你不要命了。"阿爹还说："你最好在别人面前提也不要提屋里有过这幅画。"

阿爹的话是有道理的。在那一段时间里，一个人没有了命，是很简单也很常见的事情。就在陈老师死后第五天，另外一个老师也死了。这个老师就是接过陈老师的班，当时正在尚博小学里教书的梅老师。

梅老师是钟管沈家墩梅家埭人。梅老师接过陈老师的班，来到尚博小学教书的时候，已经三十多岁。梅老师有一个名叫晓萍的女儿。

有一天，梅老师提起毛笔写大字报。梅老师把毛笔提起来的时候，听见河边的路上有红卫兵走过。这些红卫兵高喊着口号，还向梅老师投来志得意满又犀利无比的目光。这些路过的红卫兵，让梅老师心猿意马，把"帝国主义垮台"，写成了"帝国主义跨栏"。

梅老师的身边，当时只有两个学生。另外的学生都出去造反了。一个学生说："老师，你写错了两个字。"另一个学生说："是呀，老师，你把两个字写错了。"梅老师这才发现自己闯了祸了。梅老师很想把这两个字收回来，但白纸黑字，就像落子无悔一般，已经没有办法收回来了。梅老师就把这张纸撕了，但两个学生已经看到了，就像覆水难收一样，已经没有办法从他们的记忆里抹去了。

梅老师想对学生说，不要对别人说这件事情。两个学生似乎看出了她的心事，说："老师放心，我们不会到外面去乱说的。"

第二天，梅老师早早就来到了学校，发现前一天来的两个学生没来，来学校的是另外的几个学生。来的学生告诉梅老师，今天他们造反去了。那天来的学生在教室里坐下来的时候，梅老师觉得他们今天的表情太不一样了。他们一定知道了那件事情。一定是那两个学生把那件事情告诉了他们！

又有一些红卫兵在河边的小路上经过。这些红卫兵高喊着口号，在路过尚博小学的时候，又把犀利的目光向梅老师投来。梅老师分明感到，红卫兵今天的目光，和昨天似乎有着明显的不同。

陈老师吊死的消息，此时早已经在尚博村里传开了。尚博人是这样传播消息的：教书的陈老师吊死了。这句明显有点啰唆的话，让梅老师心烦意乱。那一天，梅老师失魂落魄地回到了家里，把自己的担心告诉了丈夫。丈夫说："不用担心，你的学生不是已经答应，不把这件事情告诉别人了吗？"梅老师说："可这两个学生今天没来呀，他们一定去通风报信了。"

第二天，尚博村四类分子批斗大会在尚博小学北面的大会堂举行。梅老师也去大会堂看批斗大会。尚博村里的四类分子，都被押到了台上。他们都被戴上了高帽子，帽子上写着他们的类别和名字。这些坏分子，都低着头，接受着批斗。这时，一个穿着破棉袄，流着鼻涕的男子上场了。这个男子是尚博村里出了名的懒人，住着破房子，穿着破衣服，父母都死了，没有娶老婆。这个名叫阿乔的男子，从人群里挤了出来，走到台上，在每个坏分子的腰间用力踩一脚，就像人们常说的往死里踩一样。这些坏分子被他狠命一踩，就跪倒在地上。阿乔一个一个地踩，坏分子一个一个地跪倒，下面的人群也激奋起来。阿乔就向人群看看，非常奇怪地笑着，也非常奇怪地让自己稀稀拉拉的胡须一根根抖动起来。当阿乔的胡须很奇怪地抖动的时候，他的笑也变得奇怪起来，就像是在说话一般，表达着心里的满足和得意。看过笑过，阿乔向最后的两个坏分子狠命踩去，两个坏分子应声跪倒，就像两颗人头应声落地一般。

此时，所有的坏分子都已经跪倒在地上，就像是所有的人头都已经落地一般。主持批斗会的干部向阿乔投去赞赏的目光。得到赞赏，阿乔的胡须马上就很奇怪地抖动起来。这次抖动得更加厉害，眼睛里的笑也很快就被抖出来了。阿乔把这些很奇怪的笑向人群的每一个角落里散去，然后轻飘飘地从台上走了下来，就像是一阵风一样。

这时，人群里骚动起来。有人说，"站起来了，站起来了"。原来，有一个地主，已经从地上站了起来，恢复到了原来的样子。阿乔马上转身，身轻如燕地跳到台上，撂起一脚，使出吃奶的力气，就像腰斩一样，往地主的腰里狠命踩去。地主就像是被腰斩的囚犯一样，应声倒下，再次跪在了地上。这次地主跪得很彻底，头也着了地，更像人头落了地一样。看着地主头、膝盖、脚同时着了地，并且再没有了站起来的念想，阿乔的胡须更为奇怪地抖动起来，眼睛里更为奇怪的笑也被抖了出来。

梅老师站在人群的边上，台上的情景看得清清楚楚。梅老师还看到了人群里的学生，其中就有那一天看她写毛笔字的两个。这两个学生也看到了梅老师，但很快就把目光躲开了。

三天后，梅老师在尚博小学里听到了一条消息。附近的一个村里刚刚开了公审大会，一个地主公审后被枪毙了。梅老师听到了很多的细节。地主被打了一枪后，没有死掉，在地上挣扎，枪手就在他的后背补了三枪，地主就死了。地主在一块空地上躺了半天，到了下午还躺在那里。有一些小孩靠近去看，还扯他的衣服。这些小孩扯住地主的衣服后，还向各自的方向拉去，就像五马分尸一样。很快，地主的裤子就被扯了下来。黄昏时分，一个讨饭婆，把他的裤子捡走了。

梅老师得到的消息里，还有这样一些内容：这些像五马分尸一样拉扯地主衣裤的，是邻近几所学堂里的小学生。梅老师马上就想起了自己的学生，想起了那两个学生。

梅老师失魂落魄地回到家里。梅老师对丈夫说："我是没有活路了。"丈夫劝慰她，但是没有用。后半夜，梅老师从后门溜了出去，往村西方向走去。梅家埭的西面，就是著名的龙溪。当年，东洋人的兵舰在龙溪里开来开去，把两岸许多村庄的房子都烧了。也正是这条龙溪，当年漂浮过很多老百姓的死尸。

梅老师沿着龙溪，一路往南走，走到了溪边一个叫横溪浪的村子。梅老师决定就此停下来，因为她觉得，这里已经足够远了。一个地方，如果听不见自己村庄里的鸡鸣狗叫声，就是足够远了。因为在这个地方，从自己身上发出来的动静声响，自己的村庄也是不会听到的。

这里有一棵老杨树。龙溪边的这种杨树，梅老师是非常熟悉的。她从小在龙溪边长大，看到过鸟停在树上鸣叫，然后向远方飞去。也看到过青蛙和乌龟停在树上，人经过的时候像石头一样掉进龙溪里。她还看到过水蛇在树上游动。这些充满灵性的水蛇，从水里游来，沿着杨树的根、干、枝，灵活自如地游弋着，一直会游到枝条的末梢，就像是这棵老杨树新长出来的末梢一般。

这一天，梅老师决定像它们一样爬到这棵老杨树上去。梅老师沿着树根，爬到了树干上，很快就听到了这棵老树发出来的声响。这种声音只有在此时才能听到。这种声音像是从树里面发出来的，也像是从河里面发出来的。这种声音就像是一种召唤。梅老师终于从老杨树的中心起飞，向龙溪里飞去，就像一只鸟一样，也像一只青蛙或者乌龟一样，也像一块石头一样。

梅老师的丈夫醒来后不见了妻子，直奔龙溪，没有看见一个影子。沿着龙溪找了一天，也没有任何收获。几天后，几十里外传来消息，龙溪衍生的一个河浜里，发现了一具女尸。梅老师的丈夫失魂落魄地赶到那里，一下子就认出了自己的妻子，瘫倒在地上。旁边的一个老人说："作孽呀，当年东洋人造反的时候，这里也漂过几具死尸。"

梅老师跳进龙溪里淹死的消息，很快就传到了尚博村。那一天，阿爹得到了消息，不紧不慢地说："在尚博小学里教过书的先生，都要死吗？"阿爹说过这句话的第三天，有一个没在尚博小学教过书的人，也死了。这个人还是我家的亲戚。

阿爹的姑妈，嫁到了钟管镇南一个叫南庄的村子。这个我叫阿太的老人，让自己的一个女儿做了坐家女儿。坐家女儿，就是不出门，在家招女婿的女儿。一个叫根林的男子，就到南庄阿太家做了上门女婿。

根林是一个沉默寡言的男人，就像绝大多数上门女婿一样。但就是这样一个沉默寡言的人，难得说了一句话，被人听见，报告到了上面，就成了批斗的对象。

根林被批斗了很多次，在老婆孩子面前被批斗，在岳母岳父面前被批斗，在父母面前被批斗，一次次的批斗让他抬不起头来。这一天，他走出了家门，向田坂里走去。

南庄的这块田坂，有他刻骨铭心的记忆。那一年，一个寂静的午后，根林来到这里摸鳝鱼。田里的禾苗已经长得很高，这些又黑又高的禾苗，让整个田坂充满了生机。根林从一条田埂进入，一下子就满心欢愉起来。这里有好闻的气息，好听的声音，还有很多未知的东西在等待着他。鳝鱼把家安在田埂里，当根林的脚步声迫近的时候，这些鳝鱼，也就离危险不远了。

根林身手很好，每次看准一个泥洞里有鳝鱼，总是没有失手的。那一天，根林的鳅笼里，很快就有了好些鳝鱼。当他再次把一条鳝鱼放进鳅笼里，准备抬头往前走的时候，看到了一个让他脸红的人。这个人就是后来成为自己妻子的女人。这个叫水芳的女人，此时正是如花似玉的年龄。水芳正在旁边的一条田埂上割草，此时，正从田埂上站了起来，正好被根林看见。

他们一见面，都脸红了。根林回到家的时候，还感觉脸在发烧。母亲问根林发生了什么事情，根林说："没有什么事情。"但母亲还是从儿子的脸色中看到了蛛丝马迹。母亲说："你的脸色不对。"根林说："有什么不对？"母亲说："你的脸红得不对。"根林说："有什么不对？"母亲说："反正不对。"根林就说了今天的遭遇。根林说："我今天看到的一个女人真好看！"

不久，根林的母亲，终于打听到了这个姑娘是南庄一户人家的女儿。一年以后，根林就到南庄做了上门女婿。

这一天，根林向这块田坂走去的时候，就想起了这些往事。当他的眼前出现一棵老杨树的时候，就停了下来。当年，就是在这棵老杨树不远处，根林第一次见到了自己的妻子。这次见到这棵老树，根林有一种说不出来的亲切感。他把一根粗麻绳挂在了树干上，再把自己挂在了麻绳上。很快，他就像一个冬瓜一样，悬在了这棵又老又大的杨树上面。

根林的女人，阿爹的表妹，得到消息后赶到了老杨树下，一下子就哭死过去了。

根林吊死在一棵老杨树上和他的女人哭死在老杨树下的消息，很快就传到了尚博村里。阿爹听说后，用尚博土话骂了一句。父亲提醒他小心点，阿爹说，骂也已经骂过了，已经没有办法了。

阿爹决定一个人去南庄看看。阿爹的小木船从尚博小河的河埠头出发，很快就来到了长漾里。这一天的长漾里，不见一个人影。阿爹的小船从长漾的北侧穿过，左拐北上，再右拐进入一条小河里。这条小河，是通往南庄的唯一水道。

这是多么熟悉的一条小河呀！在还是小孩子的时候，阿爹就跟着大人到南庄姑妈家来做客。在此后几十年的时间里，阿爹无数次经由这条小河，到达姑妈的家里。但这一天，这条小河很有些不一样。因为这一天，阿爹把小船划进小河里的时候，想象中姑妈家里的哀戚景象一下子更加清晰起来了。阿爹这样想着，耳畔似乎马上就有了远处姑妈家里传出来的哭天抢地的声音。

阿爹似乎是在这种哭天抢地的声音里让自己的小船靠了岸。小船靠岸的地方是鱼池堤坝下一个芦苇丛里。阿爹从芦苇丛里钻进去，走上去，就走到了堤坝上，遥遥望见了自己的姑妈家。阿爹跌跌冲冲地向这个熟悉的老房子走去，耳畔的哭天抢地声似乎更加响亮了。

阿爹似乎看到了大门里面的停尸场，死者的亲人坐在两边，抚尸痛哭，很多前来吃豆腐的人在进进出出。但阿爹走进这间老房子的大门时，并没有看到想象中的景象。屋子里空无一人。而先前一直萦绕在耳边的所有声响，似乎一下子就消失了。

老屋里空空荡荡的。阿爹走到老屋的第三进,才发现自己的姑妈呆呆地站在那里。看见外甥来,老人说:"人已经埋掉了。"阿爹问:"埋在哪里了?"老人说:"埋在老杨树下了。"阿爹问:"哪棵老杨树?"老人说:"田坂里,他吊死的那棵。"

　　阿爹还想问是谁埋的,怎么埋的。老人就像是听见了他内心的想法一般,说:"是水芳哭死过去醒来后,自己挖了坑埋掉的。"老人还说:"就像埋掉一只狗一样。"

　　阿爹还想问,家里的其他人都到哪里去了。但终于还是没有问。阿爹失魂落魄地从自己的姑妈家出来,原路返回。当阿爹的小船回到长漾里的时候,阿爹说:"一个人死了,像一只狗一样葬掉,没有人来吃豆腐饭,要做老古话了。"

　　长漾里空空荡荡没有别人,也看不到一只鸟一条鱼。阿爹这句话分明是说给自己听的,但又像是说给千千万万的人听的。

2017年3月10日,写于上海

钟管

渔家庄是我外婆家，范家墩是我奶奶家，而尚博，就是我家了。这三个村子就像一个三角，维系了我们童年所有的温暖生活——渔家庄在北面，邻近湖州郊区的菱湖和千金；范家墩在东面，邻近新市和桐乡；尚博在西面，毗邻澉山和下舍。这三个村子都在河边，所以，很多关于童年的生活，都带有水雾一样的迷蒙气息。

三个村子都隶属于钟管镇。而钟管，是一个有着深厚人文底蕴的江南小镇。"钟管"之名，始于晋代。历来文献都写成"钟官"：意为主管铸造钱币的官。东晋大都督沈充，曾在钟管龙溪边专司铸造钱币。《晋书·食货志》载："吴兴沈充铸小钱，谓之沈郎钱。"沈郎钱，也称小五铢，因流通范围小，有一定收藏价值。

在钟管的方言中，"管"就念成"官"（第一声）。一个地名用"官名"取而代之，在全国范围内也是鲜见的。可见，钟管不仅是著名的水乡小镇，自古以来更是殷富自得之地。这也造就了钟管人胆小、平和、中庸、保守、自得的性格特征。土生土长的钟管人都明白"钟管"之名包含的细微奥秘，而外地人，就算是邻近的新市、德清、武康等地的居民，都把"钟管"念成第三声——"管"的，更别说来到钟管操普通话的北方客了，那是因为他们根本无法理解"钟管"一名的由来。

对每一个出生于钟管的人来说，钟管是一个温暖人心的江南小镇。镇东是一条南北走向不小的河，河上有一座石板老桥。这条河也是我们去外婆家必经的河道。镇东南有一条小河从中分支而出，一直向西，在镇西南拐弯北上，栖止于镇中心的河埠头。小镇主体就像一个半岛。所以，只要是坐在船中绕镇穿行，整个小镇的活动都能尽收眼底。

虽然没有北宋汴京的规模，但在我看来，三十年前我孩提时代的钟管小镇的意境与氛围，与《清明上河图》无异。

小镇东侧沿河是一条南北向的小街，这里聚集着各个年龄层的人。这条小街上有一个茶馆店，聚集了来自全镇的老头。老头们把喝茶叫吃茶。老头们各自端着一把被无数双起满老茧的老手摸过的茶壶，一口一口地吃茶，自得其乐。他们总有说不完的话题，但似乎每天总在说同样的那几句话。但也有令他们动容的新话题，那就是某一天少了一个老头，询问得知老头"没了"。那一天茶馆店里的吃茶几乎成了追思会，那个离他们而去的老头的音容笑貌都成了滤在他们混浊的茶水里的混浊话题，欲断而难断。给老头们加水的是一个身材高挑的上海下放女知青，她瞎了眼在钟管找了一个"掼掉虫"（吴方言，意为游手好闲不务正业之辈）做丈夫，所以似乎每天都是寡着脸。也有几个老头抓她的长辫子想让她笑一笑，每次都被她破口大骂一回，但这丝毫不会影响茶馆店里的快乐气氛。

有一天我在村口玩，我们村的一个老头去钟管吃茶，看到我就像看到了另外一个老头——那一天，每天和他一起去吃茶的另一个老头生病了。他满脸堆笑地说："吃茶去！"经父母同意，我也就跟了老头去了。在一路流水淙淙的春花田间的小路上，我学着老头反剪着双手弯着腰向小镇走去，我走一段，老头把我抱一段。在我强烈要求下，老头把我放在肩上让我做"过街菩萨"的时候，我看到了一望无际金灿灿的油菜花。有几只麻雀正从菜花间欢快无比地飞出来，仿佛刚刚经历了私密的激情。我们终于来到了茶馆店，茶馆店的老头们都向我们打招呼，好几个老头还用他们粗糙的老手来捏我的脸蛋。那天，茶馆店从苏州请来了两个唱评弹的给老头们助兴，我坐在老头的腿上，边听评弹边吃茶，老头还请我吃好吃的茶糕。那次吃茶的经历，让我现在每次听到评弹演员的演唱就会想到要吃茶。

和大人们一起去赶集，我们几个小孩好像每次都是很口渴。听到诉求，大人们总会说："到茶馆店跟阿爹（吴方言，即爷爷）讨茶吃。"我们也就撒腿直奔茶馆店，随便找个阿爹，叫着"阿爹，我要吃茶"，被随意叫到的阿爹总会把比他的脸还要黑的茶嘴从自己嘴里吐出来，送到我们的嘴里，就像是一个胀着乳房的女人轮流给两个孩子喂奶，一个是自己的，一个是别人的。阿爹的茶好像每次味道都不一样，好像每次都带着那个阿爹独有的味道，但茶水依旧解渴，能够滋润我们整个下午。大人在茶馆店门口一直看着，好像很满意。

  小街上有个收生猪的场所。每次农民用船装了养了大半年的肥猪，来到河边收猪的河埠头的时候，总是显得很紧张。有居民户口的几个街上人拿着一把剪刀出来，在猪的身上这里摸一摸，那里捏一捏，就像现在的医生在给体检者检查一样，然后用那把大剪刀在肥猪脊梁偏下的地方剪去一些猪毛，每一种刀法都表示猪的一个级别。每次定级似乎都让卖猪的农民很失望，他们会给操刀者发一根大前门或者好一点的蓝西湖香烟，说："就这个级别啊，能不能高点啊？"那个街上人好像每次都收了递过来的香烟，但总是依旧摇着头，说："定好的级别改不了，下次把猪养壮点吧。"虽然没有卖得好价钱，那个农民似乎每次都处于"下次卖个好价钱"的憧憬之中。收猪场所不远的地方就是"肉墩头"（吴方言，即肉摊），那里聚集着黑黑的一堆人，他们头发是黑的，脸和胳膊都是黑的。有的在翻案板上排列整齐的猪肉，有的在附近徘徊，当然，也有的在看着街上人称肉，准备从兜里掏钱。能够买肉的总是少数，一个镇也就一个肉墩头，每天杀两头猪。所以，能够分得这两头猪身上的一点肉的人，是极少数的。两头猪就像是那个年代的快乐与满足，像镇边的小河一样，均匀地流淌到每一个小村子。而那个刚卖了猪的人，往往是直奔肉墩头，挑上一片肉或者猪肝，一副肺头或者肠子，用稻草拎着，兴高采烈地回到刚才载生猪的小木船，摇着船快乐地回家去了。

  与这条小街垂直的是一条稍大一点的主街，交接点在镇东头的一个河埠头。主街一路向西，一直消失在镇西的桑树地里。主街上聚集了主要的几家商店。朝北的百货商店里仿佛人并不多，柜台内几个是街上人才能做的店员，他们分工明确：有的站着，在帮顾客开票子，然后把票子连同收到的营业款夹在一个穿在一根小铁丝上的金属夹子里，然后用力一甩，金属夹子就像一只黑色的老鼠在铁丝上飞奔，被另一个坐在高处的街上人稳稳地接在手里。坐在高处的这个街上人忙着核算、找零，又让夹着找头的金属夹子像一只黑老鼠一样飞到站着的街上人手里，一笔生意就这样做成了。百货商店旁边是一家羊毛行，经常看到几个街上人满脸堆笑地在那里称着从农民手里接过来的湖羊毛。羊毛行门口总是放着几块门板，板上总是钉着几张湖羊羔小小的皮——小小的四肢、尾巴、头部的皮紧绷绷地展开着，就像钉在十字架上一样。皮子上面的血筋在阳光底下格外显眼。旁边的地上，随意地扔着皮子的主人血淋淋的一堆血骨肉。几个酒鬼总能毫无顾忌地用不多的钱买走这堆血骨肉，而养有牲畜的人家往往是不忍心买这堆美味的骨肉的。羊毛行的对面是一家中药店，里面坛坛罐罐很多，每次有人进去撮药，里面穿着白大褂的矮胖男人或白胖女人总要忙上半天。他们戴着眼镜，看着方子，一味一味地配，还经常爬到凳子上去撮需要的中药。矮胖男人和白胖女人似乎总在那里用一杆小秤称分量，决不让秤杆稍微上扬或者下沉，显得很谨慎，也很紧张。药店门口总在晒着什么，大多是农民卖给他们的鸡黄衣、桑果子、蝉蜕。药店边上是一个布店，布一匹一匹地竖直放着，每次农民来买布，那个瘦骨嶙峋的卖布的街上人总是让人很吃惊，她把布徒手撕开的声音能让街上好几个人停下脚步观望。销得最多的是粗糙的土布，蓝色的、厚厚的，夏天可以贴身穿在身上用来挡太阳，冬天可以包在棉袄外面用来抵御严寒。

  主街最热闹的地方就是河埠头上朝南的那个茧站。收茧时节，茧站成了整个小镇的中心。河埠头停满了运蚕茧的船，农民们用篰装着比银子还白的茧子，摇摇晃晃地走上河埠头，走进茧站的大门。大门内人声鼎沸，农民们总要排上很长时间的队才能轮到。在等待的时候，他们会把扁担取下来，放在地上当凳子坐。终于轮到自己的时候，农民把一篰篰的茧子投进柜台，等待柜台内的街上人给茧子评级。评级的程序好像很复杂，街上人抓一把样茧，先挑一遍，如果从中能找到"糖滚茧"（即双宫茧，两个蚕一起做的茧）、柴印茧、水印茧等，就会首先降级；接着会用锋利的钢片给样茧削去一头，把蚕蛹从小洞中倒出来；最后一道工序是把除去蚕蛹的茧壳放到烘箱里烤，依据干茧与毛茧的比重——出茧率来评出最后的等级。这个过程对卖茧的农民来说是一次煎熬,他们的收入完全取决于最后被街上人评出来的茧子的等级。而柜台内的给茧子评级的街上人好像一直在眉开眼笑,他身边的蚕蛹像粮堆一样不断壮大。但由于每个蚕蛹都在不断跃动,所以永远不能形成塔尖。他一定在想:老子今晚有了下酒的菜——韭菜炒新鲜蚕蛹,这可是营养又美味的最好的下酒菜啊。

  但我们这些似乎每次都要跟去的小孩,却并不能体会大人们此刻的内心波澜。我们只有一个念头:等大人拿到了钱,要一些去满足自己的食欲。有时自家的茧子被街上人定了很低的级别,大人只会给几分钱,但我们依旧很满足,跑到街道中央的一个馄饨摊坐下,大声地对一对满头都是茧子一样白的白头发的老夫妻说,烧一碗小馄饨。在我们美美地吃着小馄饨的时候,经常会看到老人免费表演的裹馄饨的绝技:一手捏起一张薄薄的馄饨皮,一手操一块小竹片,只见竹片快速削起一点红色肉泥,在皮子上一擦,那捏着皮子的手指就像快速闭合的一朵水莲花,一只看得见红肉泥的小馄饨就包好了。

  如果哪次自家的茧子被街上人定了较高的级别,大人会把我们领进茧站隔壁的馆子吃三鲜面。三鲜面的"三鲜"量很足,味很美。三鲜往往是河虾、爆鱼、粉蒸肉或小肉丸。吃完面,我们就喝汤。大人在旁边看着,不吃面,也不喝汤。这个馆子店有一个高高的柜台,有一天我们发现了柜台下面散落着几枚一分两分的硬币。所以每次吃完三鲜面,甚至每次在街中央吃完小馄饨,我们总要跑进馆子店,趴下身去,把我们细细的手臂伸进柜台下面的缝隙里,似乎每次都能捞出落满灰尘的几枚硬币。有几次,我们甚至捞到了五分硬币这样的大钱。坐在柜台里的街上人似乎从来没有喝止过我们,虽然每次都会有点惊讶,但依然笑着看我们走出馆子店的大门。

  记忆中的钟管小镇,走动的都是一些不会生气不会发火的人。他们也许很清贫,但他们总是很满足。他们过着仿佛千百年未曾改变的生活。沿着水路,从各个村庄出发,每次他们就像观看戏文一样来到小镇:你看看我,我看看你,相互问询,彼此关照,回去之后各个村子里都会持续几天上演赶集者关于街上见闻的宣传。很少有人上过街没有话题的。因为在那个年代里,生活总有着无穷的憧憬和想象。青山绿水,白云蓝天,没有一样不在催化着他们生活的梦想与勇气。

对于我们这些孩子,绿水环绕的钟管小镇就是我们的童年。

2011年8月18日,写于尚博祖屋

尚博

我家在尚博，尚博是我家。

尚博位于钟管的最西南。尚博最南边缘是上淇漾，其南是一条大河的北折口；最北边缘是新桥头，其北是龙溪的北折口；西面是龙山，山前有龙山港；东面有一条小河，隔开一个洲岛，外面是一条南北向的大河，大河含长漾和南湖漾，在新桥头北与龙溪汇合。

尚博，近十个自然村的总称，是一个古老的名字。这不是一个简单的名字。简单的名字，一看就知道它的位置及族居种姓等信息。这个高古的名字，是它的精神气质的自我描述。仅从字面来看，尚博人崇尚广远，自古就有非同一般的格局和境界。但这个名字的真正渊源，却不易考证。

尚博出过一个历史人物傅云龙。傅云龙，字楼元，一字懋元，号醒夫，清代外交官、学者，历官兵部主事、郎中，直隶候补道，经总理各国事务衙门考试，录为外交特使，出使日本、美国、秘鲁、智利、巴西、加拿大、古巴、厄瓜多尔等十一国，回国后任机器局会办兼海军衙门帮办、总办。傅云龙出使期间，搜集各国地理、风貌、物产、资源等资料，编写图志，得光绪帝褒奖。

尚博村傅家里原有傅氏乡贤祠。民国时期作为乡贤祠第二进的厅堂部分，就是尚博村的私塾学堂。每天一大早，邻近几个村有点家底的人家的小孩们，早早地来到乡贤祠门口，他们穿过花草繁茂的第一进庭院，走进第二进厅堂去读书。每天，孩子们都是在墙壁上挂着的祠主及其原配夫人威仪的目光中读书识字，不敢稍有懈怠。一块青石大碑则砌在墙壁上的青砖里，上面密密麻麻的烦琐文字好像永无止息地在向小孩们诉说着一位乡贤的无上荣耀。让小孩们不敢稍有懈怠的威仪更来自位于乡贤祠第三进的家祠部分，那里一格一格的木格子里放满了傅氏历代祖宗的牌位，这些祖宗仿佛随时都会从第三进出来，走进厅堂，把一个读书懈怠的小孩用眼睛看一看，盯一盯，瞪一瞪。这种摄人魂魄的联想，往往比先生的一百句警告有效得多。

1980年，我进尚博小学念小学一年级。其时的尚博小学是位于乡贤祠原址的几间连在一起的低矮的平房。平房前面，小河正好拐了一个弯，拐弯的节点上，有一条大河通往远方。乡贤祠已经名不副实，已经变成了一户人家的住房，原先所有的陈设荡然无存。原先挂在乡贤祠墙壁上的祠主及其原配妻子威仪的目光，早已成为有点老的人们的一种记忆，而那块大石碑，也终于不知去向。

对于傅云龙，尚博人似乎并不太熟悉，村中关于他的传说有好些版本，莫衷一是。想来也是情理中事。道光二十年（1840）四月初四，傅云龙出生于四川丰都。傅云龙一生奔波辗转，少有时间来尚博老家，一次送父母灵柩归葬故里，一次返乡修乡贤祠，相隔二十四年。

德清县文化馆馆长姚季方先生，钟管审塘人。姚先生根据傅云龙日记及傅范翔《侍亲归志》的详细记载，整理了傅云龙父子百余年前亲手绘制的家乡地形图：

  光绪廿六年（1900）九月十七，傅云龙携妻李端临，子傅范翔，从上海乘无锡快船，开始返乡之旅。途中，三人诗兴大发。李端临起句"两岸青山梦里行"，傅范翔承"一帆风顺抵湖城"，傅云龙感慨"二十四年前祭扫，揭来鸿爪认分明"。李端临又赋"两岸芦花一例开，好山移过眼前来"，傅范翔接"双轮鼓浪如飞去"，傅云龙收"湖水扁舟带月回"。

  九月十八，船过南浔、湖州，过潮音桥。

  九月十九，船过荻港、菱湖，过五福桥，到尚博。旋至傅家宗祠，谒乡贤公墓。是时，"村傅姓居十之七，其附居于西者谈姓也，家家临溪水。村西见三山，澈山最大，龙山次之，凤山又次之，然总名澈山也，是夜风雨大作，村人讶罕见云"。

九月二十，到宗祠，谒祖先。祠内有多块匾额，一曰"节孝可风"（内阁学士兼礼部侍郎、提督浙江等处学政王杰为玉山之妻姚氏立），二曰"文魁"（大主考李文田为光绪丁卯科带补壬戌科乡试八十三名举人傅鼎立），三曰"云林堂"（光绪辛卯秋九月家大人立），四中匾曰"源远流长"（同治戊辰年小春月长孙茂春立），五右匾曰"贡元"（内阁学士兼礼部侍郎、提督浙江学政刘镶之为傅允升立），六曰"文魁"（雍正元年乡试举人傅能德立），七曰"游历第一"。

九月廿一，扫墓。乡贤公墓周围有傅云龙手植柏树五十株，麻力树三十余株，均高已数丈。村民言二十四年来未到一犬，奇事。薄暮，召集村里十六岁下孩童十九人，给新钱百十，并励数语；依次给受，直至深夜，观者如堵。

九月廿二，再次祭拜坟前。驾舟至宗祠对岸游览，觉此地之美堪比西湖。

九月廿三，游龙山、漱山、凤山，至清胜寺，注解"大雄宝殿"匾乃蔡赓飏所题。

九月廿五，坐船往钟管。过南湖桥，抵福寿桥，西入新桥港。上岸，沈家茶歇，徒步游五福观。见观内有匾曰"恩覃三界""道契清虚"。北行，过永安桥，抵钟管，过真教寺，至仁人堂药店。姚容金在，系先祖母内侄曾孙，言光绪三年（1877）傅云龙曾赠联"草芽随绿意，柳眼向人青"，因是草书，"意"字不识，请教大人。傅云龙写书法赠予店东。傅云龙于街上游览，看者如堵；应乡绅朱兰金之邀到家饮茶，夕阳西下始归尚博。

九月廿六，傅云龙书界址牌。晚至本家东升处奠祭，吃豆腐，偕族人听戏。录尚博丧俗。

九月廿八，傅云龙去上淇坟监工，手植松树二株、柏树六株。

九月廿九，傅云龙携家眷至三墩上祖坟。晚题赠族人数联："如松之茂，似兰斯馨"，"道德能文，富贵亦寿"，"去日儿童皆大，昔年风景犹存","先生默坐春风里,神妙独到秋毫颠","有猷有为有守,多福多寿多男","令公大富亦寿,欧阳蓄道能文"。

九月卅,为继荣书"风水金鉴"匾,为族人写楹联。

十月初一,祭南洋公坟。南洋公子孙百八十余列坐其次,觥筹交错,尽欢而散。

初二夜,乘船赴杭,族人送行者二百余人。初六抵沪。

在上海休息了二十多天后,为建乡贤祠,傅云龙携九子傅范钜再次返乡。

十月廿四,傅云龙携子傅范钜从上海出发。

十月廿五,到菱湖,宿钱宏顺丝行选青兄处。定木石土工,写碑版文,为建乡贤祠做准备。

十一月初一,雇船从菱湖回尚博。

十一月初五,购沈正谦土地一分六厘。

十一月十六,乡贤祠破土动工。

十一月廿九,天雨停工,傅云龙写碑文。傅松茂、傅元茂摇船来访,渔桥头同姓长封兄亦摇船来访,求墨宝,傅云龙书写对联赠之。

十二月初一,岱头傅士荣来访。后劳累过度,至沪就医。

光绪廿七年(1901)正月,傅云龙偕妻子,女范淑,子范钜再次返乡。为建乡贤祠,居里三月。傅云龙补立祖坟碑碣,赈济孤寡老人,扶持儿童入学。光绪十八年(1892),傅云龙之父傅羹梅,由闽浙总督、浙江学政、浙江巡抚据布政使提名,经礼部核实,上奏光绪皇帝。傅羹梅终以"性征孝友,品植端方",获"乡贤"称号。乡贤祠完工不久,傅云龙病倒了。

四月初六,傅云龙返沪,旧病复发。

四月十二,傅云龙病逝。归葬钟管后村。赠一品封典。

关于傅云龙父子的如上叙述,让我们仿佛回到了一百多年前。可以跟着他们,神游尚博、澉山、钟管,和当时的人们交谈,参与当时的社会活动。

我们也从中深切感受到晚年傅云龙叶落归根的拳拳赤子之心。

傅云龙出生于外地，加以经历曲折，虽偶有回乡，与乡民亲密接触，但还是难除隔膜感。对于傅云龙葬在何地，尚博人也是莫衷一是。有人认为是尚博上淇潢，因为这里是好风水，在高兴桥倒出一筐糠，这些糠几经河水辗转，会悉数汇聚于上淇潢。也有人认为是后村，因为那里曾经到过老虎。傅云龙墓地到过老虎的故事，在尚博村流传很广。

2016年8月，审塘马河里一座小石桥上，发现一块刻满文字的石板，经辨识，为傅云龙墓志碑。姚季方先生考证如下："墓志碑中'碑书于辛丑越三年甲辰改卜葬地于后村以曾祖王考茔地'，意思是'碑文书写于辛丑年（1901），过了三年，于甲辰年（1904）改卜葬地于后村曾祖王考墓地'。傅云龙光绪二十七年（1901）四月十二日去世，光绪三十年（1904）正月下葬，与碑刻内容一致。一个'改'字，揭开了傅云龙下葬地之谜。"

2017年7月22日上午，我和钟管镇政府年轻公务员章旭良一起，踏访了傅云龙墓。我们在后村冯家桥边，经一位洗衣妇女指点，到了港南一片桑树地里寻访，又得一位村民带路，我们终于找到了傅云龙墓。

墓葬位于一片桑树地里，坟茔上面长满了杂草小树；坐东朝西，无碑；双穴，穴道新近被封。在这片桑树地里，和傅云龙墓同向的一条直线上，有四座古墓；傅云龙墓在最高处，其西有一座形制较小的古墓，其东有形制较大的两座古墓。该轴线周围，还有不少古墓。

随后，我们走访了家住傅云龙墓东三百米的车阿丁老人。老人1928年出生于后村。老人向我们讲述了傅云龙墓的传说故事。

老人说，傅云龙墓地风水好，是有来水、有去水的通达之地。西有五福桥、水塘子桥来水，东有祠堂环桥去水；南有长安长桥、陆家桥来水，北有冯家桥去水。当年墓地看好后，风水先生说，这是一块困龙之地，只有到过老虎之后，才会大兴。果然，第二年，一只老虎到了此地，蜷伏数日不去。一莽汉一心想要抓老虎，拿一杆鸟枪，过河逼近。老虎只伸出一只前爪，顺势一抓，莽汉就肚破肠出，当场毙命。莽汉死后，老虎渡河北游，在老虎坟上岸，不见了身影。有村民说，这是真老虎。也有村民说，这是神道，不是老虎。

　　老人还向我们描述了"文革"期间，傅云龙墓被毁的事情。毁墓人把墓道打开，把棺材拉了出来。棺材又长又大，里面的尸体并不高大，尸体两侧叠放着很多衣服。老人还说，因自己是泥水师傅，当天在外，那天发生的情况也只是听说。

　　一代洋务重臣，卒后归葬故里，历一个甲子，其墓被毁，其尸被暴。思之令人潸然泪下。

　　傅云龙的九子傅范钜，在尚博村民的心中是一个亲和的形象，口碑极佳，尚博人亲切地称他九少爷。老人们常说，九少爷喜欢在村里到处走，喜欢陪老人晒太阳，拉家常。老人们还说，九少爷还会看病，会开方子。

　　2017年7月21日上午，我在澈山清胜寺前遇到了一位老奶奶。奶奶自言姓陈，属兔，生于1927年，九十一岁，父亲叫陈阿来，是澈山本地人。

　　奶奶出生在澈山地主人家——陈阿来家。父亲阿来的绰号叫黄牛阿来，一世都像黄牛一样勤劳耕作。奶奶和我之间的对话，是从眼前的清胜寺开始的。奶奶说，清胜寺当年有五百罗汉，每个菩萨面前有开面一间屋，八尺长的幕，幕上有八仙过海的图案。一块幕由一百块小幕拼接而成，这些小幕，是各地信女按照幕既定的整体图案，各自领受任务，缝制而成，每位信女领受两块小幕的任务。奶奶的母亲就是其中的一位信女，而尚博杨家里也有四位信女，其中一位叫忠英。

　　尚博有豆腐店、面梗店，奶奶小时候常到尚博打豆腐、调面梗。过龙山桥的时候，尚博人就会说："你不要去，有个抲小孩的坐在凉亭里，你过桥的话就会被抲走。"但奶奶每次还是过桥来到尚博。

　　奶奶调面梗的时候到过我家，见到了我的曾祖父。奶奶叫我曾祖父"凤陞大伯"。奶奶说："凤陞大伯很忠厚，和我爸爸是朋友，晚上经常一起走来走去。"奶奶说："凤陞大伯脸团乎乎的，长得比你还要长。"老人还说："要像凤陞大伯一样，为人者，心肝要好。"

　　说到尚博，奶奶自然就说到了乡贤宫和九少爷。奶奶小时候，有一次肚子痛，到尚博请九少爷看病。九少爷长得尖面凛凛，细长袅袅，脚着靴子。

奶奶说，九少爷的墓在三后湾茶叶墩路边一个潭潭对着的地方。有一天傍晚，奶奶从戈亭回来，隐隐约约看到路边有两个黑乎乎的东西，也没有留意就回了家。第二天，奶奶才听说那是九少爷的坟被盗了。奶奶是一个叉鱼听得水花响的人，就跟着村里人去看热闹。奶奶看到了两个被盗墓贼从坟墓里拉出来的死尸，尸体很完整，一个脚着靴子。奶奶看见坟墓里除了一盏油灯，一瓶油，空无一物；油灯早已经熄灭。

奶奶还告诉我，九少爷的母亲和妹妹葬在急水湾。九少爷的妹妹就是终身未嫁的傅范淑。那一天，母亲死了，夜深了，陪夜的人叫她去睡觉，她说："妈妈死了，我睡不着。"子夜过后，趁人不备，傅范淑决然自尽，以身殉母。

老奶奶的讲述平静而温和，仿佛自己是一个局外人，在讲着和自己毫不相关的事情。但这些事情，都是她在漫长的一生里亲历过的。当奶奶看到幼时为自己看病的九少爷入土后被暴尸的场面时，内心一定有过很大的波澜。如今，这惊涛巨浪，在经历了太久的岁月后，已经归于平静了。但站在奶奶身边，我似乎依旧能够听到最远处的回响。

1980年前后，我们小孩去上学，每天都要经过一个机埠（打水的泵站），经常看到几个戴着眼镜、穿着蓝布衣服的陌生人趴在机埠外侧凌空的几块大青石上面，用清水仔细地把石板洗干净，再把一大张像火纸一样黄的纸铺在青石板上，很奇怪地用一支毛笔在那里一笔一笔地画。我们小孩总是歪着头看着这些奇怪的人的奇怪举动，常会因此摔跤，每次总让河边停在芦苇上的几只翠鸟惊飞而起。在我离开尚博去外地读书、工作的时候，钟管造了一座公园，公园中心位置树了傅云龙像，像前有两块青石大碑，碑上面是许多烦琐的文字，凭着我短浅的学识很难完全看懂。我常想：这是不是就是那块1980年前后我们司空见惯的被几个奇怪的陌生人反复清洗、反复在黄纸上描过的被无数双泥脚踩过的青石板？这是不是也是民国时期让许多私塾学生感到莫名荣耀的那块青石碑？

现在想来，尚博能出傅云龙这样的历史人物，实在也是应该的。尚博实在是一个很有风水的大村子。整体来看，整个村子呈东北斜向西南的狭长蜿蜒形状，一带河水依顺村子的走向，呈现自然的狭长圆润曲线。所以，整个村子就是一条龙，随时可以潜入深渊，随时可以飞入空中。尚博村民也颇具龙的气质，自古尚博粮食自足、鱼虾自享、丝绸自用，所以尚博村民自然表现出一种"潜龙勿用"的自在气息和"无欲则刚"的幽静气质。

尚博村从东北的龙头到西南的龙尾，分布着近十个自然村。这些村子的名字，富含着许多历史与生活的气息，它们依次是新桥头、唐家墩、南湖浪、南墩、北墩、傅家里、双栖渡、杨家里、九学斗。傅云龙的家处于整个尚博中心区域的傅家里，而我的家则是在靠近龙尾部分的杨家里。

这些自然村取的名也是朴素的。新桥头村东有一座石桥，在我孩提时代就已经老态龙钟。把一座老态龙钟的老桥叫"新桥"，可见这个村子一定和这座桥一样，已经老态龙钟了。这座桥建于何时，已经无从考证，尚博人把它叫作"五福桥"。

五福桥是一座五孔石板平桥，桥长三十九米，桥面宽二米三，中孔跨度六米。桥栏、桥柱均为敦厚的长条石板，每个桥墩均由四块条石拼合而成。石壁上依稀可辨荷叶、莲花图案。

五福桥是尚博步行去往钟管的必经之路。每次我们小孩结伴去钟管，大人总要反复提醒，到了新桥头五福桥上，一定要小心，要走中间。我们确实每一次过桥都很小心，桥的正中央部分，有好几块石栏掉到了河里，其余的石栏也是风雨飘摇，所以整座桥就像是老掉了牙的不能再老的老头的牙床。但我们小孩总是不能经受得住河里的一些景象的诱惑，我们往往紧紧抱住留在桥栏中央的几块残存的石柱子。这些石柱子粗糙的表面经常会刺痛我们的胳膊和肚皮，但我们依旧津津有味地看着桥下自己投在桥腿边上的身影，我们小小的身影旁边，总有一些在清澈的流水中漂荡着美丽胡须的汪丁鱼和鲇鱼出没。有时候风比较大，我们会听到耳边有一些芦笛一样的声音，我们抱着的石柱子似乎也在那里伴奏。我们总是很快乐地抬头望着天，天上的白云让我们感觉到自己好像也在飘啊飘……

但如果从钟管回家后得意忘形，在大人面前露了口风，炫耀自己在新桥头五福桥上看到的鱼有多大，往往会被大人大骂一顿："寻死呀，去看鱼！"严重的几次还被禁止和其他小孩去钟管。但大人的禁止往往是无效的，我们会事先说好，偷偷地从后门溜掉。虽然危险，但我们还是毫无悬念地一天天长大，看到我们似乎没有他们想象中的那么经常处于危险中，后来大人们也就不再经常警告和训斥了。

钟管境内尚博村古五福观之侧，有古五福桥。五福观、五福桥典出高古，五福指长寿、富贵、康宁、好德、善终。《三教源流搜神大全》载，隋文帝始，人间五福由道教五福大帝掌管：显圣帝张元伯，掌管人间长寿；显应帝钟仕贵，掌管人间富贵；感应帝刘元达，掌管人间康宁；感成帝史文业，掌管人间好德；感威帝赵公明，掌管人间善终。其师匡阜真人。新桥头村位于龙溪北折口三角洲，是五条河流交汇处，故此地也称五龙朝福之地。

关于五福桥，尚博村里流传着一个美丽的传说。很久很久以前的一个冬天，德清东部水乡有一对兄弟到西部山里去砍柴。兄弟俩摇船西行，到山里后在那里住了几天，砍了很多柴。有一天，当他们正要满载而归时，听见有一个女子在叫他们。和他们说话的是一个美丽的白衣女子，女子说："我能托你们运些木材到东部水乡去吗？"兄弟俩满口应允，问女子运到何处，女子说："等到你们的摇船慢慢吃水，摇不动的时候，地方就到了，你们就把木材搬到岸上。"

在女子的目送中，兄弟俩开始返程。很快，船就来到了龙溪，当船摇到龙山边的时候，开始吃水，慢慢下沉。当船来到新桥头村东的河港里时，船舷已经齐水，快要倾覆了。兄弟俩想起白衣女子的话，赶紧把船靠岸，把女子托运的木材搬到了河岸上。当兄弟俩刚要继续摇船的时候，发现岸上紫光闪烁，搬上去的木材，全都变成了紫色的老石头。兄长说："紫气东来，这方水土有福呀！"弟弟说："我们遇到仙人了。"第二年，当地百姓请来能工巧匠，用这些石头，在河港上建了五福桥。

南湖浪是一个极富诗意的村子。蜿蜒依傍于尚博的河流，仿佛在这里怀了孕，凸显了圆润又臃肿的一个大肚子。村子旁边，是一个叫作南湖漾的大漾。在我们孩提时代，这个漾是我们见过的最大的汪洋。漾里似乎一直风浪很大，风里夹杂着鱼虾的腥味。漾的对岸是一个叫作南庄的自然村。南湖漾近岸的地方，是尚博人精心培育的用来喂羊的东洋草。东洋草中间往往有稻草隔离带，每一方块的东洋草都被一根粗壮的麻绳系在岸上一棵粗壮的桑树根部。东洋草开着白色的小花，小花有着很多粗糙的花瓣，并不好看。块状的东洋草中间，往往还会有一些菱苗区域。菱苗的叶是深黑色的。经常挂在尚博人嘴里的一句话是"六月菱花破水开"，所以六月一过，黑绿的菱叶间开满了白色的美丽小花，一眨一眨的就像是满天的星星，好看极了。

菱苗的茎是尚博人的一道家常菜，从菱苗刚刚钻出水面，到菱角已经长成，尚博人一直在水中摘采菱茎。经常会看到村口弄堂里有几个妇女在摘菱茎，先用手指在一个泡状的地方把菱叶摘掉，接着顺手一捋，把菱茎上的根须捋掉。摘好的菱茎被妇女放在滚水里浸过，捞起来在清水里养干净，主要是为了除去菱茎的涩味，再捞起切得很细，用辣椒爆炒，一道败火又爽口的炒"菱苗头"就做好了。到了深秋采菱时节，南湖漾里漂满了菱桶，村民们欠着身把手伸进清冷的湖水里，捞起菱苗，把点缀其间红的小三角菱或青的鸟翔状大菱摘下放入菱桶中。菱桶总是尾巴翘起，让岸上看摘菱的家人心存担忧。

所以，只有在湖的近中心的区域，才是一片水域。这条被绿色环绕的白色水道，也是我们从水路去往钟管的必经之路。所以，南湖漾，对于南湖浪村的人来讲，意味着可以种植和收获跟水田、桑树地一样的希望与等待，而对于过路客而言，南湖漾就只是一条需要穿越的水道。作为过路客的我们，每次从水路去钟管，总是在一片绿意中想象着钟管镇上的忙碌与热闹。但我们的想象经常中断，当一对野鸭在水道不远处飞起，我们的目光总会追随它们很远，远到野鸭成为黑点，更小的黑点，最终又变成白点，白点和远处的白云连在一起。

经常会有一条白鱼在船舷边惊跃而起，就像鲤鱼跳龙门，但往往由于力量不足，白鱼没有跳过臆想中的龙门，而是不幸落进了我们的船舱：往往是滑滑的鳞片滑过坐在垫好稻草的船舱里的我们的脸颊，让我们的脸上顿时有了浓浓的鱼腥味，仿佛马上就变成了鲜活的河鱼。父母总是心花怒放，看着船舱里活蹦乱跳的鱼，仿佛马上看到了家里的老人、孩子用粗壮的筷子在碗里夹鱼肉的情景，这个情景又会让他们再次联想到像筷子一样形状的用来井秧界绳的竹棍插在准备插秧的水田里而在泥水里投下的弯曲的倒影……一串一串的联想仿佛永无止境，就像船舷边一圈一圈的涟漪，最终消失在水道边上的东洋草里。一个戴着凉帽的男子正在东洋草里挖个小洞，他把没有任何鱼饵的钩子放进草洞里不断地提放，白鱼此时并没有上钩，他却看到了一条似乎应该由他钓起的白鱼却马失前蹄掉进了我们的船舱，有点嫉妒地笑着说："要么分我一半，这是我的鱼。"我们全都大笑他的无赖。这种笑声最有杀伤力，那个无赖钓鱼人往往因此半天不会钓到因为我们的嘲笑而羞愧无比的鱼群。

唐家墩、南墩、北墩这三个自然村，仿佛用它们的名字在诉说着村子的形貌。三个村子无一例外呈自然的圆形，在河水的环绕下仿佛就是三只充满生机的乌龟。唐家墩是独立的一只老龟，南墩、北墩则由一座小桥连接，仿佛是两只紧跟着赶夜路的小龟。唐家墩与南墩、北墩之间是一大片桑树地，据说里面藏有甩泥巴鬼，有好些人绘声绘色地描述过他们的惊悚遭遇：某天夜行，桑树地里甩出很多像米粉一样细细的泥巴，沙啦啦，沙啦啦……这种传说让三个不远的村子变得异常遥远。只要是阴雨天，特别是晚上，总有行人在那里飞奔。我也不可避免地飞奔过，我边飞奔边恐惧地骂娘，怎么这么远啊！

唐家墩、傅家里、杨家里这三个村名，无疑在告诉外人，这里是一个族姓聚居的地方。傅家里最有幸，出了个傅云龙，扬名天下。而唐家墩和杨家里没出什么大人物，似乎一辈比一辈胆小、中庸、平和、怕事。但也正是由于这些明显的缺点，这几个自然村就经常被别的澈山等村子欺负。村子间还经常会有官司。但真的有了官司，唐家墩和杨家里是从来不怕的。他们会说，到杭州去找九少爷。九少爷就是傅云龙的第九个儿子，在尚博人的心目中，他的声誉和口碑甚至比他父亲傅云龙还要好。每次村民到了杭州找到九少爷，九少爷好像总是写张纸条交到浙江省里，浙江省里一个号令到德清县里，德清县里一个号令到欺负尚博的澈山镇澈山村里。那些原先气焰嚣张的村民，早就屁滚尿流，带着鸡鸭，连夜赶到尚博赔礼道歉。所以后来逐渐听不到有人欺负尚博人的消息了。人们一听九少爷，早就没有吵架的勇气。据说九少爷当年常到尚博来，每次来，总是坐在村民门前低矮的竹椅里和村民拉家常。九少爷还会看病，看着村民的脸色，就能开出很准的药方，还贴补抓药的铜钱。这种平和的姿态让九少爷成了尚博村民心目中最温暖最能干的一个走到外面去的尚博人。

至于双栖渡和九学斗两个村子，都处于龙的尾部。这两个村名总是让外地人感到莫名其妙。但尚博人却深谙这两个村名的含义。"栖渡"就是沟渠里的泥水坝。需要蓄水的时候就把坝堆起来，需要放水的时候就在坝中央打个洞，让水泄出去灌溉农田。这个似围而常不围的烂泥做的小坝，就是栖渡。所以双栖渡村的显著特征就是拥有两个流水淙淙的栖渡。两个栖渡相距不远，就望过去不太能看清对方的眼鼻的距离。这两个栖渡给这个村的村民以永远恐惧的印象。当年，东洋人打进了尚博村，尚博人都躲进了防空洞。阿狗和阿强是双栖渡村远近闻名的胆大的兄弟俩。那天，兄弟俩没有和女人孩子一起躲起来，却偏在两个栖渡排水——阿狗一个，阿强一个。几个东洋散兵从官道上走来，先看见弟弟阿强，就放了一枪，阿强掉进栖渡里，栖渡里的水马上变成了红水。哥哥阿狗看见弟弟掉进栖渡里，没有逃，想跑过来拉兄弟，但还没有起步，东洋人又放了一枪，阿狗也掉进了栖渡里，栖渡里的水又马上变成了红水。双栖渡里的红水都流进了水田里。东洋人走后，警报解除，村民们回村把兄弟俩拉起来葬在了官道旁边的一块高地上。阿狗和阿强的老母亲哭死过去再也没有醒来，也埋在了官道旁边的那块高地上。那年的水稻丰收，但那年的谷子全烂在了田里。尚博其他自然村的村民从牙缝里挤出了很多粮食养活了整个双栖渡。

九学斗处于龙的最尾部，尽管取名时期望着每个村民都学富五车、才高九斗，无奈风水太差，从来没有出过一个有文化的人。

尚博，就是一条龙，随时准备潜入深渊，随时准备升入空中。我在尚博出生，长大，龙就永远活在了我的心里。

2011年8月19日初稿，2017年7月23日补写改定于尚博祖屋

第四辑

外婆家

泗塘长桥

渔家庄外婆家（一）

一

渔家庄，龙溪东岸的一个小村庄，是我母亲的养父母家，是我的外婆家。

渔家庄在钟管镇北，菱湖镇南。小村的后面，有一条大河，大河往西通往龙溪。渔家庄西面有一条小河，在桑树地里蜿蜒，通往钟管。经过钟管周转，可辗转抵达尚博村。

渔家庄外公名叫姚银山。银山是一个瘦小的男子，银山的外婆家在清水湾。银山的外婆家是清水湾的好人家，有两埭老祖屋。银山外公把银山当作孙子看，把一埭老祖屋留给了银山，另一埭老祖屋留给孙子呆大。银山外公和渔家庄的女儿、女婿已经有了约定，小外孙银山长大后回清水湾顶户头，继承清水湾的老祖屋，大外孙金山留在渔家庄，继承渔家庄的老祖屋。

银山小时候，在清水湾外婆家待的时间比在渔家庄自己家里待的时间更多。银山长得瘦弱，呆大长得健壮。银山文弱，呆大强旺。银山和呆大在一起，总是银山吃亏。银山外公都看在眼里，总是护着银山。

清水湾的老头，每天都要去泉家潭喝茶。泉家潭的茶馆店，位于小镇东南角。茶馆店依河帮而建，岸势回环曲折，茶馆店也回环曲折。这个圆环形的茶馆店，在吴兴德清一带很有名气。因为这里能够听到吴兴的消息，也能听到德清的消息。路上经常有一个老头问另一个老头："你从哪里听来的？"另一个老头就会说："泉家潭茶馆店里呀！还会有第二个地方吗？"

泉家潭茶馆店，确实是独一无二的茶馆店。打开北边的窗子，整个泉家潭朝东的河帮尽收眼底。一个一个的河埠头上，有的女人在洗衣服，有的女人在淘米，还有几个男子在杀鸡、杀鸭、杀鱼。梅官田、清水湾、郑家坟，几个村庄遥遥在望。茶馆店的中间，是河流拐弯的地方，打开中间的窗户，龙溪北岸的辉山塔遥遥在望。龙溪两岸，东舍墩、南漾里、仰家、姚家湾、夏家湾、尚博等村庄也隐约可见。打开最西面的窗户，能看见戈亭的大片桑树地。桑树地的上面，有一些又老又大的树，树的下面，是隐在桑树地后面的曲溪村。

在泉家潭茶馆店里喝茶的老头，来自吴兴和德清各个村庄。他们喝着同样的茶水，说着不太一样的各个村庄里的土话。这些土话就像每个村子里发生的事情，带着每个村子自己的味道。

银山的外公每天都要到泉家潭的茶馆店里去喝茶。每一天，银山外公总要等到银山盛好第二碗饭，在银山的第二碗饭里夹好几块肉，才提着一个竹篮子，去泉家潭茶馆店了。这些，被呆大全都看在眼里。终于有一天，该发生的事情还是发生了。

这一天，清水湾的另一个老头早早吃了饭，到银山外公家来等。两个老头子，这天约好了同去泉家潭茶馆店喝茶。老头子坐在边上看他们吃饭，看出了不一样的地方。老头是个凡事看在眼里，自己心里作数的老头，只是静静地坐着，不说一句话。银山外公吃饭快，吃好饭的时候，银山第一碗饭只吃了小半碗。银山外公在银山的碗里又夹了一块肉，说：“把饭吃了，把肉也吃了。”银山吃好第一碗饭的时候，坐在旁边的老头站了起来，银山外公说："再坐歇。"银山外公给银山又盛了一碗饭，在饭碗里夹了几块肉，又把肉揿到了米饭中间，说：“记得把饭吃完，把肉吃完。”

这个时候，银山外公才对另一个老头说：“现在好去了。”正当两个老头都挎着篮子准备出门去的时候，一直静静地吃饭的呆大，终于说话了。呆大说：“我是不是你的孙子？”银山外公说：“呆大，说啥傻话，这个还用说吗？”呆大说：“你给你孙子夹过一块肉了吗？”银山外公说：“你这么强旺，用不着我夹。”呆大说：“把孙子当外孙，把外孙当孙子，吴兴县有过这样的人吗？”

因为家里有外人在，呆大看准了今天是个好机会，说话不但响亮，还很清晰，显得振振有词。另一个老人依旧不说话，银山外公也一时说不上话来。见屋里没人能够回应，呆大像个大人一样得理不饶人，把刚才的话又说了一遍。银山外公终于想好了回应的话，说："今天从泉家潭回来，给你带点好东西。"呆大听见这句话，就不再说话了。

两个老头终于顺利地出了门。两人摆渡过了大河，就走到了两块桑树地中间的一条老路上。银山外公说："你说说看，我这样的人真是吴兴县从来没有过的吗？"老头终于开了金口："依我看，呆大说的是实话。"

到了茶馆店里，其他的老头都已经在喝茶了。这些老头都向他们打招呼。一个老头问："今朝怎么来得这么晚呀？"银山外公说："家里出了点事情。"老头说："好事还是坏事？"银山外公一时又说不上话来。但问话的老头并不打算就此放过，再次追问。看事情捋不平，清水湾的另一个老头就把先前看到的情况轻描淡写地说了一下。从此，银山外公在吴兴和德清两地都出了名。人们都在说："清水湾有个把孙子当外孙，把外孙当孙子的老头子。"

二

银山在清水湾有很多朋友。这些朋友从小玩到大，非常亲密，其中最要好的一个叫任阿毛。阿毛就是我母亲的亲生父亲，我的亲外公。

阿毛脾气躁，心肠好，在清水湾名气很大。有一天，阿毛在河埠头淘米。小河西岸有一个叫火林的男子从河边走过，隔岸问道："阿毛，你今朝自己淘米烧饭呀？"阿毛说："是呀，我妈今朝到菱湖去了，我来烧饭。"火林笑着说："八屌上灶，人家倒灶。"这句话说得很轻，火林是心里想到这句老古话，这句老古话就像是从嘴巴里飘出来的，想到要收回去的时候，已经来不及了。阿毛把淘箩摔在河埠石上，米就从淘箩里蹦跳出来，落进了河水里。阿毛衣服也不脱，就跳到了小河里，几个扑腾，就过了河。阿毛从河里爬起来，冲到岸上，像一只水獭野猫捕捉小鸡一样，去追赶火林。火林撒腿就跑，可一只鸡是跑不过水獭野猫的。火林想要过桥逃到河东，刚到桥堍上就被阿毛抓住了。

火林知道闯了祸，马上开始讨饶："阿毛，我没有说你。"阿毛说："没有说我,你在说谁?"火林说:"我也不知道怎么回事,就说出了这句老古话。"阿毛说:"你是死人呀!自己说了什么话也不知道?"火林还想说什么,可是已经来不及了。阿毛提起火林的衣服,就把他投到了小河里。

有一天,火林悄悄地对他的一个朋友说:"你们以后拉屎拉尿都要避开他,他这个人脾气太躁了。"朋友说:"你名字里有个火,想不到这么容易就变成了一只落汤鸡。"火林说:"谁能猜到他那么躁呀!明明桥就在边上,又是冬天,桥也不过,直接就从河里游过来!"朋友说:"算你倒霉,冬天被人从桥上扔下来。"火林说:"是呀,如果他从桥上过来,我就逃到人家心里去了,不会逃到桥上去,哪晓得他直接过河,我慌了神,就想从桥上逃跑,结果吃足了苦头。"

从此以后,阿毛的名气传到了很远的地方。经过泉家潭茶馆店的传播,吴兴、德清两地,都在传播着阿毛的事迹:清水湾有个阿毛,冬天里隔条河游过去,和人家相骂……

但泉家潭茶馆店也传扬过阿毛的另一件事情:清水湾阿毛是个热情人,每天清早第一件事情,就是给桥东第一家人家挑头水。

清水湾桥东第一家人家,有一个叫阿荣的小男孩,父母双亡,和祖母凤梅相依为命。阿毛每天起得很早,把小河里最清的头水,挑到凤梅家的水缸里。凤梅逢人就说:"我福气好,五六十岁了,阿毛不是我的儿不是我的孙,每天给我的水缸里挑满头水。"

经过泉家潭茶馆店的传扬,清水湾凤梅老太婆也声名远扬。人们都在说:"清水湾的水是最清的,阿毛每天把清水湾最清的头水都挑到了老太婆凤梅的水缸里。"再后来,传扬的话就发生了改变,人们都在说:"老太婆凤梅每天用头水汰面,原来看不见的眼睛也看得见了。"

三

有一天,凤梅到泉家潭去给孙子买布。布店在小镇的最南首,凤梅要穿过整个小镇,才能来到布店门口。当凤梅从茶馆店门口经过的时候,几个老头子就在门里面喊话:"凤梅,你眼睛这么清爽,走路这么松爽,真的是每天用清水湾的头水汰面的缘故吗?"凤梅说:"是呀,阿毛每天都给我挑头水。"

凤梅买好布,从布店转身出来的时候,正好遇到住在布店对门的金枝。金枝是和凤梅在同一个村子长大的姐妹,金枝嫁到了泉家潭,凤梅嫁到了清水湾。两个姐妹,已经有很多时日没有见面了。这一天,两姐妹在泉家潭相遇,都很激动。

金枝请凤梅到家里去坐坐。凤梅一进门,就见到了坐在小凳上理菜的子凤。子凤就是金枝的女儿。十六年前,金枝从留婴堂里抱养了子凤,如今,子凤已经长成了一个大姑娘。见到凤梅进门,子凤微笑着叫了一声阿姨。凤梅说:"姑娘家就像是风吹大的,子凤都这么大了!"

金枝嫁到泉家潭,一直没有生育。有一天,金枝听说留婴堂门口放了一个女婴,刚刚满月,不哭不闹,与其他的孩子完全不同。"留婴堂"是吴兴地区对收养弃婴孤儿的机构的称呼,泉家潭附近的留婴堂,因为地处德清和吴兴交界的地方,婴儿来路非常复杂。

这一天,金枝就来到了留婴堂,访这个传说中的女婴。她见到的女婴果然不同一般,虽然刚刚满月,除了不哭不闹,还会像一个大孩子一样,对着人安静地笑着。金枝打听这个孩子是南路人家还是北路人家的孩子,留婴堂里的阿姨就笑了起来,说:"如果知道孩子的来路,还叫弃婴呀!"金枝对这个女婴非常喜欢,决定把她抱回家。

丈夫见金枝抱回了一个女婴,就发话了:"你要抱也抱一个生八扇的回来呀!"金枝说:"这个孩子文文静静的,你也会喜欢的。"果然,丈夫抱过之后,就不再说反对的话。金枝说:"就叫她子凤吧,名字里有龙有凤,和你心里想的一样。"

凤梅和金枝坐在窗口聊天。这里是泉家潭最西南的角落里,打开窗子,正看见小河流进了桑树地里,不见了踪影。金枝说:"子凤也大了,你们清水湾有没有年纪相当、人品又好的小伙子呀?"凤梅想也不想就说:"清水湾阿毛呀!是清水湾最好的小伙子。"金枝说:"清水湾阿毛,就是那个冬天里隔条河游过去,和人家相骂的阿毛吗?"凤梅说:"可他也是每天把清水湾的头水挑到我家水缸里的阿毛呀!"见金枝犹豫,凤梅又说:"男人家,总是有火性的，没有火性，还叫男人家吗？"金枝说不过凤梅，就不再说这个话题了。

第二天，金枝问子凤："清水湾有个坏名气很大，好名气也很大的阿毛，你想不想见见面？"子凤说："听妈妈做主。"金枝说："普通的孩子，妈妈是可以做主，你是留婴堂抱来的，生身父母和出生地点都不知道，总要让你做一次主，这次你自己决定。"子凤又说："听妈妈做主。"金枝说："你爹死得早，我做不起主，还是要你自己愿意才好。"子凤又说："听妈妈做主。"金枝说："我养了你十六年，你还是像刚从留婴堂里抱来时一样老实。"

这一天，金枝细细地想了女儿的事情。金枝觉得，凤梅说的话是对的，男人家，总是有火性的，没有火性，还叫男人家吗？金枝心里想，子凤太老实了，需要一个火性大的人做丈夫，何况，这个火性大的人，还是一个热心肠的好人。这一天，金枝决定把自己的女儿托付给清水湾的小伙子阿毛。

几个月后，东洋人打进来的消息传到了泉家潭。泉家潭茶馆店里，每天都在传说着东洋人造反的事情。终于有一天，东洋人的兵舰开进了龙溪。泉家潭镇上的人，随时做好逃离的准备。只要能够听见东洋人兵舰的马达声，整个泉家潭很快就会撤空，变成一座空镇。邻近的村庄、桑树地，都是人们藏身的地方。逃离的次数多了，金枝就会对女儿说："东洋人早不打进来晚不打进来，偏偏这个时候打进来。"子凤问："妈，你为什么这样说呀？"金枝说："晚点打进来，你就嫁到清水湾了，要逃难也跟着阿毛，不用让我这把老骨头拖累了。"子凤说："妈，我就跟着妈逃。"有时候，金枝会这样说："要是知道你亲妈家在哪里，我们逃难也好多一个去处。"子凤说："妈，我就跟着你，哪里也不去。"金枝说："傻丫头，我养了你十多年，你还是和在留婴堂里时一样老实。"

四

东洋人打进来的这一年，银山二十岁。这一年，银山早已经正式进清水湾外公家的大门，外孙变成了孙子。有一天晚上，渔家庄银山的大伯摸黑来到了清水湾，叫自己的侄子连夜赶回渔家庄。银山问家里发生什么事情了，银山大伯说："金山死了，你可死了，你赶紧回渔家庄去。"银山外公说："金山死了，赶紧回去，回渔家庄去。"老人又说："渔家庄只有你了，清水湾还有呆大，赶紧回去。"

银山下了伯父的小船回渔家庄。当小木船来到龙溪里时，银山看到龙溪两岸，火光一片。银山感到自己仿佛就在火堆旁，浑身滚烫。银山大伯说："都是祖传的老房子，烧了半天，还在烧，能逃的逃跑了，逃不掉的，就像这些老房子一样，眼睁睁地被烧死。"小木船被火光照亮，就像是一只萤火虫在过龙溪。银山说："大伯，快点摇船，被东洋人看见，追过来怎么办？"银山大伯说："放心，东洋人放好火，回杭州、湖州去了，这个时辰应该在喝庆功酒。"

当小船过了龙溪，驶进通往渔家庄的大河里，银山大伯才说："东洋人今天下午放火烧龙溪边村坊的时候，你哥金山就死了。"银山问："怎么死的？"银山大伯说："吓死的。"

几个月前的一天，一伙东洋兵从水路来到了渔家庄，上岸后，看见了好几个没来得及逃跑的人。金山就是其中一个，但他躲进了一堆烂稻草里。这是一间茅草屋，屋顶的茅草几年没换，全都发霉腐烂了，屋里的稻草浸透了雨水，散发着浓重的霉变味道。金山躲在这堆霉稻草里，就像躲在发霉的豆腐渣里。就在这堆臭豆腐一样的稻草里，金山看到了东洋人杀人的场面。

东洋人杀人和渔家庄人杀鸡不一样。渔家庄人杀鸡，在鸡脖子上开刀，血流完，鸡也就死了。东洋人杀人，随心所欲，被斩杀的人，身体任何部位都可能成为砍刺的目标。这一天，在渔家庄上岸的有三个东洋兵，没有及时逃离，此时落荒而逃的，有七个渔家庄人。东洋人追上一个，就随心所欲砍杀。最先被追上的，是一个叫杏元的男子。东洋刀一刀下去，刺到了肩胛上。刺刀进入皮肉，就抵到了这个壮汉的肩胛骨上，刺刀抽出来的时候，血流如注。杏元开始实施自己早已想好的计划。这些天来，杏元一次次地想象着被东洋人追上后的情景，决定以装死作为自己的对策。这次，机会终于来了，他从嘴巴里发出最凄惨的叫声，让自己的眼睛往上翻到尽头，然后倒地，纹丝不动。杏元让流血的伤口抵住一块老泥，就像和它长大一起一样。看见杏元僵硬地趴在地上，东洋人说着鸟语，去追赶另外的人。

最后一个被追上的是金山的朋友子山。子山和金山一样，已是一个毛头小伙子。子山腿脚长，跑得快，三个东洋人说着鸟语，都把目标定在这个最后的逃亡者身上。其中一个东洋人，曾经是学校里的跑步冠军，他飞奔追赶，但仍旧有一枪的距离，急得眼睛都红了。长腿东洋人说的鸟语里充满了气急败坏，就像他充了血的眼睛一样。他使出了吃奶的力气，像竞技场上冲刺一般，做出了最后的努力。终于，长腿东洋人的刺刀有了用武之地，斜着向子山的脖子飞去，刺刀松爽地从皮肉骨血间穿过，游刃有余，子山的头颅，就从脖子上滚落下来。血井喷而出。长腿东洋人站在边上看着，哈哈大笑。另外两个东洋人也追过来看了许久，血柱慢慢地低下来，最后就像稻田田埂上一个闲置的鳝鱼洞里的水一样，血缓慢地从里面盈溢出来。这个时候，子山的躯体，才沉闷地倒在地上。三个东洋人全都大笑起来。笑完，长腿东洋人提起子山头颅上的辫子，把头颅甩到了空中。

这颗朝夕相处的好朋友的头颅，仿佛来寻找他一样，在空中飞翔，呼啸，向金山飞来。小辫子在空中飞扬，就像是一匹飞奔的野马的尾巴。这颗像野马一样飞翔而来的头颅，终于在茅草屋顶上着陆，穿过屋顶，在金山身边的稻草堆里安顿下来。这颗头颅离金山，只有半根筷子的距离，眼睛睁着，看着他。金山浑身发抖，滚烫的尿在裤子里流淌，流进了稻草堆里。金山感觉到整个茅草屋都在发抖，他听见三个东洋人的鸟语越来越响。他们在靠近。

东洋人开始点火烧茅草屋。这些浸透雨水，发霉了的稻草，只是冒了一点烟。东洋人烧了好几次，都没有办法让这个坟堆一样的茅草屋变成汪洋大火。东洋人说了一些鸟语，就走了。

金山似乎死了又活了过来，似乎听见子山在旁边说话。这是充满了血腥味的话。这些血腥味道盖过了稻草的霉味，金山翻江倒海，想吐又吐不出来。

又过了半个时辰，金山才从稻草堆里爬了出来。他看见地上躺着四个人，旁边的池塘里，漂着一个人。地上的泥是红的，池塘里的水是红的，他望出去，看到的树也是红的。他听见有人在叫他。躺着一动不动的杏元，竟然动了起来，就像半个时辰前，自己在稻草堆里发抖一样，他感觉杏元周围的地都在翻转。杏元终于坐了起来，说："是这块老泥巴救了我的命。"原来，一块老泥巴，就像是一个大手掌一样，把他的伤口死死按住，血才没有淌干净。

逃离的渔家庄人纷纷回村，他们在地上、在池塘里找到了已经死掉的人。经过金山指点，子山的家人才在稻草堆里找到了他的头颅。这些满目哀戚的渔家庄人，把这些死人埋到了桑树地里。

从这一天以后，金山听到一点声响，就会逃跑。有人告诉他，这不是东洋人的枪响，他就说："等到是东洋人的枪响时，再跑，还来得及吗？"这一天，渔家庄人不但听见了东洋人的枪响，还看到了龙溪边东洋人放的熊熊大火，金山还没有逃跑，就口吐绿水，死了。银山大伯说，金山的苦胆都吓破了。

五

金山死了，银山就回到了渔家庄。三年后，银山结婚了，新娘子杏英是从辉山塔西边的山水村里讨来的。山水村是龙溪北岸的一个大村庄，与凤山隔龙溪相望。凤山是与尚博村西的龙山齐名的一座山。龙山在东南，凤山在西北，两座山之间，有一块不大的平地，这块平地叫山后湾。山后湾很有名，因为钟管自古有一句俗话：山后湾里个鬼。如果一个人很缠人，又让人讨厌，就可以说他是山后湾里个鬼。这个典故是怎么来的，已经无从考证，但这个地方一定是自古就很幽僻，阴气重，少有人烟。

辉山塔建于清朝嘉庆二十五年（1820），位于龙溪北岸辉山脚下。辉山塔下，有一个古老的渡口山水渡。这是一个三角渡，溪南的渡口就是山后湾，溪北隔河相望的有两个渡口：仰家和山水。仰家是河东的一个村子，山水是河西的一个村子，让它们隔河相望的，是一条从龙溪生出来的往北通往泉家潭的河。山水渡的艄公，每天在三个渡口间来回摆渡。

无人考证山水村的得名，开门见凤山，依龙溪而居，或许就是其得名的缘由。也无人考证山水渡的得名，或许渡以村名，就是其得名的缘由。这个龙溪北岸的古老村庄，养育了一个名叫杏英的漂亮的女孩子。有一年，常年抓鱼摸虾的银山来到了龙溪边，与在堤坝上割草的杏英不期而遇。这一天，两人并没有说一句话。银山是个执着的人，第二天就请人到山水村问询提亲。

一年后，杏英就嫁到了渔家庄。这个漂亮的新媳妇，就是我母亲的养母，我的外婆。

银山结婚那一天，渔家庄的婚宴刚开始，东洋人的飞机就开到了村庄的上面。东洋人的飞机扫下了很多子弹，喝喜酒的客人酒都没喝完，就逃回家去了。

六

银山结婚一年后，清水湾阿毛也结婚了。阿毛的妻子，我母亲的亲生母亲，我的亲外婆，就是泉家潭金枝从留婴堂抱养的女儿子凤。

婚后第二年，子凤就生了一个儿子，子凤喜欢桂花，给儿子取名为桂生。四年后，我母亲就出生了，子凤给母亲取名为桂琴。母亲出生后好几天，眼睛一直闭着，哭声特别响亮，一哭，手脚发抖，嘴唇颤抖，整张脸都涨得又红又紫。每次母亲哭泣的时候，子凤就心疼得想流眼泪。子凤说："这孩子哭声这么苦，怕是要比别的孩子多遭罪呀！"终于有一天，母亲睁开了眼睛，看着子凤。子凤笑了，说："儿呀，我是你的亲娘亲。"子凤在母亲的两只眼睛里都滴了一滴奶水，说："儿呀，我是你的亲娘亲，你的眼睛要清清亮亮的。"子凤说这些话的时候，母亲马上就笑了起来。

子凤把阿毛叫来，让他到村外的清水湾里去提一桶清水来。子凤让阿毛把水烧开，再等水凉成温水，用清水给母亲洗脸、洗手、洗脚。子凤说："儿呀，我是你的亲娘亲，人世间的路途多坎坷，你的心里要清清亮亮的。"

子凤每天都要和母亲说话，开头都是"儿呀，我是你的亲娘亲"。母亲仿佛听懂了她的话，常常对着子凤甜甜蜜蜜地笑着。

银山和杏英结婚后，杏英怀一个，落一个，一直没能生养孩子。有一天，银山和阿毛在路上遇到了。银山说："听说砥门头养了一个细丫头，我们准备抱来奶孩子。"阿毛说："给人家奶孩子，孩子终究要还给人家的，我们家刚养的细丫头，就送给你们吧。"

两天后，银山就托清水湾的表兄弟呆大，在清水湾找一个稳重的女人，到阿毛家说领养的事情。当这个受托的女人走进阿毛家的时候，听见子凤在和女儿说话:"儿呀,我是你的亲娘亲。"女人说:"今朝真难为情,但受人托付,也是没办法,我知道你小时候是从留婴堂抱来的,所以今天不知道怎么开口和你说。"子凤听见女人这么说,已经猜出个大概。这个身世迷离,经历了很多风浪的女人还是说,"既然进了门,就说吧"。女人说了原委,子凤只说知道了,就送她出了门。

阿毛回来后,子凤问他:"你到底想怎么办?"阿毛丈二和尚摸不着头脑。子凤说:"银山托人上过门了。"阿毛说:"我跟银山说过,把细丫头送给他们。"子凤说:"你是不是细丫头的爹?"阿毛听见这句话,只能溜到门外去了。

阿毛死活要送,子凤死活不肯。这个被送到留婴堂时就以老实出名的女人,说了一生中最严重的一句话"你是不是细丫头的爹",也无济于事,四个月后的一天,母亲被自己的亲生父亲阿毛,送给了渔家庄银山家。

那一天天还没有亮,阿毛抱着自己的女儿,下到了石桥边的小木船里。船舱里,阿毛早已铺好了稻草。阿毛把女儿放在稻草堆里,就开始摇船。小船从小河出发,来到了大河里,在大河里向东行驶,来到了龙溪里。龙溪西岸,是清水湾。龙溪东岸,是好朋友银山的家。此时,他正在把自己的孩子从家里抱出来,送到自己的朋友家里去。

这里是两个村庄,清水湾和渔家庄的中心点。往东是渔家庄,往西是清水湾。阿毛想到这里,船就停了下来。龙溪里没有风,木船像一片落叶一样浮在水面上。

但船还是再次摇动起来,惊动了在稻草堆里睡觉的孩子。这个出生五个月就经历风浪的女婴,开始哭泣起来。阿毛如梦初醒。女婴的哭泣,似乎一下子惊动了身后的清水湾,惊动了子凤。阿毛似乎听见了子凤哭天抢地的声音。

子凤曾经这样哭泣过。子凤这样哭泣,是出嫁那天哭自己的娘亲。那一天,讨亲队伍敲锣打鼓已经好几回,子凤就扑到娘亲的怀抱里,放声大哭起来。这是吴兴民间的习俗,出门的女儿一定要哭娘亲。因为从此将骨肉分离,母女俩都哭成了泪人。

子凤哭娘亲,毕竟和别的女儿出门,是不一样的。子凤哭养母,也哭生母,把心里的苦水全都哭了出来。金枝听见女儿的哭泣,听出了不同一般的苦楚,说:"我替你生妈把你嫁出去,你到夫家,要好好做人家。"

女儿上了讨亲船后,这位娘亲把阿毛拉住,说了一句话:"嫁出去的女儿,泼出去的水,如果你欺负我女儿,我也要把这盆倒出去的水收回来。"阿毛只听过前半句,听了后半句,一点思想准备也没有,但还是满口答应了。

想起这些,阿毛就停止了摇船。小木船慢慢地停了下来,直到像一只枯蝶一样一动不动。此时,渔家庄方向的天已经露出了鱼肚白。阿毛咬了咬牙,终于让小木船飞快地行驶起来。很快,木船就从沈家墩村口拐进了一条大河,一路往东,来到了渔家庄后面的一棵大香樟树下。

此时,渔家庄的鸡开始啼叫。阿毛把船泊在树底下,抱起女儿上了岸。银山家的门还关着,阿毛用拳头敲门。银山在门里问:"谁呀?"阿毛说:"我。"银山说:"阿毛你一大早来做什么?"阿毛说:"给你送女儿来了。"银山惊慌失措地把门打开,又惊慌失措地把杏英叫了出来。阿毛说:"我给你们送女儿来了。"阿毛说完这句话,就把一包盐和女儿一起放在了门前的稻草堆里,转身就跑,跳进小木船里,落荒而逃。

女婴开始放声大哭。杏英抱起孩子,轻轻地哼唱几声,孩子就安静下来,还笑了起来。银山拿起阿毛临走时留下的那包盐,说:"这个孩子,和我们家,还真是结缘的。"两人商定,只要子凤上门,就把孩子还给她。

在龙溪附近的村庄里,都有这样的习俗,每当自家的孩子要送人,家里再困难,也要买包盐给人家。因为在吴语里,盐和缘的读音是一样的。

三天后,按照渔家庄的老规矩,银山给姚家门里的老本家派送了十六斗大米。老规矩规定,谁家没有生养孩子,如果领养,要经过本家同意。领养孩子的家庭,给本家送米,代表着真诚而谦恭的商量。银山派送了十六斗大米之后,我母亲就正式成了渔家庄的小孩子。

七

阿毛送走女儿后,天天来渔家庄看女儿。阿毛从来不说来看女儿,只说来银山家帮干农活。阿毛每次来到渔家庄,不管见到什么人,总会告诉对方:"我是来给银山家干农活的。"

那年隆冬季节,龙溪也封河了,比它更小的河更不用说了。清水湾一个老头说:"我出世以来,这么冷的天,也没有逢到过。"阿毛听见这个红鼻子老人说这些话,百无聊赖地从河东走到河西。村里除了冰,就是雪,阿毛心里空空的,就从门角里搬了橹,下河去了。小河冻住了,小木船也冻在了石桥上。阿毛用铁锹破冰,让船活动起来。一路上,阿毛先在船头破冰,后在船尾摇橹,停停续续,过小河,过大河,过龙溪,过大河,终于来到了渔家庄。

阿毛照例把船泊在香樟树下面。阿毛刚上岸,小木船就冻在了香樟树上。阿毛在村里又碰到一个红鼻子老头,阿毛说:"我是来帮银山家干农活的。"红鼻子老头说:"蒙谁哪?冰天雪地,哪有农活呀?"见阿毛接不上话,老头又说:"我见的世面多,你心里想啥,我一目了然。"

阿毛几乎是红着脸进了银山家的大门。阿毛进门就说:"银山,我来帮你们搓绳来了。"银山和杏英都迎了出来,我母亲也跟了出来。这户渔家庄的人家,没有办法拒绝,就安排我母亲和阿毛一起搓绳。一大一小两个人,在门前的角落里搓绳,搓了一个下午。母亲说:"够了,要不了这么长的绳。"阿毛说:"再长的绳也不嫌长。"那个先前和阿毛说过话的红鼻子老头又来了,这次他不说话,只是笑,一笑就露出了仅有的两颗大门牙。

那天晚饭后,银山留阿毛住一晚再走,阿毛不肯。阿毛说:"我不进门,子凤要急死的。"银山留他不住,只好让他回家。

八

女儿送走后,子凤天天哭,对着小河哭,对着大河哭,对着龙溪哭。有人劝她说:"你要么不哭了,要么过龙溪去把孩子要回来。"有人接话说:"是呀,如果你再哭下去,会把眼睛哭瞎的,弄不好还会哭死的。"子凤说:"我要眼睛做什么?"子凤又说:"我要这条命做什么?"

人们听不明白,又说:"眼睛是你的,命也是你的,两样都要,所以你要过龙溪去,把孩子要回来。"子凤说:"都可以不要,我不能过龙溪呀!"子凤说出这句话的时候，有些人似乎听懂了，还有一些人摇着头，说："不知道脑子里在想什么。"

子凤依旧终日哭泣。终于有一天，一只眼睛瞎掉了。又过了两天，另一只眼睛也瞎掉了。阿毛的母亲说："阿毛，这样下去要出人命的。"阿毛说："那怎么办？"母亲说："子凤是心里太苦了，以苦攻苦，才能治得了。"阿毛说："哪里去找这么苦的东西呀？"母亲说："到她娘家老屋后面的老土里去挖几棵白毛夏枯草来，快去！"

阿毛像贼一样溜到那间老屋后面，像贼一样挖了几棵白毛夏枯草。果然，子凤水服了几碗白毛夏枯草后，眼睛好了，也不再哭泣了。

过了一年，清水湾阿毛家又有了一个女孩子。她就是母亲的妹妹，我的阿姨。子凤喜欢桂花，就把这个女儿取名为桂子。

九

一年春天，银山要打造一条小木船。清水湾有一个名叫洪生的造船师傅，远近闻名。一天，银山到清水湾去请洪生师傅。银山先找到阿毛，说："阿毛，桂琴也慢慢大起来了，总要出门做客，你和我同去请洪生师傅。"阿毛说："我家地里有一棵老水杉树，正好用来打船。"

当银山和阿毛来到洪生家的时候，洪生正在打船。听闻两人来意，洪生师傅满口答应。洪生说："我生意再忙，也要为你们的细丫头打一条好船。"

洪生的打船技艺是祖传的。到洪生手里，已经六代打船。德清、吴兴两地，都有人请他打船。洪生打造的是小巧的农船、渔船和渡船，以丈二至丈八长的小船为主，最小的脚划子只有九尺长。

选料后，放样，洪生用九五游尺。圆木断料后，破板，全靠手工拉锯。两人对拉上下锯，不能走线。分板后，用粗细刨将锯面刨光，接着先放眼，后放钉。打好钉眼的板料用掺钉拼接成船帮、船底和隔舱板后，便可投船。将中舱底板与前后隔舱板连接，再将两边船帮与底板、隔舱板连接，用麻绳、扒箍、拉夹、盘头、走煞、尖头刹等工具将船头船艄勒紧，与前后当浪板连接，要注意长缝不对短缝。投船均用爬头钉、扁头钉咬紧木头，用一字镏、扒缝锔、吊梁锔、磨担锔、万字锔、穿边锔和吊底脚缝的葫芦锔加固。

洪生师傅打造的小船分船头、中舱和船艄三段。船底由前中后三块组成，前后底分别叫前当浪和后当浪。前后当浪分别由十三块、十七块横板拼成，就是"前十三太保，后十七大吉"的意思。中舱底板的板缝均与船长平行，船底中心线不能对住木节，否则会不吉利。

船帮前后不分段，近船底帮板叫水校，其上一块为旱校；再上边是大纳，大纳上边是箍板，箍板上边是插子，用以翘起的船艄；最上边是对开圆木做成的碗板子，圆面朝上。前后当浪结顶处，各有一块用对开圆木做成的圆面向上的横梁，叫头颈和艄颈。中舱前后各有一道隔舱板，叫横梁，其结顶处是一块平板，叫面梁。

船体组装完成后，是断漏和防腐。断漏靠打麻功夫，防腐凭油船技术。打麻的第一步是碾灰，将洋灰筛净置于石臼中，用桐油调匀捣熟成油灰。第二步是填灰，用毛竹片削制的齿将油灰填满船体上的板缝。第三步是捻缝，用钝口镰凿在板缝内外对打，三进三出，将麻丝打碎在缝中，与油灰绞合粘牢。最后一道工序是封口，用灰齿挑油灰将打熟的缝口括盖平整。至此，一条条骨子缝大功告成。

油船是让船板防腐耐用的主要手段，分上底油、罩面油、打晒油三种。上底油前，须将船晒干，再上足桐油，用芦帘遮盖防止暴晒，每天日出后，掀开芦帘将油面晒热，用揩油布将油揩平，冉遮盖起来阴干。接着罩面油，用老油在烈日下涂抹，再遮盖阴干。打晒油用于不需上岸大修的船，在水边吊撑起半边船体，洗净晒干上油，省工省时省力。

龙溪两岸的人家，对新船下水的吉水仪式的重视，不亚于造新房子上梁。要在船颈头披红挂绿插金花，当浪板上刻福字，雕龙眼。点烛焚香放炮仗，用猪头、雄鸡、鲤鱼六只眼敬菩萨。船家要给打船师傅包红封，打船师傅要跟船家说吉利话。

洪生师傅带着大锯、大料锯、狭条锯、刀锯、木尺、角尺、墨斗、划齿、斧头、牵钻、手钻、槽刨、短刨、粗刨、滚刨、长刨、送钉、分凿、拉夹、扒箍、麻绳、千斤、夹钳、祈凳、铁钉、铁锔等工具，在龙溪两岸打造了很多好船。

一天，阿毛把地里的老树砍了，用船载到了渔家庄，再回去接洪生师傅。洪生师傅的打船工具，放在船舱里，让船很吃水。之后每一天，阿毛送洪生来渔家庄，和银山一起，给洪生师傅打下手。终于，小船下水的日子到了。点烛焚香放炮仗后，洪生师傅说："大船吉水四角方，五路财神坐中舱，顺风来，顺风往，金银财富满船装。"几个炮仗又放上天后，洪生师傅又说："披红挂绿金花开，巧戏金蟾是刘海，金钱挂在银山船，子孙万代发大财。"

十

母亲到了渔家庄外婆家后，很快就给这户人家带来了福音，一个男孩子和四个女孩子，相继来到了人世间。因为家里穷，我的两个最小的姨妈，被送到了渔家庄北面，隔河相望的两个小村庄。

当母亲的第三个妹妹生出来的时候，母亲已经是个大姑娘了。母亲像个大人一样央求外婆："把妹妹留下吧，再苦再难也要把妹妹养大呀！"外婆说："家里孩子太多了，养不活呀！"母亲说："把我的一半吃的给妹妹，让妹妹留下来吧！"听见母亲说这句话，外婆马上就哭了。外婆把母亲拥在怀里，说："你个傻丫头，再苦也不能苦你呀！"

无论母亲怎样哀求，外婆坚持把自己的亲骨肉送给别人家。那户人家终于来人接孩子了，母亲就跟着人家走。这是事先母亲和外婆说好的。母亲说："妈，你不能去送妹妹，让我去送妹妹吧。"母亲的这句话又一次把外婆弄哭了。外婆说："我的心尖肉呀！"

来接孩子的是这户人家的妈妈。这位妈妈对外婆说："嫂子，你放心吧，我们会把孩子当作自己生的孩子的。"外婆说："你不说我也相信。"当这位新妈妈把孩子抱出门的时候，外婆直接走进屋里去了。

母亲跟着这个新妈妈，一直往东走。那里，有一座长长的石桥在等着她们。这座石桥叫水塘子桥（泗塘长桥）。过了水塘子桥，拐到西边的桑树地里，那个河边的村庄就遥遥在望了。

母亲跟着抱着自己妹妹的新妈妈，刚走到水塘子桥，猛然想到忘记了一样东西。这样东西是不能缺少的。这样东西就是一包盐。母亲转身向渔家庄跑去。母亲要去取盐。母亲气喘吁吁地拿着盐包回到水塘子桥的时候，新妈妈抱着妹妹正在等她。母亲把盐给了新妈妈，把妹妹抱了过来。母亲像妈妈一样说："你要乖，你要听话，你已经和妈妈结缘了。"

两个妹妹送人之后，母亲常常对外婆说："妈，我们去看看妹妹吧。"外婆每次都会说："不去，她们有妈妈疼爱。"

十一

母亲是长女，有更多的机会跟着外公。外公是捕鱼摸虾的高手，外公还是抓田鸡的高手。外公最擅长的是赶田鸡。夏天的夜晚，外公叫上母亲，出门去了。外公在木船的三个船舱里舀水，舀到小半个船舱里蓄上水了，就停下来。外公让母亲坐在船头，自己坐在船尾摇船。外公的小木船在桑树地间的小河里驶去。这些小河，两边都种满了杨树。杨树底下，树根上面，有硕大的花田鸡，有油黑的老乌龟。外公的木船贴着河岸走，一路上，被惊动的田鸡和乌龟纷纷跳进船舱里。这些田鸡和乌龟，落进船舱的水里，以为落进了河里。有些觉察到了异常，想要从船舱里跳出来，也是踩在水里，无法着力。

当外公和母亲的小木船在桑树地边的小河里穿梭的时候，母亲的心里充满了喜悦。听着田鸡和乌龟落入船舱的声音不断响起，母亲会在心里数数。数得久了，母亲就问："爸爸，我们的船里已经有多少田鸡、多少乌龟了呀？"外公说："你抬头看看，天上有多少星星，我们的船舱里就有多少田鸡和乌龟。"母亲抬起头来，看见满天的星斗，一闪一闪，就像是会说话的眼睛。母亲忘记了先前的问题，说："夜里的星星真好看呀！"

当外公和母亲的小木船回到河埠头的时候，已经是深夜。船舱里，密密麻麻挤满了田鸡和乌龟。

虽然在小河里能赶到很多的大田鸡和大乌龟，但要赶到最大的田鸡和最大的乌龟，需要到渔家庄后面的大河，或者到更远的龙溪里去赶。虽然这些大河里往往会有更多的惊喜，但也会有更多不确定的，甚至令人恐惧的事情发生。

有一次，外公和母亲的小木船来到了龙溪里。龙溪边上，有很多老杨树。那一晚，月朗星稀，凉风习习，外公和母亲在龙溪的西岸赶田鸡。突然，母亲看见一棵老杨树上蹲着一个人。母亲对外公说："爸爸，你看，那棵杨树的树梢上蹲着一个人，他是怎么蹲上去的呀，他在那里乘风凉吗？"外公赶紧说："别说话，别说话。"母亲马上意识到了什么，起了一身的鸡皮疙瘩。小木船慢了下来，轻轻悄悄地向前行驶。当小木船来到这棵老树下的时候，树梢上的人影就跳了下来，跳到了船舱里。但船没有丝毫下沉，也没有听到任何声响。外公就说："从哪里来回哪里去，天亮了就回不去了。"外公说完，还是没有任何动静。外公对母亲说："你说一遍，鬼伯伯听小孩子的话。"母亲就颤颤巍巍地说："从哪里来回哪里去，天亮了就回不去了。"母亲说完，一个黑影就飞出了船舱。接着，外公和母亲失魂落魄地让自己的小木船飞回了家。回到河埠头，外公把母亲拉上岸，跑进了家门。清晨，外婆到河埠头淘米，发现船舱里很多大田鸡和大乌龟浮在水面上；舱底，沉着一只老乌龟的骨架。

那一晚之后有很长时间，外公不带母亲去赶田鸡了。但到了第二年夏天，一切像没有发生过一样，母亲仍旧跟着外公夜晚出门赶田鸡。因为外婆说了一句话，打消了外公的顾忌。外婆说："连鬼伯伯都听她的话，你不用担心的。"果然，母亲跟着外公深夜赶田鸡，从来没有出过事。

十二

但一个大白天，母亲还是出了事。那是有一年春夏之交的一个早晨，母亲跟着外公去割桑条。浓密的桑树地里，充满了幽暗宁静的气息。母亲像外公的尾巴一样，一刻不离外公半步。外公把桑条捆成捆，扛在肩膀上。硕大的桑条捆与瘦弱的外公很不协调，在这个幽暗的时空里，仿佛是硕大的桑条捆在扛着瘦弱的外公踟蹰前行。外公的若隐若现、若有若无与春天桑树地的神秘气息天然吻合，所以，外公扛着一捆桑条在行走，仿佛就是一棵桑树在行走。但这棵行进间沉迷的桑树，终于在那一刻惊出了一身的冷汗。在这幽暗的时空里，一棵同样行走的桑树，不紧不慢地对外公说："银山，刚才还看见你的细丫头，现在怎么不见了。"外公没有回应，以最快的速度卸掉了身上的桑条。

外公健步如飞，跑到桑树地里的池塘边，终于看见离岸不远的地方在冒着水泡。这个常年抓鱼摸虾的瘦小男子，对水泡最为熟悉，能依据它们的形状大小判断水底下是鱼是鳖，是大是小。但外公这次看到水泡，已经没有了同于以往的任何期盼和惊喜。这串慢慢变细的水泡，让外公心急如焚。

外公像一条鱼一样钻进了水里，在混浊的河水里寻找着。这个瘦小的男子，只用了几秒钟时间，就把母亲打捞起来。母亲命悬一线，却终于在春天的桑树地里起死回生。

十三

这件事情发生后，有一天，外婆对我母亲说："你大难不死，必有后福。"母亲对外婆说："妈，你女儿有大福，你也有大福。"外婆说："是呀，我也有大福，我的爸爸妈妈，你的外公外婆都还在，就是大福呀！"外婆说完这句话，对外公说："银山，我们明天就到山水我妈家去做客。"听到这句话，母亲和两个妹妹、一个弟弟全都高兴得跳了起来。

外公的小木船，春天载桑条，夏天赶田鸡，秋天载谷稻，还有一种用途，做客时节出门用。龙溪附近的人家，木船的保养方法基本相同：船拔上岸之后，用刮子将船壁上的老坑刮掉，把漏水的地方清理干净，用麻丝、桐油、石膏打匀的油石灰修补嵌实，最后用桐油把整个船身油一遍，晒几个"火太阳"，再油再晒。经过几个回合的修补暴晒，木船就可以再次下水了。

外公的木船也定时拔上岸保养。外公的木船严格按照传统的方法保养，除此以外，还要比别人多一道工序：最后再上一遍红漆。正因为这层红漆，外公的木船和别人家的木船很不一样，显得很喜庆。外公还无师自通地对做客时节用的木船进行了新的设计，在船舱里铺设了楼板一样的一层搁板，再用乌篷把船罩起来。外出做客的时候，外婆就在搁板上铺好铺垫被褥，外婆和小孩们焐在被窝里，外公在船尾摇船。

这一天，外公摇着红船，又到山水村母亲的外婆家做客去了。红船从

渔家庄后面的大河出发,往西行驶,来到了龙溪,一路好风光。外婆就唱起歌来:

> 摇啊摇,
> 摇到阿婆桥。
> 阿婆桥上跌一跤,
> 拾只花花大元宝。
> 又要买米吃,
> 又要买柴烧。
> 买买米,
> 买的青谷米;
> 买买柴,
> 买的青竹梢;
> 买买鸡,
> 买只孵母鸡。
> 咯蛋,
> 咯蛋,
> 叫得好。

在外婆的歌声里,红船在龙溪里南行没多久,在五福桥附近右拐西进。龙溪南岸,龙山先出现了。接着,龙溪北岸,辉山和辉山塔出现了。远处有一条捻泥船,捻泥的是一个老头。老头扯着嗓子在唱歌:

> 天皇皇,
> 地皇皇,
> 龙溪边上皇天畈,
> 十年倒有九年荒,
> 白流汗水空奔忙。

> 水汪汪,
> 泪汪汪,
> 佃户心里老发慌,
> 交了租子没有粮,
> 饿着肚子去见阎罗王。

歌声从远处传来,母亲听得心里酸酸的。母亲问外公:"爸爸,这个人为什么要唱这样的苦歌?"外公说:"龙溪常常来大水,龙溪来大水的时候,常常把堤坝冲毁,两岸的田地就淹掉了,荒年是常有的事情。"外婆说:"龙溪边的人家苦呀,东洋人打进来的时候,辉山塔下,不知道有多少人被杀头。"

外公的红船继续向西前行,靠近了捻泥船。外公就对唱歌的捻泥人说:"别唱了,你把我细丫头都唱哭了,你就唱个给孩子听的吧。"老头二话没说,又扯起嗓子唱起来:

> 一月放鹞子,
> 二月踢毽子,
> 三月清明撒谷子,
> 四月哺窝小燕子,
> 五月端午裹粽子,
> 六月买把花扇子,
> 七月摘个青枣子,
> 八月造座新房子,
> 九月讨个新娘子,
> 十月生个胖儿子,
> 十一月做双新鞋子,
> 十二月里杀年猪。

母亲听见捻泥人唱这个,马上就高兴起来了。当捻泥人唱到"十一月做双新鞋子"的时候，外公的红船已经来到了山水渡口。

辉山塔下，山水渡口，尚博人在摆渡过龙溪。渡船上有一个人认识外公，大声地说："银山，你这是去哪里呀？"银山说："去山水做客。"母亲和弟弟妹妹把头探出来观望，看见自家的红船和渡船已经离得很近，渡船里一个流着鼻涕的小孩在对他的大人说："我也要乘这样的小红船。"

离开山水渡，龙溪南岸，凤山就在眼前了。凤山对岸，就是山水村。这里，是外婆的娘家，也是外婆和外公初次相遇的地方。红船在龙溪北岸拐进了这个古老的三角渡两个渡口的分界河里。

红船在山水村的一棵柿子树下停了下来。外公把红船系在柿子树上，就一只脚踩在河埠石上，一只脚踩在船头上，让船固定下来。船里的人从被窝里钻出来，被外公一个个拉上岸。母亲的外婆，外婆的母亲，已经听到动静，到河边迎接来了。

那一天，外婆带着孩子们去看了一个老奶奶。老奶奶住在村东，是一个孤寡老人。老奶奶太老了，牙齿掉光了。奶奶的丈夫和儿子，当年被东洋人抓走，在辉山塔下被砍了头。外婆叫着奶奶，给老奶奶吃糖。外婆对孩子们说，外婆当年生妈妈时，就是这个老奶奶接生，让我来到了这个人世间。外婆问老奶奶："奶奶，你还认识我吗？"老奶奶说："认得的，囡囡。"

外婆还带着孩子们去看一棵老树。这棵老树就在龙溪边上。外婆说："妈小时候，常到这棵树下来说话。"母亲问："你和它说什么呀？"外婆说："想说什么就说什么，这棵老树有求必应。"外婆说："有一年，我的爷爷生病了，躺在床上爬不起来，我就来这棵老树下和它说话，老树说，'回去吧，你爷爷没事的'，当我回到家门的时候，爷爷就能够下床了。"母亲问外婆："为什么这棵树这么灵验？"外婆说："心诚则灵呀。"

这一天，母亲不但见识了山水村里的老人、老树，还吃到了山水村里的火柿子。这些像红灯笼一样挂满了山水村的火柿子，让母亲和弟妹们甜到了心里。

晚饭后，红船要返回渔家庄了。手里拿着火柿子的母亲走在队伍的最前面。外婆说："这个细丫头像我小时候一样，做客最怕叫人，到时走在最后面，走时走在最前面。"外婆的母亲说:"我小时候也一样。"

十四

母亲不仅常到山水外婆家做客,还去清水湾自己的亲妈家做客。那年夏至,母亲跟着外公外婆,到清水湾去做客。

好一派初夏的风光。大河南岸,桑树地里,桑枝青青。一些绿色的小鸟,从桑树上飞了起来,就好像是桑枝上的叶子飞了起来。母亲说:"爸爸,你看,绿啼子,绿啼子!"外公笑着说:"傻丫头,绿啼子有什么稀奇的。"

外公说:"丫头,你看!"说完,外公把橹从橹人头摘了下来,再把橹倒竖了起来,然后让它自然落下,就像一只大手掌向水面上拍打下去一样。随着啪的一声响,水面上溅起了无数的水花,桑树地里,无数的绿啼子飞了起来,向天空飞去。很快,桑树地上面笼罩了一大片绿色的云朵。母亲惊得目瞪口呆,说:"真好看呀,真好看呀!"

很久以后,绿色的云阵才慢慢淡下去,消失了。等到母亲缓过神来,就问外公:"爸爸,你怎么知道这样做就能让绿啼子全飞出来呀?"外公说:"我比你还小的时候,也跟着你爷爷乘船,我也像你刚才一样叫了起来,你爷爷也像我刚才那样说了一句话,然后把橹竖起来,再拍到水面上,就看到这阵绿云了。"外公笑了,又说:"我那时也这么问了,你爷爷也这么答了。"母亲听着外公的话,痴痴地想着。外公说:"你这个细丫头,真像我呀!"

红船继续往前走。前面有一座石桥横在了河面上。桥南,有一个名叫香腰里的村庄。母亲七岁那一年,有一天,跟着外婆去了香腰里。母亲和外婆那天去香腰里,是去找官仙婆。

这天早晨,母亲的妹妹发烧了,不停地说胡话,说屋里来了这么多人,还说提着红灯笼的是谁呀。母亲在旁边惊讶地说:"家里没有外人呀,大白天的哪有红灯笼呀?"外婆说:"你妹妹看见什么了。"于是,外婆决定带着母亲到香腰里去找官仙婆。

母亲跟着外婆来到了香腰里,找到了官仙婆。三炷清香上好,两根香烟点燃,官仙婆就上身了。原来,母亲的妹妹太招祖上的大人喜欢了,被他们多看了一眼，就生了这场大毛病。官仙婆下身后，就从香炉里包了一包香灰，叫外婆带回，让家里生病的孩子泡水喝。外婆和母亲临走前，官仙婆又对外婆说："家里的小人喝了香灰水，不会有事了，回去的路上一定要当心，当心身边的小人。"外婆想，身边的小人不就是桂琴吗，想问个究竟，但官仙婆说："天机不可泄露，要千万小心。"

外婆胆战心惊地拉着母亲回家去。外婆后悔带个孩子来，应该自己一个人来。正在心猿意马、心惊肉跳的时候，路边一家人家的门洞里，突然蹿出了一条花白大母狗。这条母狗向外婆和母亲奔来，肚皮下面的奶子，晃晃荡荡，奶水晃了出来，在母狗身后留下了一条长长的线。外婆说："快跑！"拉起母亲落荒而逃。母狗紧追不舍，狂吠不止。外婆抱起母亲飞奔，穿过一片桑树地，就来到了大河上的石桥上。这是一座摇摇欲坠的老石桥，桥上的石头都松动了，就像老人快要老掉的牙一样。外婆从桥栏上拿了一块石头，又蹲下身子，把石头向母狗投去。石头砸在了母狗的头上，母狗汪汪地哀叫着，撤到了旁边的桑树地里。

外婆在石桥上不敢久留，带着母亲跑回了家。母亲问外婆："为什么那条母狗这么凶呀？"外婆说："因为它在奶小狗呀。"外婆还说："奶水足的母狗牙最毒，今天如果我们被它追上，就要出大事了。"

第二天，官仙婆托人带信来，说那块砸中母狗的石头就是天机，如果开头说破了，那块石头早就掉到河里去了。外婆听了这句话，说："香腰里的官仙婆最灵了。"

红船继续前行，终于来到了龙溪里。这条一会儿东西走向，一会儿南北走向的著名的大河，是渔家庄和清水湾的分界线。母亲曾经跟着外公到龙溪里来赶田鸡，也曾经过龙溪，到山水外婆家去做客。但今天过龙溪，是到母亲的亲妈家去。

外公仿佛自言自语地说："过了龙溪，就是清水湾了。"见母亲不接话，外公就把一件从来没有说过的事情说了一遍。这件事情是母亲的亲爹——阿毛一次酒后说出来的。那次酒后，阿毛说："银山呀，我把桂琴送来那一天，过龙溪时就像拉锯一样。"外公把这句酒话在龙溪上转述了一遍，又说："你亲妈不容易，你伊爷也不容易。"

母亲想象着十六年前龙溪上的情景。外公说："细丫头，你也不容易。"外公说这句话的时候，红船已经过了龙溪，摇进了清水湾的小河里。

终于有人去报信了。子凤走在前面，阿毛和桂子跟在后面，母亲的亲娘家里的人都出来迎接了。外公的红船在小桥边泊稳，外公就把母亲拉上了岸。一声声亲妈、伊爷、妹妹后，母亲就进了亲妈家的门。"伊爷"是吴兴人叫父亲的称呼，钟管人并不这样叫。

这一天，清水湾的人都走来看我母亲。他们你一言我一语，满脸堆着笑。有人说："从小送掉，今朝来了，不要让她回去了。"有人说："对呀，来了就不要再回去了。"晚饭后，母亲紧紧地拉着外婆的衣服。外婆说："傻丫头，不会把你留下来的。"

十五

第二年，清水湾就发生了大的变故。这一年，母亲五岁，母亲的哥哥桂生九岁，妹妹桂子两岁。这年蚕罢，村外的清水湾里，很多螺蛳爬到了杨树的根须上。桂生跟着一个摸螺蛳的大男孩来到了清水湾。大男孩在河边摸，桂生在岸上看。当大男孩把一棵老杨树根须上的螺蛳一颗颗摘下来的时候，桂生就探着头往下看。桂生像一个球一样，从岸上滚落下来，很快就滚到了离岸很远的地方。男孩慌了手脚，看着桂生在水里沉浮，被水吞没。男孩失魂落魄地爬到岸上，只是哭，没有跑回村里报信。

终于有人听到了他的哭声，村里很多人都来了。有人说："阿毛太不小心了，让一个小孩子乱跑。"有人说："子凤胆子太大了，放手让这么小的孩子出门。"没有一个人说那个呆若木鸡的大男孩。一个老人说："一个小男孩落水了，小男孩看见是开不了口的，只有细丫头看见了，才会来报信。"一个女人说："就算一个细丫头看见了来报信，离得那么远，也来不及呀。"

桂生已经被捞上岸来，直挺挺地躺在桑树地里。阿毛呆若木鸡地蹲在儿子的身边，子凤在旁边打滚，哭天抢地。

一个月后，银山到清水湾来看阿毛和子凤。银山说："秋蚕罢，到渔家庄来做客，也出出霉气。"银山又说："桂子还小，你们自己身体要当心。"临出门的时候，银山又说："桂琴进了我家的门，还是你们的细丫头。"

这一年秋蚕罢，阿毛一家来到渔家庄银山家做客。这一天，也是阿毛和银山最后一次喝酒。这天晚上，阿毛在自己的女儿家，和自己的好朋友喝了一顿酒，载着妻子和女儿回清水湾的路上，着了长桥头的一个鬼伯伯，回家后浑身发冷，两天后就死了。

阿毛死后，清水湾派人到渔家庄报死。报死人对银山说："你细丫头的伊爷没了。"银山说："你再说一遍。"报死人又说："清水湾阿毛没了。"银山问："怎么没的？"报死人说："着了长桥头的一个鬼伯伯死了。"银山问："几时着的鬼？"报死人说："两天前，从你家回去的路上。"

报死人吃了一碗报死鸡蛋，就走了。银山说："本来叫他来做客，是出出霉气，结果着了鬼，这种事情真是着了大头鬼了。"银山对母亲说："细丫头，你没伊爷了。"

银山带着母亲，去清水湾吃豆腐。银山抱着母亲，跟在人群后面。这个披麻戴孝的队伍，是出材的队伍。四个壮汉，走在队伍的最前面。他们用两个大门闩，抬着阿毛的棺材，带领队伍往村外的桑树地里走去。子凤紧紧跟着棺材，边走边哭。母亲被这个队伍的哀伤情绪感染，也哭了起来。银山也哭。银山说："细丫头，你今天应该哭，好好哭。"

阿毛的棺材在一块桑树地的中心位置安顿下来，人群绕着棺材走三圈。银山把母亲给了子凤，让亲娘抱着，绕着自己伊爷的棺材走三圈。子凤哭，母亲也哭。子凤说："细丫头，今天好好哭。"母亲就大声地哭泣起来。

十六

渔家庄银山的红船因为太好看，终于名声远扬。有人要讨亲，就来借船。有人要做客，也来借船。有一年大年初二，外公的红船又准备去山水外婆家做客了。外婆已经在窗舱里铺好了垫子被褥，家里的几个孩子已经蹦跳过好几回，新衣服也已经穿好了。当外公在河埠头转身，准备去家里搬橹的时候，一个叫阿德的男子在岸上说："银山，今朝你的红船有空吗？我家要去做客。"

外公头也不回，身也不转，就说："有空的，有空的。"

外公走进家门，把已经借掉红船的事情说了出来。母亲的弟妹全都哭了起来，母亲没有哭，气愤地说："爸爸，你怎么可以这样做呀！"母亲还说："阿德怎么可以这样做呢？正月初二我家要出门去山水外婆家做客，谁会不知道呀！"母亲的这两句话很管用，煽风点火，几个原本哭泣的弟妹，马上就满地打起滚来。

从不发火的外公终于发火了。外公对母亲说："你这个细丫头，是做大的，不做好样子，还教唆弟妹学坏样子。"外公说："别人开口了，是不能拒绝的。"外公还说，"人没有不求人的时候"。外公最后又说，"吃亏就是福"。外公发着火说这些话的时候，外婆在旁边一言不发，既不帮外公，也不帮母亲。

外公终年在外面抓鱼摸虾，到过很多村子，交了很多朋友。外公常年的装备是一套赶虾和刺鱼的工具。龙溪两岸的人，把虾叫作"弯转"。大概老底子人看到虾总是弓着背，所以给它们取了这样一个形象的名字。赶虾的工具，也就叫弯转网。孔眼细密的细绳网，系结在交叉弯弓、做骨架支张的两根拇指粗细的竹竿上，整张网只有前面开口，像极了竹畚箕。除此以外，还有一根赶棒和装鱼虾的竹笼。因为这个竹笼用来装虾，所以叫弯转笼。赶虾的时候，外公将网口朝向自己，把整张网轻按入水，抵达河滩底部后用手按住，另一只手操持赶棒，从河岸开始朝着网口点戳，驱赶河虾进网……

外公带着这两套工具，走南闯北，认识了很多朋友。外公的朋友几乎每个村子都有。这些朋友最喜欢到外公家来做客，因为每次他们来，外公家都会好菜好酒好烟招待他们。这些朋友来的时候，外公的口袋里装着两种烟，好的发给客人，差的留给自己。

其中一个叫和尚的朋友，最喜欢到外公家来做客。和尚喜欢喝酒，每次来，外公就到钟管去打来最好的烧酒款待他。有一次，和尚托人带信来说，第二天要来渔家庄做客。这一天到了，外公到钟管去的时候，没有把抓到的鱼虾拿去卖，回来的时候，还带回了一块坐臀肉和一壶好烧酒。外婆烧了鱼、又烧虾、烧田鸡，还烧了养在网兜里的一只老乌龟。河里的烧好，又烧了红烧坐臀肉。和尚咽着口水上了桌，开始享受满满一桌的好酒好菜。外公在旁边陪酒说话,自己抽劣烟,给和尚抽好烟。和尚吃了很多菜,喝了很多酒,抽了很多烟,说了很多话。当他把肚子里的话都掏完的时候,已经酩酊大醉,吐了一地。和尚烂醉如泥,连家也回不去了,只能留宿在外公家。

把和尚安顿好,已是深夜。外公要把屋子打扫干净才能休息。外公到灶膛里锹了灰,把灰盖在和尚吐出来的秽物上,再用畚箕畚走。外公把这些拌灰的秽物倒进了门前的鱼塘里。

第二天早晨,和尚酒醒了,对外公说:"银山,你见到我的假牙了吗?"银山说:"你的假牙不是在你的嘴巴里吗?"和尚说:"昨天喝醉了,吐掉了。"银山说:"糟了,被我倒进鱼塘里了!"和尚急得鼻涕也流了出来,说:"那可是一副金牙呀!"

外公急忙拿起弯转网,下到了鱼塘里。外公像赶弯转一样赶着和尚的假牙。一网又一网,网网落空。和尚在边上急得一把鼻涕一把眼泪。直到接近中午时分,外公才有了收获,和尚的金牙,金光闪闪地躺在了外公的弯转网里。

和尚破涕为笑,说:"银山,看到了吧,我这是十成货色的金牙,只有金货,才会在水里游,泥里钻,逃得快。"和尚又说:"你赶弯转的手艺真好,要不是你赶得急,我的金牙早就从泥水里逃到龙溪里去了。"听见和尚说这些,外公擦着汗,从右边口袋里掏出好烟给和尚抽,从左边口袋里掏出劣烟给自己抽。外公抽着烟,眯着眼笑着,感觉到这是人世间最好抽的烟。

十七

在渔家庄外婆家,小孩子是不允许睡懒觉的。

母亲是家里最大的小孩子,外公要求母亲带头早起。每天早晨卯时一到,外公就会叫小孩们起床:"起来了,起来了,晨起吹卯风。"母亲虽然最大,但也睡眼惺忪不愿起来。外公就会去拉母亲起床。外公说:"你这个细丫头,要有做姐姐的样子,起来了,起来了,晨起吹卯风。"听见外公说这句话,母亲会尽最大努力从睡梦中醒来,不辜负外公的期望。

在平常人家,家里最小的孩子往往最得宠。但在外婆家,情况不是这样。

外公每天捉鱼摸虾，留一点鱼虾家里吃，多数要到钟管街上去卖。母亲就经常跟着外公去钟管。每次母亲跟着外公在卯风里出门，家里的其他小孩总是眼巴巴地看着，但谁也不会提出异议，仿佛理应如此。

那一天，母亲又跟着外公出门了。从渔家庄到钟管，并不是很短的一段路，需要经过桑树地、水田、鱼塘、沟渠、老桥，需要遇到很多熟人，才能到达那里。一路卯风习习，母亲兴高采烈。母亲习惯骑在外公的肩上做"肩胛菩萨"，这样能看到更多的人，更远的风景，也能吹到更多的卯风。这一天，母亲照例做了"肩胛菩萨"。当这个"肩胛菩萨"走上长安长桥的时候，忽然想起了一件事情，就问驮着她的外公："阿爸，你每天说的'卯风'是啥东西？"外公说："你可真像我，我小时候就是这样问的。"外公又说："卯风就是这个时辰的风。"母亲望着远处的一条船，说："那条船也是在吹卯风吗？"外公哈哈大笑，说："我家细丫头真聪明！"

到了钟管，卖完鱼虾，母亲又要做"肩胛菩萨"。外公驮着"肩胛菩萨"去仙乐园茶馆店，路过朝北的中药店，白白胖胖的老板娘锦春探出头来笑着说："三十斤的羊，七十斤的卵蛋，今朝又来了！"这个胖女人每次见到外公驮着"肩胛菩萨"，总要把这句话说一遍。外公满脸堆笑，只说一个"唉"字，对这个毫无恶意的天才比喻表示认同。

那天的茶馆店里有个说书先生在说书。外公把肩上的"菩萨"卸下来，找个座位坐下来。外公开始喝茶，听书，和旁边的老头说话。一个很久不见的老头从一个角落里走过来，问道："多日不见，你家细丫头长这么大了。"母亲此时正在吃油柴管（油条），抬头看看这个问话的老头。外公又说了一个字："唉！"这个字照例是在表示认同。只是这次外公把这个字说得太响，就像在表达一种骄傲，最终让说书先生停止了说书。外公没有想到自己会有这么大的影响力，连喝几口茶压惊。

十八

母亲终于在渔家庄慢慢长大。在这个过程中，母亲见闻了很多人的死，其中就包括被东洋人刺了一刀，但侥幸活下来的杏元。夏天一到，杏元就会把衣袖挽起来,把肩胛上的伤疤给小孩们看。杏元说,这里就是东洋人的刺刀刺的。杏元还会把那天发生的故事再讲一遍。每次讲故事,杏元都要提到银山的哥哥,母亲的大伯金山。这个被东洋人吓得苦胆碎掉,口吐绿水的长辈,母亲竟也看到过。

那一年,母亲跟着外公去给金山的棺木拣骨。当坟堆挖开的时候,母亲就看见了金山的小辫子。整个坟堆里,只有一个骨架和一根小辫子,不再有别的东西。外公说:"这是你大伯。"外公还说:"头发和骨头一样,都是爷娘给的,埋在泥里多年也不烂。"外公把自己哥哥的骨头和小辫子收进一个甏里,重新埋葬。外公放了几个炮仗,说:"金山,你死得苦,今天我和你侄女来看你了。"

母亲在风风雨雨中长大成人,嫁到了尚博村。在我十岁那年,母亲的生母,清水湾外婆子凤病危了。母亲去探望,泉家潭金枝,子凤的养母,也来探望。金枝亲手缝制女儿的着死衣裳。金枝一针一线地缝,安静而祥和。母亲心里想,这个做娘的,肚肠真硬。

清水湾外婆,终于穿着养母亲自缝制的着死衣服,在养母和亲生女儿的陪护下,在清水湾闭上了眼睛。

2017年6月30日—7月3日初稿于上海,7月4—12日修订于尚博祖屋

渔家庄外婆家（二）

一

渔家庄是一个古老的小村庄。村庄后面，有一条名叫陆家桥河的大河。河上有一座古老的石桥——陆家桥。陆家桥河往西，通往龙溪。

外婆家是一埭四进的祖传老屋。老屋右前方，还有一间关鸡鸭的小屋子。外婆家门前东侧，有一个圆圆的大池塘，池塘边，是一块狭长的桑树地。桑树地东边，是一个狭长的大池塘。桑树地里，有一条老泥路，往南通往弯刀里。弯刀里是一个小村子，有一家小店，一家豆腐店，一间卫生室，还有一个畜牧场。弯刀里前面是一个宽大的池塘。

在弯刀里开小店的，是一个不耐烦的老头。这个老头长得很瘦小，戴着一副眼镜，佝偻着背。据说这个老头子经历过很多事情。我们几个小孩经常到他的小店里去买东西吃，有时是一包萝卜干，有时是一包什锦菜，有时是几颗糖。有时我们一天要去好几次，老头就会很不耐烦，虽然每次都会把东西称好，数好，包好，但在这个过程中，会连说好几遍"山后湾里个鬼"。我们几个小孩子，终于成了他眼里的"山后湾里个鬼"。

老泥路往东，是一条几乎一年四季都浸在水里的泥路。因为常年水的滋养，路两边的草长得非常茂盛，草丛里常常有田鸡和蛇潜伏着。这条泥路终止于一条南北向的老路。两条路交接的西北角落里，有一个小池塘。

南北走向的这条路，确实是一条老路。有更多的人，走在这条老路上。在两条路的交接口北面不远的地方，是一座名叫陆家桥的古桥。桥北附近有邱家坝、前村、后村、龙蚕圩、杨安塍、沈家墩、北洋、审塘等村庄。

路家桥下的河叫陆家桥河，渔家庄就在陆家桥河的南岸。陆家桥河向西通往龙溪。陆家桥河北面，也有一条通往龙溪的河，这条河就是水塘子桥河。因为这条河上有一座长长的古石桥，名叫水塘子桥。水塘子桥西，有两个面对面、隔河相望的古老村庄，河南的叫杨安塍，河北的叫龙蚕圩。这两个村庄的南面，就是渔家庄。外婆把自己的两个亲生女儿，送给了隔河相望的这两个小村庄。

老路往南通往钟管，到钟管要经过长安长桥，这也是一座古石桥。桥西北有一个村庄，名叫方家墩，村里的人大多姓方。桥东北也有一个村庄，叫长安，所以这座桥就叫长安长桥了。北桥堍，有一个很大的凉亭。凉亭由几根石柱支撑，面朝河流和钟管。凉亭里有一尊菩萨，穿着破破烂烂的衣服。菩萨面前，有一个香炉，偶有香火。这是一座老庙，"文革"后就变成了一座凉亭。凉亭里少有人歇凉，因为常有讨饭婆把铺卷被褥放在角落里。

长安长桥和水塘子桥一样，是一座很长的老石桥。这座桥的桥墩石上，有一些几近湮灭的图案。这些图案和这座桥上走过的人一样，不知道去了哪里。过了这座桥，钟管就不远了。

外婆家左前方有一个河埠头，这里是一条小河的尽头。树荫下，外公的小木船，静静地停在旁边。小河的南侧，是小河与外面池塘的界。这是一条又高又宽的堤坝，两边都是大片的芦苇丛。

外婆家西面，是一片狭长的桑树地。桑树地西面，是一条小河，蜿蜒往南，可抵达钟管。外婆家门前的小河，就是这条小河的一个尾巴。小河的西面，是一望无边的桑树地。

小河往西南方向流去，要经过一个叫草塘里的小村庄。草塘里西面，是一个名叫香腰里的小村庄。草塘里的小河边，有几棵硕大无比的香樟树。草塘里以这几棵大树闻名，而西面的香腰里以一个口碑很好的官仙婆而闻名。

渔家庄只有两排人家。外婆家在前面一排的中间位置。这排房子的最东面，是我的干姐姐家。外婆家在后面一排房子的西面，有一块闲置的宅基地。宅基地只在靠河的地方有一间小平屋，其他的地方是一片树林，林子里长满了大大小小各种各样的树。

二

每年正月初二,是我家第一次出门做客的日子。我们要去的地方,就是外婆家。到了渔家庄,还没到外婆家大门,我们就开始叫外婆。我们叫着外婆,走进外婆家。外婆给我们喝糖水,吃糖,说:"新年里,甜一甜。"

外婆总是把肉和蛋夹到我们的碗里,用筷子夹碎,边夹边说:"我们也没有多少客人。"外婆的意思是说:你们要把这些菜吃完,留着也没用。这是外婆独特的待客之道,可以把自己的整颗心都给别人。外婆也有着独特的待人之道,遵循的原则是一样的,可以把自己的整颗心都给别人。

这是母亲说过很多次的事情。在母亲小时候,每次出门到别人家去做客前,总要叮嘱家里的小孩:"桌子上如果有慈姑烧肉,不要去吃肉,慈姑可以吃;如果有肉圆子,不到清明边,夹到你的碗里也要夹回去。"母亲问为什么,外婆说:"慈姑吃了可以加,肉吃掉了要去买,不到清明边,还会有客人来做客,肉圆子要留着派用场。"在清苦的岁月里,外婆以这样的言传身教,教育孩子站在别人的角度,设身处地为别人着想。外婆毕竟是外婆,当年在对自己的小孩子说话的时候,有一句潜台词:到了清明边,正月里做客人罢了,如果主人给客人夹菜,就可以吃掉。大概在外婆的心里,只要是小孩子,都应该吃肉,都应该吃肉圆子。

对于上门来的客人,很多年来,外婆一直遵循着自己的待客之道。所以,外婆总是不会让我们把夹进碗里的菜再夹出来的。外婆这么说,这么做,是叫我们多吃菜。其实,外婆家有很多客人,他们都还没来过外婆家做客,但都会来外婆家做客。

不仅仅是正月里,在一年时间里,我们会有很多次到外婆家去做客的机会。蚕罢、夏至、"双抢"后,我们常到外婆家去做客。父母用小木船载了我们,从家门口的小河出发,一路欸乃,摇船而去。我们坐在垫好稻草的船舱里,欣赏着一路的好风光。

出了长漾口,小船一路向北。桑树地在不断后退,偶有几个熟人,从浓密的桑叶里钻出头来，对着我们的船喊道："载着一对双双子（吴方言，即双胞胎）去哪里呀？"每次听到这句话，我总是很生气，以为自己比弟弟大两岁，别人还这样说，是在嘲笑我。母亲此刻看懂了我脸上的表情，总是不顺着问话者的意回答："我们一家门去我妈家做客。"

我们的小木船中途总要经过小镇。临近小镇的时候，我们就看见了钟管长桥。这是一座很老很好看的石桥，每次我们都能看到桥上不紧不慢地走着一些人，有时我们会看见几个老人坐在桥栏上说笑。

船从钟管长桥下面经过，我们就看见了河西的茶馆店。我们的船经过茶馆店的时候，总能看见几个老头的脑袋从窗口露出来，他们在说着似乎每天都一样的话题。

过了茶馆店，我们就看见了不远处河边的一棵老树。这棵老树，就像是老掉了牙的老人，只有树顶上有一点叶子。这点树叶，就像是老人仅存的几颗老黄牙。在老树的指引下，我们一路北上，往西拐进了长安长桥河，就看见了不远处的长安长桥。

经过长安长桥，我们的小船就拐进了南北向的小河里，在桑树地中间摇了很长时间，路过草堂里、香腰里、弯刀里，一个叫作渔家庄的小村子就进入了我们的视野。

每次去外婆家，似乎都是撞去的。但每次临近外婆家，似乎都能看见外婆在大树底下张望。看见我们的小木船，外婆叫着女儿的名字，也叫着外孙的名字。听到动静，外婆的一对孙子孙女，我的表弟表姐，全都跑出来迎接我们。外婆在河埠头，像接过刚出生的婴儿一样，把我们从母亲手里接过去。

因为没有准备，外婆家的第一顿中饭常常是简单的，桌面上似乎都是自家菜地里摘采的蔬菜。外婆给我们盛的两碗饭，看起来和给表弟表姐的没有什么区别，但每次等到我们吃了半碗饭的时候，总能惊喜地发现里面藏着一个金黄的荷包蛋。表弟表姐开始并不知情，有一次表弟闻到了蛋香味，也就看到了荷包蛋，我们饭碗里的秘密也就公开了，表弟表姐哭闹着也要吃。外婆说："人家是来做客的，就应该吃鸡蛋，你们两个在自己家里，吃什么鸡蛋呀！"

三

我们还常常在外婆家住很长时间。

外婆家的灶头间西墙上有一扇小窗户,窗户外面是隔壁阿卫家的一个小天井。阿卫是这户人家的男孩子,比我们大好几岁。窗户对面是一扇几乎一样的窗户。两扇窗户间,是一棵很大的枇杷树。我们每次从窗子里望出去的时候,总是看到对面的窗子里,阿卫的奶奶站在那里。老人的目光从窗户里传出来,在枇杷树的枝叶间闪闪烁烁,有一种非同一般的意味。尤其是枇杷结果的时候,老人的目光让我们不敢伸出手去,哪怕这些令人垂涎的果子,对于我们来说唾手可得。

但阿卫是一个很容易亲近的大男孩,阿卫带着我们玩游戏。我们最喜欢玩的是跟着他在门前那条宽宽长长的堤坝上做小扁担、小担桶。阿卫从芦苇丛里挑选最粗壮的芦苇,截取芦管,小心翼翼地做成两个小担桶、一根小扁担。担桶和扁担都是钟管人挑水的工具。一副提桶做好后,我们就用来挑水。我们走到河埠头,把自己的一根手指当作肩膀,让一担水摇摇晃晃地从河埠头挑到堤坝上。我们把水倒进一堆泥巴里,和泥,做各种各样我们想做的东西。我们反反复复挑水,不厌其烦地做心里面的东西。我们会在芦苇丛边蹲半天,做出小人、鸟、鸡、鸭、猫、狗⋯⋯

外婆家的东隔壁是纪轩、玉轩两兄弟家。纪轩是老大,玉轩是弟弟。兄弟俩饭量都很好,经常能够听到他们的奶奶在骂他们:"两个呆牌位,点心边还没到,一钵头粥就吃光了呀!"钟管人一天要吃四餐:早饭吃粥,中饭吃饭,点心吃粥或者米糕圆子熟食,夜饭吃饭。"点心边"就是吃第三餐的时辰,在下午两点左右。"牌位"是对非常讨厌的人的骂名,因为厌恶至极,里面带有诅咒的味道。骂别人牌位,已经很严重,他们的奶奶把他们骂作"呆牌位",其中包含了的愤怒可想而知。这一钵头粥原本是家里所有人的点心,田里干活的主劳力还没有回来,一钵头粥就吃光了,他们的奶奶是交代不过去的。兄弟俩的母亲是一个眼睛里有三分凶光的女人,干了重体力活回家来,没有粥吃,自然是不好说话的。所以他们的奶奶会再烧一钵头粥,边烧边骂呆牌位。

外婆家和两兄弟家之间,是一道泥墙。泥墙以竹帘子作为骨架,用烂泥涂砌。灶头间墙壁上面的一个角落里,有一个洞。这个洞是隔壁的黑猫来去的通道。兄弟俩不像西隔壁的阿卫那样对我们很友好,经常欺负我们,我们对兄弟俩的强旺耿耿于怀。我们虽然在心里也骂他们呆牌位,但不能像他们的奶奶那样骂出声来,只能把气撒在这只无辜的猫身上。

这是一只慵懒而温顺的老猫,与它的主人的性格脾气完全相反。每次黑猫从墙洞里跳下来,我们不费吹灰之力,就能把它捉住。我们用剪刀把它的胡子全部剪掉,我们边剪边笑,把一只没有胡子的黑猫放回去。当黑猫跳到墙洞里,消失在隔壁的屋子里的时候,我们就静静地等待着接下来发生的事情。我们终于如愿以偿,听到兄弟俩的奶奶,在骂两个冤大头呆牌位。

大概因为慑于奶奶的威势,兄弟俩从来没有还嘴的时候,总是默默地背负了似乎习以为常的骂名。我们终于隐隐觉察到了他们向我们投来的目光中隐含的仇视和愤怒,但因为没有证据,他们对我们也是毫无办法。

我们虽然很担心兄弟俩会有发作的一天,但一想到他们的强旺,复仇的欲望压倒了恐惧。当黑猫长好了胡子,再次从墙洞里跳过来的时候,我们又把它抓住。这次我们用火来烧它的胡子。这只温顺的老黑猫,不会反抗,甚至叫都不叫一声,就被我们烧光了胡子。当屋子里充满了猫胡子的焦煳味道的时候,我们心里充满了复仇后的喜悦,在心里哧哧地笑着。

我们再次把一只没有胡子的老猫放了回去,静静地等待着接下来发生的事情。终于,我们再次如愿以偿,我们听到隔壁的奶奶又在骂她的两个孙子。这次骂名终于升了级,从原来的"呆牌位"变成了"死牌位"。两个冤大头依旧不敢还嘴,默默地背负了骂名。我们在心里狂欢,为复仇计划的完美实施而兴高采烈。我们悄无声息地激动而兴奋着。兄弟俩依旧找不到任何证据,但他们向我们投来的目光里,满是愤怒和警告。

四

表弟和我同年,但小我几个月。表姐比我大三岁。

表姐是一个很野的疯丫头,她最喜欢带着我们二个小男孩到外婆家的那片林子里去玩。表姐最喜欢在秋天带我们去。因为这个季节到了，树林里谷树上的果子慢慢熟了。被钟管人称为"谷树"的，是一种长着毛茸茸的大叶子、结出比杨梅还大的果实的大树。谷树的果实开始时是青而硬的毛茸茸的小球，慢慢长大，成熟的时候，就变红了，变软了，熟透的时候，从树上掉下来，像火柿子一样，汁水迸射。这种果实味道甘美，果汁丰盈，令我们垂涎三尺。

因为了解表姐的脾气，大人们总是一再叮嘱，要好好带三个弟弟，表姐每次都是笑盈盈地答应下来，等到大人转身，就把大人们的叮嘱抛到九霄云外。

谷树的果实开始成熟的时候，表姐就把我们往林子里带。我们在谷树地下寻找着汁水迸溅的果实，把爬满果实的蚂蚁吹掉，就美美地品尝这种甘美而丰盈的味道。表姐每次都会问我们，好吃不好吃，当我们说好吃的时候，她就会开心地笑起来。等到谷树底下的果实都被我们吃完，表姐就找来一根竹子，把树上已经成熟、摇摇欲坠的果实打下来。我们三个男孩子在树底下等着，就像等着宝贝从天上落下来一样。我们见一颗捡一颗，眉开眼笑，美美地品尝。

林子里有好几棵又高又大的谷树，每次我们进林子，总能够吃足吃够。表姐似乎自己从来不吃这些令人垂涎三尺的红果实，似乎只是沉醉于自己带头先生的角色里。但表姐的每一次带头行动过后，似乎都会遭到外婆或者阿姨的训斥。这片林子里满是蛇虫八脚，这些红果实并不是普通的水果，所以表姐的行动是犯忌的。大人们训斥表姐的声音又响亮又严厉："呆子细丫头，每天像个带头胡蜂一样，旋到树林里去！"被大人比作毒恶的带头胡蜂的表姐，此时头虽然低垂着，但一点不难过，偷偷地笑着，仿佛被骂的是离她十万八千里的一个毫不相关的人似的。

表姐确实是一个带头先生，带着我们做很多新鲜的，甚至从来没有做过的事情。表姐也确实很像一个带头胡蜂，带着我们三个小男孩，像一个胡蜂阵一样横扫渔家庄的每一个角落。我们似乎并不觉得表姐是一个女孩子，我们觉得表姐和我们一样，并没有什么区别。但情况在慢慢地发生改变。

夏天，表姐和我们一起游泳。我们在外婆家的河埠头游泳。每天傍晚，大人把矮门从门框上摘下来，放到水里，做我们游泳时扶手依凭的工具。我们扶着矮门，拼命地打水，溅起的水花总是打湿到河埠头来淘米洗衣服的大人。表姐也和我们一样，边打水边笑，打起的水花比我们打起的还大。被溅了一身水的大人会说："哪里像个细丫头？！"

每次游完泳，表姐总是让我们在河埠头先等等，自己先上岸，换好衣服来河埠头叫我们。有一天，我们三个小男孩，没有得到表姐的授意，合谋了一个秘密计划。当表姐从河埠头起身，告诫我们在河埠头等着的时候，我们像往常一样满口答应。

表姐向矮门走去，消失在我们的视野里，我们互相使了一个眼色，同时从河水里站了起来，向外婆家大门飞去。我们进了第一道门，又进了第二道门，向第三道门飞去。我们在第三道门里面见到了表姐。一道土墙边，表姐大惊失色，从地上捡起湿淋淋的衣服，魂飞魄散地把自己遮住。

但到了第二天，表姐就像什么也没有发生过，依旧做她的带头先生和带头胡蜂。

五

不知从什么时候开始，表姐似乎慢慢地不再做我们的带头先生。我们三个男孩子，有了自己的天地和行动。

我们最喜欢的，是到沟渠里去捕鱼。我们会到离家很远的地方去捕鱼，陆家桥机埠附近，就是我们经常去的地方。机埠在陆家桥南，每天都会把河里的水打上来，通过一个不大的水池周转，把水打到一条南北向的渠道里，灌溉附近的农田。

这条渠道里，经常有从河里打上来的鱼虾，所以，这里成了我们捕捞鱼虾的好地方。那一天，我们又来了，把一个网下到了水流湍急的渠道里。下网没多久，我们就听见非常响亮的水花响。我们激动万分地把网收了起来，一条大黑鱼，在网底做着无谓的挣扎。

我们满心喜悦地把黑鱼装进网袋里。网袋里已经有了很多的鱼虾，一下子又有了一条大黑鱼，马上就变得沉甸甸起来。我们把渔网再次安放到渠道里后，就到旁边去玩了。等到我们返回想要收网时，马上就傻了眼，我们放在那里的网袋已经消失，原来的位置，仅余一个湿漉漉的水印子。

我们往北望去，看见一条水的痕迹，向陆家桥方向延伸。一些小鱼虾，在路上跳跃着。不用说，有人偷走了我们的一网袋鱼虾。我们在有鱼虾蹦跳的水痕迹的指引下，一路向北追赶。我们过了水塘子桥，绕过一个狭长的池塘，来到了一排长长的老房子面前。水痕迹终于折进了一家人家的大门。我们进了一道门槛，又进了一道门槛，我们没有像上次追赶表姐一样追进第三道门槛。水痕迹在第三道门槛前终止了。我们的网袋，被扔在了天井里，袋子里的小鱼虾全部消失了，只有那条大黑鱼，在里面拼命地挣扎着。

一埭长长的屋子里，不见一个人影，我们就在天井里驻扎下来。我们在天井里说了很多狠话，这些狠话，都是从大人那里学来的，有好些我们是第一次说。这些话全部是说给躲在不知哪个角落里的偷鱼贼听的。我们把这个天井据为己有，说了有生以来最多、最狠、最毒的话。那个偷鱼贼，就像是被我们骂进了泥土里、墙壁里，始终无声无息，不见踪影。

这一天，邱家坝这埭长长的老祖屋，成了我们的胜利场。我们长驱直入陌生的战场，如入无人之境。我们不见硝烟，就大获全胜。我们拿起战利品，雄赳赳气昂昂地走出两道门槛，绕过狭长的池塘，走过陆家桥，走在宽广的老路上，折到低矮潮湿的老泥路上，从圆圆的池塘边走过，回到了外婆家的大门。

晚上，外婆给我们烧了红烧咸菜黑鱼，菜鲜鱼鲜汤也鲜，这是我们吃到过的最好吃的红烧咸菜黑鱼。外婆说，到底是自己抓来的，饭多吃了好几碗。

六

外婆家第三进是楼房，也是整埭老屋最幽深的地方。像所有钟管的老房子一样，外婆家的楼梯，安在靠北墙的地方。楼上，就是卧室。外婆的床是一张古旧的大床，需要先踏上一块跳板，才能爬到床里去。

我们每次去外婆家，就和外婆睡在这张大床里。外婆睡外侧，我们睡里侧。夏天，外婆总是坐着给我们打蒲扇，一扇给我，一扇给弟弟。在外婆扇来的习习凉风中,我们就睡着了。冬天,外婆给我们盖两床厚厚的老棉被,给我们把被角掖好。外婆的被子很厚很重,无论我们怎样翻滚,都不会把被头踢掉。

外婆会在半夜里叫我们起来小便。外婆把昏黄的电灯拉亮,把白纱布蚊帐撩开,挂在一个铜钩上,叫我们醒来,把我们扶起来,抱起来。我们睡眼惺忪地起来,踏着踏板,到床前的马桶边小便。我们再次躺下睡觉,会一觉到天亮,也不会尿床。

外婆家东侧楼板上,有一个四方的洞。这是楼井,也就是安楼梯的地方。原来外婆家的一半房子,是向东隔壁买来的。两家人家变成一家人家后,一个楼梯就撤掉了。但不知为什么,这个楼井却一直留着。我们似乎也从未得到警告远离这个洞口。这个洞终年开着,似乎从没有过被覆盖住的时候。

我常常坐在洞口看楼下。我往下看的时候,似乎从来没有看见楼下出现过人影。我每次总是看见楼下黝黑的地面,一把竹椅子,总是在老位子,仿佛在等着它一心想等的人。我坐在这个洞口,一坐就是半个时辰,我边看边想,没有人来打扰我,也听不见任何声响。

看够了,我就会走到窗户边,向外面观望。经常会看到一只猫,卷起尾巴回头看我,叫几声,向远处走去。

外婆家第三进楼房的东面,有一个小池塘。池塘被树木包围着,里面养着鱼,经常有鱼从池底浮出来透气,也经常有猫在池塘边蹲守着,但从来没有看见过它们捕到一条鱼。

七

我的大阿姨是外婆家的坐家女儿。坐家女儿,就是在家招女婿上门的女儿。这个上门女婿,就是我的姨父,但母亲却让我们叫他娘舅。

自古坐家女儿招上门女婿,就是件困难的事情。不在家里娶老婆,出门做人家的女婿的男子,不是家里困难,譬如兄弟多而房子少,就是这个男子本身有些缺陷。有人说,招女婿上门,就像是赌钞票,是好是坏就靠赌一把。很不幸,外婆家赌输了。

娘舅是一个头脑不是很清爽的男子，用钟管话说，就是一个不三不四的人。这个不三不四，包括不该说的话乱说，不该做的事情乱做，说话做事没有分寸不讲度数。这个不三不四，在家里表现出来的还有很重要的一层，就是不尊重长辈，很多时候冲撞长辈。有时一句话对不上，还会摔家什。且随着入赘时日的增长，资历的渐厚，很有越来越放肆的趋势。娘舅在家里，对着家人的面，常说"你们不把我当个人"。甚至在外人面前，娘舅也说"他们不把我当个人"。经常有人把在外面听到的话传给外公，外公气得话也说不出来。

外公是一个凡事宁可自己吃亏的人，曾经像对待儿子一样教育引导，但收效甚微。外公又是一个视声誉如性命的人，如今出了一个动辄家丑外扬的子孙，心里郁闷忧伤。每天看见这个女婿，就想起那个小小年纪就淹死了的儿子，胸口常有挥之不去的隐痛。

外公常年抓鱼摸虾，时常子夜时分就已经起床，睡眠严重不足。外公一生风风雨雨，经历了很多事情。女婿入赘后，心里的郁结无法排遣，终于身体状况每况愈下。外公开始说一些不受自己控制的话。这些话，有时会伤人。外公是一个宁可自己吃亏，从不要自己便宜的人，外婆觉得自己的老头子好像变成了另外一个人。外婆曾经带着外公到湖州的医院里去看病，但收效甚微。

那年暑假，我们照例到外婆家去。我们漫长的暑假，几乎都是在外婆家度过的。这同样是一个漫长而令人愉悦的暑假。但这个假期，和以往的假期相比，有了明显的不同。因为外公经常说一些让人感到非常陌生、很不安的话，小小年纪的我们，也看出了外婆眼中的忧郁。

暑假终于结束了。照例，外公用他的小木船载我们回尚博的家里去。但这次是外公最后一次用他心爱的小木船送我们回家。这也是令我们永生难忘的一次回家旅途。

那天午饭后，外公就到大门角落里去搬橹。以前外公搬橹是得心应手，但这次搬橹却是步履蹒跚。外婆说："银山，你摇船摇不动的话，就不要摇船去了，让我送他们走路回去吧。"但外公坚持送我们回家。外婆把家里所有的好东西都塞给了我们，没有给家里的两个小孩留一点，送我们上船。我们看到外婆的眼睛里充满了不舍和不安。

外公的小木船从外婆家门前的河埠头起步，沿着小河，向南方驶去。两岸都是桑树地。沿着小河的走向，外婆跟着外公的小木船，在桑树地里穿行。外公的小木船似乎比以前慢了许多，也不像以前稳健，外婆跟着这条似乎在桑树地里穿行的小木船行走，眼睛里充满了不舍和不安。

当外公的小木船抵达渔家庄南面的草塘里的时候，外婆还在河东的桑树地里穿行。外婆的目光追随着我们，一刻也没有离开过。当外公的小木船来到了那条通往龙溪的长安长桥河里，东拐向长安长桥驶去的时候，我们才看不见了外婆的身影。

八

第二年，外公得了肝腹水，肚子一天比一天大。父亲和母亲陪同外婆和阿姨，送外公到杭州去看病。外公的病依旧一天天严重起来，终于在我十岁那年的正月里，离世了，享年六十四岁。

渔家庄派出去的报死人，去了很多村庄，除了清水湾外公的外婆家和我母亲的养母家，山水外婆的娘家，还有送掉了外公两个亲生女儿的杨安塍和龙蚕圩。这些报死人还去了外公生前的很多好朋友家。除此之外，报死人还去了渔家庄外公家的老本家。按照老规矩，即使是前门对后门，早就知道了自己本家有了丧事，但还是要上门报死的。

只有得到了报死人亲口说出来的确切的死讯，外公的亲戚好友才会来渔家庄吃豆腐。每到一家人家或者一个亲朋来吊唁，专司报告的人就会大声地说，某某到了。这个报告者，一定是熟知死者生前亲友关系的一个人。每次报告声响起，哭丧的人就会大声地哭喊起来。

这些哭泣的人里面，数外婆和母亲哭得最为悲恸。外婆失去了相依为命几十年，和自己一起养儿育女，相濡以沫的丈夫。母亲失去了把自己从清水湾生母家抱养到渔家庄，视自己如己出胜己出，把更多历练和见识的机会给了自己的父亲。外公死后，母亲几乎没有合眼，双眼红肿，不停地哭，终于嗓子倒掉了。

三朝到了，就到了出材的时候。随着几个炮仗响起，人们全都跪了下来，放声痛哭。外公被人抬起来，放到棺材里去。原先跪着的人，都扑了过去。母亲两膝着地，跪着前行。母亲对我说："再看看你外公，以后就看不见了。"我向棺材里看去，只见外公眼睛闭着，留着胡子，整张脸很黑，非常消瘦。这也是我最后一次看外公。

盖棺的时间到了，母亲突然又能哭出声音来了。这种声音远在哭泣之上，就像是在厚厚的墙壁之内听到的墙外的声音。这不是丝丝缕缕若有若无的声音，这是一种把墙壁直接推翻，直接暴露出来的声音。这是一种声音之上的声音，哭泣之上的哭泣，让人听了心碎断肠。几个壮汉抬起棺盖，盖在棺材上。母亲拼命地把棺盖推开。几个壮汉不说一句话，再次把棺盖盖好，并且开始钉钉子。这是一种很粗大的爬头钉。壮汉抡起锤子往爬头钉上锤，棺材上就发出很响亮的声音。母亲终于昏厥过去。

当棺材开始往门外抬出去的时候，母亲又醒了过来，跑出去追赶。河埠头，外公的木船，今天又有了新的任务，要把睡着外公的棺材通过小河，再通过大河，送到外面的桑树地里去。母亲追到河帮上，再次昏厥，滚了下去。外婆把母亲扶了起来，下了船，送外公最后一程。

九

就在外公逝世的这一年冬天，我的第二个阿姨，嫁到了前村。

阿姨出门的时间临近了，外婆家变得忙碌起来。一连几天，外婆家都在杀鸡破鸭，杀猪斩羊。那一天晚上，外婆在第三进屋子的楼下东墙边拆羊头。所谓"拆羊头"，就是把羊头上面的肉扒下来，抠出来，扯下来。外婆坐在一把椅子上拆，我坐在一个小凳上看。外婆把拆下来的最好的羊肉塞到我的嘴里。这是上好的羊肉，很香，没有一点油腻，让我感受到无比美好的味道。

外婆拆好羊头，再拆猪头。我吃了羊肉，又吃猪肉，津津有味。外婆把羊头和猪头全部拆完，就加入做糕做圆子的队伍里。钟管的人家嫁女儿，要做很多米糕和圆子。米糕方方正正，每一块上面有好看的图案或者表示吉祥的文字。圆子有大的，有小的；颜色不一，有白的、黄的、绿的。小圆子好几个堆在一张箬叶上，称为"一鼎圆子"。

因为圆子象征了圆满，米糕象征着步步高升，所以，娘家想要把这份心意表达充分，就要做很多的圆子和米糕。这一天做糕做圆子的妇女很多，母亲和几个阿姨都在里面，马上要做新娘子的阿姨也在，从小送给人家的两个阿姨也都来帮忙。除了自己人，还有渔家庄本村的一些妇女，也来帮忙。

这些妇女一边做糕做圆子，一边说笑，老屋里充满了她们的说笑声。我坐在旁边的凳子上，看她们做糕做圆子，听她们说笑。做好的圆子和米糕蒸熟后放在圆匾里。这些圆匾是养蚕用的，这样的时候，就成了放圆子和米糕的器具。蒸熟的圆子和米糕袅袅地升腾起水雾，整个屋子里有了烟雾迷蒙的感觉。

就在这间临近新年、烟雾迷蒙的老屋里，这些妇女的说笑转到了一个话题上：这些堆积在圆匾里的圆子和米糕像什么。有人说，像凤凰。有人说，像喜鹊。有人说，像一头牛。每次一个妇女把心中的想法说出来，其他的妇女就哈哈大笑起来。

可是，屋子里在一瞬之间就安静了下来。那是在我说出了自己的想法之后。我说，像一个牌位。

"牌位"这两个字，不管什么人，都不是轻易就能出口的。但在此时，在我，一个十岁的男孩子的心里，确实是真实的想法。因为我看到的米糕，堆积在一起，长长的，方方的，就像那个样子。

但是，这毕竟也是一个非同一般的日子。这是渔家庄的一户人家，临近好日子的一天。这个时候，人们应该把心中的喜悦表达出来，把美好的祝福，送给即将出门的这户人家的女儿。

所以，外婆家的老屋子，因为我的一句快言快语，瞬间安静了下来。惊愕中的母亲手足无措，不知如何开口。母亲想要说小孩子不懂事之类的话，但还没有说出口，外婆就带头重新说笑起来。

我，一个十岁的男孩子，心快口快，原先期待着得到大人们的表扬。但在整间老屋都静下来的时候，还是意识到了自己刚刚说了错话，闯了大祸。

但外婆毕竟是外婆,非但没有训斥我,而是若无其事,让这一非常严重的时刻,悄无声息地过去了。

此后,没有一个人旧事重提。

十

阿姨的好日子终于到了。阿姨百般不舍,在外婆百般不舍的目送下,下到了装满嫁妆和圆子米糕的木船里。我和弟弟、表姐、表弟,还有我的干姐姐,作为小孩子,坐在这条船里,送阿姨去做新娘子的新家里。

船从外婆家的河埠头起步,往右拐,就来到了陆家桥河里。这条大河,往西通往龙溪,往东通往阿姨的新家。一路炮仗响起,很快,船就来到了陆家桥边。邱家坝村的很多人,都来到桥上看新娘子。有几个小孩在说:"快来看新娘子呀!"有一个大人在问:"谁家的女儿出门呀?"一个人回答说:"银山的女儿!"又有一个人说:"银山可怜,死得早,来不及吃女儿的肉。""吃肉"是钟管人对于喝喜酒的说法,大概自古以来,只有在喝喜酒的时候,才能吃到肉,或者尽兴地吃到肉。

我抬起头来看这些好奇的人。这些人露着牙齿,说着话,都在开心地笑着,仿佛这一天是自己的好日子。我抬头的时候,还看到了这座陆家桥上不一般的景象,面西的桥柱上方,各有一张脸。北侧的脸有一个尖尖的鼻子,神情安详。南侧的脸眉毛竖起,眼珠暴凸,有愤怒的神情。桥的中央,有"保福桥"三个字。南侧一块古旧的石头上,有一些看不清楚的古旧的文字,似乎是这座桥最早的名字,第一个字是"兴",第三个字是"桥",中间的字看不清楚,旁边"辛丑年"三个字依稀可辨。

当我们的船穿过这座似乎有好几个名字的古桥以后,在桥上看新娘子的人也纷纷转身往东看。我回头看他们的时候,看到朝东的石柱上方,也各有一张脸。北侧的脸鼻子扁圆,嘴角上扬,眼睛里都有微笑。南侧的脸眼睛暴凸,似乎面露凶光。这四张脸我感觉好像都在哪里见到过一般。

几个炮仗响过之后,我们的木船离开陆家桥,继续向东驶去。河的两岸,是村庄,是桑树地。每到一个村庄,专司放炮仗的人,都会把炮仗放上天,提醒人们今天是个好日子。人们都从家门里走出来，到河边来看新娘子。过了一个村庄又一个村庄，过了一座石桥又一座石桥，我们的船终于在前村一个叫竹墙里的古老村庄靠岸。

这里，就是阿姨做新娘子的新家。姨父是一个满脸笑容，容貌俊美的小伙子。姨父的母亲，阿姨的婆婆，也是一个满脸笑容的人。这个是我母亲长辈的人，满脸笑容地把阿姨的姐妹，包括从小送掉的两个姐妹，都叫了一遍。老人的叫法很独特，都叫阿姐。被叫的人，有阿姨的姐姐，也有阿姨的妹妹，都成了这位满心喜悦的新婆婆的姐姐。这是我听到过的，最有趣的叫人的方法。阿姨的婆婆，通过这种一降再降自己辈分的方式，表示着对于儿媳家亲人的尊重，表达着对于亲家养育儿媳成人的感恩，也表达着一种承诺：媳妇讨进门，会当作女儿一样对待。

姨父家酒菜非常丰盛，客人们喝好喜酒，都满意地回去了。大喜之夜，我们五个来自阿姨娘家的孩子，都没有回去，而是留在了阿姨的新家里。

新房里来闹新房、讨喜糖的人，络绎不绝。夜深了，新房里还是人声鼎沸，我坐在一条板凳上开始打瞌睡。我是一个从小就习惯早睡的小孩子。阿姨就对闹新房的人说："你们明天再来吧。"

阿姨的新房很大，婚床也很大。这一夜，我们五个孩子，我和弟弟、表姐、表弟、干姐姐，和阿姨同睡在这张大大的婚床里。这也是我平生第一次在婚床里睡一夜。

姨父这一晚睡在哪里，我们不得而知。

十一

阿姨出门不久，外婆家就搬到了那片树林里的宅基地上。

这片林子，果然是一片老林子。那一年隆冬季节，造房子的工程开始了。第一步工作是把林子里的树倒掉，然后排墙脚。当泥水师傅放好样，开始掘泥的时候，终于慢慢揭开了这片老林子的真面目。

在离地面不远的树根里、老泥里，盘踞着不计其数的蛇。这些蛇品种繁多，体形肥硕，因为隆冬季节，相互纠缠在一起，就像人们拥抱在一起一样。

当泥水师傅用竹棒去挑它们的时候,它们很不情愿地蠕动起来。这些褐色、黑色、青色、红色、绿色的蛇,很不情愿地蠕动着,冬天的阳光打在它们蠕动的身躯上,散射着凄冷的光芒。

所有的人都说,从来没有看到过这么多的蛇。泥水师傅说:"我排过的墙脚多了,从来没有见过这么多蛇。"我跟在大人后面看,心里毛毛的,心想,表姐带我们到林子里来过这么多次,该有多少蛇在看着我们呀!

这些半死不活的蛇,都被大人们用筐装了,挑到河边,倒在香樟树底下。香樟树下面,就是陆家桥河。这条大河,通往龙溪,也通往无数的小河。这些胆战心惊的挑夫,挑了多少担,已经数不清楚。寒风凛冽,香樟树底下,堆积着数不胜数的蛇,半死不活地蠕动着。它们还在冬眠,它们无法爬行,也无法游泳。人们都说,到了明天来看,这些蛇全都冻死了。

但是,第二天清晨,有人就把一个令人匪夷所思的消息带到了工地上:香樟树下面,已经见不到一条蛇了。人们都说:"这是我见过的最奇怪的事情。"

十二

我终于有了新的外婆家!

外婆家有一个露天平台,这个平台在屋子第二进灶头间的上面,是我们看星星的好地方。

夏天,外婆在平台上浇水,好让平台快点凉下来,做我们的观星台。天快黑的时候,外婆就把席子在平台上铺好。外婆的席子,都是油黑发亮的老竹席,很多地方都是修补过的。

我们躺在竹席上看星星。我们看北斗七星,看走星,看飞星。萤火虫从平台西侧的大树上飞起来,飞到我们的席子上,就像是星星飞到了我们的席子上。知了在西面的桑树地里叫唤,也在南面的池塘边叫唤,也在陆家桥河对岸的田坂里叫唤。我们在知了的叫唤里,听外婆讲故事。

外婆的故事都是老掉牙的老故事,是讲了很多次,但我们永远不会听厌的老故事。就像天上的走星,在那里不紧不慢地走着。也像天上不动的星星,总是在那里，一闪一闪的，就像在和你说话一样。

外婆家的天井里有一棵葡萄树。葡萄树总是向平台上攀登，好像要把那里全部占领似的。外婆家的第三进屋依旧是楼房，楼下东面和西面靠墙都有一扇小门。西面的小门对着第四进后屋的小门，门口，是吹穿堂风的好地方。把两扇小门打开，就能看见陆家桥河里的水，也能吹到河里吹来的风。夏天，外婆把几条养蚕用的蚕毛凳放在门口，把养蚕用的大圆匾放在地上，大人坐在长凳子上，我们睡在蚕匾里面。外婆把两扇门都打开，我们吹着河里来的风，说着无关紧要的话。

外婆家的楼梯依旧在靠后墙的位置上。楼梯上挂着一大串来自不同年代的老铜钱，我们经常把铜钱拿在手里，让它们发出稀奇古怪的声响。无论我们玩多久，都会让铜钱回到原来的位置。

楼上依旧是卧室，这里放着外婆家的老床和老橱。楼梯口后墙上，有一个安有推板的小洞。我们经常把推板打开，爬到洞外，坐在后屋的屋顶上看风景。我们可以看陆家桥河里的鸭子、小船，可以看河对面的田坂、村庄。看得最清楚的，是附近的两个村庄，那里有外婆送掉的两个阿姨。

西墙上有一扇窗户，窗户上用白色的塑料纸作为"玻璃"。经常能够听见风吹动塑料纸的声音，吸引你看窗外的风景。那里，是广阔的桑树地，漫长的河流，或远或近的村庄。

十三

外婆家搬到陆家桥河边后，我们慢慢地长大了。我们已经长大到不需要大人用船载我们来外婆家，我们可以自己沿着大小的河流，走过古老的桥梁，穿越广远的田野，穿过古老的街道，自己走到外婆家去。外婆依旧把肉和蛋夹到我们碗里，用筷子夹碎，让我们全部吃完。那一天，我们在外婆家吃了饭，走在回家路上的时候，弟弟问我："哥，我怎么觉得眼前的桑树地在晃动呀？"我说："我也是啊！"这一天，外婆到小店里买来了汽酒，请我们喝了汽酒。这是我们有生以来第一次喝酒。

外婆最后一次给我做饭，是在我工作了好几年以后。那一天，我独自一人骑着自行车去外婆家。外婆家只有外婆一人,外婆到灶下给我做饭,把一瓶黄酒拿给我,坐着陪我。我喝酒,外婆和我说话。此后,我再也没有吃过外婆做的饭。我的阿姨承担了烧饭的任务。

我依旧经常去外婆家。我每次去外婆家,外婆总是一个人坐在门口的椅子里。我叫她外婆,外婆总要问"你是谁呀",我再叫外婆,外婆就会认出我来,叫我的名字。

2003年我去了上海后,去外婆家的次数少了,但每次回来,我依旧会去看外婆。外婆依旧每次都坐在门口,仿佛在等我。2007年我结婚后,外婆和我的妻子关系很好,经常拉着我妻子的手,说:"你带着我去街上走走,好吗?"

2008年我的孩子甜甜出世了,外婆叫阿姨把藏了很多年的老银器到街上打了两副脚镯给甜甜,就像多年以前我和弟弟出生时一样。我们带着甜甜到外婆家做客,外婆抱着甜甜,在屋里走着。外婆很高兴,就像多年以前抱着我和弟弟一样。

不久以后,外婆摔了一跤,躺在床上不能起来。2009年,外婆离开人世,享年八十六岁。没有了外婆的渔家庄,永远是我的外婆家。因为外婆永远活在我的心里。

2017年7月12—18日,写于尚博祖屋

邱家坝

邱家坝在渔家庄的东面，陆家桥河的北岸。村南横跨在东西向的陆家桥河上的，是陆家桥。这座桥的另一个名字写在桥额上：保福桥。村东横跨在南北向无名小河上的，是梅家桥。这座桥也有另外一个名字：保安桥。这是一个以两座古老石桥庇佑福安的古老的自然村。

那一年，外婆家从渔家庄搬到了邱家坝，临时租借了一个名叫杨阿斤的原国民党官员的房子。因为主人在坐牢，所以这埭老房子就空出来了。外婆家租借的这埭老房子里，曾经发生过令人震惊的事件。

当年，杨阿斤位高权重，有很多女人跟着。这些女人里有一个心狠手辣的，有一天，把杨阿斤的妻子引到一块僻远的地方，杀死了。这个可怜的女人，被人运回村里的时候，人们看到了半船的血水。

可怜的女人死后，毒女人就进了这埭老房子的家门，成了新的女主人。那一天晚上，毒女人马上就要临盆了。子夜时分，村里传出了两声枪响，很多人都惊醒了。天亮的时候，村里在传言，毒女人和肚里的小孩，一枪一个，被打死了。有人问："谁开的枪？"有人回答："还会有谁，当然是被她弄死的女人呀！"有人说："死去的人，怎么会有枪？"有人说："不是枪打的怎么会有枪响？"有人说："怎么就能确定是杨阿斤的女人开的枪？"有人说："如果是人开的枪，怎么看不到子弹、伤口、血？"这最后一句话确实是很有说服力的。只有死鬼，才会把人不见血就用枪打死。

这是在邱家坝广为流传的一个故事。外婆家搬到这埭老房子里的时候，当年的国民党官员还在坐牢，那个可怜的女人和恶毒的女人，也已经死去多年，但这个故事就像是刚刚发生的一样，让这个小村庄，笼上一层不同一般的气息。尤其是外婆家住的这埭老房子，总是让人生发出莫名的联想和恐惧。但这里，依旧是我母亲的乐园。

母亲在邱家坝有好几个小姐妹。一个名叫水妹的小姐妹住在伊盖上。伊盖上是一个只有五家人家的自然村。这个村子的名字非常奇特，当年得名的时候，一定曾经有一个不同一般的故事。伊盖上在陆家桥河南岸的一片临河的桑树地里。与这个有着奇怪的名字隔河相望的，是一个叫路里海的古老的自然村。这个同样有着奇怪名字的村子也很小，只有几家人家，其中一家就是我母亲的一个名叫梅芳的小姐妹家。

这个小得出奇的村庄，也在一片桑树地里面。这个村庄还有一个不同寻常之处，就是村口有一个硕大无比的老坟。这个老坟是用山上的砂泥夯实打造的，就像是一座小山包，从桑树地里突兀出来。外地人走来，看到这座老坟的时候，就说，路里海到了。久而久之，在外地人的心里，路里海仿佛就是在桑树地里突兀出来的这座古老坟墓的名字。

无人知道这座老坟是谁家的祖坟，也无人知道这个老坟是什么年代建造的。唯一可以肯定的是，这是当年的一大户人家的坟，这块桑树地是当年被他们相中的风水宝地。也无人知道路里海这个古老的村名的由来，仅仅是它的表面文字，也会让人产生无限的联想。

这两个小小的村庄，隔着陆家桥河，每天默默地彼此观望着，就像是这两个村里长大的我母亲的两个小姐妹——水妹和梅芳，默默地互相关照一般。

水妹属蛇。在十二岁本命年那年冬天，水妹的外婆死了。外婆好像知道自己天命已尽，临死前到水妹家住了很长一段时间。外婆把自己的后事也向自己的女儿——交代清楚。其中有非常重要的一件事情，就是关于两口棺材的处理。水妹的外公外婆在多年以前就准备好了棺材。外婆身高近一米七，比外公高许多，棺材店按照他们的身高给他们量身定做了一大一小两副棺材。外婆坚持自己睡小的，把大的留给外公。外婆说，让男人家睡小棺材，古法说不通。外婆说这些的时候，水妹和母亲都感到非常恐惧。母亲对外婆说："妈呀，你不要吓唬我们呀！"外婆说："人老了，总有这样的一天，不用怕，不用怕。"

那天半夜里，水妹听见外婆在哭，就把母亲叫醒，问有没有听见外婆在哭。母亲说也听见了，听见外婆在很远的地方哭。第二天，水妹问外婆为什么哭，外婆说没有这回事。这一天，外婆就回家去了。当外婆在一片桑树地里穿行的时候，就滑到了池塘里，淹死了。当水妹和母亲失魂落魄地赶到外婆家的时候，外婆已经躺在从门轴上摘下来的一扇大门上，一动不动。水妹和母亲失声痛哭，都哭死过去好几次。

晚上，水妹和母亲一起陪夜。舅舅说："孩子太小，让她去睡吧。"母亲说："就让水妹陪外婆吧，以后想陪也没有机会了。"外婆家周围都是桑树地，夜幕降临后，水妹总是听见有个女人在哭，这种声音好像来自很遥远的地方，但分明又在耳边。这种声音和外婆家里哭外婆的声音很不一样。这种声音很细，就像是从墙壁里钻出来的，也像是从地心里长出来的。这种声音很冷，能让人在骨头里面瑟瑟发抖。这种声音很飘，就像是一根从鸡身上飘扬起来的鸡毛，在阳光里，在微风里，在空中稳稳地飘扬着，仿佛永远不会掉落下来一般。这种声音有时又变得很重，就像一块蛮石头，能把人一下子就带到最暗最静的深渊里去。

水妹问舅舅有没有听见有个女人在哭。舅舅说："不是有很多人在哭吗？"水妹说："不是屋里的这些人的哭。"舅舅摸摸水妹的额头，说："没有发烧呀！"水妹又问母亲有没有听见有个女人在哭，母亲了解自己的女儿，没说别的，只说"没听见呀"。母亲问水妹："你听见的女人的哭声是怎样的？"水妹说："又像很远，又像很近。"母亲说："囡囡，这些天你自己要格外当心一点，外婆没了，妈照顾不好你呀！"

第二天，水妹无论走到哪里，无论是坐着还是站着，说着话还是不说话，总能听见一个女人在哭。女人的哭声和前一天晚上听到的哭声几乎没有区别。水妹又问舅舅和妈妈有没有听见女人的哭泣，舅舅和妈妈都说没有听见。

第三天，是外婆出材的日子。外婆如愿以偿，把小棺材给了自己，把大棺材留给了外公。当几个壮汉把棺材盖打开的时候，马上就惊出了一身的冷汗。原本密封的棺材的底板上，有两个湿漉漉的脚印，大小和外婆落水那天穿的鞋子一模一样。这几个汉子说，开棺盖棺很多回了，从没见过这样的稀奇事呀。当水妹的外婆入棺后，这几个汉子盖棺的时候，腿就软掉了，他们抡出去的榔头，也是发飘的。

水妹跟着送殡队伍，往一片桑树地里走去。那里，是外婆的棺材落地的地方。一路上，水妹又听见一个女人在哭。这次，这个女人的哭泣，很像是很多女人的哭泣，而且哭得更为悲伤。水妹感觉自己就像被无数哭泣的女人血红的眼睛盯着，就像酷暑季节太阳追赶在脊背上一样。水妹拉着母亲的衣服，紧紧地跟着这个哀伤的队伍。这次水妹没有问母亲有没有听见女人在哭。因为水妹知道，母亲一定还是没有听到这个女人的哭泣。

在那种远在天边、近在眼前的女人的哭泣里，水妹的外婆入土为安。当人群绕着外婆的棺材走了三圈的时候，那个哭泣的女人仿佛飞到了天空里，好像也在随着人群的走向，在空中转圈飞翔。所以水妹觉得，女人的哭泣也好像在空中转圈飞翔。水妹就像是被这种哭泣紧紧地追随着，没有摆脱的可能。当浩浩荡荡的送殡队伍往回走的时候，水妹听见那个女人还在哭。这次，女人好像来到了队伍的后面，咬着队伍，拖着队伍，拉着队伍，好像成了这个队伍的尾巴，哭声就像是扫帚扫地的时候发出来的声音。母亲问水妹："囡囡，你还听见什么吗？"水妹说："那个女人还在哭。"水妹的母亲说："囡囡，外婆已经走了，今天你要特别小心，不要跑开去。"

人群回到外婆家，吃完最后一顿豆腐饭，就要各自回家了。当人们在各自的桌子旁边坐下来的时候，水妹的母亲问水妹："囡囡，你现在还能听见那个女人在哭吗？"母亲这样问，是因为这次她自己也听见了有个女人在哭。这个哭了几天的女人，如影随形，在村子里近乎肆无忌惮地表达着自己的哀伤。水妹说："妈，我听见的。"母亲说："囡囡，不要紧了，妈也听见了，不是你一个人听见，不要紧了。"

豆腐饭吃完，时候已经不早了，日头已经开始往西倾斜。最晚离开桌子的，是几个男人。他们喝了很多酒，吃了不少豆腐，也说了很多话。其中就有在外婆家门口上账、写挽联的一个叫阿昌的男子。这是一个有文化的男子，这几天，阿昌一直坐在外婆家大门口的一张小方桌旁边，每每有人来吊唁，就把一个包有吊唁钱的白包收下,在记下名字数额之前,向门内大声地报告来者是谁。随着阿昌的声声报告,屋内的哭泣马上就响亮了起来,就像是河里的水马上就涨了起来一样。

当阿昌从餐桌旁站起来的时候,水妹听见那个女人的哭声一下子靠近了。当阿昌开始走动的时候,女人的哭泣也开始走动,就像是阿昌在哭泣一样。当阿昌向自己家里慢慢走去的时候,女人的哭泣也慢慢地离开了外婆家,走远了。不久,这个哭了几天的女人,终于不哭了。不久,就有消息传来,阿昌在离家不远的一座石桥的桥堍上,绊到了一块蛮石头,倒在地上就死了。有人说:"那里人来人往,怎么会有蛮石头呀?"有人回应说:"那就是命呀。"有人说:"被石头绊了一下,怎么就死了呢?"又有人回应说:"这就是命呀。"

阿昌家就在水妹外婆家后面。几年前,阿昌的儿媳妇在老屋里上吊死了。这件事情发生后,村里就有了一条新的流言。人们在说,"阿昌肯定是爬灰了,所以这次儿媳妇来找他了"。

后来,人们听说水妹一连几天都听见有一个女人哭泣的事情,老人、男人、女人,都来询问是什么时候听见的,那个女人是怎样哭的,还有人询问那个女人长得怎么样。这些忧心忡忡又充满了好奇心的人,问水妹今年是不是本命年,并告诫水妹这一年内都要小心一些。

水妹终于度过了这个本命年。但一年后发生的事情,就像是本命年里发生的事情一样凶险。那一年,水妹的母亲生了一场大病,住在钟管的医院里。水妹白天在家里照顾弟妹,傍晚要出门到医院去给母亲送饭。有一天晚上,水妹从医院里回来的时候,在路上看见对面走来一个一身白衣裤的人。这个人肩膀上扛着一捆老桑柴。当这个白衣人和水妹擦肩而过的时候,水妹发现那个人是没有头的。水妹回到家就病倒了,全身发冷,胡言乱语,什么事也做不了。水妹的父亲问水妹怎么了,水妹说,"有个无头鬼跟来了"。弟弟妹妹一下子就被吓坏了,像受了惊吓的鸡鸭一样,惊叫着从屋里逃了出去。他们想去找妈妈,但没有这份胆量。屋外漆黑一片,伸手不见五指,漆黑的桑树地,漆黑的路,漆黑的池塘。他们只能回到屋里。爷爷被惊动了,也从黑暗里攒了出来看动静。

爷爷从老橱里拿出一个老碗,从水缸里舀了一碗清水,拿出一根穿了线的针,放进清水里。很快,这根亮光闪闪的缝衣针,有了不同一般的变化,慢慢地生出了锈迹。缝衣针就像是长出了一层新皮一样,慢慢地变了颜色,没有一处能发出亮光。爷爷说:"我小时候也遇到过脏东西,我奶奶把一根针放到清水里的时候,也就只有两段锈迹,今天这根针全锈掉了,是吃了大惊吓了。"

爷爷又到稻草堆里去摸了一个新鲜的鸡蛋,把鸡蛋放进灶膛里。爷爷对着灶山喊话:"吓在哪里了,请灶家菩萨去领回来呀。"爷爷把这句话一连说了三遍,转头对水妹说:"囡囡,莫怕,灶家菩萨出门领你的魂灵了,一会儿就回来了。"第二天天亮的时候,水妹就好了。爷爷说:"我家的灶家菩萨出大力了。"

水妹总是有惊无险,但水妹的弟弟就没有这么幸运了。水妹的弟弟是一个一笑起来就有两个甜甜的酒窝的小男孩。这个人见人爱的小男孩,在三岁的时候算过一次命。算命先生说:"这个孩子命太苦,活不过九岁。"听了算命先生的话,水妹的母亲焦灼万分,询问化解的办法。算命先生说:"办法有是有,但这个孩子命太苦,太薄,十有八九怕是不管用。"水妹的母亲对算命先生说:"请先生出手救命。"老先生摇着头说:"那就死马当活马医吧。"

算命先生说:"这个孩子命太苦,太薄,要用厚重的东西压住他才行。"算命先生又说:"不过,丑话说在前面,我这是死马当活马医。"在水妹母亲的应允下,算命先生给这个命苦又薄的男孩子取了一个林石生的新名字。

从此以后,母亲每天问水妹最多的一句话是你弟弟呢。有时候弟弟在眼前,母亲也会这样问。弟弟在母亲的焦灼里顺利地活过了八岁,活到了九岁。母亲说:"我们咬咬牙也要活过这一年,挺过这一年。"但不幸的事情还是发生了。那一天,弟弟在桑树地旁边玩泥巴。母亲依旧向水妹询问弟弟的下落,当得知在桑树地边玩耍的时候,就回了屋。弟弟玩耍的地方离池塘和小河都很远,不会有滚到水里淹死的危险。但就在母亲回屋没多久,意外就发生了。

弟弟玩过泥巴,又开始玩石头,一块一块地玩。当弟弟搬动一块蛮石头的时候,一条盘踞着的蛇,从石头底下蹿了出来,一口咬住了弟弟的脚指头。

水妹的弟弟痛苦万分，喊着痛叫着姐姐和妈妈。弟弟被母亲抱进屋里没多久，就说眼前有很多灯，屋里有很多人，一会儿就死了。

算命先生得知这件事情，摇着头说："我给他取名林石生，就是要以石头压住他呀，谁知道他自己把石头搬了起来，这哪里还能有活命的机会呀！"算命先生又说："这就是命呀！"

弟弟死后，母亲还常常向水妹询问弟弟去哪里了。每次水妹都被问得目瞪口呆。每次看到水妹目瞪口呆的样子，母亲才如梦初醒，对水妹说："你要把妹妹看护好。"

从此，水妹的家里常常只有水妹和妹妹两个小孩子。水妹常常邀请小姐妹到家里去玩，每次家里有了伙伴，水妹就会很高兴，把家里吃的东西拿出来招待这些能让她壮胆的伙伴们。我母亲就是常常去她家的伙伴之一。水妹家有一棵梅子树，每当梅子快要成熟的时候，水妹就会来找我母亲，告诉我母亲："梅子要熟了，你们到我家来吃梅子。"

我母亲就把家里的小孩全都带上，到水妹家里去吃梅子。我母亲到了水妹家里，就像在自己家里一样，井井有条地安排好一群小孩子的活动，其中最重要的事情就是摘梅子和分梅子。水妹把这项工作全权交给了我母亲。我母亲俨然是一个很有威望的孩子王，随心所欲地把从树上摘下来的梅子分给身边的小孩子们。每次总是先分给自己的弟妹，最后几颗又小又酸的梅子，才轮到水妹和她的妹妹，但每次水妹都没有任何意见。

梅子熟的季节，是黄梅时节，伊盖上村就像是一棵临河的老桑树一样，在连日的阴雨中更显得孤立无援。水妹家的几棵梅子树，总能源源不断地把邻近村庄的小孩们吸引过来。这些小孩子品尝酸酸甜甜的梅子时发出来的声音，总能给水妹无尽的力量抵挡心里的无助和恐惧。

经常邀请我母亲去品尝美味的，还有路里海的梅芳。梅芳家有一棵葡萄树，有一片菜园子，这里生产的美味，也足以吸引我母亲和她的弟弟妹妹们。

梅芳七岁那年，奶奶死了。奶奶死后不久，有一天半夜里，梅芳被屋里的声响惊醒了。梅芳听见有人在扫地，接着屋里又传来洗碗刷锅的声音，接着，屋里的人开始做鱼圆子，做完鱼圆了做肉圆了。做鱼圆子肉圆子需要剁肉,屋里就发出暴雨雨点一样的声响。没有任何光亮,不见半个人影,只有声音在不断传过来。梅芳在床上像筛糠一样发抖,把床摇得很厉害。梅芳去推母亲的胳膊,母亲睡得很沉,没有醒来。梅芳又去掐母亲的胳膊,母亲睡得很死,仍旧没有醒来。梅芳就用被子蒙了头。屋子里的声音依旧在源源不断地传来,有洗衣服的声音,烧水的声音,呼鸡唤鸭的声音,喂猪的声音,甚至还有讲故事的声音,叫唤乳名的声音……

屋子里的声音响了一夜,梅芳也彻夜未眠。当村子里的鸡叫声此起彼伏响起的时候,屋里的响声就慢慢地消失了。梅芳把这件事情告诉了母亲,母亲说:"是你奶奶,奶奶舍不得走呀。"

一连几夜,屋里总有动静。有一天,母亲告诉梅芳:"你奶奶要把家里安顿得好好的,才会离开。"母亲说这句话的时候,心里充满了忧虑。因为她知道,这个老人,要把最重要的事情放在最后处理。这件事情处理好了,她就会放心地走了。这个逐渐洞悉人世的女人知道,在这个人世间,奶奶最放心不下的,就是自己的女儿,老人的宝贝孙女呀!

终于,这一天来到了。这天夜里,梅芳开始发烧,看见屋里有很多的灯火,有很多的人。这些人都是老人,都满目慈祥,他们围着梅芳,有说有笑地盯着看她。这些老人里有奶奶,奶奶和其他的老人几乎没有区别,但她带头伸手来摸梅芳。这些老人有的摸头,有的摸脚,有的摸胳膊……梅芳身上从头到脚每一块地方,都被老人们摸遍了。老人们的手都是冰凉的,就像秋露一样,凉意能够渗到人的骨头里去。梅芳一直在哭泣,但眼睛里一滴泪水都没有。母亲仿佛并不焦虑,只是缓缓地说:"你们疼爱囡囡,我们知道了,但囡囡还小,你们看一眼,摸一下就可以了,早一点走吧。"母亲的话音刚落,梅芳眼前的灯火慢慢地熄灭了,那些慈眉善目的老人,也一个个消失了。此后,老屋里恢复了原来的样子,就像奶奶在世的时候一样。

梅芳十岁那年,路里海发生了一件令人惊悚的事情。这件事情发生在隔壁爷爷家。爷爷有三个儿子和三个女儿。大儿子靠开拖拉机拉黄沙贴补家用。有一天,大儿子在家午休,一直昏昏沉沉睡到傍晚。天快全黑的时候,他突然起来要去拉黄沙,老婆感觉很异常,说:"我心里感觉很异样,你还是别去了。"可是丈夫不听她的话。这个男子载了一车的黄沙,拖拉机到了一个下坡的地方,一直在坡上打圈子,他往下跳时,跳进了那个诡异的圈子里,车轮从肚皮上轧了过去,肠子都抛到了那个土坡上。这个在夜幕里出门的男子,一下子就在坡上死了,留下了两个可怜的孩子。

几天后,爷爷的大女儿生病死了。不久,有人提议让爷爷的儿媳妇和女婿组成一家人,说是亲上加亲,两边的孩子也好有人照顾。这个提议似乎没有得到别人的反对,但诡异的事情还是发生了。

那年暑期的一个午后,天空灰蒙蒙的,远方有闷雷时而响起。村里的壮劳力大多在田坂里干活,老人们有的在午休,有的在村口的大树下闲聊。小孩子们在路上玩耍,其中就有梅芳。梅芳远远地看见隔壁爷爷紧闭着双眼,从远方径直往村里走来。爷爷的小女儿紧紧地跟在后面,想拉住他,可是怎么也拉不住。爷爷就像是一阵风一样,身上没有可以让他女儿抓住的地方。爷爷走得飞快,小女儿在后面追得飞快,但还是无能为力把他拉住。小女儿就向村里聊天的老人们寻求帮助。

几个老人听见这个无助的女人的喊叫声,全都停止了聊天,跑过去拉爷爷。爷爷虽然走得飞快,但不会躲避,也不会拐弯,几个老人合围起来,像捉一只鸡一样把他给抓住了。老人们死死地抱着爷爷,就像不让好不容易捕获的猎物跑了一般。

爷爷开始挣扎,说:"你们不要拉我,你们干吗拉我,我要回家!"爷爷的小女儿说:"家不在那里,你往哪里走?"

那几个紧紧抓住他的老人,干脆把爷爷横过来,就像抬着一段老树桩一样,把爷爷抬回了家。在田坂里干活的人也纷纷闻讯赶来了,都去爷爷家里看热闹。梅芳走在人群的中间,听着大人们你一言我一语说着这件离奇的事情。

来到爷爷家里,扛着爷爷的人把他往地上一放,他就开始大哭起来。他说:"你们这群人,为啥非要干那缺德事,他们跟谁结婚都行,就是不能答应他们在一起,你们看我有多可怜……"他接着说:"凤子呢,凤子在哪里?过来!"大伙就把凤子喊来,他搂着凤子的头说:"囡囡,要听妈妈的话,要带好妹妹，千万不要让妈妈和姑父结婚。"

这时，村里的赤脚医生赶来了，说："你赶紧走吧，别在这里了，走吧，再不走我要扎针了。"他把衣服一撩，就露出了瘦骨嶙峋的肚皮，说："你们不要扎我，你们不要扎我，看看我有多么可怜……"他开始恸哭起来，在场的人都跟着哭了起来……赤脚医生问他还有什么事，他就说屋顶漏水了，身上都淋湿了。赤脚医生就用针扎了他的人中，不一会儿他就醒了。他睁开眼睛看看满屋子的人，惊奇地问："你们在我家里干吗？"有人说，他的魂灵又回来了。第二天，爷爷的小儿子去给哥哥上坟，看见坟头有个朝天的洞。

梅芳见闻了这些事情的经过，常常觉得人的死生就像是从门里走到了门外一样。有的时候，这扇门是开启的，人可以自由地从门内走到门外，也可以自由地从门外走到门内。就像这个邻居爷爷一样，可以在很短的时间里，游刃有余地走到那边，又回到这边。也像她的奶奶一样，可以在门口张望很久，把里面的人看得清清楚楚，把自己最牵挂的人摸一摸，看一看，看够了，摸够了，再走到远方去。也像那些被奶奶叫来的慈眉善目的老人一样，他们已经长时间在远方游荡，但只要听见召唤，就会走回来，像她的奶奶一样，在门口张望很久，把那边的亲人看得清清楚楚，把自己最牵挂的人摸一摸，看一看，看够了，摸够了，再走回到远方去。

梅芳经常想起这些事情，所以显得比其他的小孩子成熟许多。这个懂事的女孩子，最喜欢和我母亲交往。每年葡萄成熟的时候，梅芳就会来叫我母亲去她家吃葡萄。梅芳家的菜园里种着很多蔬菜，每年地里的番薯和萝卜慢慢长大的时候，梅芳也会来叫我母亲去分享。

路里海那条老泥路的边上，除了那座硕大的老坟，还有一个比老坟稍大的池塘。池塘旁边，终年堆着一个硕大无比的稻草堆。池塘的水面上，终年倒映着老坟和稻草堆的影子，就像池塘里终年睁着的两只大眼睛。

这一年，梅芳家菜园里的萝卜长大了。有一天，我母亲和梅芳在菜地里各自拔了一个萝卜，就爬到了稻草堆上面，趴在稻草堆里吃萝卜。太阳慢慢地爬高了，把稻草堆晒得暖洋洋的，稻草堆经年不败的气息就升腾起来，让两个女孩子昏昏欲睡。这两个女孩子，边吃萝卜边随心所欲地说着悄悄话。

周围安静极了，只有这两个女孩子在说话，就像是这个稻草堆在说话一样，也像是池塘里的眼睛在说话一样。远远看见有人走来，两个女孩子就不再说话，看着路人走近，转身留下背影，又逐渐消失在远方。这个时候，仿佛稻草堆睡着了一般，也像池塘睡着了一般。这番情景让这两个啃食萝卜的女孩子着迷，她们觉得，这是在地面上看不到的好风景。

她们随心所欲地吃萝卜，看风景，聊天，当一个曾经吓唬过她们的老头子靠近稻草堆的时候，她们一先一后把两个萝卜头扔了下去。两个萝卜头一前一后砸在老头的脑袋上，老头头也不敢抬，撒腿就跑。就像以前老头吓唬她们，她们没命地逃跑一样。两个女孩子在稻草堆里咯咯咯笑个不停。她们仰面躺在稻草堆里，继续得意忘形地笑着。她们看见了蓝蓝的天，那里，白云和白云正在你追我赶，随心所欲。

在邱家坝，我的母亲听闻了很多的故事，尤其是从小姐妹那里听来的故事，让她记忆深刻。母亲是在这些有惊无险或者有惊有险的故事里，度过了那段时光。尤其是另一些发生在自己家里的故事，成了我母亲生命中刻骨铭心的事件。

因为外婆家借住的不是普通人家的房子，终于常有诡异的事情发生。在很长的一段时间里，午睡醒来的时候，我母亲总能看到一个女人站在衣柜前面。这个女人她从来没有见过，长相非常甜美，衣着非常得体。女人总是安安静静地站在那里，沉浸在自己的世界里，并不往旁边看。母亲觉得这个女人真好看，衣服美，人也美，尤其是她的眼睛，就像夜空中的寒星，冷冷的，亮亮的，湿湿的。

终于有一天，母亲问外婆："家里几时来了一个好看的女人，她为什么总是不说话？"外婆问母亲是在哪里看到的，是怎样的一个女人。听完母亲的描述，外婆说："你看到了杨阿斤的那个可怜的女人了。"外婆说："这口衣柜是女人的陪嫁品，是她生前最心爱的东西。"

这件事情说破以后，母亲就开始发烧，说胡话。外婆就去请官仙婆。官仙婆在屋里上了香，说了很多听不懂的话，又烧了火纸。接着，官仙婆对着一盆米念咒语，念了很长时间，念了很多遍。咒语念完后，官仙婆叫外婆把米装进一个布袋里,做成一个稻米枕头。这个枕头就是给我母亲用的。母亲枕着这个枕头躺下后,马上就安静下来,烧也很快就退了。从那天以后,那个女人就没有出现在那口衣柜前。

每年春夏之交,我母亲常常带着弟妹们到桑树地里去采摘桑果。有一天,母亲和弟妹们为了采到最好的桑果,进到了桑树地的深处。弟妹们都还小,母亲也不大,母亲像个大人一样,引导鼓励几个小孩子往桑树地的更深处走去。

走了很长的时间,几个小孩子的眼前,终于有了一片一心想要寻找的桑树地。这块桑树地里的桑树,都是又高又大的老桑树,树上的桑果子很多,全是又红又紫的大桑果。几个小孩子边采边吃,兴奋异常。母亲看到有一垛老房子在桑树地里隐隐约约,若隐若现,就带着弟妹们走了过去。没走出几步路,母亲就让弟妹们止步了。老房子寂静无声,既没有鸡鸣狗吠声,也没有人说话的声音,母亲的心里莫名地生起毛骨悚然的感觉。母亲本想着有房子就有人,不怕不怕,但此时此刻,大白天的,这里的气氛太奇怪,太诡异,母亲赶紧带着弟妹们跑了。几个小孩子在桑树地里穿行,魂飞魄散。这块桑树地太大了,他们似乎在那里一连跑了几天时间。

回到家后,母亲把这件事情告诉了外婆。外婆问是哪个地方,是孤零零的一个房子那里吗,千万不要再去了,那一家人家近日全都死光了……

作为长女,母亲有看护弟妹的责任。我的舅舅和两个姨妈,在外公外婆和母亲的看护下,慢慢地长大了。那一年我母亲十三岁。有一天,母亲的大妹,我的阿姨像一只被恶狗追赶的麻雀一样向母亲飞来、奔来、扑来。阿姨说:"阿姐阿姐,我上茅坑的时候,看见有一只像蒲扇一样大小的手,从墙壁里伸了出来。"母亲说:"大白天的,不要乱说。"阿姨说:"没有乱说,我真看见了。"母亲用自己的额头试了试妹妹的额头,没有发烧。母亲抱起阿姨,去找外婆。外婆说:"你是大姐姐,这几天一定要把家里的弟弟妹妹看好。"

有一天下午,我的母亲突然生病了,迷迷糊糊地躺在床上爬不起来。我的舅舅仿清蹦蹦跳跳来到床前,说:"阿姐,我出去玩了。"如果换了平日,母亲是一定要阻止的。但此时母亲感觉自己的头像笆斗一样大,像铁一样重,怎么也不能把头抬起来，让自己下床去，追出去。母亲竟然还变成了一个哑巴，想要喝止弟弟出门去，但一句话也说不出来，眼睁睁地看着弟弟消失在自己的视野里。舅舅出门不久，母亲就听见门外河里传来扑通一声闷响，接着传来舅舅一声声的呼救"阿姐，阿姐"。母亲双腿像灌了铅一样，一动都不能动弹。

过了不久，屋外就传来了外婆哭天抢地的声音。母亲此时就像卸掉了千斤重担那样，一下子就好了，身轻如燕地飞到屋外，看见家门口的小河边，外婆正在地上打滚，而母亲的弟弟，正水淋淋地躺在地上，一动不动。

舅舅入土之后，母亲对外婆说："妈，是淹死鬼把我弄浑，好在那一刻把我兄弟带走。"外婆说："妈知道，苦了你了。"

2017年10月4—8日，写于尚博祖屋

清水湾外婆家

清水湾,是龙溪西岸的一个小村子。这里是我母亲出生的村庄。龙溪对岸,是钟管沈家墩。沈家墩稍东南,是渔家庄。渔家庄,就是我母亲养父母的家。清水湾、渔家庄,龙溪两岸的这两个村庄,就是我的两个外婆家。

到清水湾外婆家去做客,是我和弟弟神往的事情。通往清水湾外婆家的路,是一条长长的水路。这条水路上,总有看不完的好风景。

每一年,我们总会好几次到清水湾外婆家去做客。这条水路从尚博的小河起步,经过长漾,一路向北,穿过南湖漾,往北经过五福桥,就来到了龙溪里。我们的木船沿着龙溪一路北上,在沈家墩村口拐进一条东西向的大河,向西行进不久,在大河北侧的一个口子进入,清水湾外婆家就遥遥在望了。

这个口子,正是清水湾的入口。这个口子很大,河流在这里突然大了起来,有些猝不及防,河水在这个口子里打着转。这种情形就像很多硕大的鱼在里面游动,让河水惴惴不安起来。这个时常有小小的旋涡生起的大河湾,就是清水湾。这个湾就像它的名字一样,虽然里面的水似乎终年有些惴惴不安,但很少有河水混浊的时候。

这个终年清水荡漾的河湾,这个名叫清水湾的著名的河湾,养育了一个名叫清水湾的美丽村庄。这里就是我的外婆家。

河湾里侧,有一个小岛。这个像屏风一样把煞气挡掉的小岛上,有芦苇、桑树、杨树、楝树、香樟树、水杉树……经常有鸭子从芦苇丛里钻出来,就像是从芦苇丛里长出来的一样。各种各样的鸟,在树上叫着,就像是这些树开出来的花朵。

清水湾里的清水，绕过这个小岛，就淌进了一条小河里。这条小河通往我的外婆家。小河的外面是清水湾，里面也是清水湾。一个是河湾的名字，一个是村庄的名字。连接两个清水湾的这条长长的小河，终于有着不同一般的气质，就像这个小村庄独特的心事一般。小河把整个村子分成河东河西两部分，外婆家在河东。

小河把我们的小船慢慢地引进外婆家。小船每摇几橹，河边就会有新的面孔露出来。这些像桑叶一样一张张露出来的脸上，写满了古旧的表情。这些表情，因为我们小船的出现，蓦然生动起来。他们用最纯正的吴兴话，叫着母亲的名字，和我们打招呼。总有几个人，走去报信。当我们的小船在一座古老的石桥边停下来的时候，外婆也常常走到河边来迎候我们。

这座石桥像这条小河一样小。跟着外婆一起来迎接我们的，还有妈妈的妹妹，我们的阿姨。我的两个表姐，也跟在后面。她们都满脸堆笑地叫着我们，把我们引进外婆家。外婆家在一排老屋的正中央。当我们走到屋前的时候，家里的两个男人也已经走到屋外来迎接我们。

这两个男人，是入赘外婆家的姨父，和外婆的第二任丈夫，我母亲和姨妈的后爹，也是我见到过的清水湾的外公。母亲和阿姨的亲爹，我们的亲外公，亲手把母亲送给了渔家庄外婆家的外公，早就死了，我从来没有见到过。姨父是一个三拳打不出一个闷屁来的闷男子，很勤快，话很少。外公是退伍军人，曾到朝鲜战场上打过仗。外公嗜酒，每天第一件事就是喝酒，一天到晚都处于醉醺醺的状态中，一天喝几顿酒，自己也不清楚。外公见我们来，总是用满含着酒气的话语，欢迎我们进屋。

外婆家是幽暗的老屋。我们进屋后，外婆在屋里忙忙碌碌，就像是屋里进进出出的燕子一样。外婆把家里最好的东西拿出来招待我们。这个多年前因为女儿被送走，曾经呼天抢地的老人，似乎早已经忘记了当年的忧伤。如今，女儿女婿来了，一双外孙来了，外婆心里的甜蜜，就像是她亲手做的糖滚蛋一样。外婆把积蓄了多日的鸡蛋拿出来，把积蓄了多日的红糖拿出来，给我们烧糖滚蛋。糖滚蛋是丈母娘招待女婿吃的，外婆的糖滚蛋不但招待女婿，也招待女儿和外孙。当我们围着八仙桌吃糖滚蛋的时候，外婆总是在旁边静静地看着我们。

外婆是一个瘦小的老人，就像是这个村庄一样，也像是引我们上岸的那座小桥一样，小小的。外婆向我们投来的目光，就像老屋深处的幽光，让我们感到若有若无。外婆的目光也像是天井里常有的雨水，总是湿润的。

我的阿姨，一个出生时就和姐姐别离的女人，长相和我母亲极为相似。阿姨的眉宇间却似乎终年有一股哀怨。这股哀怨应该是从外婆那里传承过来的。多年前自己的母亲失去了女儿，总会把心里的痛表现出来，影响了阿姨的童年、少年、青年，于是就有了这种挥之不去的哀怨气质。阿姨也总是忙忙碌碌地招待我们，也时时地停下来，在远处观望着我们。可能她和外婆一样，觉得眼前的这些人，是最亲的人，也是最陌生的人。

大表姐很文静，话不多。小表姐像个男孩子，很调皮。我们在外婆家听到过的一个著名的故事，就是有关小表姐的。有一年夏天，小表姐跟着村里的男孩子，来到了龙溪边。一只木脚桶放下水，表姐就下到了龙溪里。表姐自如地横渡龙溪，在龙溪深度不同的地方扎下去摸河蚌。龙溪里的水很急，表姐毫不畏惧，当表姐从溪对岸游回来的时候，脚桶里已经装满了河蚌。和表姐一起摸河蚌的男孩子，摸到的河蚌也没有她多。一个先前和表姐赌输赢谁摸的河蚌多的男孩子，终于悻悻地说，好男不跟女斗。

我们没有亲眼见过小表姐在龙溪里摸河蚌，但我们跟着她去挖过泥鳅。那是夏天的一个午后，我们跟着表姐来到了芋艿田，卜到了芋艿垄间的小沟里。

芋艿苗在我们的头顶，像大树一样把我们罩了起来。这是几乎密不透风的罩子，闷热，让两个男孩子、一个女孩子，马上大汗淋漓起来。在表姐的指挥下，我们在沟渠的两头拦了两道泥坝，再把坝内的水舀出去。等到水舀干，我们就在淤泥里挖泥鳅。黝黑的淤泥里，挤满了黝黑的老泥鳅。当我们大汗淋漓地把一桶泥鳅提回家的时候，外婆在门口就把表姐训了一顿。外婆说："你个疯丫头，什么事做不出来呀？"表姐并没有还嘴，只是吐了吐舌头。

外婆家东隔壁，也有两个小孩。女孩比我们大，男孩比我们小。男孩经常和我们一起玩，把他的一柄红缨枪送给了我们。

清水湾有一片小树林，是我最早独自进入的树林。这片树林在村口小岛的东侧。这个像屏风一样的小岛的东侧，是一片桑树地。这片树林，就在这片桑树地的西端。确切地讲，这片小树林也是桑树地，只是其中的桑树稀稀拉拉，又颀长硕大无比，和其他各种杂树的外形长相相差无几。

我无从知道这片林子是什么时候变成了这个样子。可以肯定的是，这里曾经也是一片好桑树地，这里的桑树也曾经像东面的大片桑树一样，有着良好的外形和长相。但这块地终于慢慢被废弃，桑树也慢慢被遗弃，不再有人来照管修剪它们，终于慢慢地变成了野树，终于可以和其他的树相媲美。

这片林子里最显著的是两棵相对而立的老树。老树的上面，各有一个喜鹊窝。树上的喜鹊纷纷叫唤的时候，林子里似乎一下子就没有了别的声响。老树的下面，是几个老祖坟。这些老祖坟培育出来的万年青，郁郁青青，油光发亮，让这片林子终年醒着。

但每次走进这片林子里，最抓人心的，还是那些稀稀拉拉，又颀长硕大无比，和其他各种杂树的外形长相相差无几的老桑树。这些桑树把枝条肆无忌惮地往周围伸展，仿佛时时要把你拉过去，想要和你说说以前的很多时光。

我是跟着父亲第一次去了这片林子，就对这片林子念念不忘，终于有一天，我小小年纪，就独自一人走进了这片林子里。

那是春夏之交的一个下午，我沿着小河，往村外走去。因为在屋里待了很长时间，听外婆说了很多话，所以，当我走在这条小路上的时候，耳边还是外婆的声音。小河里在涨水，一些鸭子追随着鱼虾，小河发出了此刻独有的声响。我有些心猿意马地向村外走去，感觉小河发出的声响也是外婆的声音。

那一天，路上没有一个人，我没和任何人打照面，就走到了村外。当林子在那里向我召唤的时候，我立马就加快了脚步。我感觉自己几乎是一步就跨进了林子里。我突然感觉，这片林子，似乎比先前长大了许多。我在一瞬间就听见了自己的心跳声。

一些白色的小花在荆棘丛中散发着幽香，这些幽香吸引我往林子的深处走去。一路上，有更多的白花和我照面，它们都用幽香和我打招呼，我在这种花香里又听见了外婆的声音。外婆在叫着我的名字。外婆的话是最纯正的吴兴话，就像是古老的村庄里飘扬起来的缕缕炊烟，也像龙溪上贴着水面飞翔的水鸟。我在心猿意马中不断深入林子的深处。我的脚步惊动了林子里的蛇，它们在草丛里穿梭逃窜，一些红色的小果实，就在小叶片之间，不断地露出来。它们就像是蛇的芯子，在林子里，闪着幽冥而艳丽的光芒。

这些名叫梦子的红色的小果实，在鼓励我往林子的更深处走去。远处，一棵硕大无比的老桑树，似乎在向我伸过手来。所以，我就像是被这棵老树牵引着往前走。一棵又一棵硕大无比的老桑树，在向我走来，牵引我往前面走去。我终于来到了那两棵最显著的相对而立的老树下面。

这两棵老树，比那些桑树高许多。我抬头仰望，并没有看见喜鹊在窝里进出，也没有听见它们的叫声。绿荫如盖，我就像被罩在里面，听到了一种从未听到过的声响。这种声响从很远的地方传来，就像是路口的风一样，让人产生从未有过的体验。声音断断续续地传来，就像一个又一个人从遥远的地方走来。我沉迷在这种感受里不得自拔。

突然，树顶上的叶子有了动静。一只喜鹊归巢了，它的翅膀惊动了几片树叶，叶片就像是脸一样转了过来，阳光有了钻进来的机会。因为喜鹊的回归，此时树顶上倾泻而入的阳光，就像是翅膀，让午后的寂静起了微波涟漪。喜鹊在接近自己的窝，窝里有了动静，小喜鹊开始骚动起来。喜鹊跳进了窝里，就像消失了一样。喜鹊窝里也慢慢恢复了平静。树顶上金色的翅膀，也早已经消失了，就像一个伤口愈合了一样。老树平静下来，我又听见了来自遥远的地方神秘的声响。

这种声响终于不同寻常起来。因为我从中听见了自己的名字，是外婆在叫我，是外婆找我来了。外婆的叫声在引导我走出这片林子，回到外婆家去。我沿着心里的路返回。林子里杂草荆棘丛生，这条路并不存在，只在我的心里。这条路就像是外婆的叫声一样，在我的心里，清晰而迷幻。我沿着这条神奇的线路，慢慢地退出了这片林子。

外婆在林子边找到了我，就像捡回了自己的宝贝，把我抱了起来，亲我。外婆抱着我，向老屋走去。我回头又看见了那片林子。我发现这片林子越来越小，在慢慢走动。它在向远方走回去。

这次独自行动对我产生了深远的影响。我从此迷恋起树林，也迷恋通往树林的路径，也迷恋在树林里随心所欲探索出来的路径，以及在探索的过程中，林子留给我的各种各样的印象。

因为时间的不同，相同的地方，会给人留下截然不同的印象。譬如，明明这个地方是曾经来往过无数次的，但在某一时刻，你会觉得，此地，我从未来过。反之亦然。

从清水湾外婆家回家的路上，我就曾有过这样的感觉。那年蚕罢，我们去外婆家做客。那天，回家的时候，已经是夜幕降临了。父亲因为喝了烧酒，摇起橹来格外松爽。我们的木船，就像是得了神助一般，从小桥边挣脱，在小河里飞快地向村外驶去。

很快，村口那个像屏风一样的小岛就在我们眼前了。我们的小船从屏风的西侧擦过，就来到了屏风外面的清水湾里。此时，整个清水湾里长满了菱苗，菱角也已经长大了。

夜的黑充满了整个清水湾。水里的菱苗，比夜的黑更黑，让自己从周围的环境里剥离出来，显现出来。我终于忍不住说："水里黑色的东西，太吓人了，像鬼一样。"母亲说："水里的是菱苗，上面长出来的菱角最好吃，我采些菱角给你们吃。"母亲把手伸出船舷，顺手牵羊般把一束湿淋淋的菱苗捞了上来。母亲把里面的菱角摘下来，扔在船舱里，把菱苗扔回到水里去。母亲开始给我们剥菱角。很快，母亲的手里就有了好几块白色的菱肉。这种颜色比林子里白花的颜色还要白，很像星星，闪烁了寒冷的光芒。母亲把剥好的菱肉塞给我，把菱壳扔回到水里去。这些露白的菱壳，在菱苗叶片中间显得非常突兀。我把母亲给我的菱肉塞到嘴里，一股清香和甘甜就在嘴里蔓延开来。母亲说："好吃吗？"我说："好吃。"母亲给我们剥了一只又一只菱角，就像给我们摘了一颗又一颗星辰。我们吃着菱肉，听着橹声，看着天上的星星，说着话。我们的小木船慢慢地离开了清水湾。

几乎每次到清水湾外婆家去做客，我们都会到泉家潭去玩。泉家潭是清水湾西南方向的一个小镇。这个小镇很特别，南面的一小半属于德清义亭，北面的一大半属于湖州吴兴。两地的分界点是一个肉墩头。每天早晨，肉墩头的主人，一个满脸横肉的人，一只脚踩在戈亭，一只脚踩在吴兴，把肉卖给他再熟悉不过的主顾们。

泉家潭的老房子都是临水而建。几座小石桥，让镇上的小路高低起伏。这些老房子，有些是住宅房，每家每户门洞里似乎终年坐着一个安静的老人。这些老房子有些是店铺。这些店铺有茶馆店、饮食店、小店、剃头店。在镇南属于德清戈亭的一小片区域里，却有几家大店。一家杂货店朝南，店里日常用品应有尽有。斜对面一家羊毛行朝北。这家店收羊毛，也收羊羔。门口的门板上，常常钉着羔羊皮。这种情景和钟管的羊毛行一模一样。

每次我们从泉家潭回来，都要到泉心的柳器厂去坐一坐。泉心是一个地名，位于泉家潭和清水湾的中间位置。因为这里到处是河流与池塘，杨树遍布，所以开了一家柳器厂。外公是退伍军人，就在这个厂的炊事班里谋了一份烧火的活。

每次我们走去找外公，总会看见眉毛胡子都白了的外公，坐在一把柳条椅子里喝茶。见我们推门进来，外公就大声地笑起来，站起来欢迎我们进屋。外公满嘴酒气地请我们坐下来，把他的茶杯送到我们面前，请我们喝茶。这是我见到过的最大的搪瓷茶杯，杯子外面写着"奖给军属"等字。这也是我见到过的黑白最分明的茶杯。杯子的里面，层层叠叠都是茶垢。虽然我们每次都不会喝他的茶，但他每次都要把茶杯推给我们，说一些热情的话。

在我们落座的时候，总能看到墙壁上钉着好几张老鼠皮。见我们疑惑，外公就哈哈大笑起来。外公答非所问地说："老鼠肉是最好吃的肉。"看来，这些擅长夜间活动的鼠类，在外公眼里，和羔羊一样，是难得的美味。

这个阅人历事无数的老人，终日与酒为伴，虽然话语里满是酒气，但说的话不像酒话，而是充满了人情事理。我们落座以后，我们就能听到外公讲述的很多往事。给我们的感觉是，外公每天喝的酒，就是他的往事。外公终于有了"酒醉子"这样一个绰号。有人在背后叫他，更多的人当面叫他。也有人经常问我："你清水湾的酒醉子外公来你家做客了吗？"

每年正月里，清水湾外婆家都要到我家来做客。他们自然也是摇船来。

每次出门前，外公总要把早酒喝好。到了我家，不论是午饭还是晚饭，外公总要提早把酒摊摆上，有时候酒不够，还会中途到小店里去买酒。

从清水湾外婆家到泉家潭去，需要过河，需要拉渡。渡口在村南大河湾的东侧。一条似沉非沉的老渡船，终年在两岸间来来往往。老渡船里似乎终年都有一些水没有舀干，这让渡船更加吃水，跳进来几个人，这条船似乎要沉了。当渡船把要过河的人从河的一边引渡到另一边去的时候，这条老船就像是一头垂暮的水牛在过河。所以，每次老渡船过河的时候，船里的人就像是骑着一头老牛在过河。虽然这条老渡船，每次都会让人胆战心惊，但每次都是有惊无险，没有出过事，总是把人们安全地引渡过河。

让老渡船在两岸间来回的是一条很粗的麻绳。当拉渡人在一头拉渡的时候，船头上就会慢慢地堆积起一堆麻绳，而另一头，麻绳在不断地落到水里去。当老渡船返回的时候，原来的船头变成了船尾，原来的船尾变成了船头。

有一户人家经常和我们一起去清水湾做客。这户人家在尚博村北，清水湾有他们家的老亲。到了做客的时节，这户人家的户主，一个矮小精干的老头，就会到我家来找我父亲商量一同去做客的事情。父亲几乎每一次都会满口答应下来。

这个矮小精干的老头主持的家庭，所有的成员都很矮小。他的老婆很矮小，几个子女也很矮小。所以很像是一个小小的小人国。

这户人家的人不但长得很矮小，说话也很精腔。他们说话，就像是麻雀在叫一样。这种说话的样子，也很像他们细密的心思。他们总是有自己的想法，和其他的尚博人很不一样。

有一天，这个老头又来我家了。老头说，两家人家同时出门，可以少出一条船，两家人家轮流摇橹，谁也不吃亏。

因为两家人家同乘一条船，因为人多，我家的木船吃水很深，很像清水湾的那条老渡船。木船上路了，按照约定，两家人家轮流摇橹。我家由我父亲摇橹，他们家由老头的儿子摇橹。轮到老头的儿子摇橹的时候，没摇上几橹，老头就说："累了吧，好歇歇了。"我父亲就说："我来吧。"老头说："你做惯了生活，摇船不累。"又一次轮到老头的儿子摇橹的时候，没摇上几橹，老头说:"累了吧,我来摇吧。"父亲听他这么说,就说:"我来吧。"老头又说:"你做惯了生活,摇船不累。"

这次做客回来,我父亲说:"我从来没有摇过这么吃力的船。"母亲说:"这么一船人,全是你一个人摇来摇去,当然吃力了。"父亲说:"我听见他们像麻雀叫一样说话,就累。"

那一天,我在尚博村小学里读书。那是一个阴雨天,我忽然看见父亲站在门口张望。老师让我出去和父亲说话。父亲说:"清水湾外婆死了,今天要去清水湾吃豆腐,向老师请个假吧。"我当时已经是毕业班的一个学生,对父亲说:"现在读书很紧张,少上一天课,会跟不上的。"父亲听我这么说,就没有坚持让我跟老师请假。那一天,弟弟请了假,跟着父母去了清水湾。这一天,我虽然没有离开学校,但心里颇有些心猿意马。这一天以后,清水湾就没有了我的外婆。

但清水湾还有我的阿姨。这个长得几乎和我母亲一样的阿姨,常常提醒我们到外婆家去做客。有时是当面和我们讲,有时是托人带信来。受到阿姨托付的人,一进我家的门,就对我母亲说:"你妹子每天念着你们,你们好去趟清水湾了。"母亲总是平静地说:"知道了。"我和弟弟每次听说,都会激动得跳起来。

母亲自小就被清水湾的外公送给了渔家庄外婆家,就有了两个娘家。这个给予母亲生命,却没有养育母亲长大的娘家,在母亲心里终于有些隔膜。对于自己的母亲和妹妹,母亲虽然也用该用的称呼叫着,但比起叫渔家庄的亲人,总是缺少一点热情。或许在母亲的心里,虽然两边都是娘家,但毕竟还是很不一样的。

但在我和弟弟的心里,两个外婆家,似乎是一样的。我独自一人去清水湾外婆家,是在一个晚上。那一年,我已经在湖州中学读高中。一个周末,我思家心切,就在傍晚乘了湖杭班轮船回家。这趟夜航班轮船,在菱湖站停靠后,不像白天的航班那样,会在沈家墩站停靠,而是跳过这个站,直到泉家潭站才停靠。那一晚,我在泉家潭上岸后,就摸黑向清水湾外婆家走去。

路过很多的桑树地和鱼塘,我终于来到了清水湾村外的渡口。渡船在另一头，我在黑暗中把它拉了过来。我跳进了这只老渡船里，无师自通地开始拉渡。我听见船尾麻绳钻进水里去的声音，我也听见船头麻绳被我从水里拉出来的声音。夜风吹来，我闻到了水草的清香和鱼虾的腥味。我感觉渡船比夜更黑，而我比渡船更黑。因为我此时能够听到一种若有若无的声响。这种声响，应该是村里传来的。

没错，我听见有人在叫我。这个人不是别人，是我的外婆。是我离世多年的外婆。我听见外婆在村里叫我。我顺着这种声音，上了岸，慢慢地向村里走去。经过一条长长的小泥路，我来到了村南那片林子的边上。我想起了多年以前，我独自一人走进了这片林子里，外婆就在这里叫我，我一走出林子，外婆就把我抱了起来，然后把我抱回了家，一直没有让我下地走。

我终于再次独自一人来到了这个地方。我依然听见外婆叫我的名字。在外婆的呼唤声里，我沿着小河边的小路，顺利地摸到了小桥边，一拐弯，就摸进了外婆家的大门。

我的阿姨见我一个人摸了进来，惊得目瞪口呆。外婆家所有的人都出来见我。他们没有一个人会想到，清水湾这户人家的外孙，会在黑灯瞎火的夜晚独自摸进大门。

阿姨把饭菜热了，让我吃饭，询问我，挽留我在外婆家住一晚。我说我要回家。阿姨挽留多次，都无法挽留我，一声不响的姨父就到羊棚屋里去搬橹。阿姨和姨父一起送我回家。小木船从小桥边起步，向着村外驶去。这条水路就是当年很多次来往外婆家的老路。我想起了一路上看到过的景象，听到过的话语。姨父闷声不响地摇着橹，水声响起，我抬头看见了天上的星辰。这些星星好像都在和我说话，就像船里阿姨在询问我。阿姨的询问就像是河面上的风一样轻柔，让我恍惚又听见了很远的地方传来的声音。

阿姨坚持把我送到家。我坚持在五福桥上岸。我已经到了可以坚持自己的坚持的年龄。姨父只能让木船在五福桥下靠岸。这里是尚博村的最北侧，我可以在这里上岸，不费吹灰之力就摸到自家的大门。回到家门口，我在门上敲打了很久，母亲才被我叫醒。母亲把沉重的木闩拔了下来，把门打开，把我迎了进去。见我在黑灯瞎火的夜晚独自回来，母亲惊得目瞪口呆。

之后有一次，当我再次深夜在泉家潭上岸，摸黑摆渡来到清水湾村口的时候，我依旧想起了我的外婆。我向村里望去，马上就听见了外婆的叫声。我在心里对外婆说：外婆，今夜我要独自回家去。

沿着河堤，我向龙溪方向走去。我顺利地摸到了沈家墩渡口。渡口边，有一个只有几户人家的小村子。这个名叫南京港的小村子，此时只有一户人家还亮着灯火。这户人家昏黄的灯火，仿佛是专门为我点亮的。夜已经深了，我顺利摸进了这户人家的大门。灯火亮着的那间屋里，围着八仙桌坐着三个人，一位奶奶，两个女孩子。一个女孩子还小，另一个女孩子已经是个大孩子，和我年龄相当。三个人见我进屋，眼睛里全都闪烁着光亮。

我说明了来意。奶奶告诉我，家里没有男人，也没有其他的人。奶奶摇着头说："不是我们不想帮你渡过河去。"大女孩子说："我给他摆渡吧。"奶奶说："你一个女孩子，黑灯瞎火让人不放心呀。"女孩子：:"龙溪上我来来回回无数回了，这条河就像自家屋里一样熟悉。"女孩子和我年龄相当，也到了可以有自己的坚持的年龄。奶奶说："那你自己当心。"

这个女孩子毕竟是龙溪边长大的女孩子，浑身透着龙溪独有的气息。她到门前的角落里去搬橹，我过去帮忙，她说："不用你来。"奶奶跟着我们出门，在河边说："我和你妹妹在这里等你，你要小心。"我向奶奶和小女孩子道谢，道别。奶奶对我说："夜里路不好走，过了河，路上要小心。"

我跟着女孩子下了船。我坐在船头，女孩子在船艄摇船。晚风起了，从船尾吹来，我闻到了从未闻到过的龙溪的气息。船终于在沈家墩渡口靠了岸，我说："你回到那边，向我喊一声，我在这里等着。"过了很久，我听见对岸传来女孩子的声音："我到了，你走吧。"

我心猿意马地向对岸望去。我看不见一个人影。我只看见在黑夜里自己呈现出来的小村庄。这个小小的村子的后面，就是我的外婆家清水湾。

这一晚，我心猿意马地深一脚浅一脚地摸回了家。母亲在灯光下观察我的脸色，说："脸色这么差，病了吗？"我说没有。母亲又说："叫你夜里不要摸来摸去，路上都是坟堆，是不是遇见什么了？"见我不回答，母亲又追问了一句。母亲的问话惊动了阿爹。阿爹细细地看了看我，说："放心吧，不是的，不是的。"阿爹毕竟涉世更深，总能做到一目了然。

  因为在湖州读书，我常常到沈家墩去乘轮船。每次到了沈家墩渡口，我总要往对岸观望。我在等着那个女孩子出现，哪怕是一个背影也行。但这个女孩子一次也没有出现过，就像消失了一样。以至于很多次，我虽然依旧向对岸观望，但有了这样的怀疑：真的有过那样的一个夜晚吗？

  每次这样问自己的时候，我就会再次往对岸望去。每次我都能如愿看见对岸的村庄，以及村庄后面的村庄，我的外婆家。我就对自己说，一切全都存在过。

2017年6月27—30日，写于上海

小学

第五辑

尚博长漾

小学

一

尚博村出过一个历史人物傅云龙。我们的尚博小学，就位于傅云龙家祠"乡贤宫"旧址。

我的祖父和父亲在尚博读书时，"乡贤宫"保存完好，他们有幸在一座著名的晚清建筑里读书。"乡贤宫"终于在"文革"期间毁于无迹；在20世纪80年代我读小学时，旧址上已经建起几间平房。这就是我们的尚博小学。

尚博小学几间平房组成一个U字形：口子朝向东方，口子中央是一棵巨大的梧桐树；北侧东端是一间民居，西侧是一间教室；南侧东端是教师办公室，西侧是两间教室；西端连接北南两排平房的，是一间似乎深不见底的房子——陆秋英老师一家就住在里面。

一条小河，沿着尚博村静静地流淌着，在尚博小学附近拐了一个弯，自西而东，然后北上。在小河拐弯的地方，一条大河通向远方。河水常年清澈见底，许多螺蛳，爬在河埠头上，似乎在听孩子们的声响。

小学北面是一排朝东的平房。平房最北侧是一间简陋的厕所。隔开一条小路，再北面是畜牧场。畜牧场里常年充满了生机，一只硕大的配种公猪，似乎一年四季都在张扬着无限的生命激情。畜牧场外围有两个附属的部门，朝南的是豆腐坊，朝东的是小店。

尚博小学，就像是停在河边的一艘小船，静静地泊在尚博村的中心位置，随时准备着，把村里的孩子们，送往远方。

二

我对于尚博小学最早的记忆，就是北侧的一间教室。1979年，我在那里上了学。那时，学龄前的弟弟也常跟着我去，老是靠在我的身边，安静地看着教室里的一切，眼神里充满了羡慕。有一次，弟弟看见地上有一块橡皮，很喜欢，就用脚踩在脚底下，一动不动——这个充满定力的姿势保持了差不多半天，发现没人寻找，确认没人注意的时候，假装弯腰拔鞋跟，把橡皮捡进了口袋里。

开学后不久的一个早晨，我和弟弟在床里玩耍。我家祖传的雕花大木床，成了我们的游乐场，我们你追我赶，大声尖叫。在父母还没有来得及制止之前，我的膝盖卡进了大床边沿的缝隙里，受了伤，终致不能站立行走。我痛苦万分，弟弟呆若木鸡，父母焦灼万分。从此，父母抱着我，背着我，抬着我，开始了四处求医的历程。那一天，父母带着我，忧心忡忡地坐在了湖杭班轮船里，对于省城医院的医治抱有无限的希望。

我有一个干姐姐。姐姐家在杭州有亲戚，姐姐的妈妈是个热心无比的好人，义不容辞地把我们带到粮道山上的亲戚家里。于是，在那段时间里，我们就住在这户杭州人家里。这是一个典型的工薪阶层家庭，女主人似乎从不干活，男主人包下了家里所有的活。家里有三个孩子，天明、天法、凤英。两个男孩子已经长得很高大，凤英和我仿佛年纪，总是抱着一只老母鸡，在粮道山家门口的山路上，看着上上下下的人。

晚上，我们睡在这户杭州人家的阁楼上。因为疼痛，我经常睡不着，辗转反侧。只要阁楼上有一点声响，屋里的灯就亮了，主人总会过来轻声询问。天一亮，早饭早就准备好了，每天都有难得吃到的油条。父母总觉得过意不去，总说要到外面去吃。他们总是不肯，说："在外面，省一点是一点。"早饭后，我坐在男主人的重磅自行车后座上，父母扶着我，我们要再次乘车去医院。自行车总是推得很慢，这个一脸忠厚的中年推车人，总是担忧着任何的闪失会给幼小的我带来新的痛苦。我们上车的时候，男主人总会嘱咐我们小心，并早点回家。看到公交车启动，他才会跳上车子前去上班。

父母抱着我，背着我，抬着我，小心翼翼地护着我的腿，不让病腿有半丝的触碰。这对执着而细心的父母,赢得了无数杭州人赞赏的目光。每次乘车,我们都会有联排的两个座位。父母在杭州城里奔波,在杭州和家之间奔波。每次一个疗程结束,就回家休养一段时间。我们依旧乘湖杭班回家。有一次,我们乘坐的湖杭班在半夜里抵达山水渡。摆渡的老头早已回家。眼前横亘的大河让父母焦灼万分。在无限的愧疚和不安里,父亲从一棵老柳树上解下了一条小木船,我们用小木船横渡了阻碍我们回家的那条大河。

父亲从不做亏心事,这天深夜的亏心做法,父亲有生以来是头一回。虽然把船系在了最粗的一棵柳树上,这棵柳树的位置在对岸就能一目了然,但父亲还是羞愧得满脸通红。漆黑夜里父亲红到脖子里的脸,母亲一下就看到了。母亲安慰说:"天亮了,他们在对岸会找见的。"父亲没有回应,抱着我低头往家里赶。

三

但希望似乎在逐渐变得渺茫。经过多个疗程之后,我的膝盖依旧肿得像个发起的馒头。阅病人无数的杭州医生皱着眉头,看着我的膝盖默默无语。但他们终于做出了一个大胆的决策,用一根粗壮的针在我肿大的膝盖里抽出了许多的血水,血水装满了硕大无比的针管。在疼痛无比中,我的膝盖似乎被抽空了。但病情似乎变得更为严重,抽出去的血水,就像倒灌回来一样,只过了一夜,我命运多舛的膝盖变得更为红肿、疼痛,也在一夜之间长大了很多。我的膝盖一碰就疼,一晃就疼,锥心地疼。疼痛也在父母心里蔓延、放大。这种日日生长的疼痛终没有长成绝望,反而使父亲变得果决。父亲咬咬牙说,无论怎样都要治好,否则就废了。

我们终于打听到了口碑极好的戈亭老中医张阿强。这位自学成才的土郎中,在德清县,在吴兴县,在甚至更广大的范围内,有着一流的口碑,我被父母送到了他的面前。张阿强其时已是一个老人,脸盘大大的,盛满了老人独有的智慧和慈祥。望闻问切后,张阿强只说了几个字:"你们放心。"于是,我开始了有生以来对于中草药的品尝。苦、甜、香……我在中药里品出了后来在书中才读到的各种味道。在大半年的治疗时间里,我吃掉的中药有好几篚。

和我同一病房的是来自德清西部山区的一个患骨癌的妇女。这个被隐瞒病情的妇女，白白胖胖，看得出来，几年以前她一定是一个让无数男人心动的漂亮女人。女人性格开朗，仿佛不是住在病房里，而是住在自己家里。女人总是和我母亲拉家常，对于未来，充满了无限的希望。妇女说，家里是卖毛竹的，条件不错。妇女还要和我家配亲戚，把地址写给我们，说以后一定要我们到家里去做客。

只有她的丈夫一言不发，默默地坐在那里，好像一根木头一样。丈夫总是把最好吃的带给妻子吃，鱼肉瓜果不断，整个病房里，除了药味，总是飘满了美食的香味。女人很大方，每次都要把美食和我这个小病友分享。

妇女的腿上开着一个永不愈合的伤口，血腥味道吸引着苍蝇们的光顾。在我们的病房里，苍蝇们远道而来，为着常有的美食，更为着来自白胖女人的血腥味道。

女人总是微笑着躺在白色的墙壁前，对于未来充满了无限的憧憬。但幼小的我，却在她的脸上读到了死亡的气息。不久以后，在我还没有出院的时候，妇女被丈夫接到了山里的家中，没多久，就死了。

我外婆的娘家在戈亭山水村。山水村里住着外婆的一个哥哥和一个弟弟。所以，山水村里，有我的两个外公和两个外婆。小外公和小外婆也成了医院的常客。每次到了午饭时间，外公或者外婆总会出现在病房门口。就在这一刻，饭菜的香味从蒙盖毛巾的篮子里飘溢而出。有时是韭菜炒鸡蛋，有时是炒猪肝。外公外婆看着我们母子吃完，还要坐很久，然后才回家。

弟弟经常跟随父亲来医院看我和母亲。弟弟小的时候虎头虎脑，很是可爱。有一天跟着父亲沿着泥路从尚博赶来，在临近戈亭的地方看见一条大狗，喜欢得不得了，蹲下身子去摸。这条狗大概没见过世面，对于孩子的爱抚极为惊恐，大声狂吠起来。弟弟对父亲说："我的耳朵嗡嗡的，聋了。"父亲就在戈亭镇上买了一包核桃给弟弟吃。我们从小就知道，耳朵不好了，吃核桃就会治好。那天弟弟跟随父亲走进病房的时候，早就忘记了被狗狂吠的惊惧，只是津津有味地吃着核桃肉。过了很长一段时间后的一天，弟弟又一次跟随父亲来医院。弟弟已经很久没有吃到美味的核桃了,在临近戈亭的时候,对父亲说:"我的耳朵还嗡嗡的,有点聋。"于是,那一天,弟弟又吃到了美味无比的核桃。

在戈亭医院大半年的治疗期间,我吃了无数的中药。在中药的浸润和滋养中,我终于慢慢地能够站立起来。

四

一年后的1980年,我再次得以在尚博小学入学。然后大概在南侧中间的教室里读了一到三年级,在南侧西端的教室里读了四到五年级。

尚博小学是我们的母校,也是我们的乐园。

下课时间,小学南侧一块狭长的泥地,是我们的天堂。开飞机是我们最常玩的游戏。高年级的大学生,蹲在台阶下,脊背平展,双臂前伸,两手手指交叉紧握。如此,一架殷勤的飞机就完工了。低年级的小学生,就从台阶上顺势爬上,两手手指交叉,围在大同学的拳头外围。如此,登机程序顺利完成。大小拳头瞬间成为坚不可摧的联盟,于是飞机起飞,在泥地上横冲直撞,东突西奔。

常有的情况是,要不了几分钟,狭小的泥地上开满了飞机,每一架飞机都在呼啸,每一架飞机的呼啸里都有两种声音在合围,每一架飞机都在寻找目标,然后义无反顾地飞过去,撞击,突奔,进攻,反攻⋯⋯似乎每一架飞机都是所向披靡,从无失败的一天。

可惜下课的时间总是太短。上课铃声一响,每架飞机都自动解体,飞机和乘客都奔入各自的教室,开始了满头大汗意犹未尽的一节新课。

到了隆冬季节,除了飞机大战,我们还会玩一种让我们在瞬间就能温暖起来的游戏。这种游戏叫作轧墙角:近十个人靠着墙,一字排开。随着一声令响,这个一字马上就变成一条蠕动的虫子,头和尾是张力的源头,拼命地往虫子的中心紧缩,紧缩,虫子的中央受到了重重的压迫,抗争,突围,蠕动⋯⋯虫子此起彼伏,险象环生,终于在中间的一个薄弱点上突破,身体进裂,汁水迸射⋯⋯总有一个人成为这种迸射的汁水,从虫子的体内挤压而出,景象甚为惨烈。

每次有人被挤出来，所有的人员都会重组。往往是虫子的头和尾做了躯体，虫子的躯体成了头和尾巴。这里讲究着朴素的公平。几次重组，每一个热气腾腾，一扫严冬的寒气。然后，一堂热腾腾的新课又开始了。

五

我们开飞机的泥地外围，就是小河。河边，总有附近的村民种着几棵南瓜苗。南瓜苗躲在一个破篱里，胆战心惊。每次下课，总有几个同学不愿浪费开飞机或者轧墙角的时间，一字排开，对着破篱酣畅淋漓地播撒甘霖。年年如是，天天如此，周而复始，甘霖终成毒药。南瓜苗逐渐萎靡，枯萎，死去。

每一年，南瓜苗的命运如一。但令我至今不解的是，每年到了季节，几个破篱里，总有一些南瓜苗在胆战心惊地向外张望。它们是如此的敏感，从空气和泥土里早就嗅到了不可避免的宿命的气息。但不愿浪费游戏时间的我们似乎从来没有得到过来自村庄或者学校的警告。

尚博小学巨大的梧桐树，是我们灵魂深处的大树。树上，似乎终年都有各种各样的鸟，在那里跳跃，嬉闹，歌唱。往往在上课的时候，我们就开始惦记起这棵巨大无比的梧桐树。特别是秋天。

秋天终于来了，梧桐树叶黄了，像雪花一样随风起舞，徐徐降落。梧桐树叶里盛满了送给我们的礼物：一颗颗满是褶皱的小球，静静地躲在船形树叶的最深处。片片树叶铺展开来，像小船一样静静地泊着，泊成了我们满心的喜悦。

我们一张树叶一张树叶地翻看，挑拣，把一颗颗金黄的果实从树叶深处摘下来。这些芬芳四溢的果实，被我们满心欢喜地送进嘴巴里，咀嚼，咀嚼，咀嚼，荡气回肠……

无数的下课时间、背书时间，无数的中午时间、放学时间，我们都是在梧桐树的阴影里度过的。梧桐树里的时间特别清香，特别安静，特别缓慢。鸟儿在大树深处嬉戏，也在我们的梦境深处嬉戏。

六

尚博小学采用复式教学。所谓"复式教学",就是几个年级的学生在同一个教室里学习,一个年级上课的时候,另一个年级写作业,轮流进行。弟弟比我小一届,因为复式教学,印象中我的小学有三年是和弟弟在同一间教室里上课的。

我和弟弟在尚博小学同时就读的时间有四年:1981年至1985年。这四年时间,我们同时上学,同时放学。早晨,我们出家门往东走,沿着河边的小路,沿着小河的走向,前往尚博小学读书;放学后,我们反方向走回家。风雨无阻。

来去小学的路上,我们总能看到很多风景,女人们在洗衣淘米,男人们在刷牙洗脸,老人们在晒太阳,或者乘风凉……一个我们叫阿婆的老人似乎一年四季都坐在门口的那把摇摇欲坠的破椅子里,眼睛似乎闭着,也似乎睁着,这种疲疲软软的状态令我们一度非常疑惑。终于有一天我忍不住问母亲,阿婆怎么一年四季都在门口打瞌睡呀?于是,后来我在课文里学到"迟暮"这个词语的时候,一下子就想到了我们的阿婆。我们还看到过这样的景象,一个男子拿着牙具到河埠头去洗漱,忽然停在了台阶上,一动不动,就像定住了一样。突然,他像一只水鸟一样,往河里扑去,于是,一条硕大无比的鱼,在他怀里做着无谓的挣扎。

那时每年似乎都要来大水。每次来大水,水就漫过了小路,我们就蹚着河水赶路。有一天上学途中,蹚着正在上涨的河水的我,感觉脚底下一阵油滑,俯身一摸,一条色彩鲜艳的鳜鱼就成了我的掌中之物。

中午,所有的学生都走回家吃午饭。每次进家门的时候,阿爹早就做好了准备。但我们最期盼的是天下雨,而且要下大雨。因为只有雨下得足够大,我们才不用走回家吃饭,大人们会把香喷喷的饭菜带到学校里来。所以每次下雨了,我们都会很紧张,下小雨时怕不能变成大雨,下大雨时怕变成小雨,也害怕雨在吃午饭之前突然停了。所以每到上午的课结束,如果天空还在下着足够大的雨的时候,我们是如此的兴高采烈。

我们走出教室,在走廊上望着家的方向。我们盼望着大人的出现。终于,大人们一个个来了，随着装饭菜的盒子、杯子的打开，香气开始飘荡在我们的小学里。总有几个大人晚到的，他们的小孩望穿秋水，很有些不满，因为他们已经咽口水很久了。小孩们常常比着谁家的饭菜美味，并且互通有无，彼此分享。我们的下雨天充盈着幸福满足的气息。

七

我读一年级的时候，弟弟还没有读书。我经常去叫比我大几岁的水忠和我一起上学。

每次总是我早起，走到他家的时候，他似乎总还在睡觉。阿婆把他叫起来，水忠便闭着眼睛吃着粥。一碗粥吃完，水忠的眼睛还没有睁开。在我的催促下，水忠闭着眼睛背起书包出了门。从家里出来没多远，水忠就在墙脚跟小便，依旧闭着眼睛。水忠的小便是对我耐心的极大考验，在水忠漫长的小便里，我不但听到了哗哗的水响，还听到了来自村子深处各种各样神奇的声响。水忠终于闭着眼睛完成了每天一定要完成的任务，继续赶路。水忠依旧闭着眼睛，沿途的风景他一无所见。我，似乎成了他一路必备的眼睛。

小学二年级开始，弟弟就和我一起上小学。整个小学阶段，我们似乎从不请假。但那一天，我没有按时去上学。

那一天，弟弟老早就背好了书包，准备出门。弟弟说："我们走吧。"我接下来的回答给我带来了非常严重的后果。我说："我不去上学了。"弟弟耐心地等待着我回心转意，但我依旧说："我不去上学了。"母亲过来劝我和弟弟去上学，我嗓门响亮地说："我不去上学了。"阿爹过来劝我和弟弟去上学，我嗓门更响亮地说："我不去上学了。"在这个过程中，父亲似乎一直沉默着。

但这种沉默是最可怕的。这是我后来才悟出的道理。在弟弟见我毫无回心转意的意思而独自出门后，父亲终于发话了："你到底去不去上学？"我接下来的表现或许父亲也是没有料到的，我嗓门提得更高了，依旧说："我不去上学了。"父亲连问了三次，我的嗓门越来越高，回答的内容却是一字不改。在那个早晨，我感觉整个村子都听到了我的宣言。

事不过三，大概在父亲看来，给我的机会和台阶已经够多了。父亲不再发问,一把把我抓了起来,把我扛到最后一进屋子里,三下两下,用捆稻草的麻绳把我绑在了羊棚前面的木头柱子上。父亲边绑边说:"敢不去上学!"这个时候,我不再宣言,而是大哭。我的大声哭泣让羊棚里的大小湖羊心烦意乱,它们不停地转着圈子,咩咩地叫着,它们的叫喊把一阵又一阵腥臊的热浪搅动起来,我很快就陷于其中。

我的哭泣惊天动地,响遏行云,但持续的时间并不长。阿爹来了。阿爹的手似乎在发抖,很不顺利地解着捆绑我的麻绳。阿爹边解绳子边大声地说:"你没有过小的时候吗?"阿爹脾性温和,这句话听起来也不响亮,但充满了力量。阿爹这句话里的"你"自然指的是父亲。父亲马上就像一个犯了错的孩子那样一声不吭,走出了家门。

阿爹给我松了绑,给我洗脸,叫我吃粥。在这个过程中,我不再大哭,只是轻声地呜咽着。阿爹背着我的书包,送我去上学。路上,阿爹问我为什么不想去读书。我说:"老师说了我最近退步了。"阿爹说:"那么赶上去就可以了。"我点了点头。

这一天我上学迟到了,老师好像没有批评我。老师大概从我弟弟那里,得知了我的情况。再加上阿爹满含深意地向老师赔不是,老师们感觉到了一次教育已经基本完成,教育批评或者安抚宽慰,已经成为多余。

从此以后,我的整个小学阶段,似乎从没请假,也没迟到。

八

早晨出门的时候,阿爹经常让我们买几块豆腐带回家。所以,我们经常捧着一个海碗去上学。我们在下课时间,捧着海碗到学校北面的豆腐坊里,用黄豆换豆腐,或者用钱买豆腐。做豆腐的是我的同学陆学忠的爷爷,这个清瘦的老头,手艺一流,做出来的祖传豆腐闻名遐迩。豆腐坊里常年充盈着一种我们感到亲切无比的味道,这种味道里似乎终年在酝酿着什么,这是一种能让人解馋解渴解饥的独特的味道。豆腐买好后,我们就把装着豆腐的海碗放在抽屉里。中午回家吃饭的时候,我们就小心翼翼地捧着这个装满豆腐的海碗回家。阿爹接过豆腐,就下锅做起了美味。

弟弟从小就懂得分享。记得那一天，我在那块泥地上奔跑，弟弟跑过来拉住了我的衣角。我问他做什么，弟弟笑嘻嘻地从嘴巴里抿出一分钱一颗的纸包糖果。我一下明白了，弟弟是要和我分糖。在家里，弟弟也是经常这样做的。弟弟用眼神对我说：你用牙齿来咬去一半。这时候泥地上满是人，有同学，有老师，我的脸一下就红了。我白了弟弟一眼，一下跑开了，不愿再理睬弟弟。弟弟竟然又追了上来，唇齿间依旧露着那块他一心想要分我一半的糖果。糖果在弟弟的唇齿间闪闪发光，却让我感到万分厌恶。我便再次选择逃跑，弟弟却依旧紧追不舍……

那天放学回家，我向母亲告了状，表达了我对弟弟的极度不满。母亲一下就笑出了眼泪。比我小两岁的弟弟，站在旁边，一脸茫然和无辜。

在那个年代里，我们能吃的东西，除了粥饭，实在是屈指可数。小店里的什锦菜，也成了我们神往的美食。那时的什锦菜，味道鲜美，里面确乎有很多的东西，有大头菜、乳黄瓜、老姜、辣椒、洋山芋、胡萝卜……其中还有一种像螺蛳一样的蔬菜，品种花样繁多，"什锦"名副其实。我们常常在下课时间去小店买什锦菜。每次都是五分钱，去的次数多了，小店里的老头倒不拒卖，在用一杆极其灵敏的小秤称什锦菜时，也不说话，在用一张黄纸包什锦菜时，终于牙关紧紧地说："你们死也要死在什锦菜里。"后来因为读书好，做班干部，有威望，就不用自己亲自去买了，不少小孩都抢着为我们跑腿效劳。其中最殷勤的，就是国良。这些为我们跑腿的小孩，到底受到过多少诅咒，我们终究不得而知。

什锦菜的味道是如此令我们着迷。我们用手拿着吃，一会儿就把一包什锦菜吃完了。黄纸包底部总是留有一些汤汁，我们也用舌尖舔得干干净净。到了上午最后一节课，开始口渴难耐。于是我们回家吃午饭时进门的第一件事情，就是端起茶缸喝个痛快。

九

每年九月份，大概是我们最期盼的。因为只有这个时候，总有不少小孩到学校里来读　年级。哪个小孩要上学了，外婆家就会买来书包和糖果以示祝贺。孩子第一天来上学的时候,书包里总是沉沉的,里面除了文具,就是糖果。家长送孩子到了学校,就满脸堆笑地把糖果抓给老师,请老师把糖果分给小学里的师生们。

所以,每年的九月,是最甜蜜的日子。上学的小孩越多,我们每个人分到的糖果越多。不论是一年级还是毕业班,大大小小的孩子们都津津有味地吃着来自外婆们的甜美糖果。老师们总是给自己留下少数几颗,把更多的糖果分给了极度渴望甜蜜的小孩们。

然而,在平时,我也经常有糖吃。我开始几年的同桌是一个名叫芬娜的漂亮女孩子。这个女孩子长着鹅蛋脸,眼睛很明亮,头发很长,因为个子高,便和我同桌。芬娜脾气温和,常常把奶奶给她的糖果带到学校里来给我吃,有时送到我手里,有时塞到我抽屉里。芬娜每次似乎一颗不留,把糖果全都给了我。

新桥头有好几个同学,他们每天都要横穿一片广阔的田野,沿着渠道来上学。海华和纪华似乎每天早晨走进教室后,总要向我们展示上学途中从沟渠里摸来的硕大无比的田螺。这些田螺长满了绿苔,就像老头们长着飘逸的胡须,在教室里发着幽幽的光芒。展示完毕,他们似乎从不自留,总要送给别人,我就是其中主要的一个受赠者。我把田螺带回家,养在灶头前面的水缸里。

十

尚博小学没有围墙,就像是河边的几间普通民宅一样。所以每次上学,我们就像走进了另一个家里。尚博小学走廊上挂着一口大钟。这口乌漆发亮的铁钟,便是学校的报时工具。老师拿着一根铁棒,使劲敲击,钟声清脆悦耳,传遍了整个尚博村。每次钟声响起,都会改变学校的气氛。下课钟声响起,原本安静的小学,一下就热闹起来了。上课钟声响起,原本喧闹的小学,一下就安静下来了。我们的这口古旧的大钟,拨动着我们的神经,拨动着小学的神经,也拨动着整个尚博村的神经。

尚博小学的老师大多兼任多门学科,往往既是班主任,也是语文数学老师，还是音乐美术老师。印象中我小学一到三年级是沈翠娥老师教的。所以，沈老师是我最初的启蒙老师。入学不久，沈老师经过观察，让我做了班长。这个班长竟一直做到了大学里。

沈老师有着良好的教学基本功，我们的每一个拼音，每一个汉字，在沈老师这里得到了最为规范的教学。在那个年代里，很多中小学老师都是用方言上课，而我自跨入小学的大门，就得到了非常规范的普通话教学。

沈老师对待工作认真负责，一丝不苟。每次教室里没有沈老师的时候，往往你追我赶，打打闹闹，喧闹异常。总有几个小孩在门口张望，远远看见沈老师走来，就发出警报："沈老师来啦……"几秒钟之内，教室里立刻就恢复了秩序。沈老师又极具宽容恻隐之心。那一年，弟弟已经上学，大概弟弟上二年级，我上三年级，我们同在南侧中间的一间教室里学习。有一天午饭后，教室里只有三个人，我们兄弟俩，还有一个女孩子，名叫英芳。我和弟弟想看什么东西，就在老师的办公桌上找。我们动了老师的书和本子，书和本子带动了一瓶没盖盖子的墨水，墨水倾泻而出，浸染了老师的整个桌子。我和弟弟惊慌失色，不知所措。英芳静静地看着我们，眼神极其复杂，忙把脸深深地埋进了抽屉里。经过令人煎熬的几分钟后，同学们一个个走进教室，发现了老师办公桌上的狼藉景象，有的说这是谁干的，有的说这下要被老师立壁脚了。所谓"立壁脚"，就是面壁思过。我和弟弟面红耳赤，英芳把脸更深地埋进了抽屉里。

沈老师终于走进了教室，终于看到了办公桌上的狼藉景象。我和弟弟面红耳赤，胆战心惊。沈老师脸色平静，拿来一块抹布，仔仔细细地擦拭着。墨水很快浸透了抹布，沈老师到河埠头去洗抹布，回来后继续擦拭。桌子似乎擦干净了，但书和本子却留下了永久的墨水渍。沈老师面容安详，始终没有说话。收拾完毕，沈老师像平时一样开始上课，仿佛什么事情都没有发生过。

那些希望看好戏的同学终于没有看成好戏。我们兄弟俩的脸也慢慢褪去赤红，英芳也把脸从抽屉里拔了出来。之后，沈老师也一直没有再问起此事。沈老师对这件事情的处理方式深深地影响了我们兄弟俩，这里不但有最为精湛的教育艺术，更有无限宽广的胸襟情怀……

陆秋英老师是我四到五年级的老师。陆老师热情似火，多才多艺。陆老师和她的弟弟都很会唱越剧，是方圆几里的越剧明星。陆老师把她的文艺特长淋漓尽致地发挥到了教学工作中。每天早晨，我们在教室门前的泥地上升国旗，唱国歌，陆老师踩着全校唯一的脚踏风琴，为我们现场伴奏。我至今还能哼唱陆老师教给我们的儿歌："池塘的水满了雨也停了，田边的稀泥里到处是泥鳅，天天我等着你，等着你捉泥鳅，大哥哥好不好，咱们去捉泥鳅……"

陆老师的热情奔放在文化课教学上也极具特色。像沈老师一样，陆老师的普通话也非常标准。每节语文课上，陆老师总是热情洋溢地带领我们读课文。陆老师对学生作文非常重视，总是在我们的本子上写下大段的红评语。我的作文深得陆老师的赏识。陆老师把我的文章在课堂上念给大家听，每次都要大声地赞赏我。有一次，陆老师在课堂上念我的作文，学校附近的村民如章也被吸引住了，在窗外说了一句由衷的话："这个小孩不出山也难。"

我记忆中陆老师读过我的一篇描写春天田野的作文。文章里描写了一只欢乐的麻雀，从金黄色的油菜花丛里飞了出来，在天空里闪过一道金色的光芒……陆老师读到动情处，把手扬到了空中，仿佛手指到处就是那道金色的光芒……教室的后墙上，贴着陆老师挑选出来的学生作文，我的居多。记得我从小学毕业多年后，村里的一个正读小学的小孩告诉我，墙上还贴着我的作文。我的作文在陆老师这里得到了最初的发表，这里的意义是极其深远的。

陆金章老师是尚博小学唯一的体育老师。陆老师是一名退伍军人，身材魁梧。我在尚博小学读书的时候，陆老师已经是一个中年人。虽然曾经是一名军人，但陆老师脾气非常温和，面对我们这群小孩，总是一脸的慈爱。陆老师后来成了尚博村最早的私企老板，但依旧平和，偶尔我见到他，依旧叫他陆老师。陆老师依旧慈祥地笑着，默默地应着。

我们的老师们是如此深爱着我们，我们也会用最朴素的方式回报老师。努力学习当然是最主要的回报方式。我们还会在河埠头摸螺蛳，送给老师。每次春游，我们爬到澉山顶上，总是先给老师摘干脆的松果，然后再为自己摘。这些松果是烧煤炉时最好的起火柴。我们在山顶上，看见了蚂蚁一般的行人，火柴盒一样的房子，橘子一样的太阳。老师说，这些可以写进作文里。

我们的老师们，当年是那么年轻和快乐，他们深深地感染着我们，影响着我们。他们宽容、严格、认真，有责任心。他们是那样善于赏识与鼓励。在他们温暖的目光里，我们的童年是那样漫长，我们的小学时光是那样缓慢，缓慢到足以延续我们的一生。我们终于都慢慢地长大了。

尚博小学是我们的母校，也是我们的乐园。

2014年8月17—18日，写于尚博祖屋

丽华

丽华和我同年。听我母亲讲，在我和丽华刚会走路那一年，有一次丽华和我跟着大人到新市去玩，大人们忙着买东西，忽然不见了我们两个小孩，大声呼叫，焦急万分。两个孩子就像是人间蒸发了一样，对于大人们近乎歇斯底里的绝望喊叫没有一丝的回应。就在大人们的情绪接近崩溃的时候，店员才发现我们两个小孩在柜台里安静地坐着，自得其乐，仿佛在专注地看大人们的表演一般。

有一次，丽华被堂兄抱着，当时堂兄还是一个孩子，学着大人们的样子，一耸一耸逗着丽华玩。丽华哈哈地笑着，这种快乐的笑声竟然升到了可怕的空中——丽华从堂兄手里抛了出来，就像是一条鱼一样腾跃而起。随后，脑门着地，丽华在堂兄的惊恐和绝望中落下了终身残疾。丽华虽然得到了及时救治，但由于脑部受伤，终于没有像她的同学们一样长高长漂亮，矮且胖，更严重的是，丽华的智力也终于受到了影响，比常人显得迟钝一些。

丽华和我同年上小学，后来大概是留了一级，所以与我弟弟同年小学毕业。丽华没有读中学，在我们兄弟俩出村求学以后，接触就少了起来。因为不好看，还因为迟钝，丽华的个人问题成了大问题。女儿的终身大事成了父母的大心事，哥哥成家后，丽华也似乎成了家里的累赘。情况在那一年变得更为糟糕。村里建造纸厂，丽华的父亲金元站在一堵墙上上水泥横梁。在对面墙上和金元对扛的是他的亲弟弟金初，金初说，"你小心一点"。这句忠告说到一半的时候，金元就从墙上倒栽下来，当场毙命。

失去父亲的丽华在接近三十岁的时候，命运似乎得到了转机。经人介绍，丽华认识了吴兴地区一个年龄相仿的单身男子，这个男子和丽华一般身高，但有着甚至高于常人的智力。很快，丽华就有了自己的婚姻生活。丽华作为民政部门照顾的残疾人，在镇上的一家化工厂找到了工作；丈夫凭着机灵劲儿，游走各地抓黄鳝。小两口的日子过得有声有色。

愧疚了几十年的堂哥，似乎是为了对堂妹有所弥补，买下了村里一间因为新造房子而将要拆掉的旧房子，把丽华夫妻从吴兴接到了我们村里。这位颇有些神通的堂兄还想办法把他们的户口迁了进来。

丽华不能生养孩子，便从附近石矿上打工的一对云南夫妻那里抱养了一个女孩。就在孩子慢慢长大的某一天，丽华骑着自行车到厂里去上班，在一个丁字路口转弯的时候，因为反应迟钝，被一辆货运大卡车压住了下半个身子。据说，丽华当时眼睛睁得圆圆的，一遍一遍地说"救救我"——下半个身子已经碎作一团血肉，血浸满了整条公路。还没等送到医院，丽华就已经没有了呼吸。

丽华死的那一年我已经去上海好几年了，当时我的孩子甜甜出世没多久。丽华很喜欢甜甜，每天下班回来，总要到我家来转一转。丽华每次来看甜甜，老远就会叫着甜甜的名字。丽华的叫法很独特，"阿——甜"，两个字之间拖得很长，"甜"字压得很重，仿佛在表达着某种由衷的心意。看着阿娘来，甜甜每次都是蹬着腿，欢呼雀跃，激动异常。

我每次回来，总是看见丽华来我家，叫甜甜，抱甜甜。我也偶有几次拿出吃的东西给丽华，丽华每次也总是默默地接了。

如今在我妻子当年给甜甜拍的一段视频里，还能看到丽华一瞬而逝的影像。

2014年8月15日，写于尚博祖屋

国良

国良家住在我家西隔壁，只是中间还隔了一户人家。

在我的印象里，国良是我们小时候的玩伴里最老实的一个。印象最深的一件事情是，村里的一帮孩子，气势汹汹地冲进了国良家里"抄家"，就像是一群马蜂找到了复仇的目标一样。在黝黑的屋子里面，国良温顺地把一口大锅的锅盖揭掉，一锅令我们垂涎三尺的番薯一下子展现在我们眼前。似乎还没等到番薯的香气飘到我们的鼻子里，我们有生以来第一次"打劫"就开始了。也正是在这一次"打劫"里，除了国良，村里的孩子们真切地感受到了什么叫作"烫手的山芋"。

在一阵阵吃东西的声响之后，小孩们享受了平生最好吃的一顿番薯。在大锅见底之后，我们全然没有满足的意思，而是向国良投去了更为严厉威严的目光。幽暗里的国良似乎在瑟瑟发抖，忙从一个角落里拿出一罐雪花霜给了我们。我们打开罐子，看见似乎没有动过的浅红色的雪花霜，都深深地吸了一口气，把诱人的香气吸到了身体深处。直到这时，我们才打算放过国良。我们把战利品举过头顶，呼啸着从国良家里卷了出来，就像是一群马蜂完成了复仇任务之后的凯旋一般。

这次打劫之后，我们没有受到任何的调查、盘问、警告和惩罚。国良在全家人的一顿饭——一大锅番薯和全家人擦脸的一罐雪花霜消失以后，在那个幽暗的家里经历了什么，我们始终不得而知。

与国良交往最深的应该是我的弟弟，弟弟现在还经常讲一件往事。就在我们读小学的时候，田野里到处都是水蛇。国良和弟弟拿着蛇皮袋去捕蛇，这些鲜活灵跳的水蛇装了大半个蛇皮袋。两个小孩提着沉重的蛇皮袋，到镇上卖得了九角九分钱。分钱的时候遇到了麻烦，这笔钱该怎么分才好呢。弟弟从小就有大气度，最后给了国良五角，自己拿了四角九分。这件往事一直藏在弟弟心里，估计也一直藏在国良心里。这件童年时代的往事足以支撑起人间最为金贵的友谊。

那一天，国良和弟弟第一天读小学，排队点名的时候，老师一个一个问小孩家长叫什么名字。当问到国良的时候，国良说："我阿爸没有的。"弟弟马上向老师解释说："国良的爸爸叫福昌，在青海。"

是的，当时国良的爸爸在青海某监狱服刑。大概在小学快毕业的时候，国良的爸爸福昌终于从青海回来了。这个坐过牢的父亲，其实是个热心肠的人，又特别讲情面，要面子，对于他人总是非常大气和仗义。而对于国良，福昌似乎只牢牢记住了棍棒底下出孝子之类的古训，动不动就棍棒相向。于是，国良有时离家出走，并染上了顺手牵羊的不良习惯。每次国良游荡回来，福昌把饭篮里的饭倒进了鱼塘里，咬着牙说："给狗吃也不给你吃。"于是，国良离家出走的频率越来越大了，顺手牵羊的本领也慢慢见长，顺手牵到的东西也越来越大。

终于，在我工作不久的某一天，国良因为撬保险箱，被警方抓住，然后判刑。据说，被偷的老板把损失的金额故意夸大了很多，国良受到的刑罚也加重了许多；又据说这个老板之后一直胆战心惊，怕国良终有一天去和他算账。在乔司的监狱里，国良终于越狱成功。在之后的几年时间里，监狱派出了大量的警力抓捕国良。那几年，我们村里经常能看见便衣警察，躲在稻草堆里，或者藏在一个角落里，在黑漆漆的夜里就像夜猫子一样。在家家户户辞旧迎新的除夕，这些夜猫子也躲在阴暗冰冷的角落里等待着他们心目中的大老鼠的出现。

他们的努力最终没有白费。国良终于忍不住回村，被警察发觉，然后上演猫捉老鼠的真实剧情。但每次似乎都是只差一点点——警察每次都对询问的村民如是说。最惊险的一次发生在隆冬季节的一个夜晚，国良受到警察的追赶，不得已跳进了南湖漾，竟横渡成功。警察在国良落水的地方狠命地打了很多子弹，仿佛跳到水里的是一条恶狗、疯狗，就像得了狂犬病的那种。

在国良被警方追捕的日子里，福昌生病死了。国良最后在远方的一个小镇上被警察捕获。后果自然很严重，加了刑，投进了远在新疆的监狱。

国良去了新疆后，弟弟一直与他保持书信联系。由于表现好，国良终于在前年经过减刑提前出狱。国良出狱后在新疆打了几个月的工，赚足路费后，才踏上返程。当国良乘火车到达上海后，弟弟为他接风洗尘。

回到村里后，国良住进了姐姐家空置的一套大房子。弟弟每次回来，都要去看望，给了他一大包衣服，还给了他五千块钱。国良跟着姐夫打工，很快把钱还给了弟弟，还把大房子装修一新。国良虽然出生在这个村子里，可多年的流放和监禁生涯，最终让他的内心产生了很大的变化。在与我们的交流中，我了解到，国良似乎有很大的自卑，并没有归属感。终于，国良又一次离开了家，只身南上广州打工。

几个月后，国良回来了，还带来了一个离婚不久的广西籍女人和一个漂亮的女儿。国良说，打算和这个女人结婚。果然，不久后，国良结婚了，不但有了老婆，还有了一个读小学的漂亮的女儿。

弟弟自然非常高兴，由他牵头，小学同学们为国良一家办了一桌丰盛的酒席。

2014年8月15日，写于尚博祖屋

芬娜

1985年6月的一天早晨,我们师生一行,兴高采烈地从母校尚博小学出发,浩浩荡荡地步行前往沈家墩轮船码头。我们此行的目的地是菱湖,我们的任务是去拍小学毕业照。

就在我们兴高采烈地上路的时候,芬娜却还在家里梳妆打扮。芬娜虽然不停地催促母亲快点快点,可芬娜的母亲一心想让女儿成为这张毕业照里最好看的女孩子,所以精雕细琢,尤其是在芬娜的辫子上做足了文章。在芬娜母亲魔术师一般的手里,芬娜的头发花样繁多,层出不穷。芬娜母亲似乎总不满意。这简直就是一场没有观众的魔术表演,芬娜的母亲却沉浸其中不得自拔。几易其稿,芬娜的羊角辫终于在这个初夏季节崭露头角。芬娜母亲又在羊角辫上配了蝴蝶结,于是,一个漂漂亮亮的小学毕业生活脱脱站在了芬娜母亲的面前。芬娜母亲自鸣得意,叹为观止。

芬娜的心里非常焦急,她像一只蝴蝶一样从家里飞了出来,飞到学校的时候,属于我们的教室里早已空无一人。芬娜撒腿就跑,向前飞奔,她要去寻找她的大部队,她要和亲爱的老师和同学们一起去拍小学毕业照。漂亮的羊角辫在晨风中上下跳跃,两个蝴蝶结立马就成了真蝴蝶,在晨风中展翅飞翔。芬娜的心也在飞翔,她要飞到她的同学和老师那里,她要去拍小学毕业照。

芬娜像一头小鹿一样跑了几里地,仍旧没有看见她亲爱的老师和同学们。可她没有放弃,继续飞奔,穿过一片浓郁的桑树地,芬娜跑到了唐家墩,向前张望,依旧没有看到她亲爱的老师和同学们。芬娜绝望了,哭了。一路哭来，成了一个泪人，回到家的时候，似乎已经哭不出来了。可是芬娜一看到母亲，就爆发出了惊人的能量，哭泣像山洪一样再次爆发出来。这位母亲负疚不已，那一天什么事也没干，安慰着女儿，也安慰着自己……

在芬娜平静的讲述里，我们听不到半丝的埋怨，就像什么事也没发生过一样。其实，芬娜的家离小学就几步路，我们，包括我这个班长，这个曾经得到过来自芬娜的甜蜜糖果的同学，竟没有一丝察觉：一个我们如此亲密的姐妹，在最关键的时刻，没有加入我们的队伍，没有和我们一起去拍小学毕业照……

但芬娜毕竟还是幸运的，她最终还是有了一张小学毕业照。在这张1986年的小学毕业照里，芬娜蹲在前排正中央，一脸的灿烂和快乐。一年的时光，似乎终于抚平了她内心的创伤。

1980年和我们一起入小学的，有三位同学由于各种原因晚一年从小学毕业，其中有芬娜和丽佳。她们和我们一起读到五年级，然后重读一年毕业。丽佳和我们一起拍了照，还在第二年和我弟弟他们拍了照。她有两张小学毕业照。

另外一个人就是丽华。这个如今早已不在人世的同龄人、同学和伙伴，和我们一起入小学，但不知哪一年中途留级，也和我弟弟一起于下一年毕业。丽华也只有一张小学毕业照。

如今，在1986年尚博小学的毕业照里，能清晰地看到丽华的影子。

2014年8月21日，写于尚博祖屋

立华

今天是2016年5月21日。今天是极其普通的一天,今天又是不同寻常的一天。

今天清晨,我醒来的时候,还能清晰地回忆起昨晚的梦境。在昨晚的梦里,我几乎是第一次梦到了我的小学同学傅立华。20世纪80年代初开始,我和立华等十八位同学,在位于晚清重臣、外交官傅云龙乡贤公祠旧址的浙江省德清县尚博村小学里共度了漫长的五年小学时光。

立华已经病困潦倒好多年了。但在昨晚的梦里,立华似乎好了许多。梦里的立华请我吃饭,我答应了。那一天,我如约去立华家。立华家门前有很多池塘。我走到立华家门口的时候,立华正划了一条小船捕鱼回来。见我站在门口,并无表示欢迎的意思,但我看见立华的气色明显好多了,就像没有生病的人一样。

我跟着立华进了他家的门。立华开始杀鱼,准备着招待我的饭菜。我在八仙桌边坐着,立华也没有主动和我搭话。我觉得无趣,出了立华家的门。当我在村里走动的时候,一个熟人请我吃饭,我应允了。吃到中途,想起了与立华之约,急忙返回时,见立华已经做好饭菜,落寞地坐在桌边等我……

梦到如此平淡如水又离奇异常的情景,我并不为意。我几乎非常平静地度过了一天的时光。但傍晚时分,小学同学建惠告诉我,立华死了。我在同学群里询问情况,得知立华卧病在床,神志不清已经好些时日了。我是当年的班长,对此竟然毫不知晓!

晚饭后散步时想到立华之死,想到昨晚的梦境,想到长时间对立华的疏离，顿时脊背阵阵发冷……立华，你是在向我告别吗？你托梦请我吃饭，是为了实现长久以来的一个心愿吗？

2014年8月20日，立华就曾经热情地请我吃饭。那年8月，连日阴雨，仿佛一下进入了晚秋季节，我这个在夏天习惯赤膊的人，也不得不穿上了衣服。那年凉爽的夏天，和前一年炎热的夏天，简直是冰火两重天。

那天下午，天空中依旧下着小雨，我带着两个孩子，从我家所在的尚博村杨家里出发，沿着河边小路往北走，经过机埠，就来到了傅家里。这一天，我要去傅家里看望似乎几十年没有说过一句话的傅立华同学。说几十年没有说过一句话，不是夸张，自小学毕业近三十年以来，我和立华虽偶有相遇，但更多的只是点点头，有时甚至连头都不点一下，就匆匆赶路了。

然而最近，我终于对立华关注起来了。在我们的小学毕业照上，立华是第一排左边第一个，如此显眼的位置，是不可能不让人重视的。更重要的原因是，立华近年成了不小范围内的一个名人；他的闻名不是因为他的发达，而是由于他的不幸。

首先是他的父亲益民几年前死了。这个不幸的人，几年前死于肺癌。但他的死因似乎并非仅仅如此。在益民临死前几年，有一个企业老板请我父亲去看传达室，我父亲在一连几年里便和益民成了同事。白天似乎是两人一起看门，到了晚上，益民和我父亲轮流值班。于是，对于临死前益民的情况，最有发言权的人员之一，非我父亲莫属。

父亲说得最多的是益民的喝酒。益民喝酒与众不同，仰起脖子喝烧酒，就像喝开水一样；一斤烧酒有时一次喝完，有时两次喝完，有时三次喝完；不管几次喝完，总是什么下酒的东西都没有。从年轻时代就喝酒的我的父亲总是这样评价益民："这样喝不要喝死呀！"父亲最先说这句话的时候，益民活着。父亲还经常描述这样的细节：有时益民正仰着脖子喝烧酒，醉眼蒙眬地看见领导的车子来了，忙把酒瓶藏在床底下，领导的车子进了门或者出了门之后，就把酒瓶拿起来继续喝。有时领导在厂门口进进出出，益民的酒瓶也在床底下进进出出。

终于有一天益民不在的时候，益民的老婆顺娣对我父亲说，益民在医院检查出了肺癌,晚期。这个常年视烟酒如性命的人,终于给自己造成了无可挽回的后果。但益民竟没有休息,而是继续上班;嗜酒如命,依然如故。终于有一天,益民疼痛得不能再看大门才回了家,隔了几个月,就死了。

我的父母讲述益民的不幸遭遇时,自然会讲到益民的老婆顺娣。我母亲评价益民老婆、立华母亲时,常做如下的评价:人很好,不计较,好做伴。但这大概是年轻时代的益民老婆,随着岁月流转,人世变迁,她终于"不好"起来。这个我从小就很熟悉,长得非常本分的女人,经常跟着男人不辞而别离家出走,有时几个月不回家,有时几年不回家,但似乎是每次最终都回家来的。但益民死后,她进了另一个男人的家门。但这个男人似乎很有良心,经常救济立华,还让立华母亲经常回来看看。所以,立华对这个老头不错,立华母亲顺娣曾经对别人说:"老头子来的时候,立华还烧糖滚蛋给他吃。"所谓"糖滚蛋",是德清县的丈母娘们烧给女婿准女婿吃的美食,把鸡蛋打进滚水里,半熟了捞上来,盛在放着红糖的碗里……

其实,益民和老婆在这一生中,也是做出了很大的努力和贡献的。他们有两个孩子:立华和妹妹。妹妹读师范,终成正果,在德清东部教书,并嫁了一个好男人。妹妹是个好妹妹,给益民看病,送终,引导母亲走好人生路,救济兄长渡难关……但立华终于一天不如一天起来。

立华似乎是他父亲的翻版。首先,嗜酒如命。其次是他的遭遇,和他父亲有着惊人的相似之处。立华有一个贵州老婆,老婆还生了一个聪明的儿子。但老婆终于慢慢地离家出走,出走多年后回来与立华离婚,终因立华成了残疾人,有赡养义务,离婚不成,跟着一个安徽籍打工男子,做了姘头。立华老婆也进了别的男人的家,常年不回来。这一点,和益民老婆——立华母亲相比,差远了。

立华和父亲益民相比,性格习惯非常相似,命运似乎更为惨烈。最简单的一点,益民在立华现在这个年龄,在这不惑之年,还是一个体格强壮的男子。但立华不是,已是一个残疾人。

据我父亲回忆,立华当年在一家工厂做保检工,主要的任务是负责全厂电路的正常运作。立华当时也经常到益民和我父亲工作的传达室里来。立华每次来，都要把长嘴利群香烟分给在场的每一个人，不管对方抽不抽烟。立华经常在传达室里说大话，说厂里纪律很严格，只有自己从来不怕老板，想什么时候进进出出就什么时候进进出出。立华当年说的另一句大话大概不是大话，他经常说："我，一斤烧酒打底。"

立华的不怕老板，终于给自己造成了后果。立华被解聘了。但老板似乎真的很怕立华，在辞退立华时，额外送了他一辆豪华如残疾车的摩托车。这辆非常惹眼的宽敞无比胜过残疾车的摩托车，竟让立华真的成了一个残疾人。

那一天，立华依旧喝了很多一斤打底的烧酒，开着摩托车飘飘欲仙。立华把马力拉足，就像把酒喝足一样。情况发生了，立华翻了车。这种情形就像一个酒鬼终于罕见地醉倒了，竟至于离鬼门关只有一步之遥。据说立华被端开了天门盖，动了开颅手术，命保住了，但从此表情木讷，反应迟钝，最终成了需要政府抚恤的残疾人。

但立华依旧喝酒，且酒量不减，依旧一斤烧酒打底。还经常在半夜里打电话给小学同学，老同学不堪其扰，把他的电话设成了骚扰电话。立华的电话确乎成了骚扰电话，他经常报警，警察一次次出动，每次发现平安无事，也终于不再理睬这个经常看到的骚扰电话。不知在哪一天，立华把自己的手机给摔坏了。

在细雨蒙蒙中，我终于走进了傅家里。我眼前的傅家里，恍若隔世一般，原先把傅家里隔为"港东港西"的那条小河，已经荡然无存。取而代之的是水泥地面。在不长的时间里，无数的小河，都经历了类似的命运。

但人家似乎还是原来那些人家。到了大概的位置，我看见一户人家西墙的侧门开着，有几个人在门里说话。我就走了进去。我看见的是一个叫阿有的男子，我问道："立华家在什么地方？"阿有似乎感到很奇怪，反问我："你有什么事吗？"就在我不知如何回答的时候，我看到一个影子站了起来，说："我就是。"

我眼前的立华走路不稳，摇摇晃晃。立华走到我身边的时候，一股酒气扑鼻而来，我又看到了一张黝黑的苍老的脸，这张脸上有一双布满血丝的眼睛。这张脸上，果然都是木讷迟钝的表情。我说："立华，走，到你们家去坐坐。"立华就跟着我走了出来。

我问立华："你还认识我吗？"立华看着我，隔了几秒钟，说："认倒不太认得了。"我自报了家门，立华说，想起来了。

立华把我们引到了一幢带有一个小院子的简易楼房前，说："我们是破房子。"我说"蛮好的"。我们进门后，立华说："我去拿香烟。"我说："我不抽烟的。"立华说："我自己抽。"立华上楼前说了耐人寻味的一句话，"不好意思，我妈和我儿子都出去了"。我说："不要紧，我就是来坐坐的。"

在立华上楼拿香烟的时候，我仔细观察了立华的院子。院子里似乎充满了生机，东侧种着不少吊瓜，吊瓜藤上挂满了果实，这些果实还挂到了大门口。西侧种着一棵葡萄树，葡萄树下整齐地码着几大堆空的烧酒瓶。廊檐下有一个狗窝，一只小狗在那里嬉戏。两个孩子马上被小狗吸引住了。

我又看了看立华家的厨房。厨房里是我熟悉不过的老式样子，似乎与三十多年前我在立华家看到的景象一样。客厅的墙壁上，有两张奖状，那是奖给立华孩子的，受奖的时间在六年以前。

似乎过了很长时间，立华才从楼上下来。立华手里拿着半条香烟，他抖抖索索地拆了半天，才从里面掏出了一包香烟，塞到我的手里。我说："我不抽烟的。"立华说："我平时也不抽的。"立华就把香烟打开，又递给我一根香烟，我就说，"好吧，我今天抽一根"。

立华把香烟给我点燃后，我就把手机里的老毕业照给他看。我对立华说："你找找看，你在哪里。"立华看了很久，说："不认得了。"我提示说："你在最边上。"立华又看了很久，点了第三排最右边的学忠说，"是这个吧"。我说："这个是学忠，他爷爷开豆腐店的。"立华似乎笑了，说："是的，学忠当时长得很高的。"立华始终不能把自己认出来，我不得已把第一排左边第一个人点给他看，立华似乎又笑了，说："那时我怎么这么小呢。"我说："我们那时才几岁呀，都是很小的。"

我对立华说："我们合个影吧。"立华就跟着我站到了大门口，两个孩子充当了摄影师。接着我和立华站在屋里聊天，两个孩子在屋里转圈子，立华没有请我们坐坐的意思。我说："立华，我们坐下来聊聊。"立华才跟着我来到了东侧的屋子里。屋子中央放着一张做工精美的八仙桌，桌上有三个碗和一个碟子：小半碗咸菜汤，小半碗嫩姜，小半碟鸡翅，一双筷子横放在嫩姜碗上，好像在随时待命一般；另一个碗空着，静静地站在桌子外围，好像在袖手旁观。其实立华家的餐桌上还有很多内容，一杯茶，一瓶腐乳，两个月饼，一个咸鸭蛋。

两个孩子在屋里大声地喧哗，你追我赶。我对她们进行了训诫。立华说："不要紧的，在我家不要紧的，小孩子都是这样的。"立华对两个孩子说："你们双享棒要不要吃。"所谓"双享棒"，就是一种叫"碎碎冰"的冷饮。我说："不要的，她们不要吃的。"但两个小孩却诚实地表达了她们对于双享棒的喜欢。立华终于起了身。

我看着立华的背影，我看见的是一个老人的背影，这个背影颤颤巍巍，一个裤脚长，一个裤脚短。立华走出院子右拐，过了没多久，就拿着双享棒回来了。立华手里拿了三根，两根给了孩子，一根要给我。我说："我这么大的人，不吃这东西的。"立华终于不再坚持。我对孩子们说："快谢谢叔叔。"立华的脸上似乎有了些笑容。两个孩子各自吃完了双享棒，立华说："把这根也吃了吧，等一下烊掉了就扔掉了。"于是，两个孩子又分享了第三根双享棒。

立华又出去了，而且去了很长时间。在我独坐很久以后，立华终于回来了，告诉我，刚才到组长那里送医疗保险卡去了。

我们终于开始聊天。我说："立华，我们从小就在一起读书，是真正的'赤裸朋友'，读书时候的事情你还记得吗？"在立华正想回答这个问题的时候，我突然想到了另外一个问题，于是补问道："立华，你知道我们读书到现在几年了吗？"立华想了想，说："五六年有了吧。"立华观察着我的脸色，又说："七八年有了吧。"立华还在观察我的脸色，但这次没有再猜测了。我伸出三根手指头给立华看。立华说："有三十年了。"立华没有说三年，我很高兴。

立华接着说，读书时候的事情还知道的。但究竟发生过哪些故事，立华似乎又说不上来。立华只说，那个蔡老师教体育的，身体很好，体育也教得很好。我说，那个叫陆金章老师，立华似乎认可了我的观点。我又把老照片翻给立华看，让他说说坐在最中间的两位老师是谁，立华始终说不上来。我提了一下后，立华说："想起来了。"立华显得很高兴。

我又问他："刚才你见到我的第一眼，是不是想不起来我是谁了？"立华说："是的。"立华叫着我的名字，又说起了国秋、海华等小学同学。立华似乎笑了起来，说："那个'鳅瓜子'（国秋），南海（南面）的。"对于见面机会多的，立华终不像对于我一样陌生。

我说："你孩子读书真好，有奖状。"立华说："一般般。"我说："你孩子几岁了？"立华说："大概十三岁还是十四岁吧。"我问："孩子在钟管读书，谁送过去的？"立华说："有校车来接的。"

我觉得我们的对话过于沉闷，就把话题扯到了喝酒上。我说："立华，我每天都喜欢喝点酒，你也喜欢喝酒吧？"立华的表情好像很复杂，但终于明朗起来，问我："你最多喝多少？"我说："最多半斤，年轻时还喝过更多。"立华好像有点恭维地说："这个酒量，还是不错的。"

立华似乎终于等来了我的问询。我说："立华，你能喝多少酒？"立华的脸色马上更为明朗起来，说："不喝醉的情况下，38度，烧酒一斤打底。"我说："真是好酒量。"我又问："你每餐都喝吗？"立华说："是的，每餐都是半斤。"立华终于把话题扯得更远了，说："我家是酒种呀，我的太公就是喝酒的，太公当年是打米的，从这家喝到那家。在傅家里，我家第二，傅云龙家第一。"立华说的这些话，大概是真的。立华似乎始终未提同样是酒种的父亲益民。

两个孩子还在屋子里你追我赶，大喊大叫，我终于又一次加以了训诫。立华又说："在我家里，有什么要紧，让她们上楼去看电视好了。"我谢了他。立华又把桌上的月饼和咸鸭蛋给孩子们吃（这两样东西，我估计是立华下酒的），我又谢了他。立华似乎对于孩子充满了爱意，对我充满了好感。这，简直是一定的。

我往窗外看了看，看见藤上挂着的吊瓜，问立华："这些是什么东西？"立华笑了："这些呀，是吊瓜，等些日子好了，我给你一些。"但立华马上就对这种好吃的东西表示了不屑，说："这些是些什么东西呀，那么小，那么硬，我是不要吃的。"

我问立华，家里谁做饭。立华说："我做的，我妈做的能吃吗？没有油水，女人就这样，我等一下把这些东西倒到屋后给鸡吃。"立华在说桌子上这些残余的汤和菜。

立华看看墙壁，说："你有活，就叫我。"我一时没听明白，问了一下。立华解释说："像埋电线之类，叫我，反正是老同学了，别人叫我，我动都不会动的。"我终于知道，立华是在说当年自己的本行、拿手好戏。

立华还讲起自己的一些不能回首的往事。其中就有赌博被抓，铐着手铐被关了一夜，在夜里冻得半死的事情。立华终于提到了他的父亲。立华说："是我爸第二天早晨到派出所把我接出来的。"立华又说："你说，现在叫我去赌，我也不去了，我知道我弄不过人家的。"我忙说："是的呀，赌博就好像是把钱送给别人。"我几乎有点佩服立华对于生活的深刻领悟了。

我又问了立华妹妹多久来一次。立华说，半个月来一次。至此，立华似乎说遍了与他关系密切的该说的人。但另外一个人，一直没说到，就是他的贵州老婆。我怕触到他的痛处，也终于没有提这个我从未见过面的女人。

我终于说到了正题。我说："立华，明年六月里，我们小学一起读书的，想聚一聚，在学校老地方拍个照，到时候我来叫你，好吗？"立华点了点头。

我向立华要电话，立华说："手机被我摔坏了。"看来别人关于他的手机的传言，是真的。我就要了他家的座机号码。

立华起身，从旁边屋里拿来一件白色的旧衬衣，让两个孩子擦手。大概在他看来，吃了双享棒，手上总是腻滑的。但两个孩子都没有把手伸给他。我忙说，她们的手是干净的。立华又用这件白衬衫擦桌子。擦完桌子，立华说："今天一起吃饭，我们到钟管去喝酒。"我忙说："今晚我还有事情，改天我来叫你喝酒。"

这个时候，大概到了我该走的时候了。我起身道别，立华哪里肯，跟着我走到屋外。我从兜里拿出一点钱，塞给立华，说："你拿去买两瓶酒喝。"立华又哪里肯收，把钱塞回我兜里。我又拿给他，他又塞回来。这个时候，立华的动作是如此麻利。立华说："你这样做得出来，下次我不让你进门了。"我似乎真的听到了怨愤。于是，我终于尊重他的想法，把钱收了回来。

我走到院子角落边看那些酒瓶，立华也跟了过来。这堆酒瓶里，老白干居多，偶有几瓶"原浆酒"。立华指着其中一瓶"原浆酒"说："我妈弄来的，我一口气就喝了下去。"立华还说："这些酒大多四五块钱一瓶。"

我又说："下次，我们约好，一起喝酒。"立华说："把国秋、海华都叫上，我们每人都要喝醉。"立华似乎对于喝醉很沉迷。我也终于答应了。

我们走在前面，立华似乎在追赶我们，但始终追不上。我听见立华在大声地说："说是老同学，连吃顿饭都不肯了！"路上我又遇到了阿有。我对他说："立华是我同读了五年书的同学。"阿有似乎不相信，问道："你们真的一起读过书？"我低沉又肯定地回答："是的。"阿有又走去问立华："你们真的一起读过书？"立华说："那还有假吗？"他的声音好像很响亮。

我走了几步，又看见一个老人，向他点头打招呼。向前走了好几步，我又听见立华在和这个老人说话："我和他一起读书的！"他的声音里好像充满了自豪。

走回机埠的地方，我们往东拐找小店——为了安抚想走的孩子，刚才我答应她们只要一起回来，就能到小店里买吃的东西。等到我们买完东西回来，立华还没有走到机埠的地方，我向立华挥挥手，说："我走了。"立华说："真的走了呀。"我听到他的话语中充满了落寞。

就在我看望立华的当天晚上，经过多方努力，尚博村小学1985届十八位同学、三位老师的联系电话都已经找齐。一年以后，我们小学毕业三十周年同学会即将如期举行。同学会前一天，2015年8月7日，我又去看望立华。因为前一年暑假，我去立华家看他时和他说好："明年开同学会，我来通知你，请你去喝酒。"

我在小学同学群里留了言，说我今天下午去看立华，我还说，我先去钟管买点好东西，再去看立华。"好东西"是我们从小就说惯的一个让我们心情愉悦的尚博土话中的词语，意思是糖果之类能让小孩子解馋的东西。

我的妻子要和我一起去看立华。我们驱车去钟管，给立华买"好东西"。我们刚到钟管，我就收到了小学同学小英的微信。小英让我替她买盒牛奶送给立华，说这是她的一点心意。最后我替小英买了超市里最好的一盒牛奶，我自己给立华买了两瓶烧酒。因为我从同学那里得知，立华最近又摔跤了，已经躺在床上很长时间了。所以我想，去年我邀请立华来参加同学会喝酒，他今年很有可能去不了，给他买两瓶烧酒，就当是请他喝同学会的酒了。况且，立华嗜酒如命，酒是一定要送给他的。

我和妻子买好礼物，就驱车回尚博村。妻子是第一次去立华家，路上，我对她说，我带你去看个苦命的人。在我的指点下，妻子把车停在了立华家门前的一块水泥地上。

立华家似乎和前一年没有什么两样。我们走进院子，却发现院子与去年有些不同。院子东侧，去年浓密的吊瓜棚，今年变得稀稀拉拉。去年我和立华聊天的时候，就赞赏了他家的吊瓜种得真好。院子西侧，去年靠墙叠放得整整齐齐的那一摞高高的烧酒瓶，也不见了。院子里只有零星的几个烧酒瓶躺在那里，和去年比，一点气势都没有。

穿过院子，我们就进了立华家的大门。我大声地叫道："立华，立华！"屋子里没有人回应。我想，立华估计在楼上躺着吧。于是我就顺着西侧屋子的楼梯，上楼去找他。我走在楼梯上的时候，听见楼上依稀有声音。我又大声地叫道："立华，立华！"依旧没有人对我做出回应。上楼以后，我发现声音是从楼梯口的屋子里传出来的，而且应该是电视的声音。我在门口大叫："立华，立华！"但依旧没有人对我做出回应。

无奈之下，我推开了虚掩的房门。门打开后，我发现立华侧躺在床上，一动不动，眼睛闭着。窗前的电视开着。我又大声地叫道："立华，立华！"立华终于睁开了眼睛。我问道："你认识我吗？"立华睡眼惺忪地说："当然认识。"我很想再问我是谁，但我终于没有问。

立华的床里整齐地叠放着一条小单被，枕头旁边放着香烟、打火机和电视遥控器。屋子里有一个很旧的空调，但没有开。屋子里没有难闻的气味，显然是有人经常打扫的。立华慢吞吞地从床上爬起来，晃晃悠悠地站在床前。我问他："你能走到楼下去吗？"立华告诉我能。于是我就说："你慢慢走下去，我们到楼下去坐坐吧。"说完这句话，我就下楼去等他。

走到下面，我发现妻子正在院子里看着酒瓶和吊瓜棚出神。见我下楼，就问我:"在不在?"我说:"在楼上,等一下就下楼来。"但过了很长时间,立华还是没有从楼上下来。妻子说:"该不会又躺下了吧。"我说:"不会吧。"虽然这么说,但我还是不放心,又走到楼上去看他。

我又进了立华的房间。原来,立华正在努力地把歪掉的皮带拉正。立华说:"上次摔跤后,我的一边手不能动了,腿上的髌骨也断了,肋骨也断了。"我想,这次摔得真不轻。我帮他把皮带拉正,并穿进裤腰里。我说:"把裤子上的拉链也拉拉好。"立华用能动的一边手,把拉链拉了上去。在准备下楼的时候,立华去枕头边拿香烟,我又帮了他忙,把香烟拿起递了过去。立华把一叠东西从上衣口袋里拿出来,说没用了,我接过来一看,原来是一份买手机时签的协议。

看到这个,我就问:"你的手机不用带下去吗?"立华看了看床头一个破旧的手机说,早就坏掉了。我又想问,几天前打他家的座机,提示音说欠费停机了,是怎么回事。但我终于也没有问。

当我正准备再次从西侧楼梯下楼的时候,立华说:"我从东面下楼。"立华解释说,东面楼梯有扶手。我到楼下与妻子会合,又似乎过了很长时间,立华才出现在楼梯口。我们在立华家吃饭的八仙桌旁坐着聊天。立华朝南坐,我朝西坐。等到立华坐定后,我就把我们带来的东西指给他看。我说:"牛奶是小英送给你的,烧酒是我送给你的。"我问道:"小英你认识吗?"立华说认识。我又问:"酒你还喝吧?"立华似乎没有回答。而在去年我来探视立华的时候,立华还很骄傲地跟我说"烧酒一斤打底"。

坐在我旁边的立华,看上去比去年脸色好看。去年的立华脸色发黑,今年的立华脸色有些白嫩。我问道:"我叫什么名字呀?"立华说:"你不是文红吗?"文红是同村的一个同龄人,和我弟弟是同学,因为从小头特别大,所以我们都叫他大头文红。我又说:"我不是文红,我是宏伟。"立华看了看我,说:"看得出来,你就是文红,宏伟比你高多了。"我还想辩解,但我想再辩解肯定依旧是枉然,所以没有再追问。我笑了,我的妻子也笑了。

立华接下来的一番话就像是用了意识流的手法。立华说:"交警大队的人对我说,你考试考得这么好,怎么会摔跤的。"立华又说:"问题是丌平盖(头盖骨）也端开来过，里面还有五枚钉子呢。"说着，立华用手摸了摸头上的伤疤。我看到立华的头上，有非常明显的一条刀伤痕，就像是一块黑布上缝了一条白线，这道疤痕在头发里，显得格外显眼。立华让我去摸他头皮里面的五枚钉子，我摸了摸，果然。在我摸立华的头皮的时候，立华一动不动，脸上似乎盛满了虔诚和感动，就像基督徒接受牧师的洗礼一般。

我几乎不插话。立华继续说："我虽然读书读不出，但也考出了高级技工。"这我是相信的，他去年就向我描述过自己怎样能干，而且我父亲也说，他好的时候，做厂里的保检工很上手。我终于插嘴道："海华你认识吗？"立华说："怎么会不认识。"正是海华告诉我，立华最近又摔跤了，已经躺在床上很长时间了。我又问："国秋你认识吗？"去年我问立华这个问题的时候，立华笑着说："不就是鳅瓜子吗？""鳅瓜子"是尚博的土语，意思是泥鳅。这次立华只说认识，没说不就是鳅瓜子吗。我再问："那我是谁呀？"立华似乎很有些不耐烦，说："还说是宏伟呢，不就是文红吗？"

这次我终于再次辩解道，我去年来过，真的是宏伟。立华似乎是自言自语道："杨宏伟我会不认识吗？他读书特别好。"

就在我想再次辩解的时候，立华的母亲顺娣回来了。顺娣叫着我的名字，坐在了我的对面。顺娣说："你们都这么乖，就立华这么傻。"顺娣的这些话，显然是说给孩子听的。今天她说这一番话，显然是合适的。因为她确实是看着我和立华长大的。

从立华的母亲顺娣这里，我得到了很多从立华这里得不到，或者不便从立华嘴里得到的信息。顺娣说，立华的儿子被立华老婆彩珍接走了，在立华老婆的打工地湖州过暑假。立华老婆很疼爱孩子，平时也经常来看这个即将读初中的儿子。我问："立华和他老婆离婚了吗？"顺娣说："没有。"顺娣解释说，因为立华有残疾证，所以只要立华不同意，就不能离婚。顺娣说，为了这件事，立华老婆经常埋怨顺娣，说"都赖你"。原来，是顺娣帮立华到湖州办了一张残疾证。

在一边旁听的立华突然说："好在小亮帮忙。"小亮也是同村的同龄人，在劳动局做干部，平时也和文红、奇伟来看看立华。顺娣马上说："你说的是傻话,残疾证明明是我去办的,跟小亮没有关系的。"我也说,"凭你的条件,是不需要开后门的"。立华没有反驳。

顺娣说:"立华老婆彩珍是贵州人,刚来的时候,是村里有名的老实媳妇,但后来立华越来越不像话,有时喝醉了就打她,骂她,用钢管顶着她,慢慢地她就有了别的想法,开始到外面过夜,不回家来了。"顺娣说:"一个女人,如果习惯了出门,回来会感到不习惯。"顺娣说这句话的时候,好像很有切身的体会。顺娣接着说:"我就跟彩珍说,你到外面去也可以,就是自己要小心,千万不要去跟青肚皮,跟了青肚皮,死在了哪里都不会有人知道。""青肚皮"也是尚博土话,指的是通黑道凶残无比又懒散成性的男人。

顺娣对儿媳妇的这些劝告,带有启蒙的意味,似乎表达了一个过来女人,对于另一个女人的理解和宽慰。这些年来,顺娣白天来照顾立华,晚上回去跟老头子过夜。立华的儿子——顺娣的孙子,也跟着顺娣和老头子过。

虽然立华的父亲——自己的丈夫有很多的陋习,但顺娣还是为丈夫做了很多辩解。顺娣说,在她丈夫像立华这个年龄的时候,哪里像立华呀,他是像模像样干活养家的呀!顺娣说,她经常问孙子,是像爸爸一样喝酒好呢,还是做一个不喝酒的人好呢。孙子说:"我不要像爸爸,我要做一个不喝酒的好人。"顺娣说到这里,激动地说:"我真希望孙子不再喝酒了,到他这里就掐断了喝酒这根脉络。"顺娣补充说:"立华的爷爷、爸爸、立华,真是一代不如一代呀!"她指的是喝酒的严重程度,以及对于家庭的担当和贡献。

顺娣说,立华经常和她吵架。她描述了最近的一次吵架经历:"那天,立华老婆把孩子接走之后,立华睡了午觉起来,就把窗子全部打碎了,把一床棉花胎扔到了家门外面,看见我,还大声地和我吵架。"尽管说到了儿子的不可救药,但这个女人还是表达了自己对于儿子的体恤:媳妇把儿子接走了,可能刺激到了立华的神经。一旁旁听的立华,脸上明显起了一丝类似委屈的神情。

我就顺势问了另外的一些情况,譬如立华老婆回到家后在家过夜吗,立华儿子回到家乖吗。顺娣说,每次来看儿子,立华老婆很少过夜,基本上都是站一会儿就走了,最近这次在家里吃了午饭,也是端着饭碗到门口吃,没有和立华一起吃饭。顺娣说，孙子偶尔回家来，也不敢和立华一起吃饭，因为立华每次喝酒，总要大声叫孩子去买酒，所以这个小孩子很害怕立华，不敢回家来睡觉。

听着这些，我插了一句话，就马上让顺娣泪流满面了。我对立华说："你妈妈不容易，你要乖一点，对你妈妈态度好一点，千万不能和你妈妈吵架。"在顺娣泪流满面的时候，我还对立华说："你儿子也好，你老婆也好，你都要对他们态度好一点，要哄哄他们。"立华像个做错了事情的小孩子一样，似乎点了点头。

就在我们说话的时候，一个微微发福的中年女人走了进来。这个女人我依稀有印象，她从小患有哮喘，我们小的时候很瘦，人们都说她活不长。顺娣招呼这个女人坐下后，对立华说："你看她，老早就让人说寿命不长，现在养得这么好，人全靠自己保养啊，你不要傻，活着看看这个世界的西洋镜，也是好的呀！"立华在旁边默默地坐着，一言不发。

顺娣的如下陈述，让我感受到了立华这几年活过来的不容易。顺娣说："这三年，每年一件大事。前年手上烂了个窟窿，骨头都看见了，湖州的医生都不想看他，后来涂了安利的一种药，那个窟窿里才长出了肉。去年摔跤，摔断了腿髌骨。今年是脑子软掉了。"我问："什么是脑子软掉？"顺娣说："就是脑子松了，所以今年明显反应慢了，站在路中央，汽车喇叭叫，也没有反应，需要汽车让他。"于是我就问立华平时出门吗？顺娣说："不大出门，没有说话的人。"这和去年又是不同的。因为去年我来看他的时候，立华正在别人家里聊天。

去年的立华除了脸色黑，似乎更有活力一些。但今年脸色有些白嫩的立华，也有让我难以忘怀的地方。顺娣说："今年立华摔跤后，我就控制他喝酒，他也听话，就喝我倒给他的酒，所以慢慢身体就好了，脸也白了，村里人都说，立华的脸色好看多了。"立华听到这里，马上说："没有晒太阳，脸色当然好看了。"这句话一下子就把我逗笑了。

天色明显黑了下来，台风马上就要来了。我终于开始谈正题。我说："立华，我去年来看你，就和你说过的，明天我们要开同学会，我想请你去喝酒，你想想看，去还是不去。"顺娣说："不去不去，你来看看他，就已经很好了，他到了那里，喝酒会控制不住，还会乱说话，说不定又会在那里睡着了。"立华在旁边坐着，一言不发，显然是在思考。过了一会儿，立华说："我的妹妹去我就去。"立华的妹妹是个有文化的人，在新市做老师。

我说："立华，我要把话给你说清楚，你如果去的话，酒是会给你喝的，但喝酒要有控制，不能乱喝，喝醉了乱说话就不好了，我们的老师都在那里，你就坐在我边上，要听我的话。"立华听了我的这些话，说："我不去了，去了也不知道和你们说什么好。"

听了立华的这句话，我忽然感到很后悔。我想挽回，又说了一些婉转的邀请的话，但终于无果。立华最终决定不来参加同学会。立华的决定非常的坚决，出乎我的意料和想象。立华的母亲很高兴，说："这样最好，他自己不想去最好。"

台风真的要来了。乌云正在聚拢，风也在大起来，我起身告别的时间到了。我站了起来，说："我要走了。"我在立华背上拍了一下，说："我走了，你要乖一点。"立华说："哦！"

立华终于没有像去年一样追出来留我喝酒，也没有因为我的决意离去而心里不悦。

第二天，同学会如期举行。我们尊重立华的决定，没有请他到同学会现场。半年后2016年2月5日，临近除夕，我和其他四位师生代表，按计划前往立华家看望立华。那一天，立华都叫出了我们的名字，我们很高兴。立华的气色好像又好了很多。我们的启蒙老师陆老师，看见立华的衣服左右高低不齐，帮他重新系扣子；立华温顺地配合着，就像四十多年前做小学生的时候一样。

立华的母亲说："这段时间很乖，能听我的话，喝酒更有节制了，所以身体也慢慢好起来了。"我们鼓励立华继续听妈妈的话，立华点了点头。那天，立华妹妹要回娘家来吃年夜饭，立华母亲留我们吃饭。但我们都没有留下来。

大概是因为一桩心事未了，在昨晚，他留在这个世界的最后一个晚上，立华终于以一种特殊的方式，做了最后一次努力。但是，在他托付的梦里，还是因为我的疏忽，没能让他的心愿实现。

今天是2016年5月21日。今天是一个卑微的生命，我的小学同学傅立华离世的日子。今天是极其普通又不同寻常的一天。因为今天，我通过立华，穿越了三年时光，穿越了四十年时光，穿越了更为久远的时光。我看到了一个卑微的人的苦难、罪错、坚毅，他付出和得到过的温情，他焕发出来的尊严。立华告诉我，再卑微的生命，也有自己的尊严。

一路走好，立华，我们都会想念你。因为你，我们也会有尊严地活着。

2016年5月21日，写于上海

第六辑

那些事，那些人

龙溪

祖屋，心灵，写作

杨宏伟

我心所安是故乡。我想到这句话的时候，是遇到了一种困境：我想要写作的时候，心灵是幽闭的。这种幽闭让写作无以为继。这种主观愿望与心灵状态的相悖，让我感到茫然。这种茫然的真实意思是：通往故乡路径的幽闭。

2016年1月31日，我在德清县图书馆参加了一位青年的新书发布会。我在现场引用了海德格尔的一句话："诗人的天职是还乡。"我在引述这句话以后，描述了自己从德清东部乘公交车到武康，一路上的所见所思。我描述了漱山小镇边一条河流的消失。

我对这条小河印象深刻。二十多年前，我从学校毕业后被分配到防风故国二都村教书。那时，二都还是一派古朴风貌。虽然有一条公路通往外面，但我还是感觉这里近乎与世隔绝。我迷恋这里的无限风光，我也向往外面的精彩世界。于是，只要有机会，我就经由这条狭长的公路，到外面广交朋友。在二都村教书的五年时间，也是我交友的黄金时间。对于我这样一个不善交际的人来讲，这似乎突破了我性格的缺陷。这固然因为二都的闭塞，还因为我在当时正处于花样的年龄。这是为激情主导的年龄，人生中的各种奇迹，如果有的话，往往是在这样的年龄里发生的。

就是在这样一个随时可能出现奇迹的年龄里，在我广交的朋友里，有一位叫唐华兵的同龄人。唐华兵大概小我两岁，也晚我一两年做老师。唐华兵是德清县从楚地荆州引进的教师人才，在我家所在尚博村隔壁的一个小镇漱山教书。我在这样的年龄，结识这样的一个朋友，大概就是一个奇迹。

唐华兵终于不是一个普通的语文老师。他做过很多独特的事情，我和他之间也有过很多独特的交往和共同的经历。他给我最深的印象是：他是楚地之子，天生具备文字的超常悟性和创造力；他也是一个纯粹的读书人，可以心无旁骛地读书，把书读得很深；他还始终保有谦卑之心，让敬畏之心在内心常驻。

澉山小镇的风土人情和自然风光，与尚博村毫无二致。但澉山的一条河流，却让我感到了陌生。这是一种令人惊惧的陌生：这种河流仿佛我从未见过，仿佛也不是人世间的景象。这种惊惧终于让我刻骨铭心。

当时，只要有机会，我是如此神往于到澉山去找唐华兵。唐华兵所在的学校，位于镇东的一块桑树地里。这所乡村学校，最南面有一排临河的小平房，平房最东面的一间，就是唐华兵的单身宿舍。这排平房里，住着好几位青年教师，有男有女，脾性各异。唐华兵虽然以谦卑敬畏为生存状态，但终于在这排平房里茕茕孑立。这种状态类似于鹤立鸡群，仿佛是他主观努力的结果。

他自然是非常努力的。他努力地写一种叫作现代诗的文字，他也很努力地看他喜欢的书籍。有一次我去找唐华兵，门开着，但人不在。我在他的屋里坐了很久，他才回来。唐华兵一进屋，看见我，没有任何寒暄之辞，只是声音低沉地告诉我，他闭关读书去了。他还说，在读书的过程中，听到了一种从未听到过的声音。

唐华兵在自己的屋里坐下来以后，终于把一些细节补充完整。原来，他找到了学校附近的一座庵宇，潜心读书去了。之后好多次，我走出唐华兵的小屋，沿着屋外的小河，往桑树地里探望。我要找唐华兵的闭关之所，但桑树地茫茫无边，我终无所得。但我沉溺于这种探望不能自拔。时间静静地流淌。这里的努力如同无为之为。我听到一种声音从远方传来，如同从内心深处传来。与此同时，我在河面上看见了自己的脸庞。此次照面令我惊惧不已，因为这里有着令我无法相信的熟悉，熟悉到产生从未有过照面的感觉。多年以后，我写过"没有人体会自己和自己擦肩而过的痛楚"的句子，我还写过"初次如同末次"的句子。在这种无与伦比的惊惧中，时间静静地流淌。此时此刻，我明白了最摄人魂魄的是我所感受到的河流，也就是身边的这条河流。这条夜以继日地伴随唐华兵睡眠、思虑、读书的河流，这条让他听到了从未听到过的声音的河流。

多年以后，我在网上读到过唐华兵题为《眼睛》的几行文字："你只留着一双眼睛／像两潭不知深浅的水／如果跳进去／一个可以生／一个可以死。"所以，这也是一条曾经为这样的一双眼睛熟视无睹的河流。这条河流曾经在这样的一双眼睛里活过，死过；这双眼睛也曾经在这样的一条河流里活过，死过。这终究是一条一旦跳进去，可生亦可死的河流。

我曾经无数次地问自己，这究竟是怎样的一条河流。我曾经在心里做过很多次的回答。这是一条很普通的河流，就像尚博村里我熟视无睹的河流。这也是一条漫长的河流，漫长到经过很多年，仍旧让我魂牵梦萦的河流。这是一条在我无为而为般的寻觅中自然呈现的河流，就如同从未存在，也从未消失过。这还是一条与唐华兵有关的河流，是他，让我像河流一样流到这条河流的河流。这也是一条与我有关的河流，在这条河流里，"已容初见"成为最真实的景象。毫无疑问，这也是一条令我惊惧的河流，这种感觉如同我被子夜次次归零的惊惧一般。

这些还不够。这里的追问一定会把我的视线牵引到这条河流西侧的运河，这条河流东侧的东苕溪支流。正是这条无名的河流，把两条著名的河流贯通，如同血管把血管贯通。就是这样的一条河流，在2016年春节之前，在悄无声息地消失。这条河流的消失让我感到不安。

我的不安远不止于此。德清县境内河网密布，英溪、苕溪、运河诸河流在此汇流，携手北上东进，自成独特景观。县域之东，一条大河自西而东，穿越整个东部平原。大河在东进过程中，不断生发小河，如同血管丛生，滋养东部水乡。我家所在尚博村之西，有一座龙山，龙山脚下有一条叫作龙山港的小河。当年傅云龙为报祖恩，在河上架龙山石桥。如今，龙山只留遗迹，龙山桥坍塌，龙山港被截流养鱼。尚博之东，南湖漾或围或填，仅留狭小河道。再东，自古有一条河流，自范家墩，经钟管镇区，穿越菱湖，一路北进入太湖；而今，这条河流在范家墩被截断，在钟管镇区之北再次被截断。我母亲出生在湖州老吴兴地区一个名叫清水湾的美丽村庄，村里有一条大河养育的美丽小河，如今被填成公路。我母亲很小被钟管渔家庄外婆家抱养，这个美丽村庄的河流，被填为种植基地。我妻子出生在洛舍东苕溪畔一个四面环水名叫渔家漆的美丽村庄，如今，四面环绕的河流，被截被填。

村庄、田野、桥梁的命运与河流相差无几。钟管镇北一条美丽的河流两旁，面对面有龙蚕圩和羊安圩两个美丽的村庄，这两个村庄曾经抱养了我的三姨和四姨；如今，河南的村庄踪影全无。澉山镇区古有九里三桥的美誉，如今，三座古老石桥杳无踪影。在大量村庄消失的同时，大片田野被小区或者厂房侵占。

我的不安远不止于此。这些仅仅是我出生的村庄附近的情景。这些只是我看到的情景。那么，再远一点的地方，我不知道的情况，会是怎样呢？

这些消失了的河流、村庄、田野、桥梁，是祖祖辈辈的记忆，也是我的记忆。它们的消失，会让人失忆。这种失忆会让人陷于如履薄冰、如临深渊的境地。我当天在德清的新书发布会现场描述我在来路上的所见所想，要想说明的就是这些。因为这里关联到一个纯粹的写作者、读书人，也关联到我和我的祖先。

我的现场发言引发了一位青年的思考。显然，他对于我引用的名言，是认可的，对于我的举例阐发，是有想法的。这位青年说，你所说的"还乡"，究竟要回到怎样的"乡"，有待于商榷。

我明白这位青年想要表达的意思。这位青年大概以为，我要"返回"的"乡"只是正在消失的村庄。因为这位青年终于忍不住，继续说道，还乡，应该回到语言之乡。其实，这也是我的体认和领悟。我的体认和领悟不仅仅因为这位青年的善意解说，我的体认和领悟更是因为我的写作实践本身。

自2011年夏天起，我陆陆续续地写作《祖屋》系列文字。最初写作的由头是我读到了李零先生的书《丧家狗》。书中写到的如下情节令我感慨万千："2500多年前的一天，孔子在郑国外城的东门口等候走散的弟子。一个郑国人对子贡说：'东门有个人，狼狈不堪，憔悴颓废，活像一条丧家狗。'孔子笑着说：'描述我的外形，我不敢当；说我像一条丧家狗，说得对，说得对！'"

于是，从2011年8月5日开始，我开始写系列文章《我也是一条丧家狗》。

该系列共20篇，凡6万余字，最后一篇写于2012年2月16日。此后，忙于俗务，也忙于诗集《远方的诗：年轮》的编写，系列写作停顿了下来。时间到了近3年半以后的2015年7月，在诗集顺利出版几个月之后，内心又在召唤我继续当年的写作。于是，从2015年7月11日开始，我以《尚博村，我的童年》为新题，继续系列写作。该系列共15篇，凡近38000字，最后一篇写于2015年8月14日。之后写作再度中断。时间到了2016年1月，我以《祖屋》为新题，继续系列写作。该系列共8篇，凡3万余字，最后一篇写于2016年2月10日。三个阶段的文章，凡43篇，计13万字。在此过程中，还写了《寻找老照片》系列文章，凡近38000字，也属于《祖屋》大系。两项合计近17万字。去除与"祖屋"关系不大的最先11篇，合计留存《祖屋》系列文字近15万字。系列写作远远没有结束，我会继续坚持下去，就像多年以前跟着阿爹在尚博长漾里钓鱼一般坚持到底。

在2015年7月我开始第二阶段的写作之前，写下过如下文字：

> 高密之于莫言，与尚博之于我，意义是一样的。
> 没有故乡的人是走不远的。要写好自己的故乡，也是不容易的。
> 这种不容易，更多的时候来自熟悉。
> 因为熟悉，所以陌生。这句话等同于：因为陌生，所以熟悉。
> 写故乡，更多的时候是一种创造。写出熟悉中的陌生，就是这种创造。
> 熟悉，很多时候等同于熟视无睹。熟视无睹中流逝的，永远不只是时间。
> 换言之，当我们的文字揭示的故乡，令自己莫名地心动，心痛，甚至难以辨识，似乎从未来过时，我们就真实地回到了故乡。
> 总要提醒自己的是：眼前的，永远不会是故乡。

上述文字，最先是我与德清青年才俊朱炜先生在网上交流时的留言。近期，朱炜在写《花落春仍在：寻访德清俞氏》。他也在写德清，写德清的一宗一族，我觉得与我写德清的一个村庄，写村庄里的一间祖屋类似，所以我当时有感而发。我以为引文，则是因为这番话道出了我当时的写作真实状态。半年之后的今天，我仍旧认同我的这番观点，但也有了新的想法。

首先，是我的写作本身给了我方向。我以为，只有真实里有方向，只有方向里有真实。这种方向首先体现为写作的内向聚拢：所有写作自觉地以祖屋为原点，收放自如。因此，本书书名也就呼之欲出：《尚博祖屋》。需要说明的是，这里的"尚博"不是一个简单的定语。其次，我的写作风格的确定：写祖屋就是写心灵，让心灵本身把故事展开，让心灵本身把时间展开；我写它是它，但一定同时是我，因为心灵的真实。在此过程中，写作的尊严感也就彰显出来；在此过程中，我最大的感触有关"真实"。我以为，最大的真实是心灵的真实，这里关乎时间的短长；在真实的真实里，时间的短长是真实的短长，与物理时间无关。再次，对于写作实践本身，我有了更为深刻的体认：有些写作，不在祖屋里没法完成。有些写作，即使在祖屋里也没法完成。有些写作，离开祖屋也能完成。能否实现写作，关键是心灵的洞明。当我成为祖屋本身的时候，心灵是洞明的。反之，心灵是幽闭的，无论主观上怎么努力。所以，在写作状态中，祖屋是我，也就是写作本身。是祖屋本身在言说，而不是别的。

于是，一种我所践行的写作就彰显出来：祖屋、我、文字，三位一体成为心灵；心灵的真实就是写作的真实。在这种写作中，还需要纠缠于写作者"返"的是什么"乡"吗？

"返乡"意味着心灵的安置。这种安置一定在写作中。

写作者要永葆谦卑敬畏之心，内心要真实真诚。写作者要内心宁静，写作及写作者只能影响他人，不能改变他人。当然，影响中也会有改变。只是两者不能混为一谈，其间的关系也不能颠倒。

我的潜意识里有很多尚博土语，这些都是非常毒辣灵验的土语。但我不能说。因为我不能谩骂。虽然我已经预感到他们（让我们失去家园的人）的结局。我们自古有很多禁忌。每一道禁忌后面，都有庇佑神性的密码。当所有禁忌被打破，我们就永久失去了这些密码，返回的路途永久禁闭。这个时候，我就成了丧家狗。与2500多年前的孔子一样。只有非人的人能免除这个命运。道理很简单，这里只讲人性。

我欣赏看似虚弱，却很有力量的人。我的父亲就是这样的人。我的祖父也是。往上追溯很多代也是。我以此为据，寻找我的精神导师。以卡夫卡为例。我欣赏他的柔弱无比，又永久具有不朽的力量。这样的例子还有很多，譬如凡·高、里尔克、陀思妥耶夫斯基、川端康成、泰戈尔……我没有看到过叫嚣者会有不朽的东西存世。

我要重点提及我的两位小学启蒙老师。她们是最好的老师。她们引导我做人，也把我引上写作的道路。20世纪80年代初，在尚博村小学里，我度过了5年温暖无比、意味深长的小学时光。尚博小学简陋不堪，教室里四面透风，但其间的时光温暖如春。我的体会是，教育就是要给人以永久的希望。能给人以希望的是母校，给人以绝望的是监狱。我以此衡量教育的真假。我对教育真谛的理解，就是30多年前从我的启蒙老师那里得到的。

我还有一种感悟，那就是：有什么样的童年，就会有什么样的一生。以我为例，我的家庭影响了我，我的亲人影响了我，我的启蒙老师影响了我。这里的影响主要是引导我怎样穿越人生的重重峦嶂，坚忍地走在通往未来的路上。这好似一条永远有希望的道路。

本书既是我数年如一日、坚持写作的成果，其中也有我对真实写作、有意义写作的探索。这种探索的最初动因，还是在于我的小学启蒙老师对于我的影响。

当一件事情成为内心需要的时候，这件事情再苦再难，也不苦不难。我的启蒙老师深谙写作之道，她们懂得，要让学生成为写作者，就要在他们很小的时候，就在他们心里播下种子。这是鼓励赏识的种子，也是共同走过的种子，归根到底这是爱的种子。这里的爱体现为师生共同经历时光和岁月，让其间的故事永葆温暖不朽的光泽。这才是指引到未来的光芒。

正是因为我从我的启蒙老师那里得到了启蒙——这里的启蒙就是在童年里埋下种子，我才养育起写作的品质和习惯。当生活面目全非，我从中感受屈辱重重时，写作能给我尊严。这是人的尊严。我需要人的尊严，我的这种对于尊严的求取能力，也是我的启蒙老师给我的。

同时，作为一个语文老师，我也要提一提我的两位学生。这是两位同班同学，是我在20世纪90年代末在德清老县城教书时的学生。黄同学如今是北京某核心媒体某部门的负责人，陈同学是杭州某知名大学的老师。

机缘巧合，黄同学在今年年前首先联系到我。通过微信，她和我有了多年以后的首次联系。我打字，她语音。后来得知她当时是在去往单位的路上开车。通过现代化的联系方式，我再次听到了她熟悉的声音。黄同学说："很想念杨老师，杨老师当年把顾城、海子、戴望舒等人的诗歌作品介绍给我们，让我们朗诵，并鼓励我们尝试着模仿写作。"

是的，确实如此。我还记得黄同学很喜欢戴望舒的《雨巷》，曾经在我和同班同学面前很深情地朗诵。黄同学当年经常到我的办公室里来，站在我的身边，微笑着问我各种各样的问题，其中包括写作。我没有想到的是，多年以后，这些细节她还记得这么清楚。岁月不是让那些往事变模糊了，而是更清晰了。

我的老家还保存着当年我主编的一张校报。校报上有我选编的陈同学的一篇文章。这篇文章所在的版面是"未来作家"。我能很清晰地记起当年我把这篇文章放在这个版面上的用意。我当时是想，我要让这四个字成为一种方向。当时我觉得，我给予学生的方向里，就有无限的温暖和力量。这代表着我的师爱。

陈同学很文静，情感丰富，文笔很好，但字写得很大。这些我印象都非常深刻。通过黄同学，陈同学收到了当年她写的文章，并联系到了我。通过沟通，我依然能够感受到她的内敛谦逊。譬如我对她说，你是我当年的得意门生时，陈同学说，惭愧惭愧。

我当年也是如此热情的语文老师，甚至还是如此大胆的语文老师。我经常到小镇中心谈家弄里黄同学的家里家访，我也经常到小镇南部乾元山下陈同学的家里家访。我几乎到过所有学生家里家访。我甚至还利用周末，带领全班同学骑着自行车游览防风山和下渚湖，在山顶放风筝，在湖边烧野饭。

这些，都留在了我的学生的心里，也留在了我的心里。我觉得，那时的我，多像一个语文老师呀！

  归根到底，本书是一个在尚博祖屋里出生长大，在尚博小学里接受启蒙教育，从来没有离开过教学一线的语文教师写的书。

2016年2月17—19日，写于上海

我的学生杨宏伟

陆秋英

宏伟是20世纪80年代初我在尚博村小学任教时的一位学生。三十多年前宏伟在尚博小学读书时的往事，如今历历在目。

尚博小学位于清朝外交官傅云龙乡贤公祠旧址。乡贤公祠在"文革"中遭毁。祠堂坐北朝南，三个大厅由两个天井连接。最初学生在乡贤公祠大厅里上课。大厅很大，两三个年级在里面上课，也很宽敞，刮风下雨天，学生在里面玩耍，也不觉得拥挤。乡贤公祠前厅前有一块平地，后来就做了尚博小学的操场。

那时尚博小学只有三位老师；因为教师缺乏，一个教室里要同时安排几个年级的学生一起上课。一般是两三个年级的学生同时在一个教室里学习，当时这样的班级叫复式班。安排两个年级的叫两复式，三个年级的是三复式。

宏伟是读小学三年级的时候进入我的班级的，我一直教他到小学毕业。我清楚地记得他名字中的一个字，是我帮他改的：他原名叫"红伟"，我把他的"红"改成了"宏"。改的时候我也没多想，只是单纯地觉得"宏"比"红"字义上大气些。现在看来，还真是改对了：他的人生之路不光需要"增色添彩"的世俗荣耀，更需要"宏大宽广"的心灵追求！

小学阶段的宏伟给我留下了极其深刻的印象，可以用一个词来概括，那就是"与众不同"！

当他第一次坐在我班教室里的时候，在一群孩子中间，他是那么"与众不同"！我的目光一下被他吸引了。其他孩子因为刚换了一个新环境，都在好奇地左顾右盼，窃窃私语，唯独他端端正正地坐着，两手叠放桌上，双目炯炯有神地注视着我。他的眼神里流露出一股灵气。那时我就想：这孩子不一般！

随着进一步接触，我果然看到了他许多不同一般的表现。首先我看到了他的安静稳重。我们是复式班，上课的时候需要"动静"搭配：老师布置一个年级的学生"安静"下来做作业的时候，就要安排另一个年级处在"活动"状态。动态的年级不是在教学新课就是在讨论分析。往往这个时候，不少学生会受影响，被别的年级的课堂所吸引。尤其是男孩子，上课时总是静不下心来。可宏伟绝不会出现这种情况。他会控制自己，不会因旁边的干扰而分散注意力，而是聚精会神地做他自己的事。

每次老师讲课时，宏伟总是专心致志，积极发言发表自己的见解。记得五年级的一堂数学课上，我正在讲解一道比较难的应用题，宏伟突然举手发言，说了自己的解题思路，还表示对我的解题方法有不同的意见。当时，我的内心很佩服他，但总感觉班上有那么多的学生在，他这样做似乎太不给我面子了。好像当时我还批评了他，意思是就算你很懂也要态度谦和一点才是啊！现在想想，其实是我自己要笑自己太不谦和了！

下课钟声响起，是孩子们最盼望的时刻，大家都会争先恐后地跑出教室去操场上玩耍追逐。可这时候的宏伟，肯定不会马上跑出去，因为他是班长。他会首先收交好同学们的作业，再帮老师擦干净黑板，并准备好下节课要用的课本和学习用品……做完了，他才会慢慢走出教室。到了外面，他也不会和那些爱追逐的同学一起玩个满头大汗，他首先要找一下他的弟弟。宏伟的弟弟红良比他低一级，有空的时候他会照看着，有时候发现弟弟也在疯玩的人群中，他会走过去扯一扯弟弟的衣服，再使个眼色，弟弟就会乖乖地退出玩耍的人群，站在哥哥的身旁观望小伙伴们玩耍。有了这个懂事的哥哥带着弟弟，弟弟也很懂事。

宏伟、红良兄弟俩，都是尚博小学品学兼优的学生。兄弟俩在校是好学生，在家是好孩子。家里有两个男孩子，大多不太好管教。可他们兄弟俩，在家不会给父母添麻烦。每天早上，哥哥带着弟弟一起上学，傍晚一起回家。回家后，兄弟俩会自觉地做完作业再去玩。农忙时节，兄弟俩还帮父母去田里干农活。他们的父母是地道的农民，朴实、勤劳、善良。父母的言传身教影响着这对兄弟，他们从小就养成了良好的习惯。

20世纪80年代的普通农村家庭，靠种地生活。他们家也一样，父母种地，要养活一家五口（家里还有一位年老的爷爷）。兄弟俩从小懂得父母种地辛苦，懂得节俭，从不伸手向父母乱要钱。父母给的零花钱也舍不得花，他们会积攒下来买学习用品或课外书。那时候的孩子们没什么零食可吃，最多也就是去小店里买包萝卜干或者什锦菜。可就是几分钱的零食，他们也不会随便花钱买。每当夏天，有卖棒冰的来我们学校门前叫卖，其他孩子都会蜂拥而上，他们兄弟俩不会参与其中，他们会视而不见，自己玩自己的。后来我还听说，他们兄弟俩双双考入湖州中学以后，家里带去的生活费还是交给老师保管。

从以上细小的事例，足以看出宏伟从小就是一个稳重安静、智慧懂事的孩子。他身上还值得我赞叹的，是他从小就表现出来的对写作特有的天赋和兴趣。这也是他"与众不同"的又一个亮点！

那时的小学生作文，是三年级上学期开始教写片段，最先教学的是按总分顺序来写的写作方法。这种片段写作练习，要求先总述再分述，叙述时要先抓住事物总特点，再围绕总特点分几个方面进行叙述。我根据要求，在课堂上教学生写片段。因为那是小学生第一次学写作，几乎是手把手教学，课堂上统一选定写作题材，再教学生顺着老师的思路完成练习。所以，第一次作文下来，也根本看不出学生的真正写作水平。

为了让学生真正掌握这种写作方法，我尝试着放手让学生自己练习。于是我就布置学生回家自己找题材，自己仔细观察，按总分顺序具体描述。第二天，当我看到宏伟的作文片段时，我不敢相信那是一个刚上三年级、刚开始学写片段的孩子写的。他的文章以"我家的老猫生了一窝小猫"为总述，然后分别描写了开眼的小猫是怎么样的，眯着眼睛的小猫是怎么样的，吃奶的小猫又是怎么样的……通过仔细观察，宏伟栩栩如生地描述了小猫的不同姿态。我请他把作文抄写下来，贴在墙上让同学们学习欣赏。

从那以后，我特别注意培养他的写作兴趣，引导他多看课外读物，多练习写作。几乎他的每次作文我都会在班上朗读，鼓励大家向他学习。那时候，我们教室墙壁上的学习园地里，贴满了宏伟的习作。在他的影响下，也有其他同学的作文上了墙。他成了同学们崇拜的班长。

要提高学生的观察能力和写作水平，光靠书本和课堂是远远不够的。尚博小学实行包班制，我会尽量创造条件，让学生走出课堂，接触社会。每到春暖花开的季节，我们三位老师就会带领学生去春游。尚博村西不远，有龙山、凤山、漱山三座小山。学生们最盼望的是每年的春游，他们知道要去游漱山，会提前兴奋好几天。

春游那天，学生们都会从家里带上粽子等食物，排着队向漱山进发。三年级以上的学生还要带上纸和笔。到了目的地，老师会带领学生开展丰富多彩的活动：登高望远、采摘映山红、捡松球、爬山比赛……这些活动内容要求学生有重点地记录下来，作为写作的素材。学生们走到外面，看什么都会感觉很新鲜，他们通过观察捕捉到课堂里没有的东西，极大地提高了写作兴趣。特别是在山顶现场进行的景物描写，在课堂上永远不会有这种效果。学生们站在山顶举目远望，会真实地看到山下的道路河流发生了巨大的变化，都变小了，小路像条条细线蜿蜒曲折，小河如银色带子飘荡游移，行人像蚂蚁，船只像小虫（那时候还没有公路、汽车）……

我的作文教学随时随地取材，结合班级组织的各种活动，譬如跑步比赛、游戏活动，引导学生写作。只要是学生自己参与经历过的，都是练习写作的好题材。只有这些题材，学生才能写出自己的真实感受。有一次师生去看一个生病的学生，也成了写作的题材。

在这样的作文教学中，宏伟的写作水平越来越好。宏伟每学期的作文本我都会收藏着，在以后的作文教学中，我会拿出来读给学生听，作为范文让学生学习。

宏伟从小喜爱文学，酷爱写作，几十年如一日，坚持着写作梦想。我作为宏伟的小学老师，为有这样的学生深感荣幸和自豪！祝宏伟在写作的道路上越走越宽广、越走越深远！

2016年2月25日深夜，写于钟管

（陆秋英：浙江省德清县钟管镇尚博村人，杨宏伟在尚博小学读书时的启蒙老师。）

那些往事，那个人
——忆我与杨宏伟老师二三事

黄复旦

"在我的印象中，年轻的他是一位具有诗人气息的老师，是一位具有汹涌内心的谦谦君子，是一位率真的性情中人。"初中同窗们在微信群里如是描述自己印象最深的老师。

这位如此深受同学们喜爱的老师便是杨宏伟老师了。他是我初中时期的语文老师，但在我眼中他更是一位有情怀的诗人和乡土文化使者，他总是把德清写进诗里，把诗带给德清。

诗人的本质就是归乡。这是杨老师说过的话。欣闻杨老师又将出版描写村庄和祖屋的《尚博祖屋》，我以为这正是他诗人本质的体现。因为他对这土地爱得深沉：

> 春天快要来临了／我依旧回到了家乡／回到一个叫作德清的地方／回到一个叫作钟管的古镇／回到一个叫作尚博的村庄／迎接新年的到来／迎接春天的到来／我的内心充满了憧憬／但我的内心更充满了回忆／我回忆曾有过的春天／我回忆春天里发生的故事（摘自杨老师充满诗意的日志）

他于我，为师，谆谆教诲，犹在耳畔；为兄，悉心关怀，时时勉励；为友，互相关注，分享快乐。距离杨老师出席我们初中毕业典礼已经十五六年了，但是他一直在关注着我的成长。在我大学求学期间，杨老师还来京看望，这让我做学生的，颇为感动。得知他去了上海，和我一样成了德清的游子。我很高兴，才华横溢的老师有了更大的舞台。而他却更心系家乡，字里行间流露着对江南水乡难以割舍的情怀。

还记得杨老师是初二时接替一位女老师出任我们的语文老师。因为换新老师了，大家对他有了特殊的期待。与大家见面的第一天，西装革履的他，潇洒儒雅，谈了谈经历，聊了聊人生，唯独没有给大家"上课"。这一天，我们一下子与他亲近了许多。

坦白讲，我自认为从小是个应试的小机器，很少读课外书，对文学兴趣也不浓，但杨老师对我格外费心。还记得杨老师的办公桌在靠近门口的位置，我时常会站在门口巴巴地等着问老师各种问题，一旦写了什么文章也爱缠着老师改。杨老师特别谦和，明是指点，但他总是以探讨的口吻，与我们平等地沟通。杨老师还很注重学生的心理感受。少时的我常常会为得到老师的鼓励和表扬欣喜雀跃。

杨老师的课亦是深入浅出。还记得他上课时候描述过一个诗人，走到树林里，看到一株开得艳丽的桃花，泪流满面。他说这些时带给我们的是另一个奇妙的世界，教会了我用诗人的眼睛去观察世界。杨老师是热爱语言和尊重语言的人，他说在路边看到一位母亲蹲着对孩子说，"妈妈很宝贝你"，用宝贝的名词做动词用，因为这个词是无可取代的，他说只要真情实感，每个人都是语言大师。

班主任以外的任课老师是没有家访的任务的。杨老师完全是出于对我们的呵护，利用休息时间走访好几位同学家，了解大家的成长环境，积极调动一切积极因素促进我们成长。那天，杨老师来到我谈家弄的家，跟年轻时写过《〈红楼梦〉续》的我的母亲好一番攀谈。叮嘱我文艺青年的母亲要多多帮助和引导我，教我好读书，读好书。我母亲对杨老师印象也很深，很长一段时间都会问我老师的近况。

我永远相信榜样的力量是无穷的。我以为杨老师诗人气质和谈吐对于我们爱好文学潜移默化的影响多于单纯知识的传授。我已然想不起初中语文到底学了些什么，我只记得，我最爱的散文是杨老师喜爱的朱自清的《背影》，我最喜爱的诗歌是杨老师领我们读的戴望舒的《雨巷》。现在想来，杨老师更多的是将兴趣培养融入日常语文教学。文学作品的研读十分有助于同学们文学涵养的提升、兴趣的培养，十分有助于提高对于语文的学习热情和效率。

近日，他发来我少年时期发表的游记习作。看着发黄的报纸上自己稚嫩而清新的笔触，当真感动老师居然还保留着那份对我来说异常珍贵的少年记忆。没有互联网的日子，我们自由而快乐。杨老师带我们读名家诗作，游山玩水，教会我们从生活中找寻美，从点滴中寻找创作灵感。

我不禁回想起杨老师当时带我们下乡采风的画面：我们一路唱着小曲儿，杨老师带着我们了解家乡防风山的历史，领略下渚湖旖旎风光，小伙伴们对如此"乡间课堂"流连忘返。那个年代，素质教育还尚在理论阶段，当别人还在啃书本、背文章的时候，我们的语文学习就能如此生动，课堂在山上、在湖里，写的文章自然"灵秀十足"，现在想来杨老师的教学理念的确高人一筹。那次出游之后，年少的我竟也对乡土文化产生了浓厚的兴趣，查阅了许多关于防风文化的书籍资料，又跟着其他长辈进行了深入学习，中学时期便在省级的刊物上发表了关于防风文化研究初探的文章。这对年少的我来说，是莫大的鼓励，对于这一点，一直对杨老师潜移默化的影响很感恩。

大学里，我学的国际新闻专业更多的是英语课程。翻译成了我学习的重点。信达雅自然成了我学习的终极目标。精准、通顺的表达以外，做到"雅"字着实不易。我想中学时期杨老师的"诗人"教学影响我很深，我往往会为一个词语翻译得更美，反复推敲。这个习惯对于我后来真正成为一个媒体文字工作者，亦作用很大，虽不才，没有什么文学造诣，现也算能从一个编辑记者的视角自如地表达所见所感。

而我更感谢的是少年时代向杨老师学为人。真诚、乐观、温暖，独立思考自己的人生，这将是我受用一辈子的。

诗人杨老师是自由浪漫，是不羁的，是理想主义完美主义的，似乎跟那个封闭的年代有些格格不入。而正是这样，我感觉他是一个有点不食人间烟火的理想主义者，他一定是不会为功名利禄所累，不会为职称、职务牵着鼻子走的人。他永远遵从自己的内心，过自己想要的诗人生活，我想，他作为诗人，向往的定是闲云野鹤的生活。现实中很难归隐，但他可以通过创作在精神世界畅游。

我从小是一个缺乏个性、随大溜的人。通过杨老师，我看到了课本外的精彩世界，也试着像他一样，独立思考人生。与杨老师分别后进入高中，我的生活也因为受他熏陶而绚烂起来,文学社、广播台、歌手赛……最终还成为艺术类考生选择报考了北京广播学院(现中国传媒大学)。那个年代,我的理想超越了小镇父母的期待,选择艺术类在当时似乎是功课不好的无奈之举。老师、父母都来做我这个班里经常排第一的"优等生"的思想工作,但我那时的偶像是陈鲁豫,我也幻想像她一样在大众面前口若悬河。我的执着最终获得老师和家人的支持,我以浙江省艺术类文科状元的身份进入了我梦寐以求的学府。为自己做主,小小的我在那时显得格外成熟,我相信,那不是叛逆,是跟从内心,既然选择就会努力学做最好,只有自己才有资格对以后的人生负责。

  我的许多朋友告诉我,我是一个让人感觉温暖的人。虽然大家是友好的夸赞,但这是我一直努力的方向。杨老师影响我的是他温和的性情,他有自己的个性,但从不张扬,迷人的微笑让同学们感觉很温暖,心藏许多励志鸡汤,轻声细语的指点,让我们的心与他离得很近。一个人只有内心阳光,才能感染别人。都说诗人是忧郁的,我相信老师也有过生活的难处,但是很难从杨老师脸上看见愁苦,诗也许是他排解的利器,但内心强大,乐观向上亦是根本。我希望,我能和杨老师一样,都能简单快乐一辈子。

  杨老师对家乡的感情很深,从他的厚厚的诗集《远方的诗:年轮》可以看出。近年来,他心系家乡文学事业,据家乡图书馆馆长慎志浩老师说,杨老师总是热心地参与家乡的诗会、文学作品赏析会,即便是教学太忙,也会录视频参与活动,总是十分热心地将自己的感悟分享给家乡的文学爱好者们。

  我和杨老师一样,都是叔蘋奖学金的获奖同学。"得诸社会,还诸社会",我想我也会向老师学习,永远热爱德清这生我养我的土地。我也想尽自己绵薄之力,努力尝试为宣传家乡使使劲,为家乡招商引资牵牵线,做个有心的德清女儿。

  回去少了,想念家乡,想念受杨老师教诲的日子。祝老师一切都好。

2016年4月4日,写于北京

(黄复旦:人民日报文化传媒北京分公司副总经理,20世纪90年代末杨宏伟在浙江省德清县第四中学教书时的学生。)

我的语文老师

骆静静

杨宏伟老师是我初中时的语文老师。初中毕业后,一直都没见过他,直到去年9月份,通过同学得知他现在在上海教书,还出版了一本书,于是就联系上了。之后,我们联系了几个同学,和杨老师聚了一下。

杨老师一点都没变,还和原来一样。记得初中的时候,杨老师给我的印象就是和其他老师不同,很有个性。傍晚放学了,他喜欢到处走,相信二都周边的几个村庄都有他的足迹。他还喜欢和村里的老人聊天,一聊就是好半天。

初中三年,杨老师教了我们很多知识,还带我们举办了很多活动。记得有一次,杨老师教我们读拼音,那时因为我们的发音不标准,前鼻音和后鼻音不分,那是我印象深刻的一堂课。我们一直跟着杨老师读"进"和"静"这两个字。一开始,怎么读都是前鼻音,杨老师一遍一遍地纠正我们的错误,我们一遍一遍地跟着他读。也是从那时候开始,我才知道前鼻音和后鼻音有这个区别,只怪当初小学时拼音没学好。

还有一次,学习完一篇课文后,杨老师开始提问,问我们"来不及"的反义词是什么,问了一遍,没人举手回答。我怕老师叫到我的名字让我回答,就把头低下,不敢抬头,因为我想来想去都没想出来"来不及"的反义词是什么。可是怕什么来什么,我还是没有逃过,被叫到了。站起来支吾了半天,答不上来。结果被老师批评了,说来不及的反义词怎么就不知道了,脑袋转不过弯来啦?是"来得及"。哦!我恍然大悟,这么简单怎么就想不到呢!从那时起,我就觉得,有时候思考问题不能往复杂方面想,或许答案就在你面前呢!

除了上课，杨老师还给我们讲一些他读书时候的有趣的事。有一次晚自习，看我们都有点没精神，杨老师就说讲一些好玩的事情给我们听。他讲他的学校、同学，引得我们哈哈大笑，也让我们了解了大学是那么有意思，让我们对外面的学校有了很大的向往。

初中三年，记得我们举行过很多活动。印象最深刻的是一次野餐和一次篝火晚会。那时我们班是最让人羡慕的班级，因为别的班级根本就没有这样的活动。那次野餐，同学们个个都劲头十足，带着锅碗瓢盆，吃的喝的，搞得有声有色。至于篝火晚会，在那之前，我们从来没有举行过，甚至对于我们来说，只是在电视里看到过，当时真的是非常新奇，非常期待。我们在杨老师的指导下，也办得像模像样。我们在操场中间堆起了火堆，还借来了音响话筒，排了节目单。我是其中一位主持人，杨老师还教我们写了很多的台词。用现在的一个词来形容，那就是"高大上"。在杨老师的帮助和指导下，篝火晚会举办得非常成功。

杨老师是一位有心的好老师，他到现在还保留着我们读书时候写的作文。每次看到老师发出来的那些纸张泛黄的作文，就有眼眶热热的感觉，那种感觉无法言表，只能用感动来形容。看到我们当年写的作文，让我们一下子回到了那青涩、美好的时光。

感谢杨老师，我们能遇到你，是我们的幸运。初中三年的语文学习，是我印象最深刻的一段学习生活。我为有这么好的一位老师感到自豪!

2016年4月14日，写于德清

（骆静静：20世纪90年代中期杨宏伟在浙江省德清县二都中心学校教书时的学生。）

记忆里的那个人
——记我的启蒙老师杨宏伟

沈茜苗

"如果时光能倒流，我最愿意回到我的初中时代。"这是我时常在熟人面前说起的话，这是我的肺腑之言。因为那段岁月纯净、孤单，又很幸福，有可爱如家人的同学，更重要的是有影响我之后人生观、价值观取向的语文老师杨宏伟。那段岁月对于我而言弥足珍贵。

人往往就是这样，对正在经历的困难或苦难会觉得好辛苦，好想摆脱现状，等一切都过去了，回首往事，又会觉得当时的岁月其实是值得在漫漫人生路上细细回望的岁月痕迹。或许这就是成长。

人生能得一良师足矣。这样看来，我能遇到我的老师杨宏伟是幸运的。那时我们班里的学生都非常喜欢语文课，虽然老师时常有些愤世嫉俗，但是我们都非常喜欢杨老师上的语文课，我们不光学到了课本上的知识，更多的是学到了热爱生活的积极态度。可能当时自己年龄尚小，对有些事情看得还没么透彻，在我看来当时老师是一个很有人格魅力、洒脱而又清高的人。可能老师觉得自己怀才不遇，所以一直苦闷地挥霍着自己的青春，这样的人难免会招致其他比较古板中庸的人投来异样的目光和评价。有时真想跟老师促膝长谈一番，可又怕自己太小，走不进老师的内心世界。

初中三年愉快的时光，我一直受着老师的影响，立志以后能成为一名记者，特别有正义感、能为老百姓说话的那种。这个梦想直到现在还能让我觉得热血澎湃。那时的我非常喜欢写作文，而且偏向于议论文那种，当时特别期待看老师在我的作文后面写的评语。这些作文本子直到现在还放在自己的写字台抽屉里，它们对于我而言不仅仅是青春的美好回忆，更是年少时那无处安放的梦想的归宿,所以好珍贵。在之后的学习生涯里,我再也没有遇到这样一位对我有影响力的老师,再也没有萌发过当时那种意气风发的青春悸动。就似最美人间三月天一样,短暂又美丽,虽然年年重复着美丽,却已不是当时的情怀,那情、那景、那人已然不是当初了,回不去的是曾经,放不下的是过往。

前些年同学小聚,席间谈起老师,其中一位同学说起老师现在在上海。当时听到这个消息,好想去看看您。初中毕业那么多年了,我一直期待着再见老师一面,哪怕是某次路上的偶遇,但又怕见到老师,怕您对现在的我失望。当时初中毕业时,因为偏科严重,所以成绩不佳,也没考上好的学校,所以当记者这梦想也就成了空想了。这个梦想一直是我的一个大大的遗憾,如果我能成为记者,那我肯定有一番作为。我的心里常常这么嘀咕着,在这件事情上,我有着对待其他事情没有的自信心。

大概过了一年左右,我从微信群里得知老师出书的消息。我很高兴,为您终于实现自己多年的理想而高兴。其实,杨老师,我想对您说,当年的您是一个非常有才华的人,只是机遇不好,可是这段在二都教书的日子不光是我们这些学生的宝贵回忆,我想也应该是老师您人生中一段不可或缺的经历,虽然其中有许多在当时看来的不如意和不给力,我想现在的您完全可以释怀了。

去年8月份,您来武康和同学聚会,当时我没有如约参加。其实,我人在武康,却谎称自己去了外地,也不知道自己干吗要去说这样的谎,后来想想,才觉得是应了那句"相见不如怀念"的话。太多年没见了,好多事和人都发生了变化,心心念念想要见的人一旦见了面以后,怕感觉会变味,完全不是想象那样美好。您知道吗?对于我而言,有些东西破碎了会觉得好可惜的,我宁愿您永远是我记忆里那个在春天的早晨穿着黄色T恤和淡蓝色牛仔裤,手里夹着语文教材,自信而又淡然地走在防风山公路上的那个年轻的杨老师。每天早晨我们骑着自行车都会回头叫您一声"杨老师",然后到教室里安静地等待您上课。想想这样的日子,实在是单纯而美好。

最近看您微信里晒的照片,老师已不是当年年轻的模样,微微发福的体态，两鬓已生丝丝白发。对呀，谁又能不变老？包括我们这些学生，也随着岁月的变迁改变了当初的容颜，只能感叹时间过得太快，时光荏苒如白驹过隙。对于我，您是我记忆里那个人，虽然多年未见，却一直在我心灵某个位置保鲜着。可能有些东西回不到过去了，但是幸好有这份珍贵的记忆在，有您曾经启蒙过我。谢谢您曾经出现在我们这群不懂事的孩子的生命里，自己虽已不能成为梦想中的人，但会继续不改初衷，好好过自己的生活。

人生能得一良师，我很知足。希望老师您越来越好！

一个很想念您的学生
2016年4月8日

（沈苗苗：20世纪90年代中期杨宏伟在浙江省德清县二都中心学校教书时的学生。）

致敬杨宏伟老师

郑凡

在叔蘋微信群里，与十多年未见面的杨老师不期而遇，真是喜出望外。杨老师最近出版了诗集，本想先说些祝贺之类的话，谁知一激动，竟然忘了词……

还是从2003年说起吧。那年9月，我进了市北初级中学预备班读书，由于教室不够，学校便把我所在的奥数班"寄放"到附近的当代中学，而教我们语文课的就是当代中学的语文老师杨宏伟。

我们那时都十一二岁的光景，还未褪去小学生的腔调，顽皮好动，捣乱起来鬼点子多端，同时奥数班的学生又有些禀赋，思想也活跃，还好表现，所以奥数班的课堂纪律是可想而知的。

杨老师并不责怪我们，他讲话的风格是和风细雨的，对学生也总是和颜悦色的，他以精彩的讲解吸引着同学们安静地听课，但他不是那种满堂灌的老师，他会在课文里找些问题让同学们讨论，这时课堂上的气氛就会异常活跃，同学们纷纷举手却又不等允许便抢着回答，于是各种另类的、离谱的和不太离谱的回答在教室里此起彼伏地响起，杨老师细心地聆听着，终于他捕捉到了比较准确的回答，他示意同学们安静下来，并及时给予表扬。然后把问题进行完整全面的分析和解答，由此引领学生们对课文的内涵进行深度理解。杨老师还常常拓展课堂内容，不拘泥于课程进度的设置，针对奥数班学生思想活跃且接受能力强的特点，尽可能多给我们传授些语文知识。杨老师这样的教学方法我们都非常喜欢，他让我们感到语文课是一门轻松且愉快的课程，杨老师是颇受我们同学欢迎的好老师。至今，想起杨老师，我的心中充满了敬意。

杨老师不仅教学风格独特,而且对教学工作认真敬业,这一点受到我们的家长们普遍的赞扬。

那时杨老师要求我们写随笔,不论形式、内容和标题,写什么都行,每个周一由语文课代表收齐后交给他批改。同学们的每一篇文章,老师都给予了圈点和评语。我至今都保存着这两本随笔本子。母亲看到后,常常感叹杨老师是一位认真负责的好老师。母亲说别的同学家长和她也有同感。可见杨老师也是一位受到学生家长信任的好老师。在写此文章时,母亲要我代她表达她作为一个学生家长对杨老师的敬意和感谢。

在当代中学读完预备年级后,我们奥数班回到了市北初级中学,杨老师也不再教我们了。

光阴荏苒,在十多年过去后的今天,我与杨老师竟在"叔蘋"相逢。通过叔蘋的微信平台,得知杨老师早就是叔蘋大家庭的成员。那么杨老师对工作的勤奋刻苦、对学生认真负责的敬业精神,不仅是表现了杨老师个人的道德觉悟,还可以解释为杨老师一直在自觉努力地践行"得诸社会,还诸社会"的叔蘋精神……

由此感悟到叔蘋精神是可以落实到我们的具体行动上。在我们的工作中、在我们的社会生活中,只要我们自觉践行叔蘋精神,便能使自己成为一个具有高尚道德情操的人,一个对国家和社会有贡献的人。

在结束本文前,觉得有两句话,借助叔蘋微信平台,一定要向杨老师表达出来:

一、祝贺杨老师的诗集出版,并期望看到杨老师更多的文学作品。

二、杨老师,我还是您的学生。

2015年6月

(郑凡:美国普林斯顿大学博士,留校任教。杨宏伟于2003年离开家乡浙江到上海教书后的第一批学生。)

跋 写作，就是心安理得

杨宏伟

米沃什说："关于诗人不同于其他人，因为他的童年没有结束，他因为终生在自己身上保存了某种儿童的东西，这方面已有很多人写过了。这在很大程度上是对的，至少在这样一个意义上如此，也即他童年的感知力有着伟大的持久性，他最初那些半孩子气的诗作已包含他后来全部作品的某些特征。毕竟，一个孩子所体验的快乐或恐怖的时刻，决定着他成年的性格。但诗人的思想还取决于他从父母和老师那里所学到的关于世界的知识。"

当我看到这段话的时候，怦然心动。我觉得米沃什说出了我想要说的话。而且我觉得，这个原理适用于一切真实写作的人。因为童年是我们的故乡。童年里有过去，更有未来。个人如此，整个人类亦如此。也因为真实里面有方向，有诗意。有方向、有诗意的写作就是生命写作，不论文字的形式。所以不要以为具备了某种外在形式，就是某种类型的写作。没有那么简单。

我经常会有恐惧的感觉。在我七岁那年，有一天晚上，我平生第一次失眠。那天晚上，大人们都到养蚕室喂蚕去了，弟弟似乎也跟着去了，我独自一人在祖屋楼上的大木床里睡觉。这个大床是晚清丝商、我家老祖宗杨东美置办的，我在床板上看到过他的名字，是三个隽美清秀的墨笔字，好像刚刚风干一般。那天子夜时分，我被无边的寂静惊醒了。我属鼠，而且是子年子夜子时正中出生的子鼠。老鼠在子夜时分，最敏感、最清醒、最活跃，也最脆弱。我在无边的惊惧中摸下漫长的木楼梯，在万籁俱寂的祖屋里，在漫无边际的黑暗中，我摸到了一条蚕毛凳。"蚕毛凳"是蚕落地后，架在养蚕室里，供养蚕人喂蚕时来回走的又矮又长的木凳子。我曾经在蚕毛凳上倾听蚕食桑叶无边无际的声响,从此对"蚕食"一词刻骨铭心;我也曾经在蚕毛凳上看蚕蜕皮、吐丝,想入非非,小小年纪就让自己的气质和祖屋保持一致。我曾经沉溺于这种时光不得自拔。

这天晚上,我坐在蚕毛凳上,被一个问题裹挟:如果有一天我不在这个世界上了,我会怎样……我像被卷入旋涡的一片树叶一样不得自拔。祖屋和养蚕室之间,是一段短短的距离,我不敢穿越。黑夜无边,恐惧无边,我没有哭泣,我的恐惧在哭泣之上。

大人们喂蚕回来,问我为什么不睡觉,我没有回答。母亲把我重新抱到楼上,把我抱到床里,那个问题没有放过我。这是我第一次体验白夜的感觉。

此后很多年,我常常被这个问题惊醒。这种情况发生在黑夜,也发生在白天,甚至还发生在梦里。正是在这种漫无边际的恐惧中,我一天一天走到了现在。我可以想象此后的时间。此后的时间与此前的时间,会相差无几。

我还发现了一个秘密,很多人,甚至我接触过的所有人,都与我相差无几。我家祖屋东隔壁有一个娘母,丈夫是大脚风,先她离世。娘母晚年身体不好,当知道自己马上就要离开人世的时候,竟然当着我们这些小孩子的面,说自己不愿意死,很害怕死,还当着我们的面流下了害怕的眼泪。这一幕给我留下了非常深刻的印象。因为我觉得,一个老人,能当着小孩子的面,像个小孩子那样哭泣,绝非寻常可比。我也看到过寿终正寝的老人,那是像枯井一样瘦到了没有眼睛的老朽之人,可是在他离开人世以后,眼眶里盈满了泪水。但我也看到过这样的老人,在老得掉光了牙齿以后,毫不避讳死,甚至诅咒自己应该死,快点死,如果还不死的话,就会像路边的青石板石头了,同样老得掉光了牙齿的老伴还会在旁边帮腔。给我的感觉是,表现形式不同而已。仅此而已。

《尚博村》系列、《祖屋》系列,是我坚持了几年的写作。就像2015年出版的诗集那样,是我一心想要呈现的文字,所以我会坚持到底。虽然我这么说,但我深知这里的写作应该没有尽头。

祖屋就是心灵。譬如,当年在祖屋里产生的恐惧,以及对于白夜的初次体验—— 我 直感觉这种体验类似了新娘的初夜,如果对于新郎也可以这样说，那么，新郎也是——一定要在祖屋里得到解决。这里的解决不是消弭。这里的解决是指心灵的安置，也就是心安。古人说，心安理得，就是这个道理。理，还是道。这就具备了不朽的特质。如此，也就没有了恐惧。这里的"没有"比刻意的"消弭"要深刻许多。所以，这些故事和文字就是心灵本身。

　　自2011年暑期开始，陆陆续续一直在写。曾有一段时间，每天一篇——每篇最短4000多字，最长5000多字。原本以为《猫》是我气质的核心构件，随着写作的推进，我慢慢觉得并不尽然，这里包含的东西要丰富许多，我无法用几个词语来做出表述。

　　最值得骄傲的是，在此过程中，我找到了一种属于自己的表达方式：写心灵。以此走到源头，探索方向。这对我来说意义非凡。当我写猫是猫，也是我；写狗是狗，也是我；写花草树木石头，是花草树木石头，也是我的时候，我的写作风格也就形成了。让心灵本身把故事展开，让心灵本身把时间展开，让心灵本身成为写作的方向和动力，让心灵本身成为写作本身，让我成为写作本身。这种写作是我，也是所有人。我在这种写作里安顿下来，心安理得。就像我在祖屋里安顿下来，心安理得。此后没有恐惧，心安理得。我在祖屋里，祖屋在我心里，我是祖屋，祖屋是我，心安理得，没有恐惧。这就解决了发轫于童年的问题。这里的解决如同没有解决，如同心安理得。

　　我以为，只有这样的方式，才通向未来。没有方向的文字，不写也罢。静安，才是写作。要远离与之相左的人和事。

　　写到这里，我想到了陀思妥耶夫斯基的《白夜》。这是我青年时代沉迷的作家和作品。主人公在心爱的姑娘杳无音讯的时候，黑夜成了白夜，并与一个女人夜夜相会。直到一天晚上，突然有了心爱的姑娘的消息，白夜一下子成了黑夜。他义无反顾地与白夜里的女人爽约，去找心爱的姑娘。这里的白夜与黑夜一体两面，等同我，写作和文字。

　　一个伟大作家，对于平庸如我的影响，在此可见一斑。我也在这种影响里心安理得。

2016年2月10日下午，写于尚博祖屋